全国高职高专机械设计制造类工学结合"十二五"规划系列教材
丛书顾问　陈吉红

机械CAD/CAM技术
——Pro/E应用

主　编　韩变枝　吴　磊　邓子林
副主编　朱修传　王　栋
参　编　韩　刚　丁　林

华中科技大学出版社
中国·武汉

内容提要

本书以Pro/Engineer(简称Pro/E)为平台，通过介绍Pro/E软件的基本操作及应用实例来说明机械CAD/CAM技术及其应用。内容包括草绘图形、特征建模、自由曲面设计、装配设计、工程图和数控加工，涵盖了使用Pro/E软件设计制造各种产品的全部过程，分七个模块，以工程实例贯穿全文。模块一为机械CAD/CAM技术概述，主要介绍CAD/CAM技术的一些基本概念、常见CAD/CAM软件、CAD/CAM选型及Pro/E系统简介。模块二介绍截面草图设计，说明截面草图的绘制方法。模块三介绍实体造型工具及应用技巧。模块四介绍曲面造型设计方法及技巧。模块五结合机械加工中夹具的概念，介绍装配设计技术与应用。模块六介绍工程图的生成与工程图上技术要求标注的方法与技巧。模块七介绍数控加工模块的功能与应用。

本书以实用、简洁为特色，每个模块都有能力目标、知识目标、小结、思考与练习等栏目。讲解的内容采用任务导入的方式，用任务贯穿所有知识，符合现代教学方式的要求，也方便学生透彻地理解各个工具的使用方法。书中的实例均取自生产实际，内容循序渐进，通俗易懂。

本书主要适用于高职高专机械类专业教学，还可以作为各层次学历教育和职业技术培训教材，同时还可以作为CAD/CAM软件的实训教材，也可以作为CAD/CAM软件的培训教材。

图书在版编目(CIP)数据

机械CAD/CAM技术——Pro/E应用/韩变枝　吴　磊　邓子林　主编. —武汉：华中科技大学出版社，2012.4(2021.8重印)

ISBN 978-7-5609-7828-4

Ⅰ. 机…　Ⅱ. ①韩…　②吴…　③邓…　Ⅲ. ①机械设计：计算机辅助设计-应用软件，Pro/E-高等职业教育-教材　②机械制造：计算机辅助制造-应用软件，Pro/E-高等职业教育-教材　Ⅳ. ①TH122　②TH164

中国版本图书馆CIP数据核字(2012)第055461号

机械CAD/CAM技术——Pro/E应用　　韩变枝　吴　磊　邓子林　主编

策划编辑：周忠强　　封面设计：范翠璇
责任编辑：刘　飞　　责任校对：张　琳
责任监印：张正林

出版发行：华中科技大学出版社(中国·武汉)　　电话：(027)81321913
武汉市东湖新技术开发区华工科技园　　邮编：430223

录　排：华中科技大学惠友文印中心
印　刷：武汉邮科印务有限公司
开　本：710mm×1000mm　1/16
印　张：17.75
字　数：367千字
版　次：2021年8月第1版第3次印刷
定　价：32.00元

全国高职高专机械设计制造类工学结合"十二五"规划系列教材

编委会

全国高职高专机械设计制造类工学结合“十二五”规划系列教材

序

目前我国正处在改革发展的关键阶段，深入贯彻落实科学发展观，全面建设小康社会，实现中华民族伟大复兴，必须大力提高国民素质，在继续发挥我国人力资源优势的同时，加快形成我国人才竞争比较优势，逐步实现由人力资源大国向人才强国的转变。

《国家中长期教育改革和发展规划纲要（2010—2020年）》提出：发展职业教育是推动经济发展、促进就业、改善民生、解决‘三农’问题的重要途径，是缓解劳动力供求结构矛盾的关键环节，必须摆在更加突出的位置。职业教育要面向人人、面向社会，着力培养学生的职业道德、职业技能和就业创业能力。

高等职业教育是我国高等教育和职业教育的重要组成部分，在建设人力资源强国和高等教育强国的伟大进程中肩负着重要使命并具有不可替代的作用。自从1999年党中央、国务院提出大力发展高等职业教育以来，培养了1300多万高素质技能型专门人才，为加快我国工业化进程提供了重要的人力资源保障，为加快发展先进制造业、现代服务业和现代农业作出了积极贡献；高等职业教育紧密联系经济社会，积极推进校企合作、工学结合人才培养模式改革，办学水平不断提高。

“十一五”期间，在教育部的指导下，教育部高职高专机械设计制造类专业教学指导委员会根据《高职高专机械设计制造类专业教学指导委员会章程》，积极开展国家级精品课程评审推荐、机械设计与制造类专业规范（草案）和专业教学基本要求的制定等工作，积极参与了教育部全国职业技能大赛工作，先后承担了“产品部件的数控编程、加工与装配”、“数控机床装配、调试与维修”、“复杂部件造型、多轴联动编程与加工”、“机械部件创新设计与制造”等赛项的策划和组织工作，推进了双师队伍建设和课程改革，同时为工学结合的人才培养模式的探索和教学改革积累了经验。2010年，教育部高职高专机械设计制造类专业教学指导委员会数控分委会起草了《高等职业教育数控专业核心课程设置及教学计划指导书（草案）》，并面向部分高职高专院校进行了调研。根据各院校反馈的意见，教育部高职高专机械设计制造类专业教学指导委员会委托华中科技大学出版社联合国家示范（骨干）高职院校、部分重点高职院校、武汉华中数控股份有限公司和部分国家精品课程负责人、一批层次较高的高职院校教师组成编委会，组织编写全国高职高专机械设计制造类工学结合“十二五”规划系列教材。

本套教材是各参与院校“十一五”期间国家级示范院校的建设经验以及校企

结合的办学模式、工学结合的人才培养模式改革成果的总结，也是各院校任务驱动、项目导向等教学做一体的教学模式改革的探索成果。因此，在本套教材的编写中，着力构建具有机械类高等职业教育特点的课程体系，以职业技能的培养为根本，紧密结合企业对人才的需求，力求满足知识、技能和教学三方面的需求；在结构上和内容上体现思想性、科学性、先进性和实用性，把握行业岗位要求，突出职业教育特色。

具体来说，力图达到以下几点。

(1) 反映教改成果，接轨职业岗位要求。紧跟任务驱动、项目导向等教学做一体的教学改革步伐，反映高职高专机械设计制造类专业教改成果，引领职业教育教材发展趋势，注意满足企业岗位任职知识、技能要求，提升学生的就业竞争力。

(2) 创新模式，理念先进。创新教材编写体例和内容编写模式，针对高职高专学生的特点，体现工学结合特色。教材的编写以纵向深入和横向宽广为原则，突出课程的综合性，淡化学科界限，对课程采取精简、融合、重组、增设等方式进行优化。

(3) 突出技能，引导就业。注重实用性，以就业为导向，专业课围绕高素质技能型专门人才的培养目标，强调促进学生知识运用能力，突出实践能力培养原则，构建以现代数控技术、模具技术应用能力为主线的实践教学体系，充分体现理论与实践的结合，知识传授与能力、素质培养的结合。

当前，工学结合的人才培养模式和项目导向的教学模式改革还需要继续深化，体现工学结合特色的项目化教材的建设还是一个新生事物，处于探索之中。随着这套教材投入教学使用和经过教学实践的检验，它将不断得到改进、完善和提高，为我国现代职业教育体系的建设和高素质技能型人才的培养作出积极贡献。

谨为之序。

教育部高职高专机械设计制造类专业教学指导委员会主任委员
国家数控系统技术工程研究中心主任　陈吉红
华中科技大学教授、博士生导师
2012年1月于武汉

前　　言

机械CAD/CAM技术是随着计算机和数字化信息技术发展而形成的新技术，它的迅速发展和应用为工程设计方法及机械制造业带来了根本性的变革。传统的机械CAD/CAM教材往往停留在如何操作软件各项命令的基础上，例题离实际应用也有一定距离，缺乏真实情景的锻炼，缺乏机械设计专业知识的融会贯通，学生学完课程后往往不能独立完成产品造型设计、工程图设计及数控加工模拟，使得CAD/CAM教学与实践要求相距甚远。本书围绕机械专业课程改革的发展趋势，以CAD/CAM专业软件——Pro/E为平台，完整地介绍了CAD/CAM技术中的造型、装配、工程图、数控加工等技术，以从实际加工中抽象出来的实例为设计和加工的对象，采用模块化、任务驱动的模式组织教学内容，先由工程实例导入，然后介绍相关知识，最后以工程实例任务的完成贯穿各知识点，综合论述应用该软件进行设计制造的方法和一般流程，让读者充分了解并掌握CAD/CAM技术的具体运用。本书的课程教学便于实施“教、学、做一体化”的教学模式，强调以工作任务为载体设计教学过程，强化学生的能力培养。

本书由具有丰富教学和实践经验的一线教师编写，具有以下特点。

(1) 理论以“必需、够用”为度，深化实例讲解。让学生在实例讲解的过程中深入理解概念，学会实际操作方法与具体应用。

(2) 结合CAD/CAM软件的特点，全部采用模块化、任务驱动的模式组织内容，将难点分配到每个任务中。每个任务均来自生产实际，注重提高读者解决实际工程问题的能力。

(3) 采用图文并茂的形式，达到简单明了的效果，使读者在实例练习中较快地掌握命令的应用。在较短的时间内掌握Pro/E软件的基本操作和产品设计的一般流程。

(4) 在教材体系和内容的安排上，力求循序渐进、通俗易懂，注重理论联系实际，突出应用。在每个模块的开头都有能力目标和知识目标，后面附有小结及思考与练习，供读者参考。

本书由山西工程技术学院韩变枝编写模块一中的任务一和模块三，中山火炬职业技术学院吴磊编写模块一中的任务二和模块五，湖南永州职业技术学院邓子林编写模块四，山西工程技术学院王栋编写模块六，安徽国防科技职业技术学院丁林、韩刚和朱修传编写模块二和模块七。

本书在编写过程中，得到了许多老师的大力支持和帮助，在此表示衷心感谢。

如果读者需要书中的插图(.prt格式)或对书中的内容有什么建议,欢迎发邮件到hanbianzhi@163.com与编者联系。

由于编者水平有限,书中难免有不足之处,敬请各位读者、同行予以批评指正。

编　者

2012年1月

目　　录

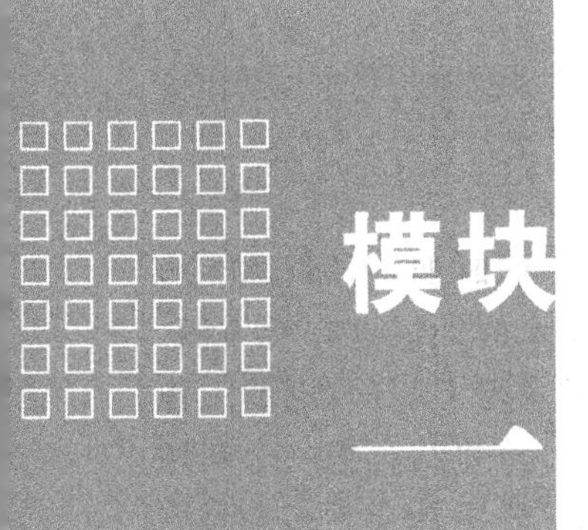

机械 CAD/CAM 技术概述

【能力目标】

1. 熟悉 CAD/CAM 技术,能合理进行 CAD/CAM 软件选型。
2. 掌握 Pro/E 的基本操作。

【知识目标】

1. 理解并掌握 CAD、CAM 和 CAD/CAM 集成的含义。
2. 了解 CAPP、CAE、逆向工程、并行工程和优化设计等概念。
3. 了解常用的 CAD/CAM 软件及其功能。
4. 了解 Pro/E 的功能,并学习其基本操作。

任务一　了解 CAD/CAM 技术

一、任务导入

随着社会进步和市场竞争,产品的功能要求愈来愈多,结构也趋向复杂化,这对产品的设计者和生产者提出了更高的要求,产品的更新换代也要求产品的研制周期和生产周期愈来愈短。机械 CAD/CAM 技术是随着计算机和数字化信息技术发展而形成的新技术,是先进制造技术的重要组成部分。CAD/CAM 技术的发展和应用,使传统的产品设计、制造内容和工作方式等发生了根本性的变化。人们借助 CAD/CAM 技术来实现产品的辅助设计与辅助制造,可以大大缩短产品的生产周期和降低生产成本。CAD/CAM 技术已成为衡量一个国家科技现代化和工业现代化水平的重要标志之一。在自动化领域,CAD/CAM 技术与可编程控制器、工业机器人并称为现代工业自动化的三大支柱,其应用日益广泛。那么,什么是 CAD/CAM 技术呢?

二、相关知识

（一）CAD/CAM技术的基本概念

1. CAD技术

计算机辅助设计（computer aided design，CAD）在不同时期、不同行业中，CAD技术所实现的功能不同，工程技术人员对CAD技术的认识也有所不同。早在1972年10月，国际信息处理联合会在荷兰召开的"关于CAD原理的工作会议"上给出CAD的定义：CAD是一种技术，其中人与计算机结合为一个问题求解组，紧密配合，发挥各自所长，从而使其工作优于每一方，并为应用多学科方法的综合性协作提供了可能。到20世纪80年代初，第二届国际CAD会议上认为CAD是一个系统的概念，包括计算、图形、信息自动交换、分析和文件处理等方面的内容。1984年召开的国际设计及综合讨论会上，认为CAD不仅是设计手段，而且是一种新的设计方法和思维。显然，CAD技术的内涵将会随着计算机技术的发展而不断扩展。

就目前而言，CAD是一种用计算机软、硬件系统辅助人们对产品或工程进行设计的方法与技术，包括设计、绘图、工程分析与文档制作等设计活动，是一种新的设计方法，也是一门多学科综合应用的新技术。CAD作为一种新的设计方法，它是利用计算机系统辅助设计人员完成设计任务，将计算机的海量数据存储和高速数据处理能力与人的创造性思维和综合分析能力有机结合起来，充分发挥各自所长，使设计人员摆脱繁重的计算和绘图工作，从而达到最佳设计效果。CAD对加速工程和产品的开发、缩短设计制造周期、提高质量、降低成本、增强企业创新能力发挥着重要作用。CAD系统具有几何建模、工程分析、模拟仿真、工程绘图等主要功能。一个完整的CAD系统应由人机交互接口、图形系统、科学计算和工程数据库等组成。人机交互接口指的是设计、开发、应用和维护CAD系统的界面，经历了从字符用户接口、图形用户接口、多媒体用户接口到网络用户接口的发展过程；图形系统是CAD系统的基础，主要有几何（特征）建模、自动绘图（二维工程图、三维实体图等）、动态仿真等；科学计算是CAD系统的主体，主要有有限元分析、可靠性分析、动态分析、产品的常规设计和优化设计等；工程数据库是对设计过程中使用和产生的数据、图形、图像及文档等进行存储和管理。

2. CAM技术

计算机辅助制造（computer aided manufacturing，CAM）是指计算机在制造领域有关应用的统称，有广义CAM和狭义CAM。狭义的CAM是指利用计算机辅助完成从产品设计到加工制造之间的一切生产准备活动，包括CAPP（计算机辅助工艺）、NC（数控）编程、工时定额的计算、生产计划的制定、资源需求计划的制订等。目前，狭义的CAM缩小为数控程序的编制，包括刀具路线的规划、刀

位文件的生成、刀具轨迹仿真以及后置处理和NC代码生成等。CAPP已作为一个专门的子系统,工时定额的计算、生产计划的制订、资源需求计划的制定则划分给制造资源规划(MRPⅡ)/企业资源规划(ERP)系统来完成。广义的CAM是指利用计算机辅助完成从生产准备工作到产品制造过程中的直接和间接的各种活动,除包括狭义CAM所包含的所有内容外,还包括制造过程中与物流有关的所有过程,如加工、装配、检验、存储、输送的监视、控制和管理等。

CAM的核心技术是数控加工技术。数控加工主要分程序编制和加工过程两个步骤。程序编制是根据图样或CAD信息,按照数控机床控制系统的要求确定加工指令,完成零件数控程序编制。加工过程是将数控程序传输给数控机床,控制机床各坐标的伺服系统,驱动机床,使刀具和工件严格按执行程序的规定相对运动,加工出符合要求的零件。作为应用性、实践性极强的专业技术,CAM直接面向数控生产实际。生产实际的需求是所有技术发展与创新的原动力,CAM在实际应用中已经取得了明显的经济效益,并且在提高企业市场竞争能力方面发挥着重要作用。

3. CAD/CAM集成技术的概念

计算机辅助设计与辅助制造(CAD/CAM)是指以计算机为主要手段,帮助人们处理各种信息,进行产品的设计与制造。它能够将传统的设计与制造彼此相对独立的工作作为一个整体来考虑,实现信息处理的高度一体化。

随着CAD、CAM软件技术的逐步应用,人们很快发现,CAD产生的信息不能为CAM、CAPP直接使用,如果要进行数控加工,或进行零件的制造工艺,还需将CAD的图样转化成CAM或CAPP需要的格式进行输入,另外,人工输入也会出现错误,为此,提出了CAD到CAM集成的概念。CAD/CAM集成就是把从CAD、CAPP、CAM、CAE等有机地结合起来,用统一的执行控制程序来组织各种信息的提取、交换、共享和处理,系统之间的信息可以自动交换与共享。集成化的CAD/CAM系统借助于工程数据库技术、网络通信技术以及标准格式的产品数据接口技术,把分散于机型各异的各个CAD、CAPP、CAM子系统高效、快捷地集成起来,实现软、硬件资源共享,保证整个系统内信息的流动畅通无阻。CAD/CAM集成技术是机械制造迈向计算机集成制造系统(computer integrated manufacturing system,CIMS)的基础。

(二) CAD/CAM技术的发展趋势

CAD/CAM技术经过几十年的发展,先后走过大型机、小型机、工作站、微机时代,每个时代都有当时流行的CAD/CAM软件,CAD/CAM软件的功能也在不断得到完善和优化,逐步实现CAD/CAM无缝整体化集成。CAD/CAM技术的发展趋势呈现出以下几个特征:标准化、高度集成化、智能化、网络化、绿色化。

1. 标准化

随着CAD/CAM技术的发展和应用,工业标准化问题显得越来越重要。目前已制定了一系列相关标准，如面向图形设备的标准计算机图形接口(CGI)，面向图形应用软件的标准 GKS 和 PHIGS，面向不同 CAD/CAM 系统的产品数据交换标准 IGES 和 STEP，此外还有窗口标准，以及最新颁布的《CAD 文件管理》、《CAD 电子文件应用光盘存储与档案管理要求》等标准。这些标准规范了 CAD/CAM 技术的应用与发展，例如 STEP 既是标准，又是方法学，由此构成的 STEP 技术深刻影响着产品建模、数据管理及接口技术。随着技术的进步，新标准还会出现。CAD/CAM 系统的集成一般建立在异构的工作平台之上，为了支持异构跨平台的环境，要求 CAD/CAM 系统必须是开放的系统，必须采用标准化技术。

2. 高度集成化

集成是向企业提供 CAD/CAM 一体化的解决方案，企业中的各个环节不可分割，应统一考虑。企业的整个生产过程实质上是信息的采集、传递和加工处理的过程。

集成化是 CAD/CAM 技术发展的一个最为显著的趋势。它是指把 CAD、CAE、CAPP、CAM 以至 PPC(生产计划与控制)等各种功能不同的软件有机地结合起来，用统一的执行控制程序来组织各种信息的提取、交换、共享和处理，保证系统内部信息流的畅通并协调各个系统有效地运行。国内外大量的经验表明，CAD 系统的效益往往不是从其本身，而是通过 CAM 和 PPC 系统体现出来的；反过来，CAM 系统如果没有 CAD 系统的支持，花巨资引进的设备往往很难得到有效的利用；PPC 系统如果没有 CAD 和 CAM 的支持，既得不到完整、及时和准确的数据作为计划的依据，订出的计划也较难贯彻执行，所谓的生产计划和控制将得不到实际效益。因此，人们着手将 CAD、CAE、CAPP、CAM 和 PPC 等系统有机地、统一地集成在一起，在整个产品设计过程中的各个阶段和每一设计步骤都能有效地使用 CAD 技术，逐步形成一个以工厂生产自动化为目标的计算机集成制造系统。

3. 智能化

智能化 CAD/CAM 技术不仅仅是简单地将现有的人工智能技术与 CAD/CAM 技术相结合，更要深入研究人类认识和思维的模型，并用信息技术来表达和模拟这种模型，开发专家 CAD/CAM 系统。专家系统具有逻辑推理和决策判断能力。它将许多实例和有关专业范围内的经验、准则结合在一起，给设计者更全面，更可靠的指导。应用这些实例和启发准则，根据设计的目标不断缩小探索的范围，使问题得到解决。智能化设计功能是未来 CAD/CAM 软件的一个重要标志。

4. 网络化

21 世纪网络将全球化，制造业也将全球化，从获取需求信息到产品分析设计、选购原材料和零部件、进行加工制造，直至营销，整个生产过程也将全球化。CAD/CAM 系统的网络化能使设计人员对产品方案在费用、流动时间和功能上

并行处理，网络技术使 CAD/CAM 系统实现异地、异构系统在企业间的集成成为现实。网络化 CAD/CAM 技术可以实现资源的取长补短和优化配置，极大地提高企业的快速响应能力和市场竞争力，"虚拟企业"、"全球制造"等先进制造模式也会由此应运而生。

5. 绿色化

在设计过程中尽量优化设计方案，减少废品率，减少污染，实现产品设计的绿色化。

目前，CAD/CAM 技术正向着标准化、高度集成化、智能化、网络化和绿色化的方向不断发展。未来的 CAD/CAM 技术将为新产品开发提供一个综合性的网络环境支持系统，全面支持异地的、数字化的、采用不同设计哲理与方法的设计工作。

三、任务实施

（一）常用 CAD/CAM 软件简介

CAD/CAM 技术自 20 世纪 60 年代产生以来，得到了快速的发展。目前世界上出现了上百种商用 CAD/CAM 软件，根据其系统功能水平分为高档、中档、低档 CAD/CAM 软件系统。

1. CATIA

CATIA 是由法国达索飞机公司 Dassault System 工程部研制的，该系统是在 CADAM 系统（原由美国洛克希德公司开发，后并入美国 IBM 公司）的基础上扩充开发的，在 CAD 方面购买原 CADAM 系统的源程序，在加工方面则购买了有名的 APT 系统的源程序，并经过几年的努力，形成了商品化的系统，CATIA 系统如今已经发展为高档的集成化的 CAD/CAE/CAM 系统，它具有统一的用户界面、数据管理及兼容的数据库和应用程序接口，并拥有 20 多个独立计价的模块。CATIA 起源于航空工业，随后从工作站平台为基础移植到 PC，在短期内被推广到其他产业。现今 CATIA 在航空业、汽车制造业、通用机械制造业、教育科研单位拥有大量用户。美国波音公司的波音 777 飞机便是其杰作之一。

2. UG

UG 软件是一个集 CAD、CAE 和 CAM 于一体的机械工程辅助系统，是我国工业界使用的大型 CAD/CAE/CAM 软件之一。UG 起源于美国麦道公司，后于 1991 年 11 月并入世界上最大的软件公司——EDS 公司，UG 由 EDS 的独立子公司 Unigraphics Solutions 开发。目前，UG NX 是西门子自动化与驱动集团（A&D）旗下机构 Siemens PLM Software 的产品之一，市场最新版本为 NX6，NX6 包含了企业中应用最广泛的集成应用套件，用于产品设计、工程和制造全范围的开发过程。UG 采用将参数化和变量化技术与实体、线框和表面功能融为一体的复合建模技术，其主要优势是三维曲面、实体建模和数控编程功能，具有较强的数据库管理和有限元分析前后处理功能以及界面良好的用户开发工具。UG具有多种图形文件接口，可用于复杂形体的造型设计，随着该软件的不断发展，UG NX软件现已广泛地应用于通用机械、模具、汽车及航天等领域。

3. Pro/Engineer

Pro/Engineer(简称Pro/E)是美国参数技术公司PTC(Parametric Technology Corporation)开发的CAD/CAE/CAM软件，它是一个集成化的软件，其功能非常强大，利用它可以进行零件设计、产品装配、数控加工、铂金件设计、模具设计、机构分析、有限元分析和产品数据库管理、应力分析、逆向造型优化设计等，在我国有较多的用户。PTC公司提出的单一数据库、参数化、基于特征、全相关的概念，改变了机械设计自动化的传统观念，这种全新的观念已成为当今机械设计自动化领域的新标准。基于该观念开发的Pro/E软件能将设计到生产的全过程集成在一起，让用户能够同时进行同一产品的设计、制造工作，实现并行工程。Pro/E包括70多个专用功能模块，如特征建模、有限元分析、装配建模、曲面建模、产品数据管理等，具有较完整的数据交换转换器。

4. MasterCAM

MasterCAM是由美国的CNC公司开发的CAD/CAM软件。该软件三维造型功能稍差，但由于其操作简便、实用、易学，而且价格便宜，使其成为一种应用广泛的中低档CAD/CAM软件。该软件的CAM功能较强，具有多曲面径向切削和将刀具轨迹投影到数量不限的曲面上，还包括了C轴编程功能，此外还有自动C轴横向钻孔、直径和端面切削、自动切削与刀具平面设定等功能，有助于高效的零件加工。其后处理程序支持铣削、车削、线切割、激光加工和多轴加工。MasterCAM还提供如IGES、DXF、SAT、CADL等多种图形文件接口。

5. SolidWorks

SolidWorks是生信国际有限公司推出的基于Windows的机械设计软件。生信公司是一家专业化的信息高速技术服务公司，在信息和技术方面一直保持与国际CAD/CAE/CAM/PDM市场同步。该公司提倡的“基于Windows的CAD/CAE/CAM/PDM桌面集成系统”是以Windows为平台，以SolidWorks为核心的各种应用的集成，包括结构分析、运动分析、工程数据管理和数控加工等，该软件采用了与Unigraphics相同的先进的底层图形核心Parasolid，它的核心技术是在Windows环境下生成的，充分利用和发挥了Windows的强大威力和OLE技术。SolidWorks具有易用和友好的界面，能够在整个产品设计的工作中，完全自动捕捉设计意图和引导设计修改。在SolidWorks的装配设计中可以直接参照已有的零件生成新的零件。不论设计用“自顶而下”的方法还是“自底而上”的方法进行装配设计，SolidWorks都将以其易用的操作大幅度地提高设计

的效率。该软件可以应用于以规则几何形体为主的机械产品设计及生产准备工作中，其价位适中。

6. CAXA 电子图板和 CAXA-ME 制造工程师

CAXA 电子图板和 CAXA-ME 制造工程师是由我国北京北航海尔软件有限公司自主研发的软件，CAXA 电子图板是通用的二维设计绘图软件，可帮助人们彻底地甩开图板，进行零件图、装配图、工艺图表的二维绘制。CAXA-ME 制造工程师是面向机械制造业的三维复杂形面的 CAD/CAM 软件。CAXA-ME 集成了数据接口、几何造型、加工轨迹生成、加工过程仿真检验、数控加工代码生成、加工工艺清单生成等一整套面向复杂零件和模具的数控编程功能。目前，CAXA-ME 已广泛应用于注塑模、锻模、汽车覆盖件拉伸模、压铸模等复杂模具的生产，以及汽车、电子、兵器、航空航天等行业的精密零件加工。

此外还有一些 CAD/CAM 系统，如以色列 Cimatron Technologies 公司开发的 Cimatron、美国 SDRC 公司开发的 I-DEAS、Autodesk 公司开发的 Inventor 及 MDT，还有国产的金银花系统(Lonicera)等软件。各种软件各有优点和不足之处，在此不再赘述。

(二) CAD/CAM 选型

1. 选型原则

首先应分析使用的目的，然后广泛了解和分析各种软件的功能、价格。各种软件都有其优点和不足的地方，最适用的软件才是最好的。应以满足需要为前提，选择性价比高的软件。除价格外，还要考虑以下几个因素。

1) 操作和使用的方便性

首先注意软件的安装对操作系统和硬件的要求，能否安装在普通配置的微机上，是否需要增加那些专用配件。若已有硬件而只配置软件，则要考虑硬件的性能选择与之档次相应的软件。如果没有硬件，则应首先根据具体应用需要选定最合适的、性价比高的软件；然后再根据软件去选择与之匹配的硬件。其次检查软件的各个子系统，界面是否符合逻辑和便于阅读，各级子菜单如何管理和显示，用户如何与系统交流等。一个好的软件应便于初学者掌握，操作方便快捷，具有学习模块和帮助系统。

一个 CAD/CAM 系统功能的强弱，不仅与组成该系统的硬件和软件的性能有关，而且更重要的是与它们之间的合理配置有关。因此，在评价一个 CAD/CAM 系统时，必须综合考虑硬件和软件两个方面的质量和最终表现出来的综合性能。

2) 软件的集成度

一个完整的 CAD/CAM 软件系统由多个模块组成，如三维造型、数控加工、有限元分析、仿真模拟、动态显示等这些模块应以工程数据库为基础，进行统一管理，保持底层数据库的一致性和完整性，实现数据共享，节约系统资源和系统运行时间。有些 CAD/CAM 软件是以文件管理为基础，导致数据冗余度大，占用内存大，运行时间长，缺乏数据保护措施，不利于工程数据管理。

3）CAD 功能

CAD 功能中的造型模块具有哪些功能，能否设计出符合设计要求又能适合 CAM 加工的零件模型。一个好的 CAD 系统是一个高效的设计工具，具有参数化设计功能，三维实体造型与二维工程图形能相互转化并相互关联，具有良好的开放性。另外还要考虑和其他系统的兼容性，具有的图形文件接口支持哪几种图形文件格式，能否将本系统的图形文件传送给其他系统，能否读取其他 CAD/CAM 软件图形文件。

4）CAM 功能

CAM 功能应能提供交互式数控编程，并能自动生成加工轨迹和修改加工轨迹，一般包括加工规划、刀具设置、机床设置、工艺参数设置等，可从以下几个方面了解其 CAM 功能：

（1）加工方法的多样性；

（2）建立刀具加工路径的难易程度；

（3）刀具加工路程是否可以编辑和修改；

（4）有无内置的防过切和防碰撞的功能；

（5）是否有刀具和材料数据库，使系统自动生成工艺参数；

（6）能否手动调整任何机加工缺省值；

（7）能否进行加工模拟和加工时间的估算；

（8）提供哪些后处理程序，后处理程序能否细调，以生成符合用户要求的数控代码；

（9）能否将数控代码方向进行处理，显示刀具路径。

5）售后服务和软件升级

供应商应具有良好的信誉、完善的售后服务体系和有效的技术支持能力。了解生产公司近几年的版本更新情况，确定升级方法，是否在当地有办事处，能提供哪些服务，是否有技术培训，采用什么方式等。

2. CAD/CAM 选型步骤

（1）需求分析与应用规划　要弄清用 CAD/CAM 系统主要进行哪些设计与制造，后期的生产规划，要求具有哪些功能，技术人员的技术水平，用户具有的硬件设备情况和资金问题等。

（2）市场调研，收集资料，进行专家咨询　有哪些主流产品可供使用，各有什么优缺点，记录清楚各软件的名称、版本、模块构成、主要功能及适用领域；使用环境、价格、售后服务、应用情况、产品业绩；进行专家咨询和用户走访。

（3）成立选型小组、分析比较、选型评估，确定候选方案　根据记录情况，按

照使用要求和CAD/CAM系统功能情况，进行小组论证，分析比较，采用常规测试、难度测试、数量测试、专题设计测试，最后确定候选方案。

(4) 根据候选方案，由软件商提供配置建议方案和价格预算。

(5) 考虑售后服务和技术支援，进行技术磋商与商务谈判，以最佳的性价比确定CAD方案。

(6) 签订合同和技术协议，履行合同，启动CAD/CAM系统，进行设计、制造。

四、知识拓展

1. CAE

计算机辅助工程分析(computer aided engineering，CAE)是指工程设计中的分析计算、分析仿真和结构优化。CAE是从CAD中分支出来的，起步稍晚，其理论和算法经历了从蓬勃发展到日趋成熟的过程。随着计算机技术的不断发展，CAE系统的功能和计算精度都有很大提高，各种基于产品数字建模的CAE系统应运而生，并已成为工程和产品结构分析、校核及结构优化中必不可少的数值计算工具；CAE技术和CAD技术的结合越来越紧密，在产品设计中，设计人员如果能将CAD与CAE技术良好融合，就可以实现互动设计，从而保证企业从生产设计环节上达到最优效益。分析是设计的基础，设计与分析集成是必然趋势。

目前CAE技术已被广泛应用于国防、航空航天、机械制造、汽车制造等各个领域。CAE技术作为设计人员提高工程创新和产品创新能力的得力助手和有效工具，能够对创新的设计方案快速实施性能与可靠性分析；进行虚拟运行模拟，及早发现设计缺陷，实现优化设计；在创新的同时，提高设计质量，降低研究开发成本，缩短研发周期。

2. CAPP

计算机辅助工艺设计(computer aided process planning，CAPP)是根据产品设计结果进行产品的加工方法设计和制造过程设计。一般认为，CAPP系统的功能包括毛坯设计、加工方法选择、工序设计、工艺路线制定和工时定额计算等。其中工序设计包括加工设备和工装的选用、加工余量的分配、切削用量选择以及机床、刀具的选择、必要的工序图生成等内容。工艺设计是产品制造过程中技术准备工作的一项重要内容，是产品设计与实际生产的纽带，是一个经验性很强且随制造环境变化而多变的决策过程。随着现代制造技术的发展，传统的工艺设计方法已经远远不能满足自动化和集成化的要求。

随着计算机技术的发展，CAPP受到了工艺设计领域的高度重视。其主要优点在于：CAPP可以显著缩短工艺设计周期，保证工艺设计质量，提高产品的市场竞争能力；CAPP使工艺设计人员摆脱大量、烦琐的重复劳动，将主要精力转向新产品、新工艺、新装备和新技术的研究与开发；CAPP可以提高产品工艺的继承性，最大限度地利用现有资源，降低生产成本；CAPP可以使没有丰富经验的工艺师设计出高质量的工艺规程，以缓解当前机械制造业工艺设计任务繁重、缺少有经验工艺设计人员的矛盾；CAPP有助于推动企业开展的工艺设计标准化和最优化工作。CAPP在CAD、CAM中起到桥梁和纽带作用：CAPP接受来自CAD的产品几何拓扑信息、材料信息及精度、粗糙度等工艺信息，并向CAD反馈产品的结构工艺性评价信息；CAPP向CAM提供零件加工所需的设备、工装、切削参数、装夹参数以及刀具轨迹文件，同时接受CAM反馈的工艺修改意见。

国内外正在研究和已经开发的CAPP系统中，可分为派生式、创成式和混合式三种。目前用派生式原理生成工艺规程的方法已经比较成熟，应用广泛，大部分CAPP系统属于这种类型；创成式原理目前尚不完善，还处于研制阶段。

3. 逆向工程

逆向工程也称为反求工程(reverse engineering)，是指从实物上采集大量的三维坐标点，并由此建立该物体的几何模型，进而开发出同类产品的先进技术。逆向工程与一般的设计制造过程相反，是先有实物后有模型。仿形加工就是一种典型的逆向工程应用。目前，逆向工程的应用已从单纯的技巧性手工操作，发展到采用先进的计算机及测量设备，进行设计、分析、制造等活动，如获取修模后的模具形状、分析实物模型、基于现有产品的创新设计、快速仿形制造等。

4. 并行工程

并行工程(concurrent engineering)是随着CAD、CIMS技术发展提出的一种新理念和新的系统方法。这种方法的思路就是并行地集成设计产品及其开发过程，它要求产品开发人员在设计的阶段就考虑产品整个生命周期的所有要求，它包括质量、成本、进度、用户要求等，以便更大限度地提高产品开发效率及一次成功率。并行工程的关键是用并行设计方法代替串行设计方法。

5. 优化设计

在人类活动中，要办好一件事(指规划、设计等)，都期望得到最满意、最好的结果或效果。为了实现这种期望，必须有好的预测和决策方法。方法对头，事半功倍，反之则事倍功半。优化方法就是各类决策方法中普遍采用的一种方法。优化设计就是指在一定约束情况下，即满足各种设计条件时，利用数值优化计算方法得到产品最佳设计值。利用优化设计，可进一步改善和提高产品的性能；在满足各种设计条件下减少产品或工程结构重量，从而节省产品成本消耗、降低工程造价；可以进一步提高产品或工程设计效率。因此，优化设计是直接提高产品设计性能、降低产品成本的有效设计方法。优化设计可给企业带来直接的经济效益，从而提高企业产品的竞争能力。

任务二　认识 Pro/E

一、任务导入

Pro/E 自 20 世纪成功开发以来，业已发展成为一个全方位的三维产品开发软件，涉及二维草绘、零件设计、组件设计、工程图设计、模具设计、图表设计、布局设计和格式设计等。其主要特点如下：多模块集成、参数化设计和相关的单一数据库。由于其功能强大，模块众多，因而在机械、航空航天、工业设计、模具、家电、汽车和军工等行业应用广泛，享有很高的声誉。

Pro/E 虽可以完成许多复杂的产品设计，但任何复杂操作都是由诸多基础操作组成的，那么，Pro/E 有哪些基础操作呢？

二、相关知识

（一）Pro/E 的主操作界面

启动 Pro/E 5.0 软件后，系统经过如图 1-1 所示的短暂启动画面，进入初始工作界面，它主要由标题栏、菜单栏、常用工具栏、主工具栏、导航区、图形窗口和浏览器区组成，如图 1-2 所示。

图 1-1　Pro/E 5.0 启动界面

1. 菜单栏

菜单栏位于标题栏的下方。菜单栏包含的各菜单选项集中了大量的命令选项，用于软件的各种操作。初始工作界面的菜单栏由“文件”、“编辑”、“视图”、“插入”、“分析”、“信息”、“应用程序”、“工具”、“窗口”和“帮助”主菜单组成。在不同的设计模式下，菜单栏提供的菜单选项会有所不同。

在菜单栏中选择某个菜单选项，将打开该菜单选项的下拉菜单。如果下拉菜单中的某个命令右侧带有“▶”，则表示该命令具有一个次级菜单。例如，在菜

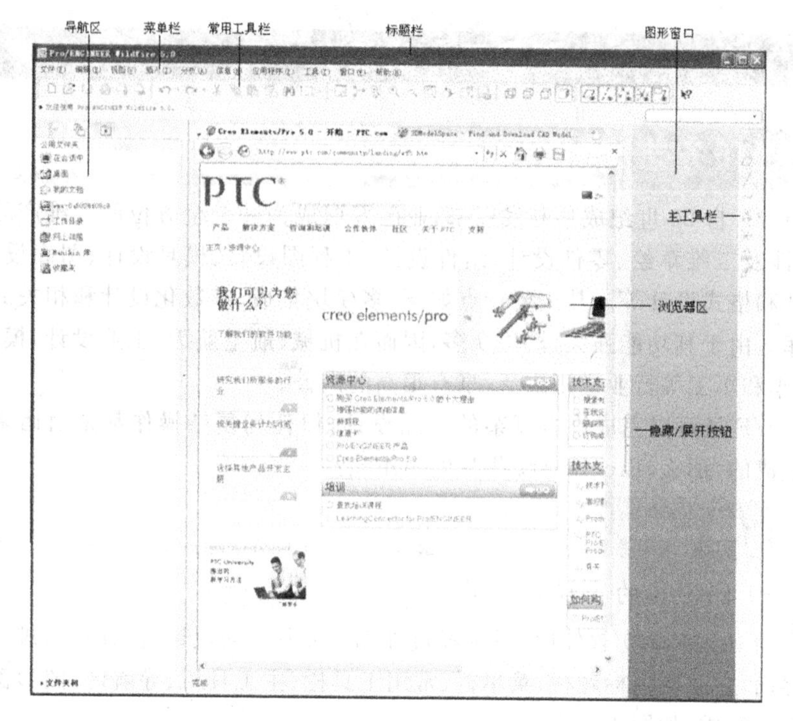

图 1-2 Pro/E 5.0 初始工作界面

单栏的“视图”菜单中，单击具有“▶”符号的“显示设置”命令，可以打开其次级菜单，从中选择所需要的命令，如图 1-3 所示。

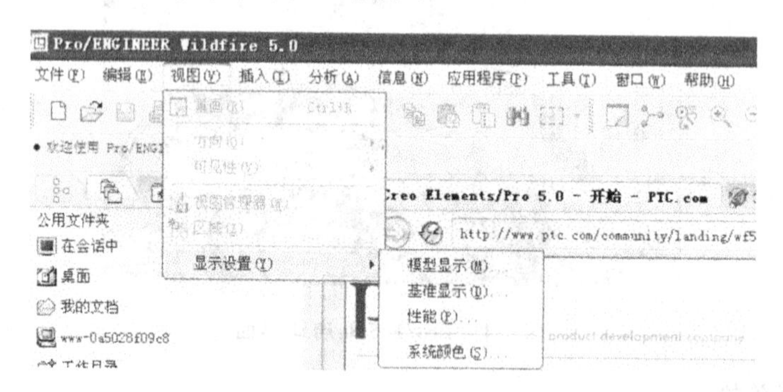

图 1-3 展开“显示设置”次级菜单

2. 主工具栏

主工具栏是相关工具栏的集合，其集中了软件特征工具按钮。用户可以根据设计情况，从主工具栏中选择所需的工具按钮，从而快速地执行相应的操作。

3. 导航区

导航区包括“模型树/层树”、“文件夹浏览器”和“收藏夹”3 个选项卡，这 3 个选项卡的功能及说明见表 1-1。

表 1-1 导航区的 3 个选项卡

序号	选 项 卡	功能用途	说 明
1	（模型树/层树）	模型树以树的形式显示模型的层次关系；当选择“层”命令时，该选项卡可显示层树结构	利用该选项卡来管理模型特征很直观和快捷
2	（文件夹浏览器）	该选项卡类似于 Windows 的资源管理器，可以浏览文件系统以及计算机上可供访问的其他位置	访问某个文件夹时，该文件夹的内容显示在软件浏览器中
3	（收藏夹）	可以添加收藏夹和管理收藏夹，主要用于有效组织和管理个人资料	

4. 图形窗口和浏览器

图形窗口用于显示和处理二维图形和三维模型等重要工作，它是设计的焦点区域。Pro/E 浏览器提供对内部和外部的访问功能，它可用于浏览访问 PTC 官方网站的资源中心，获取所需的技术支持和信息，用户也可通过官方网站查阅相关特征的详细信息。

（二）模型显示操作

在零件设计模式下，“视图”工具栏提供的常用模型视图工具按钮如图 1-4 所示。在“视图”菜单中提供了相关的命令，如图 1-5 所示，主要用于调整模型视图、定向视图、隐藏和显示图元、创建和使用高级视图以及设置多种模型显示选项。

图 1-4 “视图”工具栏

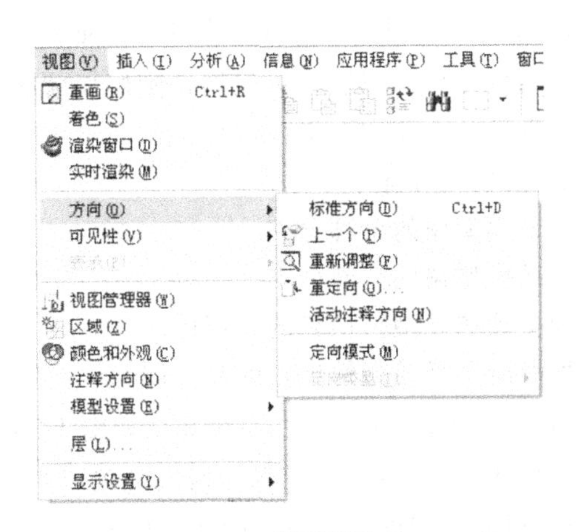

图 1-5 “视图”菜单

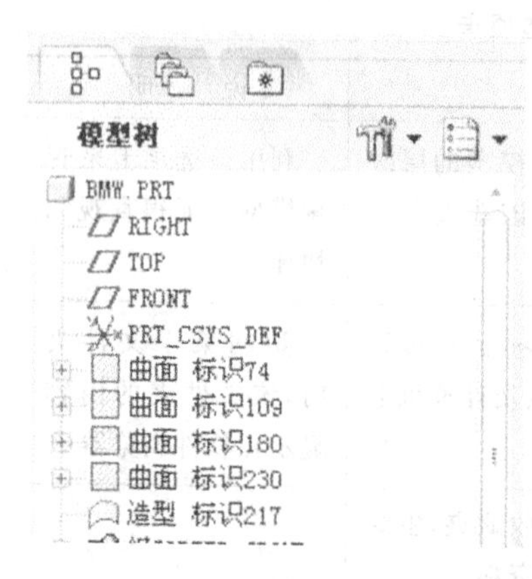

图 1-6　零件模型树

（三）使用模型树

模型树是以“树”的形式显示模型结构，其根对象位于树的顶部，附属对象位于下部。默认情况下，模型树显示在主窗口导航区的 选项卡中。在零件文件中，模型树显示零件文件名称并在名称下显示零件中的每一个特征，如图 1-6 所示。

需要注意的是，模型树只列出当前文件中的相关特征和零件级的对象，而不列出构成特征的图元。使用模型树可以帮助用户更好地把握模型树结构及各要素之间的父子关系。在实际设计中，可以使用模型树执行以下操作。

（1）重命名模型树中的对象　方法是单击所选对象名旁边的图标或双击该对象名，出现对话框，在对话框中键入新名称，按回车键确认。

（2）选取特征、零件或组件　在设计中使用模型树可以快速选择对象。模型树中的对象选择流程是面向“对象—操作”流程的，通过在模型树中使用鼠标单击对象的方式即可选择对象，而无须首先指定要对其进行何种操作。

（3）按项目类型或状态过滤显示　例如显示或隐藏基准特征，或者显示或隐藏隐含特征。

（4）在模型树中右击特征或零件，可以通过弹出的快捷菜单对其进行隐藏、隐含、删除、编辑定义、阵列、编辑参照或取消隐藏等操作。

（5）可以设置显示特征、零件或组件的显示或再生状态（如隐含或未再生）。

（6）在模型树中，单击加号或减号可分别展开或收缩模型树。

在导航区模型树的上方，单击 按钮，系统弹出如图 1-7 所示的层树对话框，从中可以控制模型树中对象的显示，可以切换到层树状态。下面简单地介绍该下拉菜单中各命令选项的功能和含义。

“层树”　设置层、层项目和显示状态。

“全部展开”　展开模型树的全部分支。

“全部收缩”　收缩模型树的全部分支。

“预选加亮”　加亮预选模型树项目的几何体。

“加亮几何”　加亮所选择模型树项目的几何体。

在导航区模型树上方，单击 按钮，系统弹出如图 1-8 所示的对话框，在该对话框，可以设置“树过滤器”、“树列”和“样式树”，可以“打开设置文件”和“保存设置文件”等。下面简单地介绍该下拉菜单中各选项的功能与含义。

“树过滤器”　按类型和状态控制在模型树项目的显示。选择“树过滤器”命

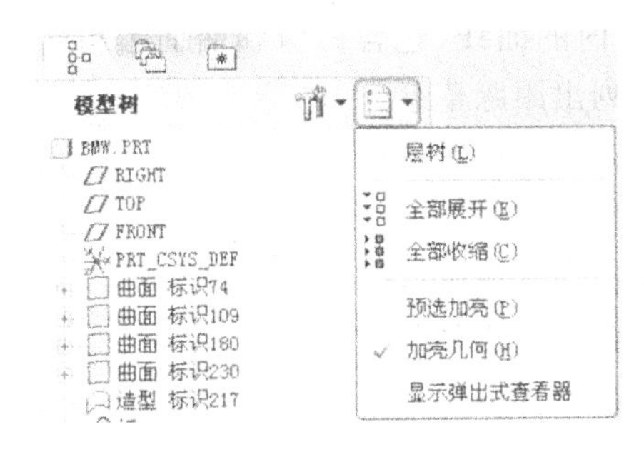

图 1-7　层树对话框

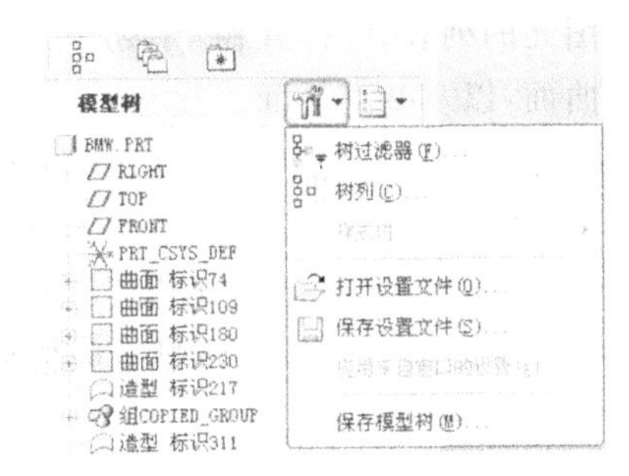

图 1-8　对话框

令，打开如图 1-9 所示的“模型树项目”对话框，从中设置相关的显示项目，被选中(打钩)的项目将在模型树中显示。

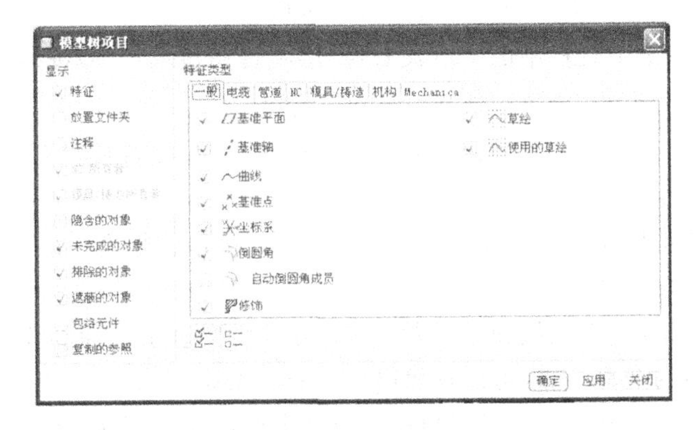

图 1-9　“模型树项目”对话框

“树列”　该命令用于设置“模型树列”的显示选项。选择该命令，弹出如图 1-10 所示的“模型树列”对话框。在“不显示”选项组中按照指定类型下选择某个将要显示的项目。

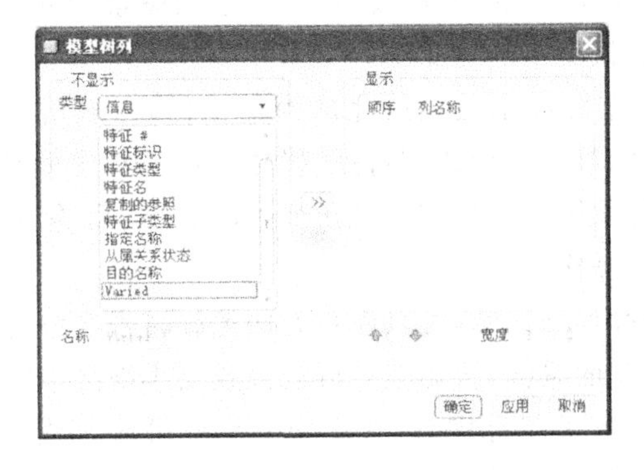

图 1-10　“模型树列”对话框

“样式树”　提供用于设置“样式树”的相关选项。“样式树”是“样式”特征中图元的列表。“样式树”中列出当前样式特征内的曲线、包含修剪和曲面编辑的曲面，以及基准平面。注意，在样式树中不会列出跟踪草绘。

“打开文件设置” 打开在文件加载以前存储的设置文件。

“保存设置文件” 将当前设置(信息栏等)存储到磁盘。

“应用来自窗口的设置” 该命令用于应用到其他窗口的设置。

“保存模型树” 将显示的模型树信息以文本格式存储到磁盘下。

（四）使用层树

在Pro/E中，通常使用层树来管理某些图形元素。例如，将属于同一类的图形元素指定为特定层的项目，以方便对该类图形元素进行统一的隐藏、隐含和显示等相关操作。

用户可以通过以下几种方式之一访问层树。

方式一：单击工具栏中的 (设置层、层项目和显示状态)按钮。

方式二：在“视图”菜单中选择“层”复选命令。

方式三：在导航区的模型树上方单击“显示”按钮，接着从打开的下拉菜单中选择“层树”命令。

用户要熟悉层树的三个使用按钮，即“显示”按钮、“层”按钮和“设置”按钮，它们的功能和含义如下。

“显示”按钮：使用该按钮的下拉菜单，可以切换显示返回到模型树，可以展开或收缩层树的全部节点，可以查找层树中的对象等。

“层”按钮：单击该按钮，可以根据需要从中选择“隐藏”等命令。

“设置”按钮：主要用于向当前定义的层或子模型层中添加非本地项目。

（五）鼠标操作及功能

在Pro/E中最好使用三键鼠标，三键鼠标在Pro/E中的常用操作说明如下。

(1) 左键：用于选择菜单、工具按钮，明确绘制图素的起始点与终止点，确定文字注释位置，选择模型中的对象等。

(2) 中键：单击中键表示结束或完成当前操作，一般情况下与菜单中的“完成”选项、对话框中的“确定”按钮、“特征”操作控制面板中确认按钮的功能相同。此外，鼠标的中键还用于控制模型的视角变换、缩放模型的显示及移动模型在视区中的位置等，具体操作如下：

按下鼠标中键并移动鼠标，可以任意方向地旋转视区中的模型；

对于中键为滚轮的鼠标，转动滚轮可放大或缩小视区中的模型；

同时按下“Ctrl”键和鼠标中键，上下拖动鼠标可放大或缩小视区中的模型，左右拖动鼠标可翻转视区中的模型；

同时按下“Shift”键和鼠标中键，拖动鼠标可平移视区中的模型。

(3) 右键：选中对象(如工作区和模型树中的对象、模型中的图素等)，单击右

键，显示相应的快捷菜单。

三、任务实施

（一）Pro/E启动与退出

Pro/E与其他软件类似，操作程序时需打开软件，离开程序时需关闭软件。

1. 启动Pro/E

该软件有两种启动方式：一种是通过程序在安装过程中产生的桌面快捷图标来开启；另外一种是在安装程序目录下（如C:\Program Files\proeWildfire5.0\bin）找到Pro/E开启快捷图标，双击快捷图标，开启软件。

2. 关闭Pro/E

关闭Pro/E常用的方法有两种。一种是在菜单栏中选择“文件”/“退出”命令，在弹出的“确认”对话框中单击 是(Y) 按钮，如图1-11所示，确认后关闭程序。在关闭的过程中如果有未保存的文件或操作时，系统会提示是否保存修改。

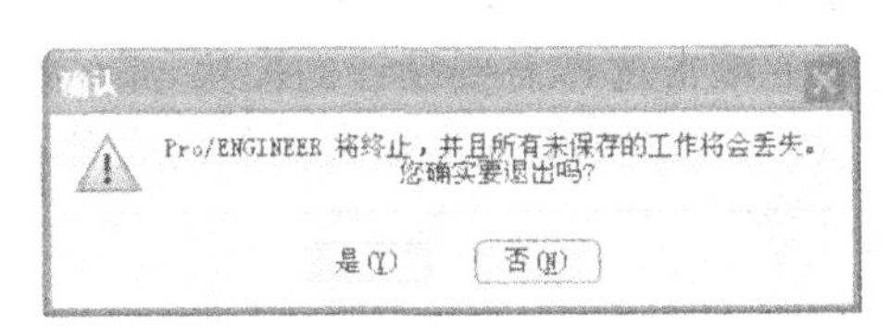

图1-11 “确认”对话框

另一种是直接单击工作窗口中右上角的按钮，在弹出的“确认”对话框中单击 是(Y) 按钮，确认后关闭程序。

（二）文档操作

Pro/E中文件基本操作包括设置工作目录、新建文件、打开文件、保存文件、保存副本、拭除文件、删除文件、文件重命名等。

1. 设置工作目录

为了便于管理软件在工作中产生的有关文件，在开始或开启某一个项目文件时，首先应对该项目设置工作路径，设置路径后可以轻松地操作及管理相关路径上的文件。

操作步骤：

启动Pro/E 5.0，选择“文件”/“设置工作目录”菜单栏命令，系统自动弹出“选取工作目录”对话框，单击对话框中的计算机名称项（根据每个用户计算机名称确定），如图1-12所示。弹出下拉列表，然后在计算机硬盘中查找并指定工作目录。

设置完成后单击对话框中的 确定 按钮。

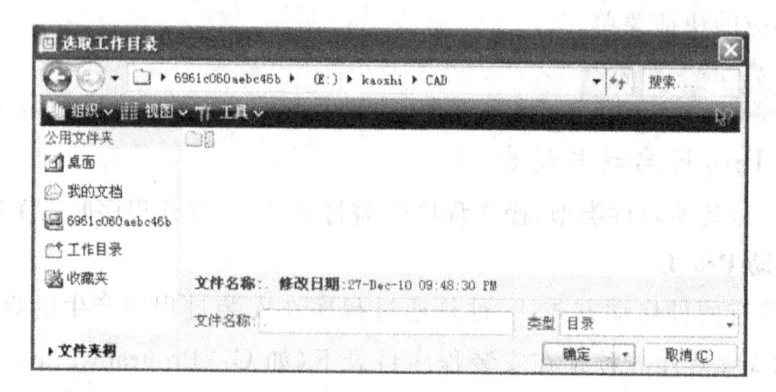

图 1-12 “选取工作目录”对话框

2. 新建文件

新建文件有两种方式：一种是通过选择“文件”/“新建”菜单栏命令来完成；另一种是通过单击常用工具栏中的图标 来完成。其操作步骤如下。

选择“文件”/“新建”菜单栏命令，如图 1-13 所示，弹出“新建”对话框。

在对话框“类型”栏下单击选择需要设计的模块，系统默认为“零件”项，“子类型”栏为“实体”项。在“名称”文本框中输入相关的文件名，然后取消“使用缺省模板”项勾选。单击 确定 按钮，弹出如图 1-14 所示的“新文件选项”对话框，选择一种模板，完成新建文件操作。

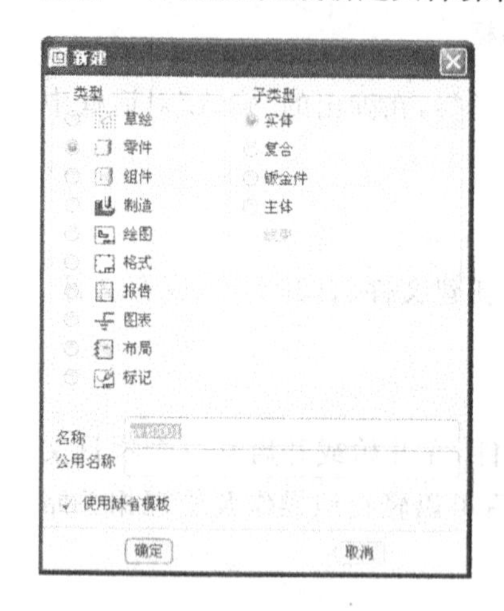

图 1-13 “新建”对话框

图 1-14 “新文件选项”对话框

3. 打开文件

文件的打开方式有两种：一种是通过选择“文件”/“打开”菜单栏命令；另一种是通过单击常用工具栏中的 图标。其操作步骤如下。

选择“文件”/“打开”菜单栏命令，弹出如图 1-15 所示的“文件打开”对话框。

单击选择对话框中的模型。在模型很多的情况下，为了准确地打开所需模

型可以单击预览按钮，对话框中将自动显示所选择模型的预览状态。

单击对话框中的 打开 按钮，完成文件打开操作。

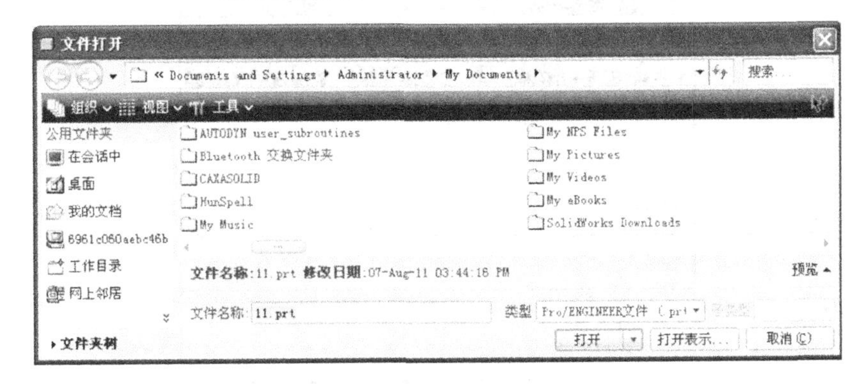

图 1-15　“文件打开”对话框

4. 保存文件

零件在设计的过程中或者设计完成后为了防止文件内容的丢失，应及时保存。保存文件有两种方式：一种是通过选择“文件”/“保存”菜单栏命令来完成；另一种是通过单击常用工具栏中的图标来完成。其具体操作步骤如下。

选择“文件”/“保存”菜单栏命令。

在弹出的“保存对象”对话框中单击 确定 按钮，如图 1-16 所示，完成文件保存操作。

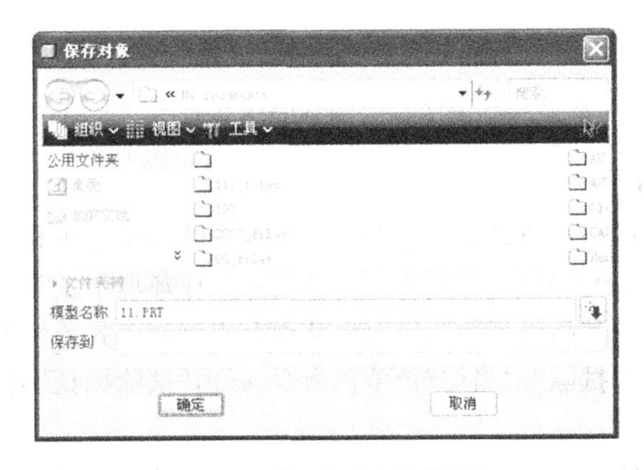

图 1-16　“保存对象”对话框

5. 保存副本

保存副本是指保存指定对象文件的副本，多用于保存为另外格式的文件，副本可以保存到指定的目录下。其操作步骤如下。

选择“文件”/“保存副本”菜单栏命令，弹出如图 1-17 所示的“保存副本”对话框。

在“新名称”文本框中输入相关文件名(文件名不能与模型名称相同)。

保存副本
« My Documents ▸
搜索
组织 视图 工具
公用文件夹
桌面
我的文档
AUTODYN user_subroutines
Bluetooth 交换文件夹
CAXASOLID
HunSpell
My Music
文件夹树
模型名称 11.PRT
新名称
类型 零件 (*.prt)
确定
取消

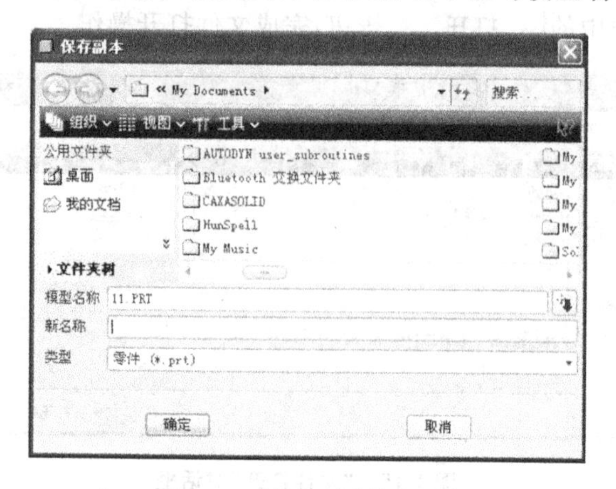

图 1-17　“保存副本”对话框

单击“类型”文本框中的空白处,弹出下拉列表,如图 1-18 所示。单击选择列表中的任一格式,系统自动将当前的模型保存到相应的格式。单击 确定 按钮,完成保存副本操作。

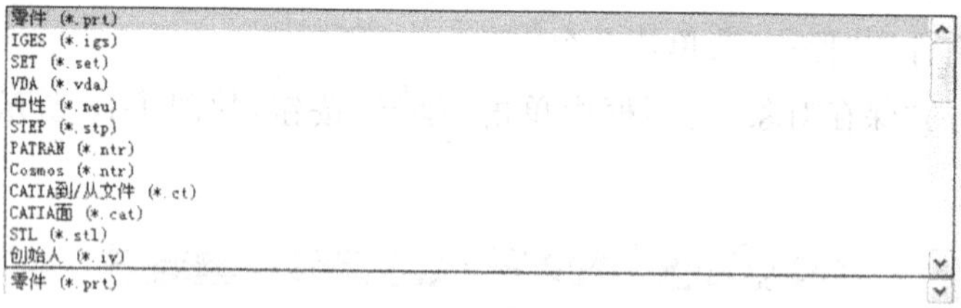

零件 (*.prt)
IGES (*.igs)
SET (*.set)
VDA (*.vda)
中性 (*.neu)
STEP (*.stp)
PATRAN (*.ntr)
Cosmos (*.ntr)
CATIA到/从文件 (*.ct)
CATIA面 (*.cat)
STL (*.stl)
创始人 (*.iv)
零件 (*.prt)

图 1-18　“类型”下拉列表

6. 拭除文件

拭除文件包括两种方式,分别是拭除当前文件和拭除不显示文件。文件关闭后可以通过“拭除不显示”命令将命令文档从工作环境中拭除。

拭除当前文件是指将当前工作对象从内存中删除。其操作步骤如下。

选择“文件”/“拭除”/“当前”菜单栏命令,弹出“拭除确认”对话框,如图 1-19 所示。

单击 是 按钮,系统自动将当前的工作对象从内存中删除。

拭除不显示文件是指将所有未显示的对象从内存中删除,但对象不会从硬盘中删除。其操作步骤如下。

选择选择“文件”/“拭除”/“不显示”菜单栏命令,弹出“拭除未显示的”对话框,如图 1-20 所示。

单击 确定 按钮,系统自动将当前的未显示对象从内存中拭除。

图 1-19 “拭除确认”对话框

图 1-20 “拭除未显示的”对话框

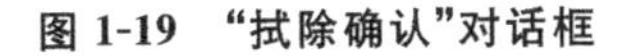

7. 删除文件

删除 Pro/E 野火版 5.0 创建的文件包括两种方式:一种是删除旧版本;另一种是删除所有版本。在执行删除所有版本时应慎重操作。

删除文件的旧版本是指将对象的最新版本以外的所有版本进行删除。其操作步骤如下。

选择“文件”/“删除”/“旧版本”菜单栏命令,弹出如图 1-21 所示的消息输入窗口。

单击消息输入窗口的 ✓ 按钮完成文件旧版本删除。

图 1-21 消息输入窗口

删除文件的所有版本是指将文件的所有版本从磁盘中彻底删除。其操作步骤如下。

选择“文件”/“删除”/“删除所有版本”菜单栏命令,弹出如图 1-22 所示的“删除所有确认”对话框。

单击对话框中的 是(Y) 按钮,系统将会删除当前工作对象的所有版本。

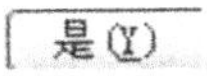

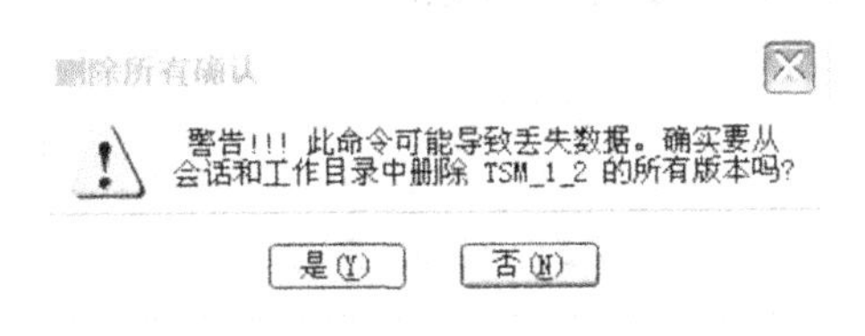

图 1-22 “删除所有确认”对话框

8. 文件重命名

通过“重命名”命令可改变当前工作模型的名称,重命名后模型的属性将不会改变。其操作步骤如下。

选择“文件”/“重命名”菜单栏命令,弹出如图 1-23 所示的对话框。

在“新名称”文本框中输入模型的名称，其他选项参照系统的默认设置，最后单击 确定 按钮完成重命名的操作。

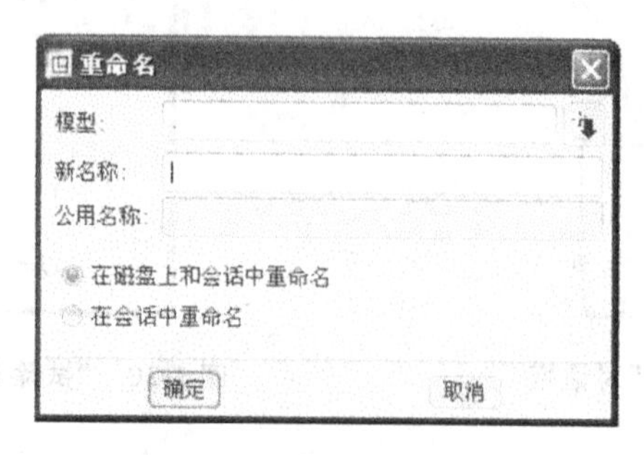

图 1-23 “重命名”对话框

（三）开口异形垫圈实例

为了一开始就对 Pro/E 环境下的设计有一个具体的体会，先完成一个简单的开口异形垫圈模型，具体操作如下。

1. 新建文件夹

（1）在工具栏上单击 按钮，弹出“新建”对话框。

（2）在“类型”选项组中选择“零件”单选按钮，在“子类型”选项组中选择“实体”单选按钮；在“名称”文本框中，输入文件名；并取消选中“使用缺省模板”复选框，不使用系统默认模板。

（3）在“新建”对话框中，单击“确定”按钮，弹出“新文件选项”对话框。

（4）在“模板”选项组中，选择 mmns_part_solid 选项。

（5）单击“确定”按钮，进入零件设计模式。

2. 创建拉伸特征

（1）单击 按钮，打开拉伸工具操控面板。

（2）在拉伸工具对话框上指定要创建的模型特征为 （实体），如图 1-24 所示。

图 1-24 拉伸工具对话框

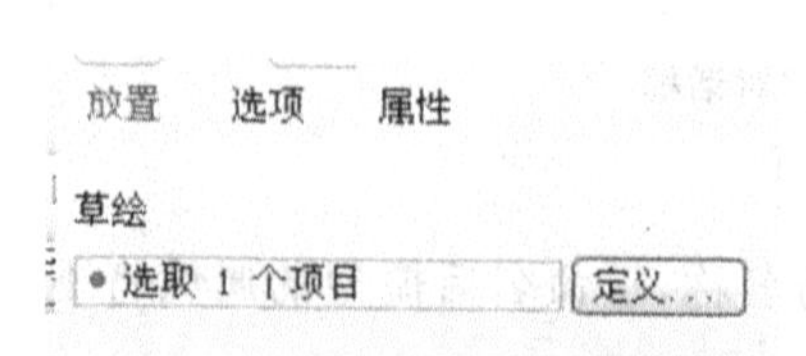

图 1-25 “放置”上滑面板

（3）单击拉伸工具对话框中的“放置”，弹出“放置”上滑面板，然后单击“定义”按钮，如图 1-25 所示。

（4）弹出“草绘”对话框，选择 TOP 基准平面作为草绘平面，其他设置默认，单击“草绘”按钮，进入草绘器中。

(5) 绘制如图 1-26 所示的拉伸剖面。单击按钮，完成草绘并退出草绘模式。

(6) 在拉伸工具对话框上，接受默认的深度类型选项，输入要拉伸的深度值为 14。

(7) 在拉伸工具对话框上，单击按钮，完成一个开口异形垫圈基本体的创建，此时在键盘上按“Ctrl＋D”组合键，则模型以默认的标准方向来显示，如图 1-27 所示。

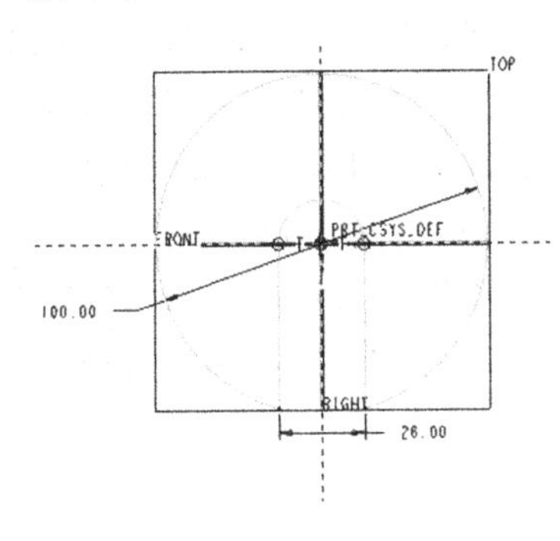

图 1-26　草绘剖面

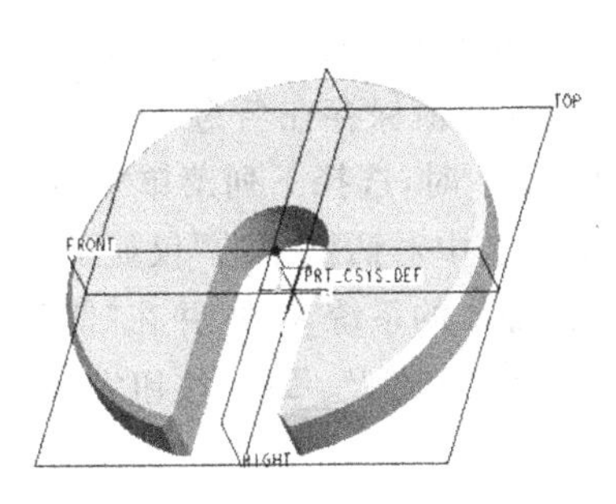

图 1-27　开口异形垫圈的基本体

3. 创建倒角特征

(1) 单击按钮，或者从菜单栏上选择“插入”/“倒角”/“边倒角”命令，打开“倒角”对话框如图 1-28 所示。

图 1-28　“倒角”对话框

(2) 在倒角对话框上，选择边倒角标注形式为 45×D，在 D 尺寸框中输入 2。

(3) 在模型中，结合使用“Ctrl”键选择如图 1-29 所示的 4 条边线。

(4) 在“倒角”对话框上，单击按钮，完成的开口异形垫圈效果如图1-30所示。至此，开口异形垫圈的三维模型设计完毕。

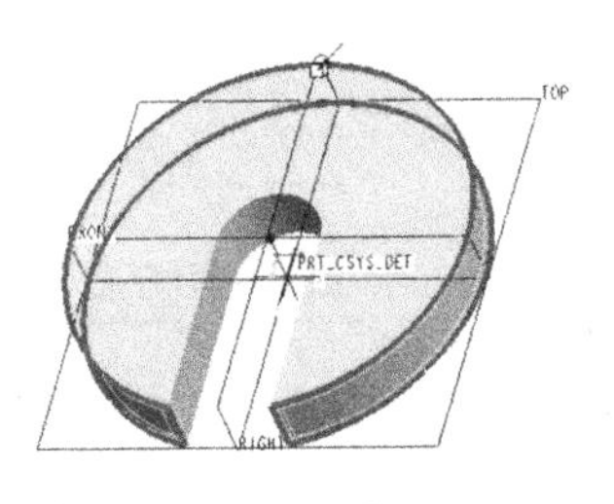

图 1-29　边线选择

图 1-30　开口异形垫圈

四、知识拓展

（一）使用多个Pro/E窗口

在Pro/E中如果打开多个窗口，那么一次只能激活其中一个（即处于工作状态）；不过，在非活动窗口中仍可以执行某些功能。要激活一个非活动窗口，只需单击菜单“窗口”/“激活”命令或在键盘上按“Ctrl＋A”键。

（二）Pro/E系统环境设置

Pro/E系统环境设置包括默认的模型显示方式、默认的长度单位、默认的大小、默认的字形、欲使用的工程图设置文件等，其设置方式是以文字模式将系统参数及参数值保存在名为config.pro的文件内。欲编辑Pro/E的系统环境文件config.pro时，选择下列菜单“工具”/“选项”，则出现“选项”对话框，如图1-31所示，取消选中对话框中的“仅显示从文件加载的选项”，在对话框中的“选项”栏框输入欲加入的系统参数，并在“值”栏框选择允许的参数值，然后点击对话框中的 添加/更改 按钮及 应用 按钮完成参数值修改。

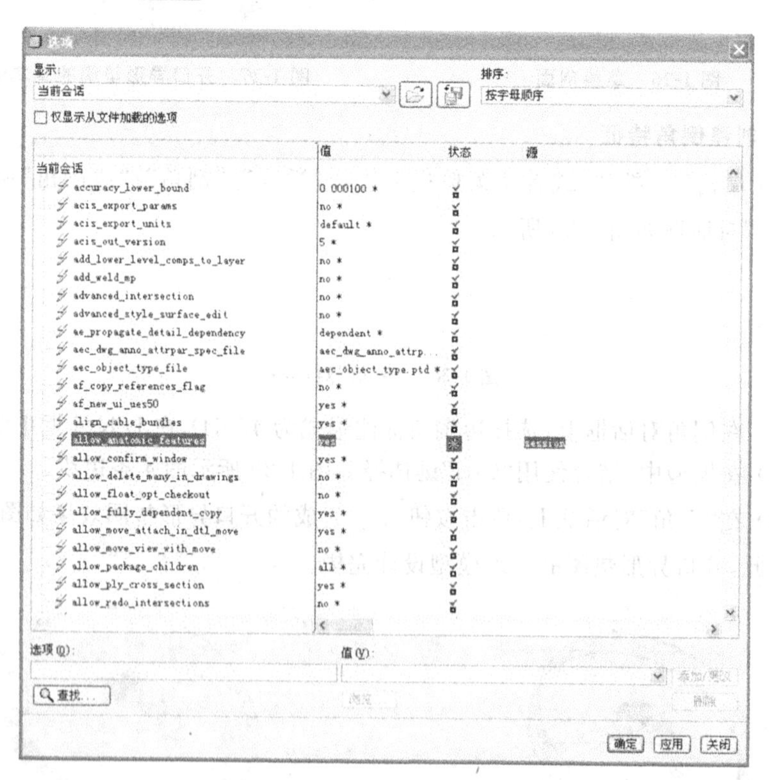

图1-31 “选项”对话框

由于系统参数众多，因此可点击图1-31中的 查找... 按钮，弹出如图

1-32所示的“查找选项”对话框，在“键入关键词”栏框输入参数的关键词(输入关键词的部分字即可)，点击 立即查找 按钮，系统即列出所有相关的参数。例如图1-32 中，输入关键词 unit，点击 立即查找 按钮后，系统即列出许多与单位设置相关的环境参数选项及其参数值，例如将 pro_unit_sys 设置为 mmns，即代表使用公制单位：毫米/牛顿/秒。

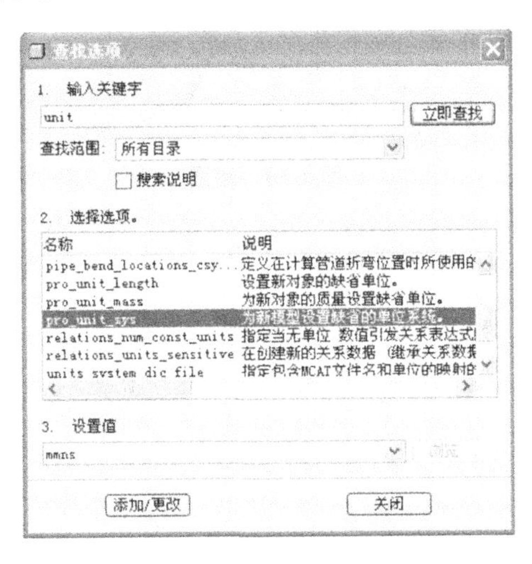

图 1-32 “查找选项”对话框

小 结

本模块首先介绍了有关 CAD/CAM 的基本概念及发展趋势和常见的 CAD/CAM 系统及 CAD/CAM 的选型方法，其次介绍了 Pro/E 界面组成和软件常用的操作和设置方法，最后以一个简单的例子介绍了实体造型的过程。通过本模块的介绍，使读者对 CAD/CAM 技术建立一个初步的概念，同时对 Pro/E 系统有一个感性认识，为后面各模块的学习打下一基础。

思考与练习

1. 解释 CAD、CAM、CAPP、CAE、CAD/CAM 集成系统及 CIMS 的概念?

2. 国内外现流行的 CAD/CAM 软件有哪些类型? 列举 2～3 种典型的 CAD/CAM 软件，并阐述其主要功能。

3. 在 CAD/CAM 系统选型时应考虑哪些问题?

4. 收集有关资料，阐述我国 CAD/CAPP/CAE/CAM 技术应用中的成功之处和不足之处。

5. 在计算机 D 盘根目录下建立名为“作业”的文件夹，将 Pro/E 工作目录指

向此文件夹，创建如图 1-33 所示的图形，并将此图形命名为“dianquan”，保存在此文件夹下。

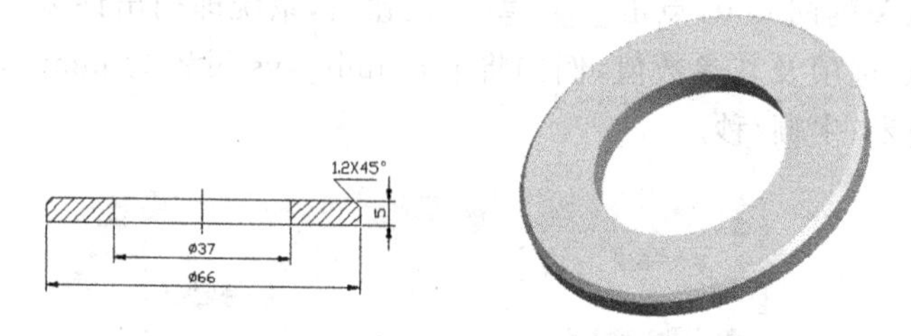

图 1-33 垫圈

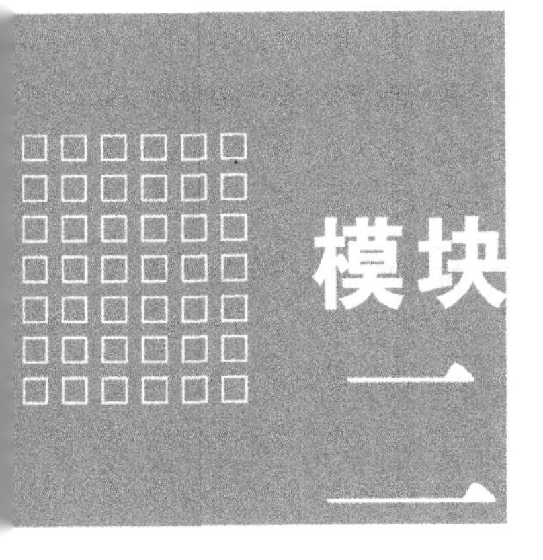

截面草图设计

【能力目标】

掌握绘图、编辑、几何约束等的操作，能熟练绘制平面图形，为实体的截面草图绘制打下基础。

【知识目标】

1. 掌握直线、圆等图素绘制和编辑工具图标的操作步骤。
2. 学习并掌握图素尺寸的标注和编辑的方法。
3. 学习并掌握几何约束的操作和使用方法。

任务一　盘类零件的截面草图绘制

一、任务导入

绘制如图 2-1 所示的平面图形，该图由直线、圆等图素构成。通过此图的绘制，学习直线、圆等基本绘图工具图标的用法。

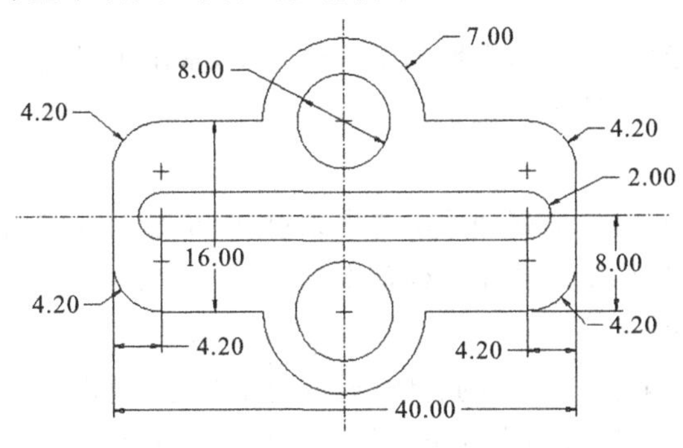

图 2-1　盘类零件图

二、相关知识

（一）截面草图模块的界面简介

1. 进入草绘界面

(1) 在常用工具栏中单击 □ 图标按钮或单击“文件”/“新建”，弹出“新建”对话框。

(2) 在“新建”对话框的“类型”选项组中选择“草绘”单选图标按钮。

(3) 在“名称”右面的文本框中输入新文件名或接受默认名，单击“确定”按钮，系统进入如图 2-2 所示草绘界面。

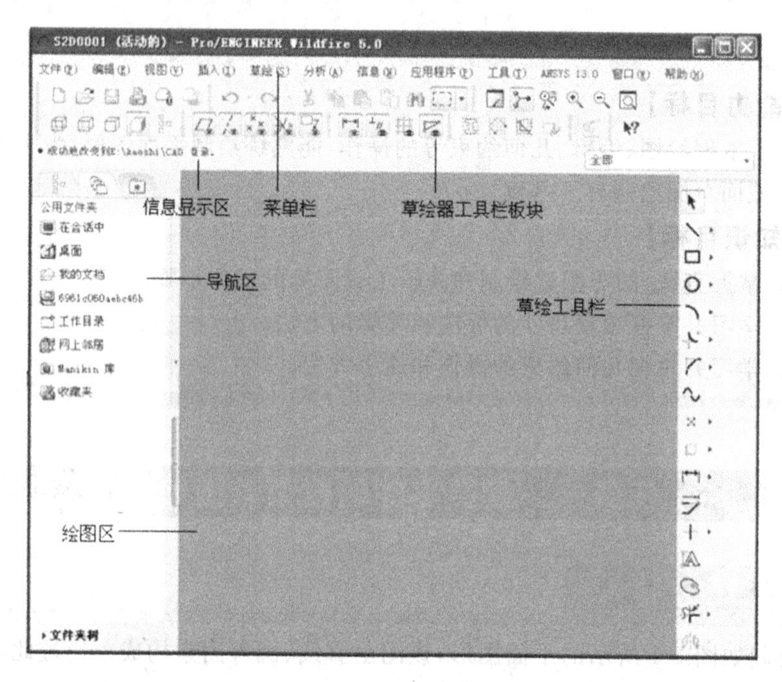

图 2-2　草绘界面

与基本界面相比，主菜单中增加了草绘菜单，常用工具栏中增加了草绘器板块，主窗口中增加了草绘工具栏。

2. 草绘菜单

在草绘模块中，将鼠标移到菜单栏中菜单项“草绘”，得到的下拉菜单为草绘菜单，它和草绘工具栏中的功能图标基本对应。

3. 草绘工具栏

草绘工具栏一般位于界面的右侧，通过此工具栏，用户可进行平面图形的绘制、尺寸标注和修改，以及约束的定义等。在工具条中带有小三角的表示可以打开级联图标。

4. 草绘器工具栏

如图 2-3 所示为工具栏中的草绘器工具栏板块，其各功能说明如下。

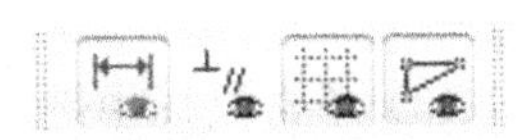
图 2-3　草绘器工具栏

第一个图标为尺寸显示，切换尺寸显示的开和关，按下为“开”，否则为“关”。

第二个图标为约束显示，切换约束显示的开和关，按下为“开”，否则为“关”。

第三个图标为网格显示，切换网格显示的开和关，按下为“开”，否则为“关”。显示网格可以帮助定义较为粗略的几何关系和比例。

第四个图标为端点显示，切换端点显示的开和关，按下为“开”，否则为“关”。这四个图标在默认情况下，都为“开”的状态。

（二）基本绘图和编辑工具的用法

1. 通过两点绘制一条直线段

（1）单击图标按钮 ╲ ，或者在菜单栏中选择“草绘”/“线”/“线”。

（2）在绘图区域将鼠标移到所画直线的第一端点位置，按左键即定出一点。

（3）在绘图区域将鼠标移到所画直线的第二端点位置处按左键指定直线的第二点，完成一条直线段。

（4）单击鼠标中键或按回车键，结束该命令操作。系统会自动标注出直线段的长度及相对位置尺寸，如图 2-4 所示。如果继续画线可单击第三点，这时第二、三点之间也画出一线段。

2. 绘制相切直线

（1）单击图标按钮 ，或在菜单栏中单击“草绘”/“线”/“直线相切”。

（2）在绘图区域选取要相切的第一个图素，该图素可为圆或圆弧。

（3）移动鼠标至另一个相切图素（圆或圆弧）的区域，系统会自动捕捉到相切点，此时单击鼠标左键，完成绘制一条与所选两个图素相切的直线，如图 2-5 所示。

（4）单击鼠标中键，退出该命令。

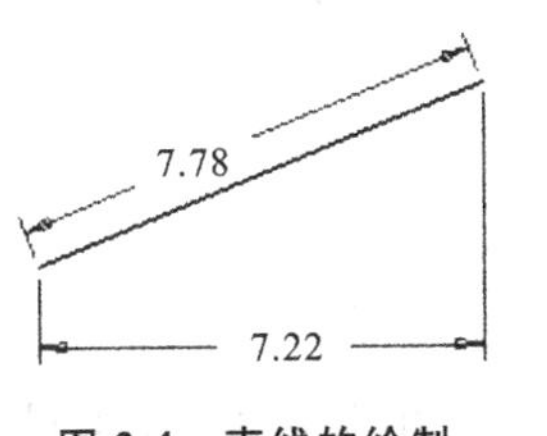

图 2-4　直线的绘制

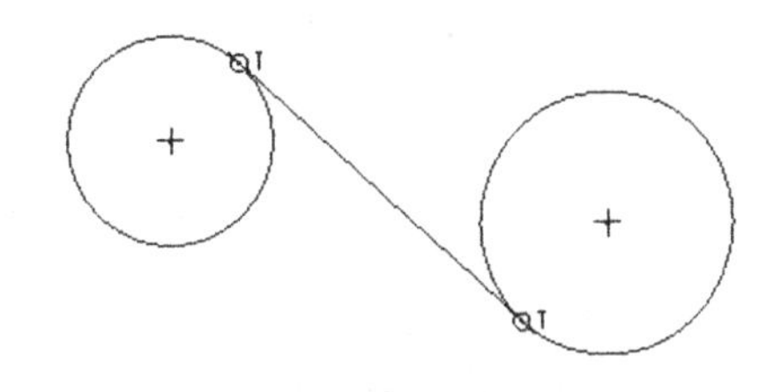
图 2-5　绘制相切直线

3. 绘制矩形

（1）单击图标按钮 ，或在菜单栏中单击“草绘”/“矩形”/“矩形”。

(2) 在绘图区域用鼠标左键指定矩形的一个对角点,然后指定另一个对角点。

(3) 单击鼠标中键,退出该命令。

4. 通过给定圆心和半径绘制圆

(1) 单击图标按钮 ○,或在菜单栏中单击“草绘”/“圆”/“圆心和点”。

(2) 在绘图区单击一点作为圆心,然后移动鼠标光标单击另外一点作为圆周上的一点。

(3) 单击鼠标中键,完成圆的绘制,退出该命令。

5. 绘制圆角

(1) 单击图标按钮,或在菜单栏中单击“草绘”/“圆角”/“圆形”。

(2) 在绘图区域单击用于生成圆角的两条边,如图 2-6 所示。

(3) 单击鼠标中键,退出该命令。

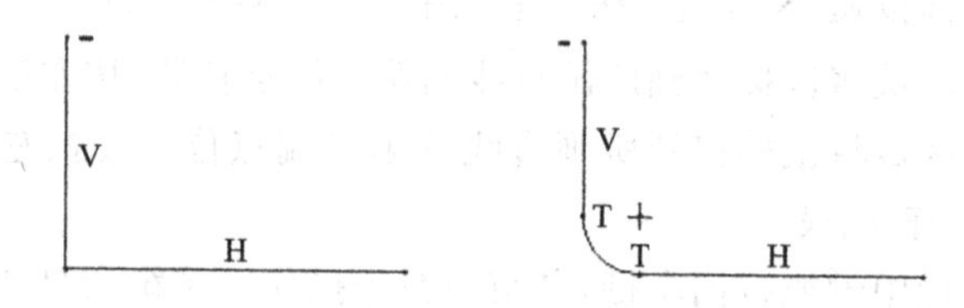

图 2-6 创建圆角

6. 修剪图形

(1) 单击图标按钮,或在菜单栏中单击“编辑”/“修剪”/“删除段”。

(2) 单击要删除的段,所单击的段即被删除,如图 2-7 所示。

(3) 单击鼠标中键,退出该命令。

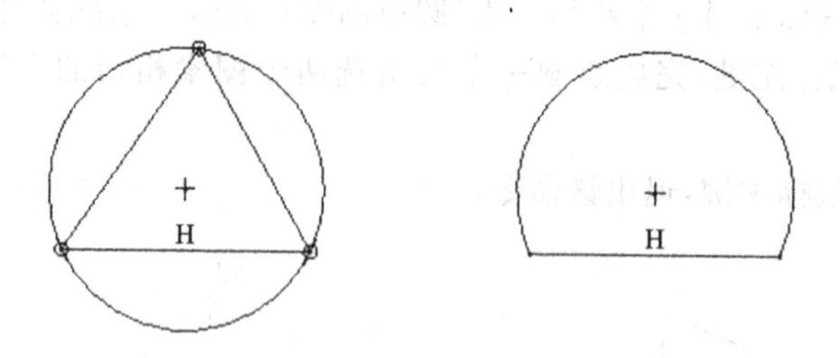

图 2-7 删除段示例

(三) 尺寸修改

当完成了几何线条的绘制后,Pro/E 系统会自动标注出其尺寸,此类尺寸称为弱尺寸。这类尺寸是由系统生成的默认尺寸,有时并不能反映设计者的意图;要使尺寸符合要求,就需对尺寸修改或重新标注尺寸,这类尺寸称为强(化)尺寸,强化后的尺寸默认以黄色显现在画面上,设计者利用手工标注方法加入一个

新尺寸时，Pro/E 系统会自动删除一个已有的弱尺寸。

修改尺寸有两种方法：一种是直接双击要修改的尺寸，在出现的文本框中输入其新值进行修改；另一种是通过修改按钮进行，具体步骤如下。

(1) 在草绘工具栏中单击修改图标按钮 。

(2) 选择要修改的尺寸，可以选择若干要修改的尺寸，系统会弹出“修改尺寸”对话框，如图 2-8 所示。

(3) 利用“修改尺寸”对话框，为所选定尺寸指定新值。

(4) 单击对话框中的完成图标按钮 。

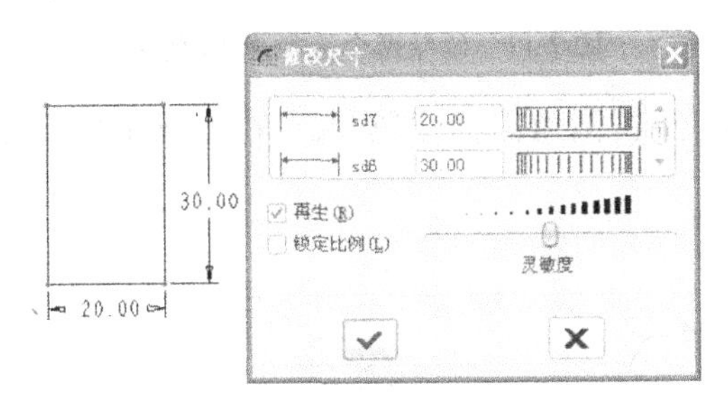

图 2-8　“修改尺寸”对话框

三、任务实施

(1) 新建草绘文件　单击 图标按钮，“类型”选项组中选择“草绘”图标按钮，输入文件名为“PL_2_hf1”。单击“确定”按钮，进入草绘器。

(2) 绘制中心线　单击中心线图标按钮 ，绘制两条中心线，如图 2-9 所示。

(3) 绘制矩形　单击图标按钮 ，在绘图区单击矩形两个对角点，并按图示尺寸修改其长和宽的尺寸及定位尺寸，如图 2-10 所示。

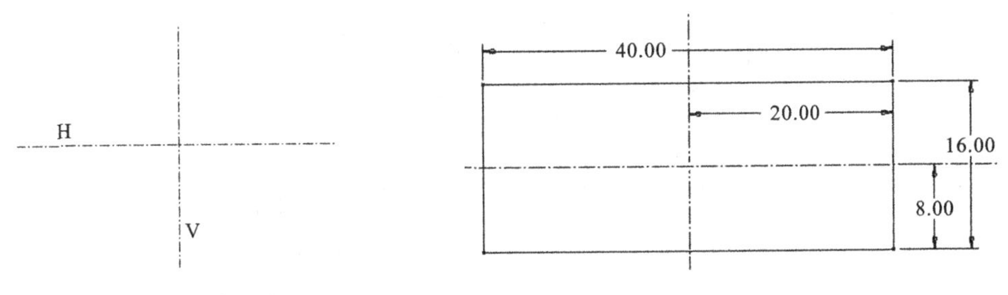

图 2-9　绘制中心线　　　　图 2-10　绘制矩形

(4) 绘制两个圆　单击图标按钮 ，分别在矩形两条边上各绘制一个直径为 14 的圆，如图 2-11 所示。

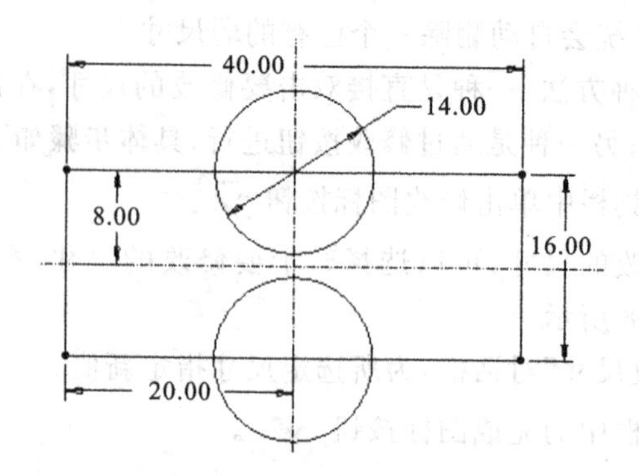

图 2-11　绘制两个直径为 14 的圆

（5）绘制圆角　单击圆角图标按钮 ，在图形中创建如图 2-12 所示的 4 个圆角。

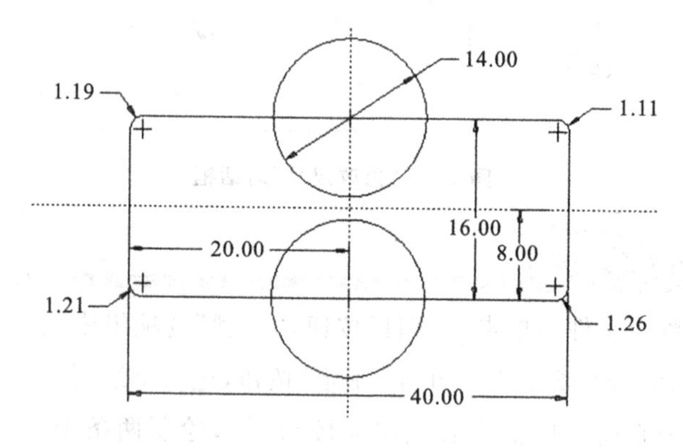

图 2-12　绘制 4 个圆角

（6）修改圆角半径值　双击 4 个圆角中的一个圆角，将其半径值修改为4.2，用同样的方法修改其他 3 个圆角的值也为 4.2，如图 2-13 所示。

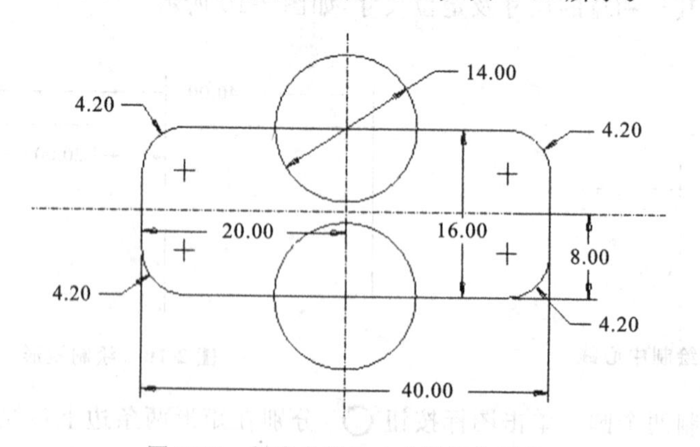

图 2-13　创建半径为 4.2 的四个圆角

（7）修剪图形　在草绘工具栏中单击图标按钮 ，将图形修剪成如图 2-14 所示的图形。

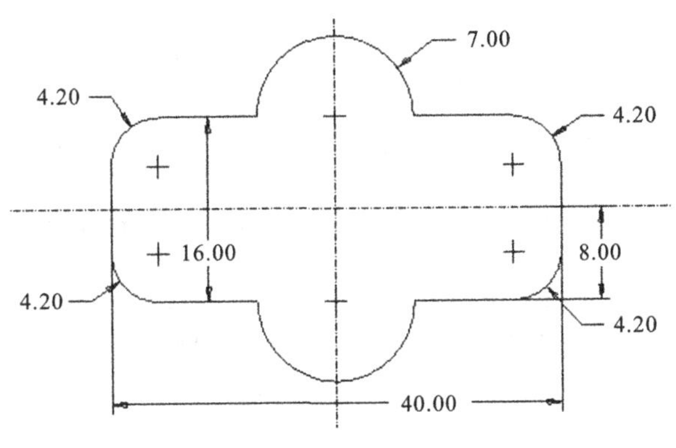

图 2-14　修剪图形

（8）绘制两个小圆　单击图标按钮 ，绘制两个直径为 8 的小圆，如图2-15 所示。

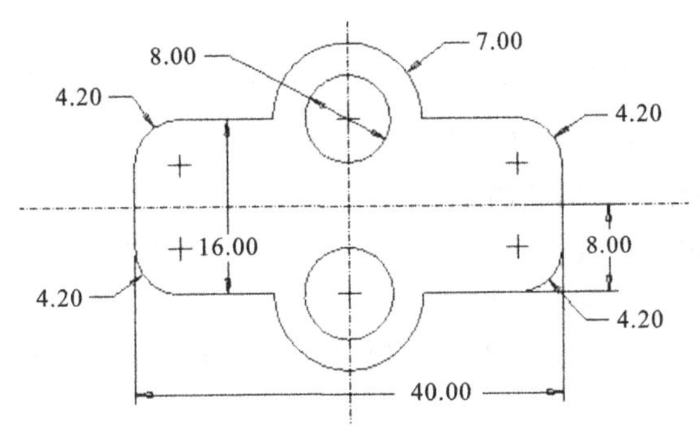

图 2-15　绘制两个直径相等的小圆

（9）绘制两个圆　单击图标按钮 ，分别在中心线上绘制两个直径为 4 的小圆，如图 2-16 所示。

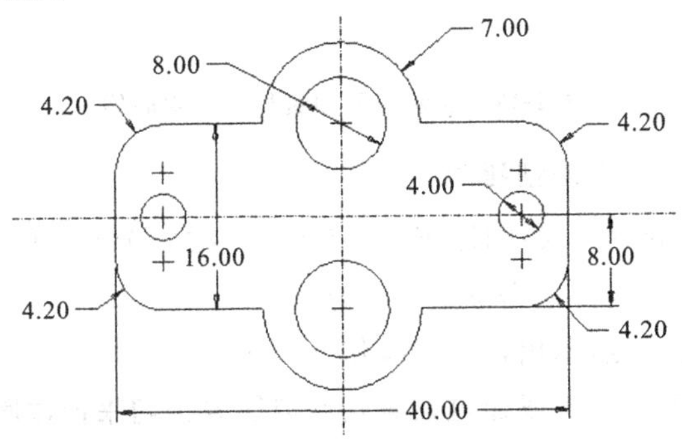

图 2-16　绘制两个直径为 4 的小圆

(10) 绘制相切直线　单击图标按钮 ，分别绘制两条相切的直线，如图2-17所示。

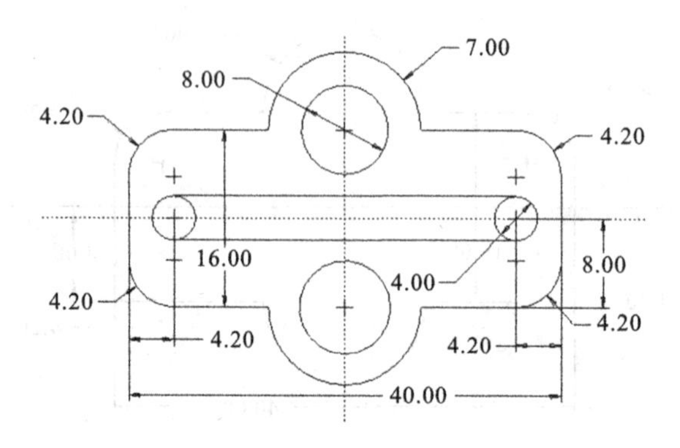

图 2-17　绘制两条相切的直线

(11) 修剪图形　单击图标按钮 ，删除两端圆弧，如图2-1所示。

(12) 保存文件。

四、知识拓展

(一) 图形绘制工具的补充一

1. 创建与两个图素相切的中心线

(1) 在主菜单栏中选择“草绘”/“线”/“中心线相切”。

(2) 在弧或圆上选取一个位置。

(3) 在另一个弧或圆上选取一个相切位置，如图2-18所示。

(4) 单击鼠标中键，结束该命令操作。

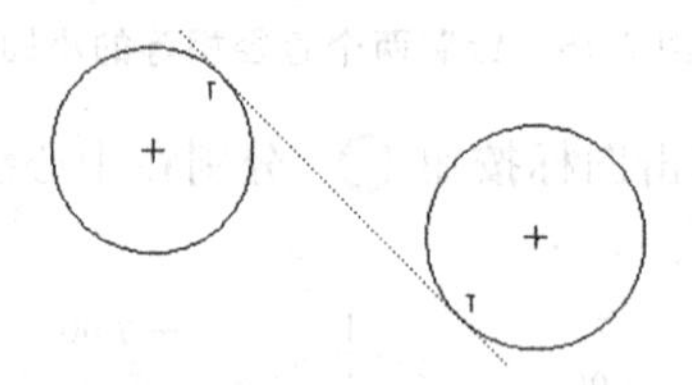

图 2-18　绘制与两图素相切的中心线

2. 通过拾取3个点来创建圆

(1) 单击 (3点方式)图标按钮，或在菜单栏中选取“草绘”/“圆”/“3点”。

(2) 在绘图区域连续单击圆上3个点。

(3) 单击鼠标中键，退出该命令操作。

3. 通过3点创建圆弧或通过在其端点与图素相切来创建圆弧

单击图标按钮 ，或在菜单栏中选择“弧”/“3点/相切端”，可以通过拾取

弧的两个端点和弧上的一个附加点来创建一个 3 点弧，其中拾取的前两个点分别定义起始点和终止点，而第三个点则为弧上的其他点。该命令也可通过其他端点与图素相切创建圆弧，具体步骤如下。

(1) 单击图标按钮，选择现有图素的一个端点作为起点，该点确定了切点，然后移动光标单击一点来作为相切弧的另一个端点，如图 2-19 所示。

(2) 单击鼠标中键，退出该命令。

图 2-19　创建相切端弧

4. 通过选择弧圆心与两个端点创建圆弧

(1) 单击图标按钮，或从菜单栏中选取“草绘”/“弧”/“圆心和端点”。

(2) 在绘图区域中选择一点作为圆弧中心，拖动光标则系统会产生一个虚线显示的动态圆，然后分别拾取两点来定义圆弧的两个端点，绘制一个圆弧。

(3) 单击鼠标中键，结束该命令。

5. 绘制椭圆

(1) 给定椭圆的长、短轴的端点，画椭圆。单击椭圆图标按钮，或从菜单栏选取“草绘”/“圆”/“轴端点椭圆”，在绘图区选取两个点作为一个轴的端点，再在绘图区单击一个点作为另一个轴的一端点，最后单击鼠标中键，结束命令。

(2) 给定椭圆的椭圆心和两个轴上的各一个端点，绘制椭圆。单击椭圆图标按钮，或从菜单栏选取“草绘”/“圆”/“中心和轴椭圆”，在绘图区域内选择一点作为椭圆心，再在绘图区选取一个点作为一个轴的端点，移动鼠标光标使椭圆形状随之变化，在获得所需形状的位置处单击给定椭圆的另一轴的一端点，即可画出一完整椭圆。单击鼠标中键，结束命令。

6. 绘制点

(1) 单击画点图标按钮，或者从菜单栏中依次选取“草绘”/“点”。

(2) 在绘制区域的预定位置处单击，即可在该位置处创建一个草绘点。可以继续移动鼠标光标在其他位置处单击以创建其他草绘点。

(3) 单击鼠标中键，结束草绘点的绘制命令。

(4) 在绘图区域绘制多个草绘点时，系统在默认情况下以这些点自动标注尺寸，如图 2-20 所示。

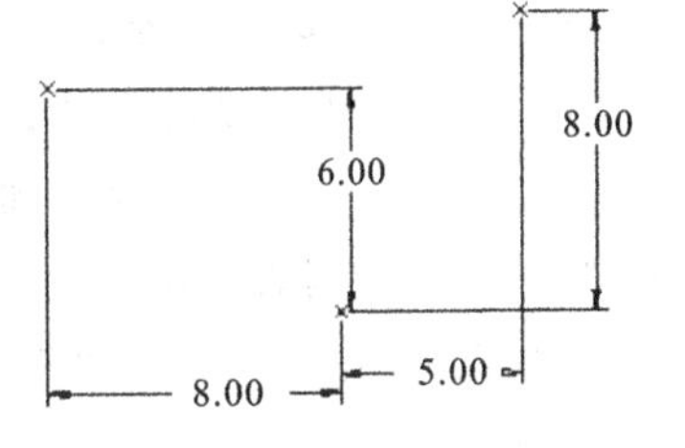

图 2-20　绘制多个草绘点

7. 绘制坐标系

(1) 在草绘工具栏中单击绘制坐标系图标按钮 ⊥，或者从菜单栏中依次选取“草绘”/“坐标系”。

(2) 单击某一位置来定位该坐标系。可继续创建坐标系。

(3) 单击鼠标中键，结束该命令操作。

8. 绘制样条曲线

(1) 单击样条图标按钮 ∿，或从菜单栏中依次选择“草绘”/“样条”。

(2) 在草绘器的绘图区域中单击，向该样条曲线添加点。此时移动鼠标光标，一条“橡皮筋”样条附着在光标上出现。

(3) 在绘图区域依次添加其他的样条点，如图 2-21 所示。

(4) 单击鼠标中键，结束样条曲线的创建。

图 2-21　绘制样条曲线

(二) 文本的创建和修改

1. 创建文本

创建文本的具体步骤如下。

(1) 在草绘工具栏中单击文本图标按钮 A，或者从菜单栏的“草绘”菜单中选择“文本”命令。

(2) 在绘图区域中单击两点，确定文本高度和方向，系统弹出如图 2-22 所示的“文本”对话框。

(3) 在“文本”对话框的“文本行”文本框中输入要创建的文本，如果要输入一些特殊的文本符号，可以在“文本行”选项组中单击“文本符号”图标按钮，弹出如图 2-23 所示的“文本符号”单选框，从中选择所需要的符号，然后单击“关闭”图标按钮。

(4) 单击“文本”对话框中的“确定”图标按钮，完成文本创建。

“文本”对话框中的各项含义如下。

◇ 字体　用于选择字体，可从列表框中选择所需要的一种字体。

◇ 位置　用于选取水平和竖直位置的组合以放置文本字符串的起始点。其中：“水平”下拉列表框中可选项有“左边”、“中心”和“右边”三种，默认设置为“左边”；“垂直”下拉列表框中可选项为“底部”、“中间”和“顶部”三种选项，默认设置为“底部”。

◇ 长宽比　用于设置字体的长宽比，使用滑动条增加或减少文本的长宽比，

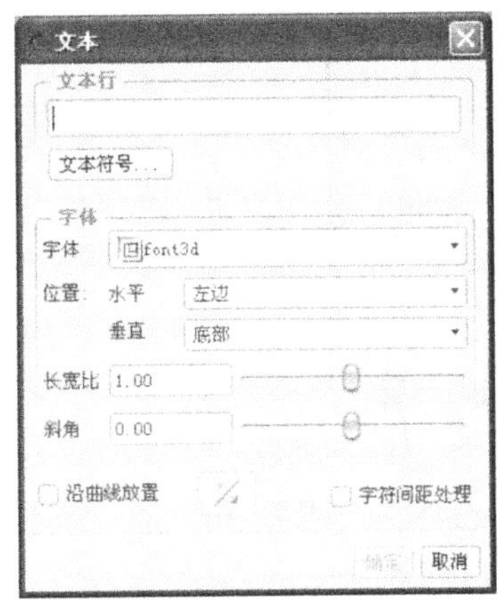

图 2-22　“文本”对话框

图 2-23　“文本符号”单选框

也可以直接在相应的文本框中输入有效比例值。

◇ 斜角　用于设置字体的倾斜角度，使用滑动条增加或减少文本的斜角，也可以直接在相应的文本框中输入有斜角参数。

如果沿某曲线放置文本，那么在“文本”对话框中选中“沿曲线放置”复选框，并选择要在其上放置文本的曲线。可重新选取水平和垂直位置的组合以沿着所选取曲线放置文本字符串的起始点，水平位置定义曲线的起始点。如果需要更改文字在曲线上的方向，则单击方向图标按钮，从而更改希望文本随动的方向，即将文本方向改到曲线的另一侧。

必要时，单击“字符间距处理”复选框，以起用文本字符串的字体字符间距处理，这样可以控制某些字符之间的空格，改善文本字符串的外观。字符间距处理属于特定字体的特征。

2. 修改文本

(1) 在工具栏中单击修改工具图标按钮 。

(2) 选择要修改的文本，系统弹出“文本”对话框。

(3) 利用“文本”对话框对文本进行相关的修改操作。

任务二　吊钩零件的截面草图绘制

一、任务导入

绘制如图 2-24 所示的吊钩截面图形，完成该图要用直线、同心圆等工具图标和几何约束。

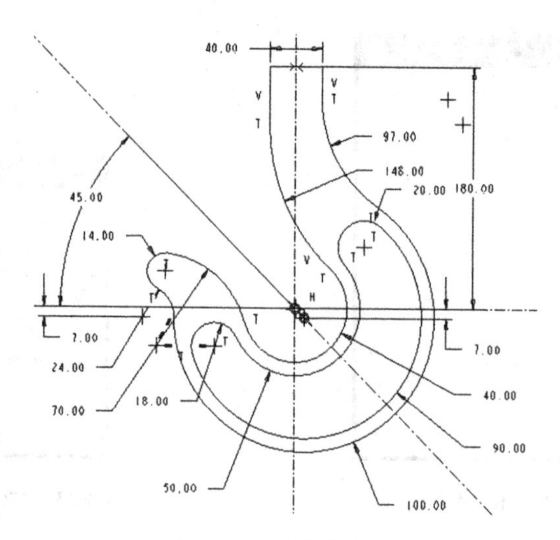

图 2-24　吊钩零件图

二、相关知识

（一）基本绘图和编辑工具用法二

1. 绘制同心圆

（1）单击同心圆图标按钮◎，或从菜单栏中依次选取“草绘”/“圆”/“同心”。

（2）在绘图区域中单击一个已有的参照圆或圆弧来定义中心点（也可直接单击圆心）。

（3）移动鼠标在适当位置处单击便可确定一个同心圆。

（4）移动鼠标光标指定其他点连续绘制所需的一系列同心圆，如图 2-25 所示，或单击鼠标中键，退出该命令。

2. 绘制与 3 个图素相切的圆

（1）单击图标按钮○，或从菜单栏中依次选取“草绘”/“圆”/“3 相切”。

（2）分别在 3 个相切图素的切点处单击，即可画出与 3 个图素相切的圆，如图 2-26 所示。

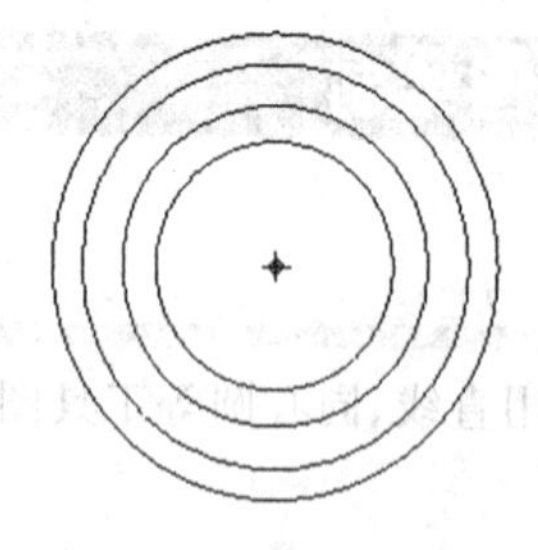

图 2-25　绘制同心圆

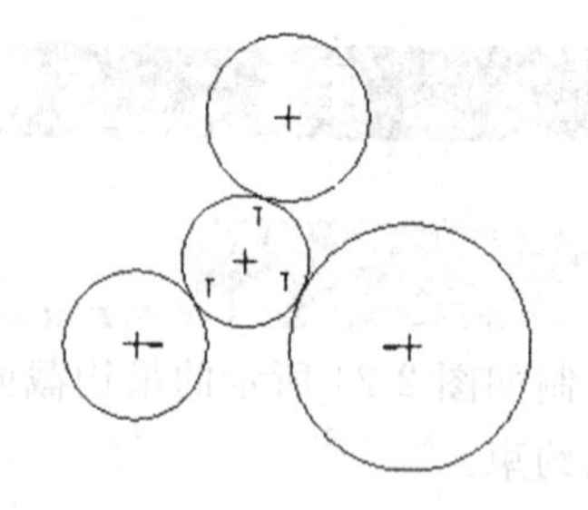

图 2-26　创建与 3 个图素相切的圆

(3) 单击鼠标中键,退出该命令。

3. 拐角

(1) 单击图标按钮 ,或从菜单栏选取"编辑"/"修剪"/"拐角"。

(2) 选取要修剪的两个图素。在保留的图素部分上,单击任意两个图素(它们不必相交),则这两个图素一起修剪,如图 2-27、图 2-28 所示。

图 2-27　拐角修剪到相交点　　　　图 2-28　拐角修剪到延伸点

4. 删除图素

在编辑图形时,经常要选择图素。单击草绘工具条中的选取按钮 ,系统进入选取状态,可用以下方法选取要编辑的图素。

◇ 选取单个图素:单击所选图素。

◇ 选取多个图素:按住"Ctrl"键,进行选择多个图素。

◇ 选取全部图素:同时按住"Ctrl+Alt+A"键。

◇ 窗口选择法:按住鼠标左键,包含所选图素,拖动出一矩形区域,矩形区域内的图素就都被选取。

删除图素的具体步骤如下。

(1) 按上述选取方法选择要删除的图素。

(2) 从菜单栏选取"编辑"/"删除",或直接按键盘上的"Delete"键,也可在绘图区域内单击鼠标右键,从出现的右键快捷菜单中选择"删除"命令。

5. 分割图素

分割操作可以将图素分割成若干部分,具体步骤如下。

(1) 单击分割图标按钮 ,或从菜单栏选取"编辑"/"修剪"/"分割"。

(2) 在图素的分割处,单击鼠标,分割点显示为图素上黄色的点,则在指定的位置处分割该图素,如图 2-29 所示。

注意:按分割图标,点选两条线的交点,则两条线分别在交点处被切成两段。

6. 镜像图素

(1) 在草绘模式下选取要镜像的一个或多个图素。

(2) 在草绘工具栏中单击镜像图标按钮 ,或从菜单栏选取"编辑"/"删除镜像"。

(3) 选取一条中心线,系统以所选取的中心线为轴线对所选取的几何形状进行镜像，如图 2-30 所示。

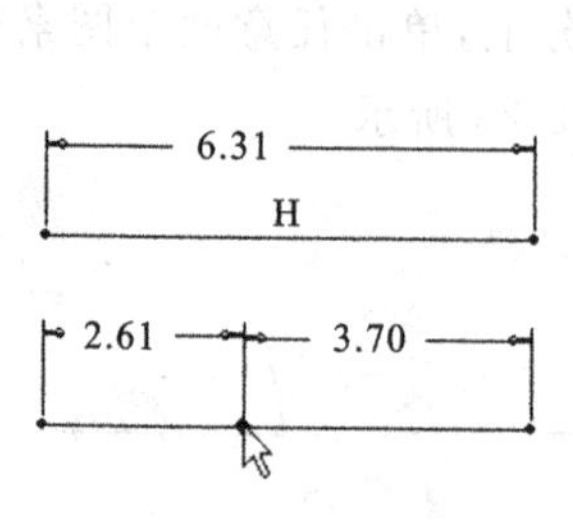

图 2-29　分割图素

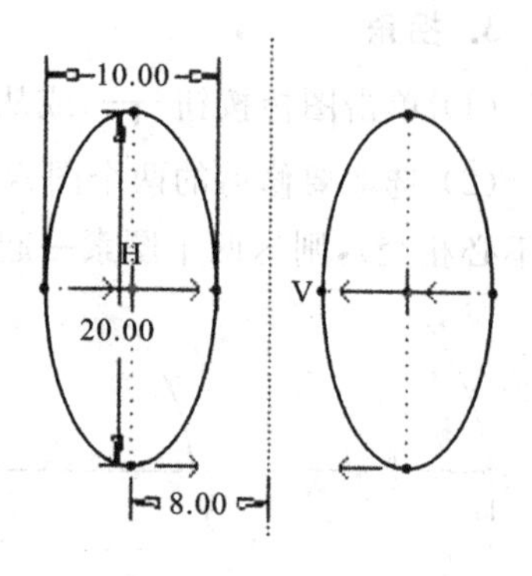

图 2-30　镜像图素

7. 缩放与旋转图素

（1）在绘图区域中选择要编辑的图像。

（2）在草绘工具栏中单击缩放和旋转图标按钮 ，或者在菜单栏中选择“编辑”/“缩放和旋转”。

（3）弹出“移动和调整大小”对话框，如图 2-31 所示。并且在图形中出现操作符号，用户可以选取“平移”句柄符号来平移图形，选取“旋转”句柄符号来旋转图形，选取“缩放”句柄符号来缩放图形，如图 2-32 所示。如果要精确设置缩放比例和旋转角度，则在“缩放旋转”对话框中分别设定缩放比例和旋转角度。

在“缩放旋转”对话框中单击“接受更改并关闭对话框”图标按钮 。

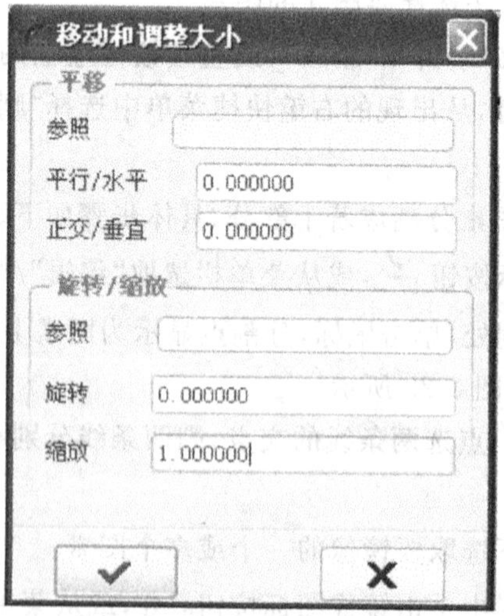

移动和调整大小
平移
参照
平行/水平　0.000000
正交/垂直　0.000000
旋转/缩放
参照
旋转　0.000000
缩放　1.000000

图 2-31　“移动和调整大小”对话框

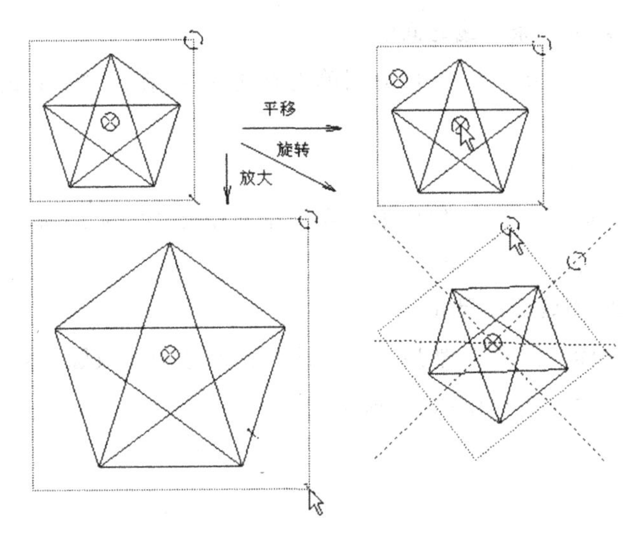

图 2-32　比例旋转图素

（二）标注尺寸

1. 标注线段长度

单击标注图标按钮 |↔|，然后点击要标注尺寸的线段，在合适位置处单击鼠标中键放置尺寸，如图 2-33 所示。

2. 标注两平行线之间的距离

单击标注图标按钮 |↔|，然后用鼠标左键分别单击平行的两条直线；在合适位置处单击鼠标中键。

3. 标注直线和圆弧之间的距离

单击标注图标按钮 |↔|，然后用鼠标左键分别单击直线和圆弧；在合适位置处单击鼠标中键，如图 2-34 所示。

图 2-33　标注线段长度　　　图 2-34　标注直线和圆弧之间的距离

4. 标注两点之间的距离

单击标注图标按钮 |↔|，然后分别单击这两个点，在尺寸放置的位置处单击鼠标中键。

5. 标注一点和一条直线之间的距离

单击标注图标按钮 |↔|，然后分别单击直线和点；在尺寸放置的位置处单击鼠标中键。

6. 创建半径尺寸

单击标注图标按钮 |↔|，然后单击要标注半径尺寸的弧或圆，单击鼠标中键来放置该尺寸，如图 2-35 所示。

7. 对弧或圆创建直径尺寸

单击标注图标按钮 |↔|，然后在要标注直径尺寸的弧或圆上双击，单击鼠标中键来放置该直径尺寸，如图 2-36 所示。

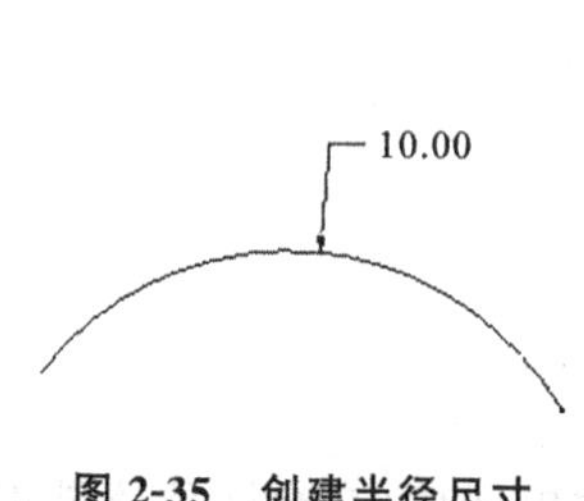

图 2-35　创建半径尺寸

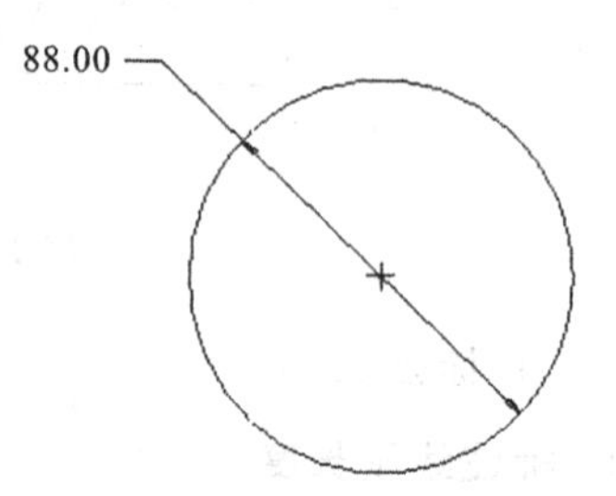

图 2-36　标注直径尺寸

（三）几何约束

当完成了几何线条的绘制后，Pro/E 系统除了会自动标示出尺寸外，也会自动给定几何限制条件(constraint)，这些几何限制条件称为几何约束。

1. 几何约束种类

共有 9 种约束类型，它们的功能含义如下。

┼　使线或两顶点垂直。图上显示的符号：V(vertical)。

┼　使线或两顶点水平。图上显示的符号：H(horizontal)。

⊥　使两图素正交。图上显示的符号：⊥。

♀　使两图素相切。图上显示的符号：T(tangent)。

╲　点位于直线或圆弧的中点处，图上显示的符号：M(middle)。

-◎-　创建相同点、图素上的点或共线约束。图上显示的符号：-⊖-。

→¦←　使两点或顶点关于中心线对称。图上显示的符号：→←。

＝　创建等长、等半径或相同曲率的约束。图上显示的符号：Ri 或 Li 表示(此处 i 为一个流水号，R 及 L 分别为 radius 及 length 的缩写)。

//　使两线平行。图上显示的符号：//。

2. 创建几何约束的一般方法及步骤

创建几何约束的一般方法是在“约束”类型选项中选择其中的一种约束类型，系统弹出选取图素对话框，按照系统提示，选取图素即可。以创建相等约束为例说明具体步骤。

(1) 在草绘工具栏中单击 右边的三角图标按钮，弹出如图 2-37 所示的“约束”类型选项。

(2) 单击相等图标按钮 ＝ ，单击其中一个图素，再单击另一个图素，从而为该两个图素设置为相等约束，如图 2-38 所示，图上显示的符号为 L_1。

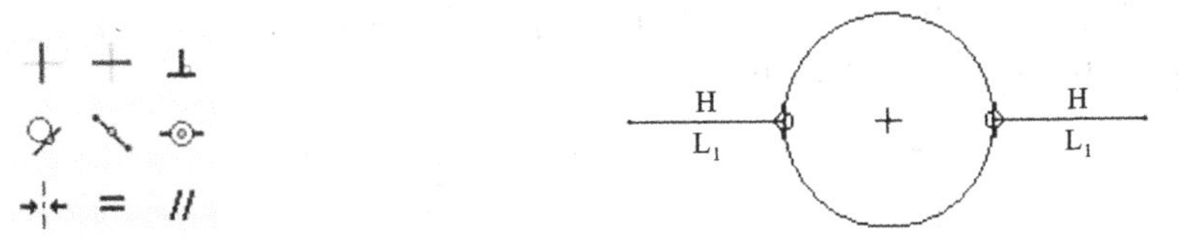

图 2-37 “约束”选项　　图 2-38 “约束”两条线段相等

3. 几何约束条件的删除

删除约束的方法很简单，即先选择要删除的约束，从主菜单栏中依次选取“编辑”/“删除”，则删除所选取的约束。也可以通过按下“Delete”键来删除所选取的约束。

删除约束时，系统自动添加另外的约束种类或尺寸，来使截面保持可求解状态，从而使图素完全确定。如图 2-39 所示，当用户删除直线 3 的垂直约束后，由于图中的约束不充分，系统会自动生成直线 2 和直线 3 的角度尺寸为 90°。

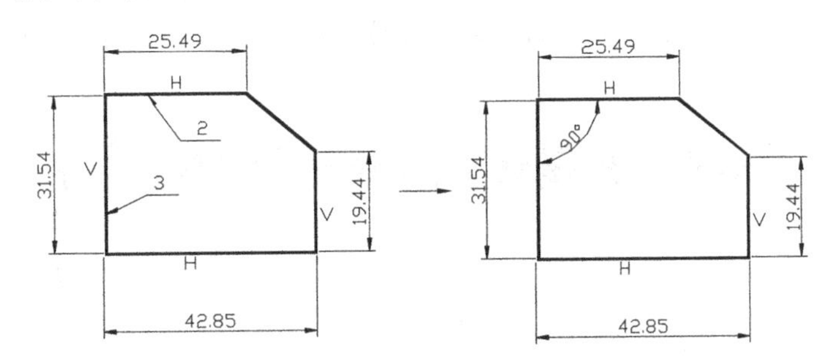

图 2-39 几何约束删除的图例

4. 几何约束条件的禁用与锁定

由于目的管理器的作用，当用户绘制近似符合约束条件的图素时，系统会自动默认其完全符合约束，有时会与用户的设计意图不符。这时用户可以将约束条件禁用，如图 2-40 所示。绘制图中近似直线 2 时，系统会默认其为水平的，显示“H”字样，此时不要结束绘制直线而是两次单击鼠标右键，“H”字样上将会画上“/”，水平约束被禁用。

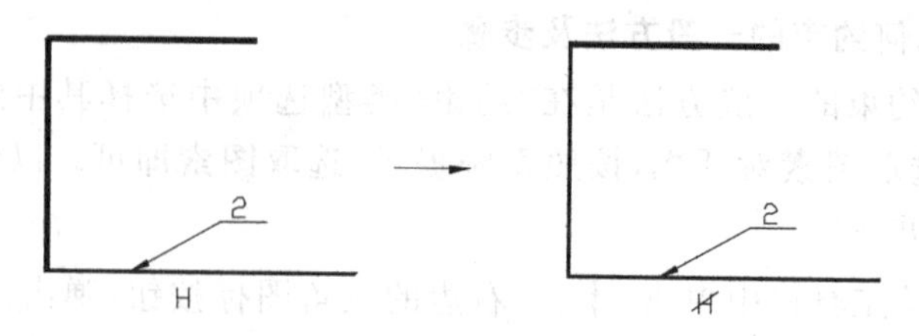

图 2-40　水平约束被禁用的图例

在绘制图素时，若遇上想要的约束条件，可以对其进行锁定，如图 2-41 所示。绘制图中近似直线 2 时，系统会默认其为水平的，显示“H”字样，此时不要结束绘制直线而是单击鼠标右键，“H”字样上将会画上圆圈，水平约束被锁定。图素只能在约束条件规定的方向内移动。

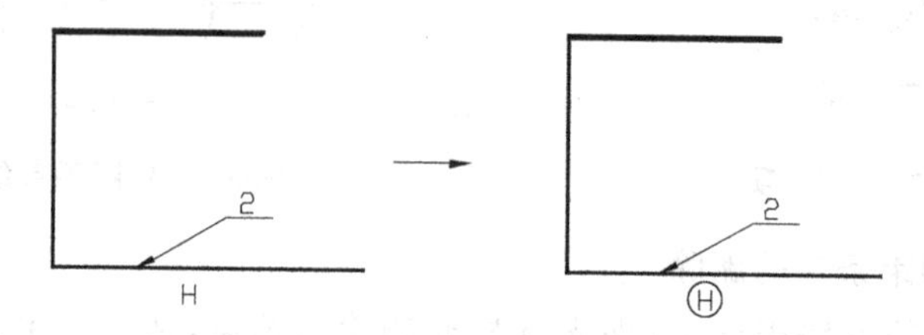

图 2-41　水平约束被锁定的图例

5. 过约束

当画完图形之后，图形上所标的尺寸和约束能唯一确定图形的几何形状和相对位置，此种情况称为完全约束。如果对处于完全约束的图形进行添加尺寸或约束，就出现“过约束”情况，系统会弹出“解决草绘”对话框，如图 2-42 所示，解决过约束的方法一般是把多余的约束删除或变成参考尺寸。对话框中的四个图标按钮含义分别如下。

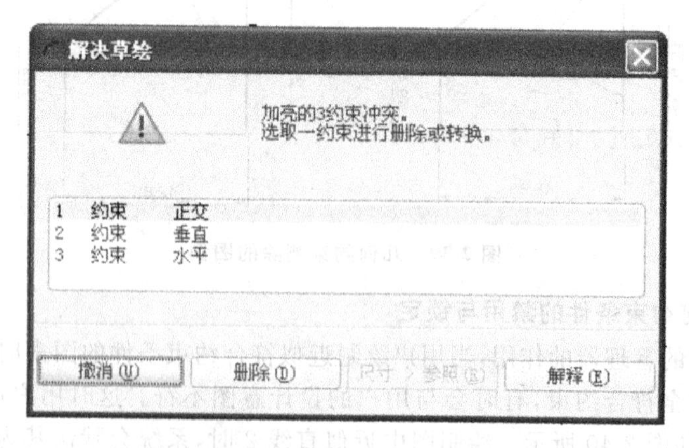

图 2-42　“解决草绘”对话框

◇ 撤销　取消上次操作。

◇ 删除　删除从列表中选取的约束或尺寸。

◇ 尺寸>参照　选取一个尺寸，将其转换为一个参照，该图标按钮命令仅在存在冲突时才有效。

◇ 解释　选取要显示的参考项目，获取简要的说明信息，草绘图将加亮与该参考项目有关的图素。

三、任务实施

(1) 新建草绘文件　单击图标按钮，在“类型”选项组中选择“草绘”图标按钮，输入文件名为“DG_2_hf2”。单击“确定”图标按钮，进入草绘器。

(2) 绘制中心线　在草绘工具栏中单击中心线图标按钮，绘制出中心线，如图 2-43 所示。

(3) 绘制两个同心圆。

① 单击画圆图标按钮，以两中心线的交点为圆心，绘制一个直径为 80 的圆。

② 单击同心圆图标按钮，绘制一直径为 100 的同心圆，如图 2-44 所示。

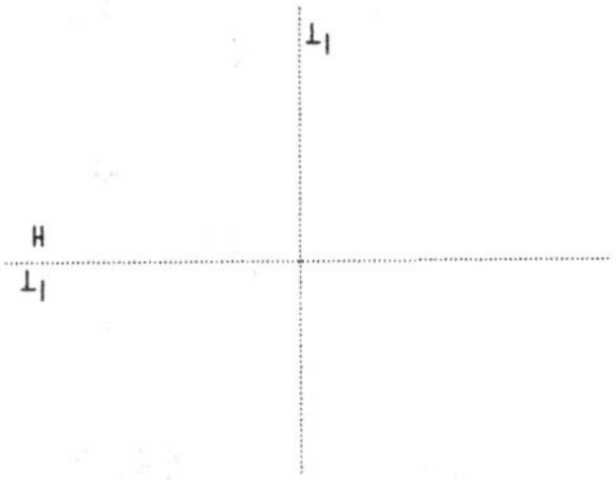

图 2-43　绘制中心线

(4) 绘制一个矩形并修改其相应的尺寸　单击矩形图标按钮，在中心线上用鼠标左键指定放置矩形的一个顶点，然后指定另一个顶点以指示矩形的对角线，绘制一个矩形。最后修改该矩形的定形和定位尺寸，修改尺寸后的矩形如图 2-45 所示。

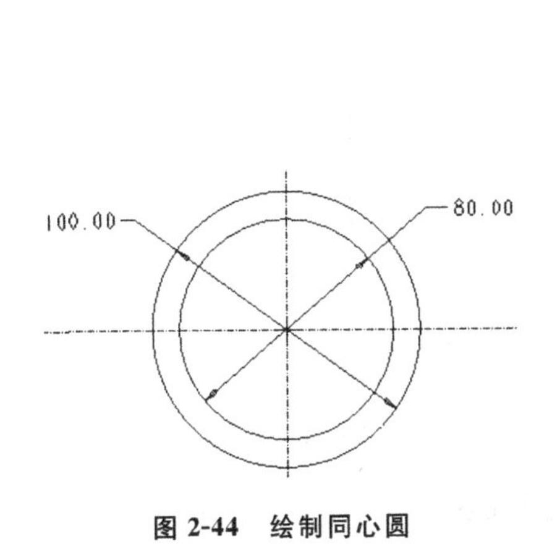

图 2-44　绘制同心圆

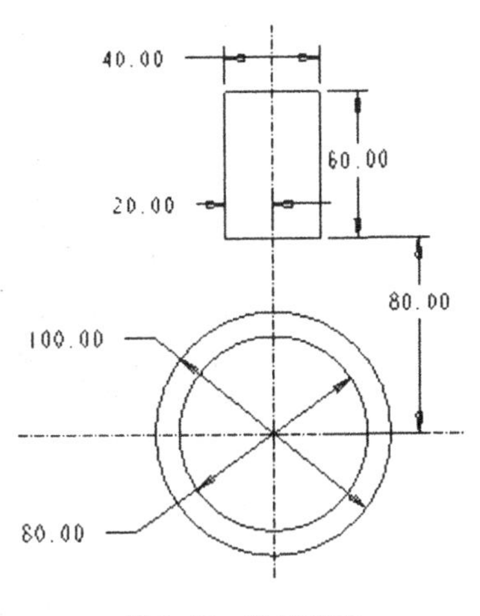

图 2-45　绘制矩形

(5) 为矩形两条边设置对称约束　单击约束图标按钮，打开“约束”选项，从中选择对称约束图标按钮，单击中心线，然后点击矩形上面的边的两端点，最后单击鼠标中键，结束命令，如图 2-46 所示。

(6) 绘制中心线　绘制一条过圆心且与竖直方向成 45°的中心线，如图2-47所示。

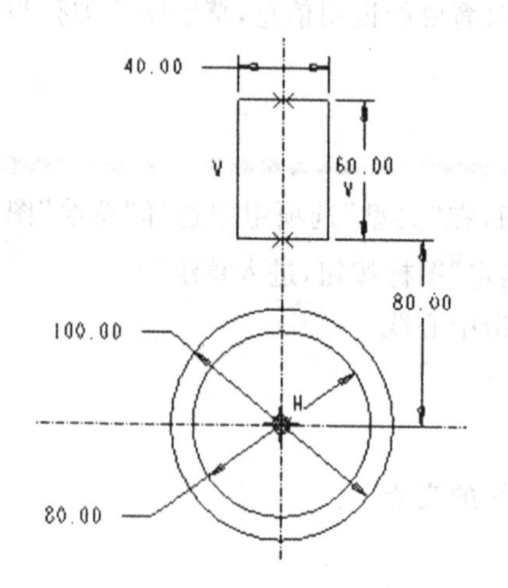

图 2-46　为矩形两条边设置对称约束

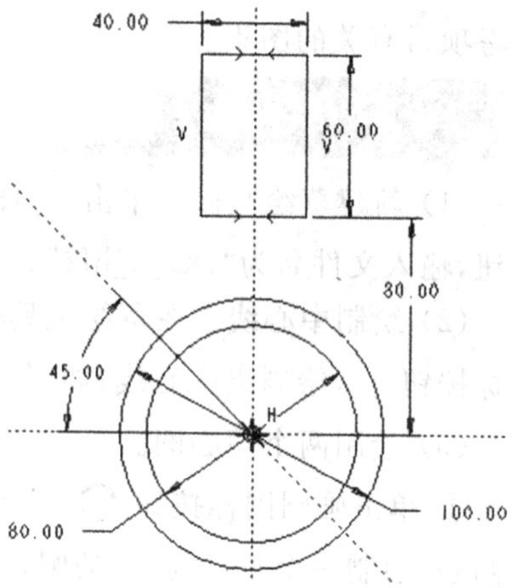

图 2-47　绘制中心线

(7) 绘制两个同心圆并修改相应尺寸　在上一步所画的中心线的下半部分上任意选择一点作为圆心，绘制两同心圆，并修改其尺寸，结果如图 2-48 所示。

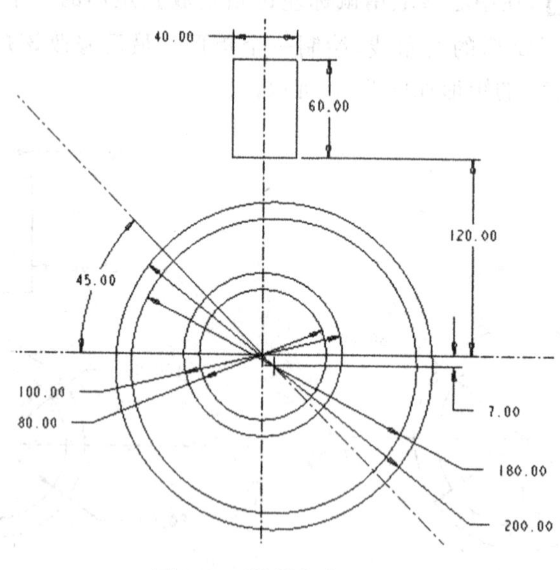

图 2-48　绘制完成同心圆

(8) 绘制过渡线　单击倒圆角图标按钮 ，在图形中创建两条过渡圆弧，并修改其尺寸，如图 2-49 所示。

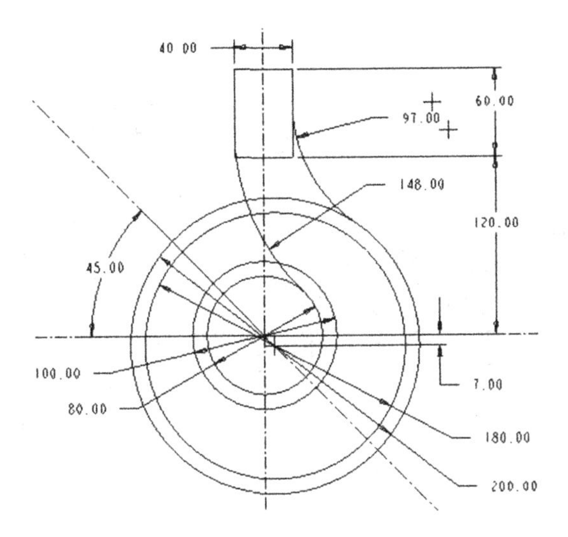

图 2-49 绘制两条过渡圆弧

(9) 绘制两个圆 单击画圆图标按钮 ◯,在中心线下方的任意点为圆心绘制两个圆,并按照如图 2-50 所示对图素进行约束。

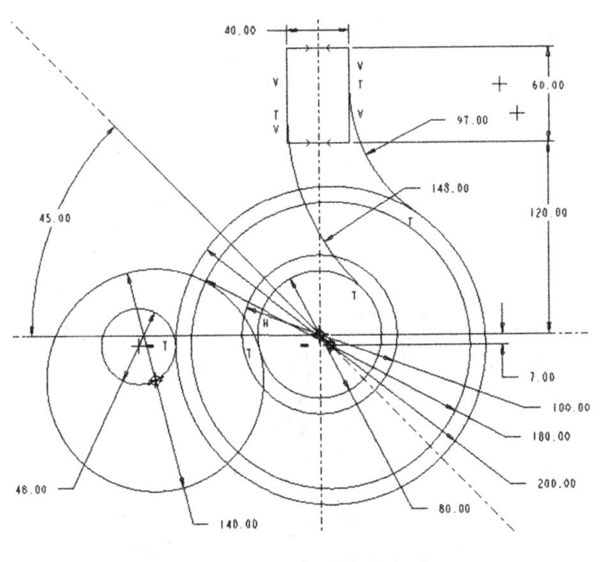

图 2-50 两个圆约束完成

(10) 绘制相切圆 单击图标按钮 ◯,绘制一个与 3 个圆相切的圆,如图 2-51所示。

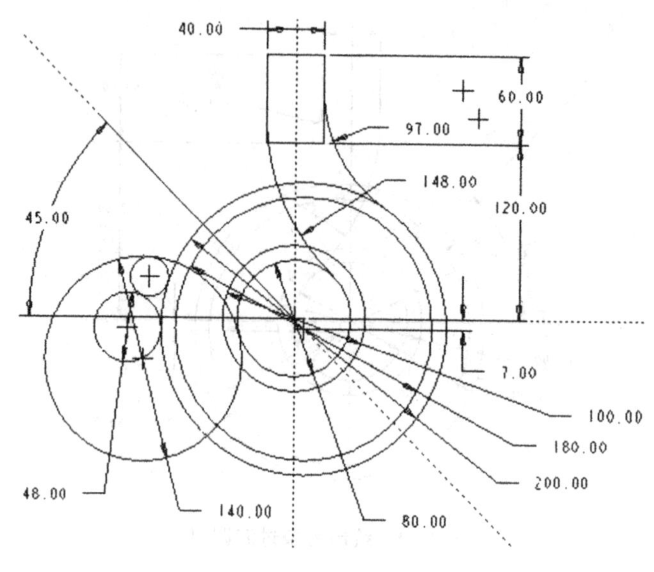

图 2-51　绘制相切圆

(11) 绘制两个圆　单击画圆图标按钮 ◯ ,绘制两个圆,如图 2-52 所示。

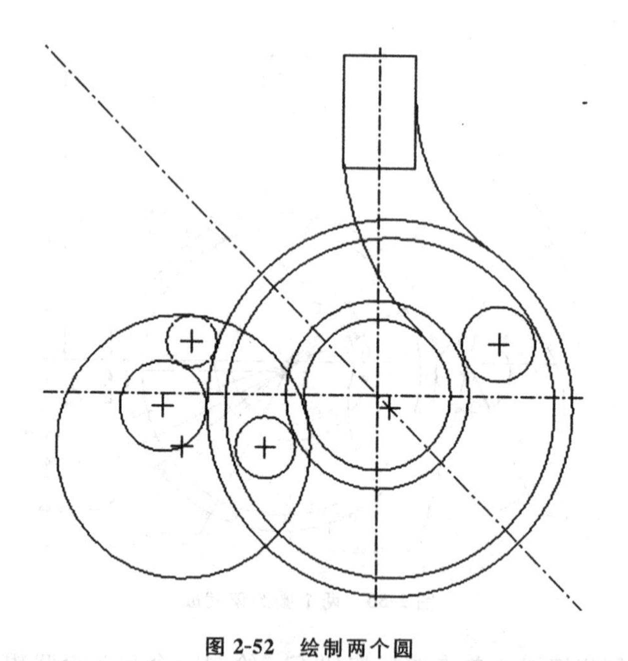

图 2-52　绘制两个圆

(12) 对两个圆进行相切约束　单击约束图标按钮,打开“约束”选项,从中选择相切约束图标按钮 ,对新建的两个圆进行约束,如图 2-53 所示。

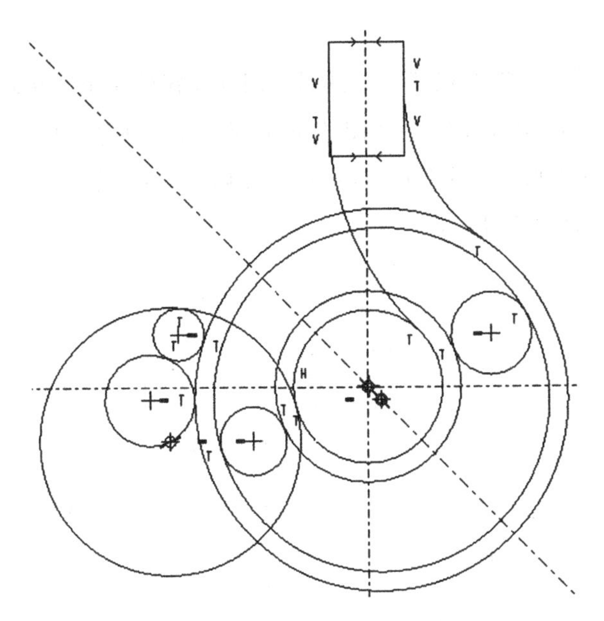

图 2-53　对新建的两个圆进行约束

(13) 修剪线段　单击删除线段图标按钮 ，将图形修剪成如图 2-54 所示。修剪时最好放大修剪部分的图形，以便准确修剪图形。

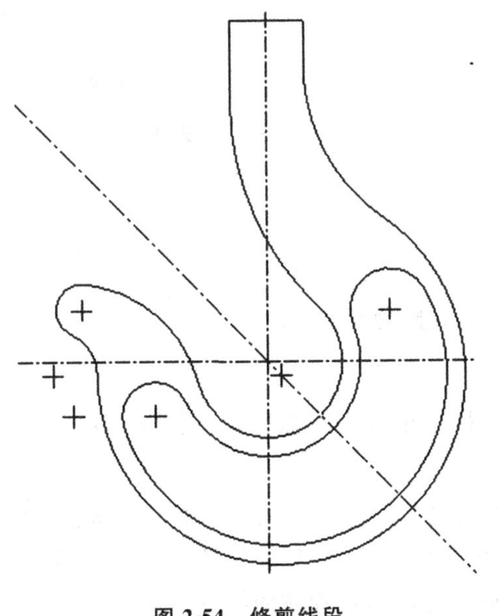

图 2-54　修剪线段

(14) 标注并修改相关尺寸。

① 在草绘工具栏菜单中单击标注尺寸图标按钮 ，对需要标注的部分尺

寸进行标注。

② 选中选择工具图标按钮 ，此时该图标按钮处于下凹状态。

③ 使用鼠标框选所有尺寸，单击修改尺寸工具图标按钮 ，弹出“修改尺寸”对话框。通过“修改尺寸”对话框进行尺寸修改，然后单击对话框中的完成图标按钮 ，如图 2-55 所示。

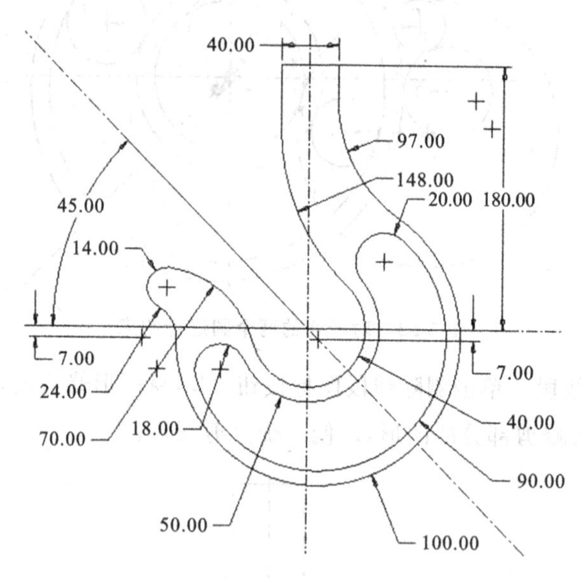

图 2-55　标注并修改完成效果图

(15) 保存文件。

四、知识拓展

(一) 图形绘制工具的补充二

1. 同心弧

(1) 在草绘工具栏中单击同心弧图标按钮 ，或者从菜单栏依次选取“草绘”/“弧”/“同心”。

(2) 使用鼠标光标选择已有的圆弧或圆来定义圆心(也可直接单击圆心)，移动光标可以看到系统产生一个以虚线显示的动态同心圆，拾取圆弧的起点，然后绕圆心顺时针或逆时针方向指定圆弧的终点。

(3) 可以继续创建同心圆或单击鼠标中键，退出该命令。

2. 创建相切弧

(1) 单击图标按钮(创建与 3 个图素相切的弧) ，或者在菜单栏中依次选择“草绘”/“弧”/“3 相切/相切端”。

(2) 在绘图区域中分别指定 3 个图素(如直线、圆或圆弧)来创建与之相切的圆弧,注意选取的顺序不同,画出的圆弧段不同,如图 2-56 所示。

(3) 单击鼠标中键终止该命令。

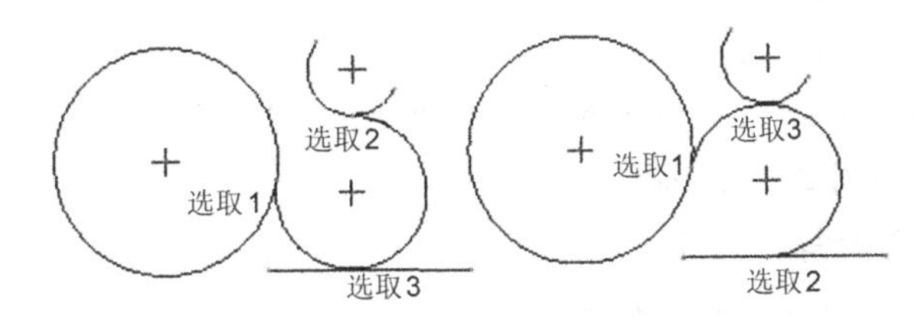

图 2-56　创建相切弧

3. 创建圆锥曲线(锥形弧)

(1) 在草绘工具栏中单击圆锥弧图标按钮 ,或者在菜单栏中依次选择“草绘”/“弧”/“圆锥”。

(2) 使用鼠标左键选取圆锥的第一个端点。

(3) 使用鼠标左键选取圆锥的第二个端点。

(4) 使用鼠标左键拾取轴肩位置,完成锥形弧的创建,如图 2-57 所示。

(5) 单击鼠标中键终止该命令。

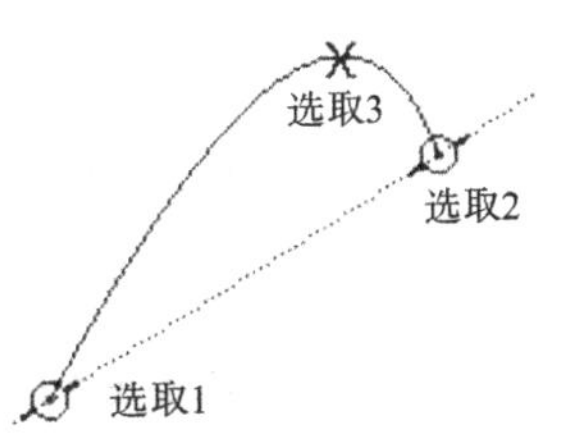

图 2-57　创建圆锥曲线

圆锥曲线是 Pro/E 中构造的一种二次参数曲线,它随着曲线参数 rho 的不同,而变化为椭圆线、抛物线、双曲线,参数与曲线的关系如表 2-1 所示。

表 2-1　圆锥曲线参数与曲线的关系

参数 rho 值	对应曲线
0.05＜rho＜0.5	椭圆形圆锥曲线
rho＝sqrt(2)—1	正椭圆形
rho＝0.5	抛物线
0.05＜rho＜0.5	双曲线

(二) 尺寸标注的补充

1. 标注两圆弧(或圆)之间的距离

(1) 单击标注尺寸图标按钮 。

(2) 分别单击两个圆弧(或圆)。

(3) 在合适的位置处单击鼠标中键,然后以中键标定尺寸参数所要放置的位置。

(4) 单击鼠标中键，结束操作。

2. 创建两直线之间的角度尺寸

(1) 单击标注尺寸图标按钮 |⟷|。

(2) 单击第1条直线。

(3) 单击第2条直线。

(4) 单击鼠标中键来放置该尺寸。放置尺寸的地方将确定角度的测量方式(锐角或钝角)，如图2-58所示。

3. 创建圆弧的角度尺寸

(1) 单击标注尺寸图标按钮 |⟷|。

(2) 使用鼠标左键分别单击圆弧的两个端点，然后在圆弧上的其他位置处单击。

(3) 单击鼠标中键来放置该尺寸，如图2-59所示。

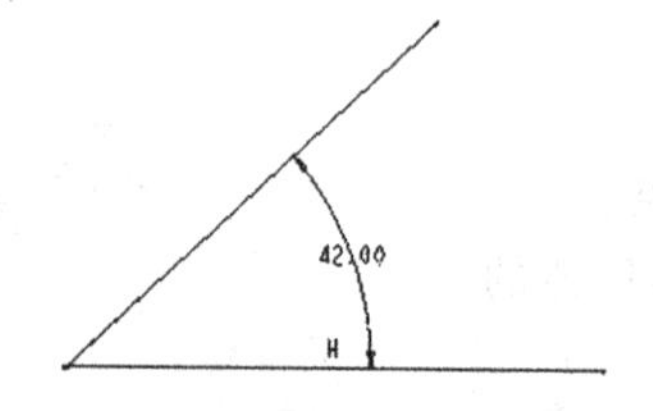

图 2-58　标注两条线之间夹角的角度尺寸

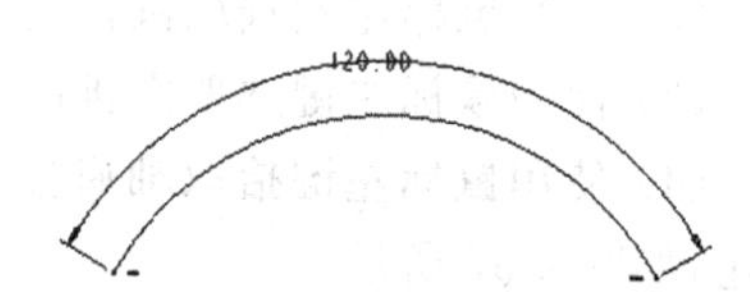

图 2-59　创建圆弧角度尺寸的标注

4. 创建椭圆或椭圆弧的半轴尺寸

(1) 单击标注尺寸图标按钮 |⟷|。

(2) 单击椭圆或椭圆弧(不拾取端点)。

(3) 单击鼠标中键，此时系统弹出如图2-60所示对话框。

(4) 在该对话框中选择“长轴”，然后单击“接受”图标按钮，完成一个半轴尺寸的标注。如图2-61所示。

图 2-60　“选取”对话框

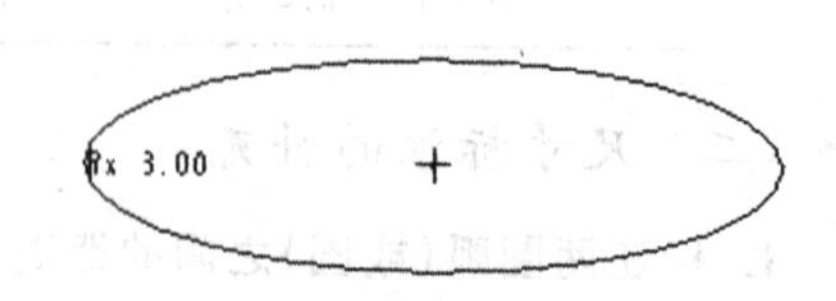

图 2-61　椭圆标注

5. 创建周长尺寸

(1) 单击图标按钮 或在菜单栏依次选取“草绘”/“尺寸”/“周长”，系统弹

出“选取”对话框。

(2) 选择要标注周长的图素链，单击“确定”。

(3) 选取一个可变尺寸，单击“确定”，周长尺寸创建完毕。

也可用下述方法创建：先选择要应用周长尺寸的图形，然后在菜单栏依次选取“编辑”/“转换到”/“周长”，选取由周长尺寸驱动的尺寸。在如图 2-62 所示的图形中选取尺寸值为 60 的尺寸作为可变化尺寸。此时系统显示周长尺寸和可变尺寸。

假设在图 2-62 所示的图中，将周长尺寸修改为 300，则可变尺寸被驱动，结果如图 2-63 所示。

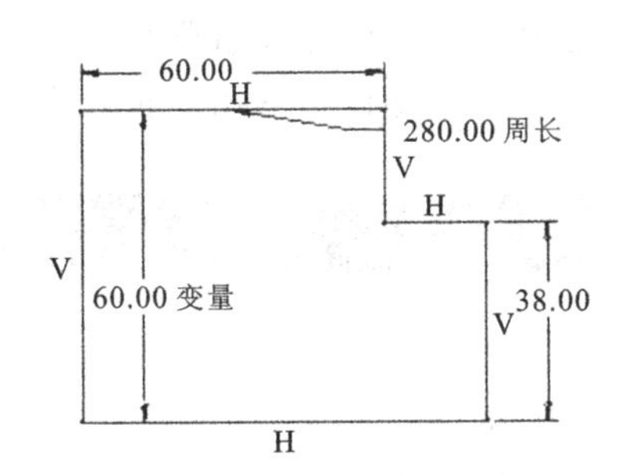

图 2-62　由周长尺寸驱动的尺寸

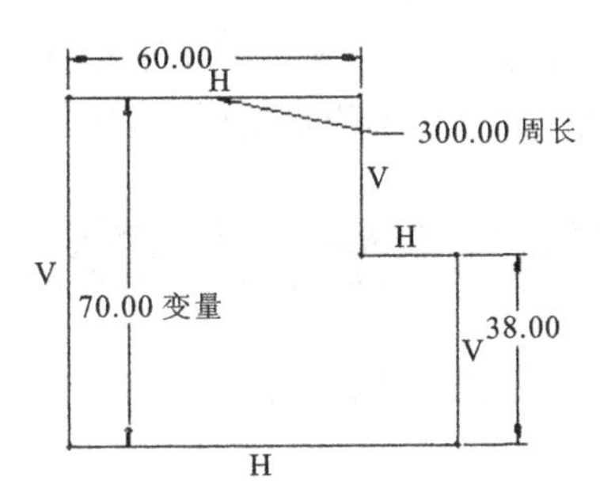

图 2-63　修改周长尺寸

6. 参照尺寸

依次选取菜单栏中的“视图”/“转换为”/“参照”，可以在草绘器中为图形创建所需的参照尺寸，参照尺寸的符号名形式为 rsd＃REF。在草绘器中还可包括 sd＃形式的参照尺寸。值得注意的是，参照尺寸名称 rsd＃和 sd＃不能用作参数名称。

要创建参数尺寸，首先要在图形中选择标注的合适尺寸，然后从菜单栏中依次选择“视图”/“转换为”/“参照”即可。图 2-64 中所示的尺寸便为参照尺寸。

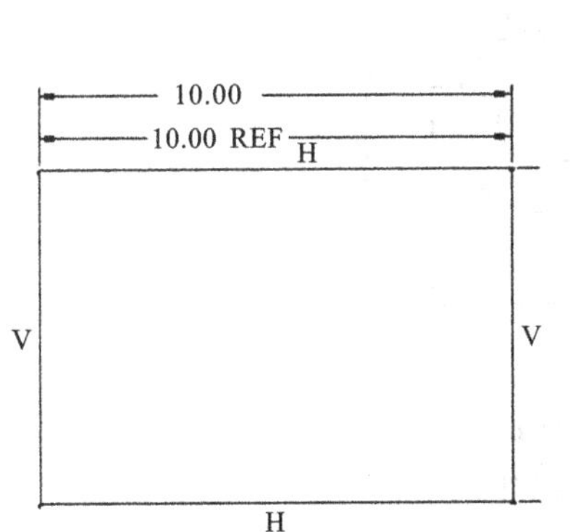

图 2-64　参照尺寸

小　结

Pro/E 提供了一个专门的草绘模块，该模块通常也被称为草绘器，零件建模离不开使用草绘器绘制二维图形。本模块主要以任务的方式，重点介绍草绘器图元、编辑图形对象、标注、修改尺寸和设置几何约束等内容。草绘图元包括线、矩形、圆、圆弧、椭圆、点、坐标系、样条、圆角与椭圆角、圆锥曲线和文本等，读者必须掌握这些草绘图元的创建方法与技巧。绘制完成所需的草绘图素后，可以对这些图素或图素组合进行编辑处理，如修剪图素、删除图素、镜像图素、缩放与旋转图素等。其中要注意修剪图形的方式及应用场合。同时，本模块还讲述了如何创建线性尺寸、直径尺寸、半径尺寸、角度尺寸、椭圆或椭圆弧的半轴尺寸，并介绍了如何标注样条、圆锥以及其他尺寸类型的知识。初步标注完成后，通常还需对尺寸进行修改，有两种方式：一是使用双击的方式快捷修改单个尺寸，二是使用“修改尺寸”对话框来修改选定的相关尺寸。在绘图中，几何约束也是一项很关键的工作。读者应该掌握约束的图形显示、创建约束、删除约束和加强约束等相关知识点。

本模块中，以两个例子的模式介绍草绘，主要是为了引导读者学以致用，举一反三。通过本模块的学习，将为后面掌握三维建模等知识打下扎实的基础。

思考与练习

1. 绘制如图 2-65 所示图形，并进行相关标注。

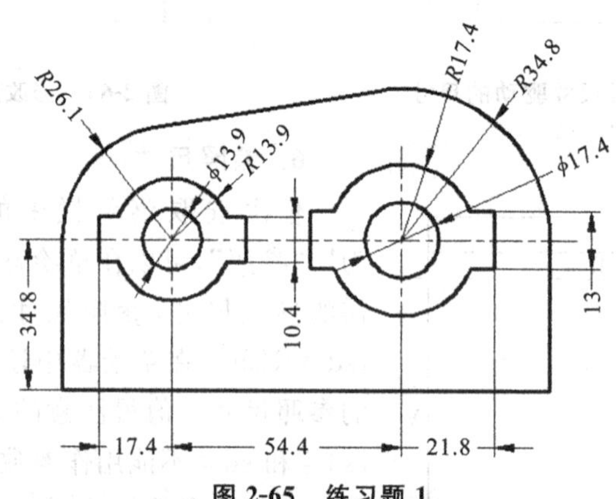

图 2-65　练习题 1

2. 绘制如图 2-66 所示图形，并进行相关标注。

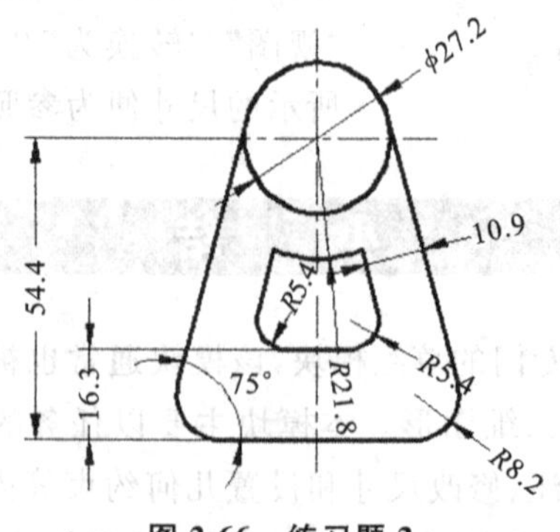

图 2-66　练习题 2

3. 绘制如图 2-67 所示图形，并进行相关标注。

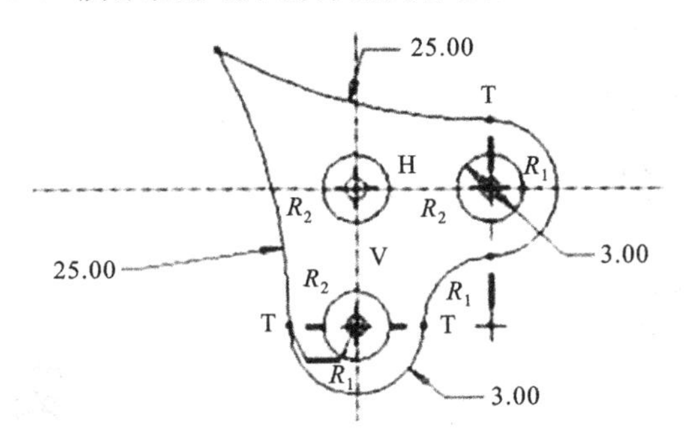

图 2-67　练习题 3

4. 绘制如图 2-68 所示图形，并进行相关标注。

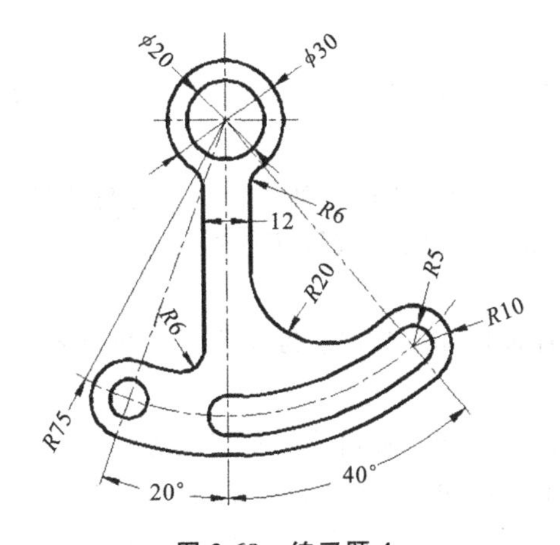

图 2-68　练习题 4

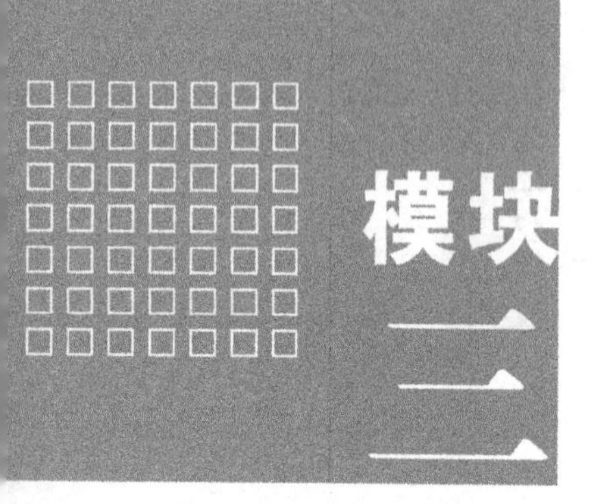

模块三 实体造型

【能力目标】

1. 学会使用拉伸、旋转等基础实体特征工具进行实体建模，并能熟练掌握。
2. 掌握使用阵列、复制等实体特征操作工具进行造型的方法及技巧。
3. 掌握使用孔、筋板、圆角等放置实体特征工具进行造型的方法及技巧。
4. 能熟练运用各种特征工具对实际中常见的机械零件进行造型。

【知识目标】

1. 学习并掌握拉伸、旋转、圆角等基本建模方法。
2. 理解基准特征的用途，学习基准特征的创建方法。
3. 学习并掌握使用阵列、复制等实体特征操作工具进行造型的步骤。
4. 学习使用扫描、混合等实体特征进行造型的方法。
5. 学习使用孔、筋板等放置实体特征工具进行造型的方法及步骤。

任务一 基准特征的创建

一、任务导入

在模型上创建如图 3-1 所示的基准平面 DTM1、DTM2，基准点 PNT0、PNT1 和基准轴线 A_2。通过该图的练习，初步掌握基准特征的创建方法。

二、相关知识

（一）基准特征的概念

基准特征是零件建模的参考特征，其主要任务是辅助完成实体特征的建模，

可作为标注尺寸和装配体的参照等。新建一设计文件后，Pro/E 系统默认生成三个相互正交的基准平面，分别为 TOP、FRONT 和 RIGHT；此外系统还提供一坐标系 PRT_CSYS_DEF 和一个特征的旋转中心，如图 3-2 所示。根据实体创建的需要可通过一定方法创建基准特征。按其几何特征不同分为基准点、基准面、基准轴线、基准曲线和基准坐标系。

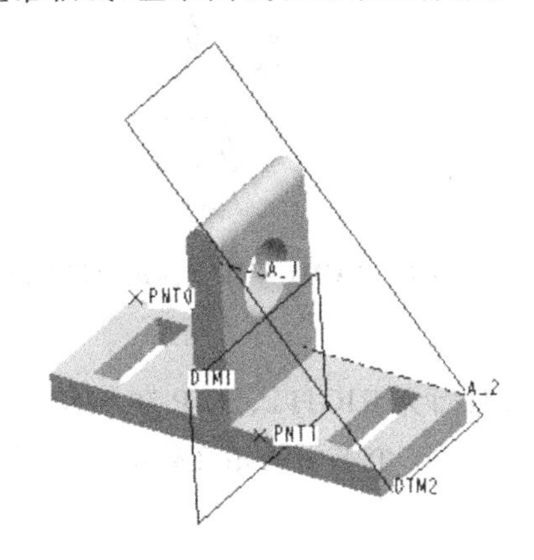

图 3-1　基准的创建

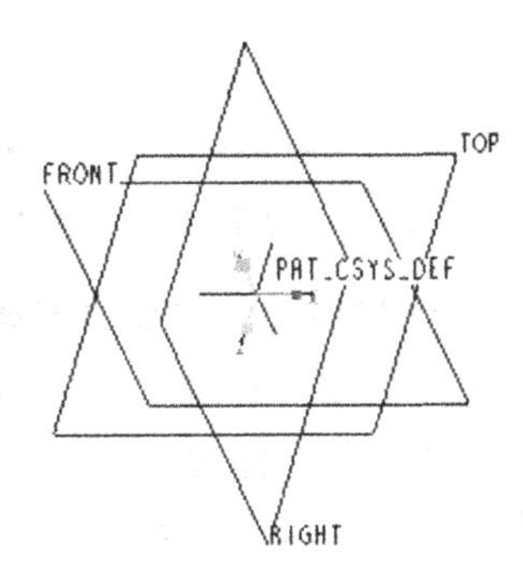

图 3-2　系统默认基准特征

（二）基准点的创建

基准点处常用 PNT0、PNT1、PNT2 等名称表示，用户只要提供能够确定唯一点的条件，系统就可以自动完成基准点的创建。在零件设计模式下，依次选取主菜单栏中“插入”/“模型基准”/“点”选项或单击基准工具栏中基准点工具栏上的一个图标按钮，开始基准点的创建。

一般基准点，在线或面上创建基准点，或创建沿线或面偏移的基准点。

坐标基准点，在选定的坐标系下，通过给定坐标值创建基准点。

场基准点，直接在面或线上创建基准点，不需精确定位，系统只显示在哪一个图元上，不显示精确的值，该点用于模型分析。

1. 创建某一面上的基准点

进入基准点的创建状态，首先选择放置参照面 RIGHT，选择其约束条件为“在其上”，然后选择两个偏移参照面 TOP 和 FRONT，输入其偏距分别为 100 和 80，如图 3-3 所示，最后单击“确定”按钮，完成基准点 PNT0 的创建，如图 3-4 所示。

2. 创建偏距面一定距离的基准点

进入基准点的创建状态，首先选择放置参照面 RIGHT，选择其约束条件为“偏移”，输入偏移距离值 40，然后选择两个偏移参照面 TOP 和 FRONT，输入其偏距分别为 100 和 80，最后单击“确定”按钮，完成基准点 PNT1 的创建。

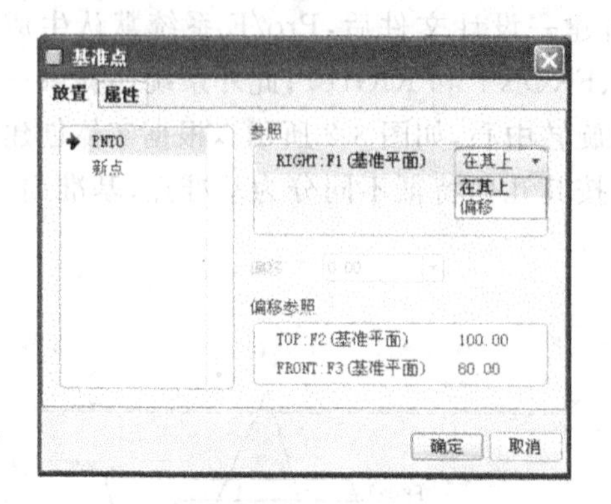

图 3-3 面上基准点创建对话框

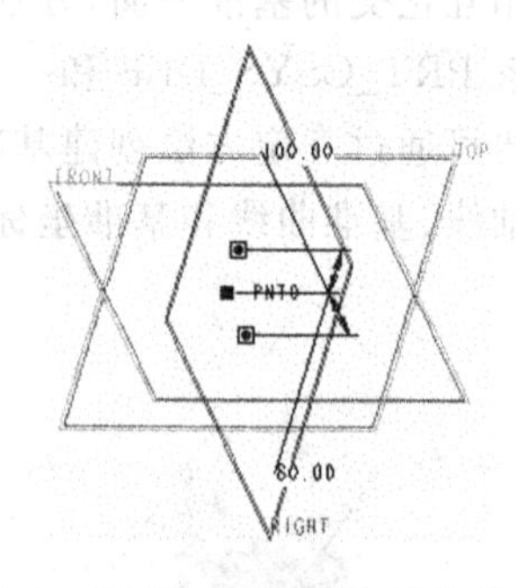

图 3-4 RIGHT 平面上创建的基准点

3. 创建图元相交处的基准点

进入基准点的创建状态，选择三个放置参照面为 RIGHT、TOP 和 FRONT，设置其约束条件都为“在...上”，如图 3-5 所示，在三个平面的相交处形成一基准点 PNT2，如图 3-6 所示。

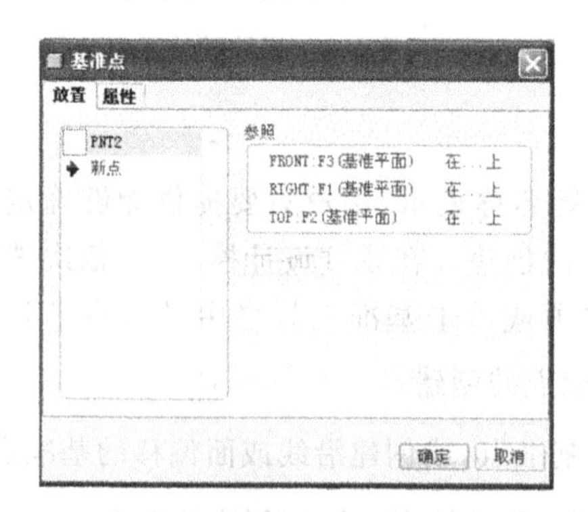

图 3-5 图元相交处基准点创建对话框

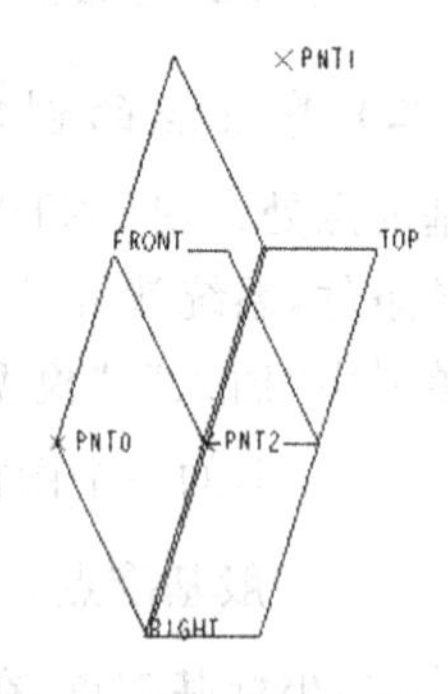

图 3-6 创建的三个基准点

4. 通过坐标值，创建基准点

单击基准点工具栏中的坐标基准点工具图标按钮，选择参照坐标系，输入各坐标值，即可完成基准点的创建。

（三）基准轴的创建

基准轴常用 A_0、A_1、A_2 等名称表示，用户只要提供能够确定唯一直线的条件，系统就可以自动完成基准轴的创建，基准轴创建对话框如图 3-7 所示。基准轴线与回转轴线都为轴线，但基准轴线有独立的特征。基准轴线的创建步骤如下。

(1) 在零件设计模式下，依次选取主菜单栏中“插入”/“模型基准”/“轴”选项或单击基准工具栏中基准轴线图标按钮 / 。

(2) 选择长方体的左侧面作为放置基准轴的参照。

(3) 选择约束条件为“穿过”。

(4) 按住“Ctrl”键，选择长方体的前侧面，形成组合约束，确定基准轴 A_4，如图 3-7 所示。

(5) 单击“确定”按钮，完成基准轴的创建，如图 3-8 所示。

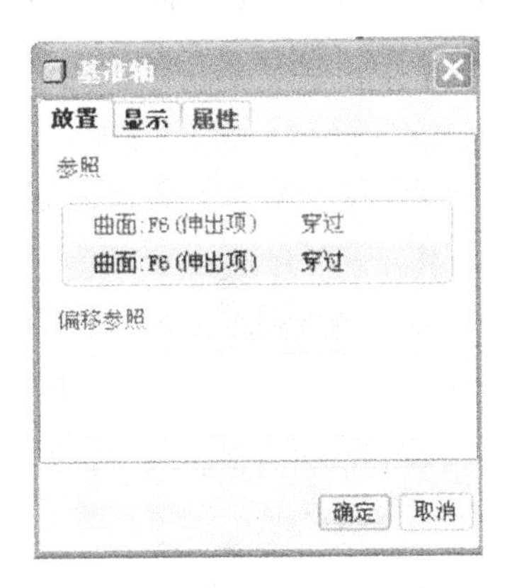

图 3-7　基准轴创建对话框

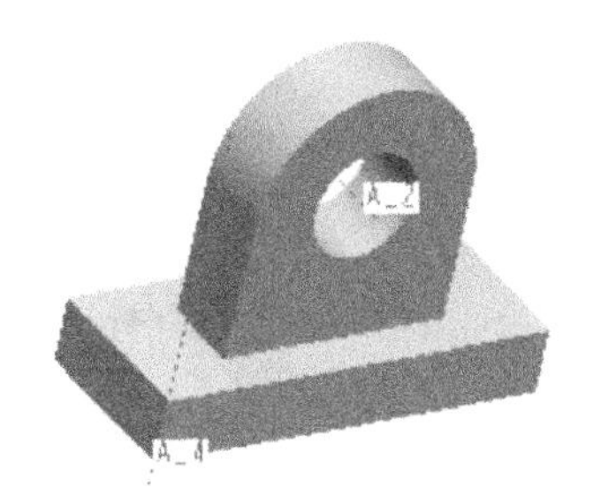

图 3-8　创建基准轴

(四) 基准平面的创建

基准平面常用 DTM0、DTM1、DTM2 等名称表示，基准平面可作为实体截面特征绘制的草绘面、标注尺寸和装配体的参照面、曲面绘制的绘图面和参照面等。用户只要提供能够确定唯一平面的条件，系统就会自动完成基准平面的创建，创建步骤如下。

(1) 在零件设计模式下，选取主菜单栏中“插入”/“模型基准”/“平面”选项或单击基准工具栏中基准平面图标按钮 ，进入基准平面的创建状态。

(2) 选择放置基准平面的参照。

(3) 选择合适的约束条件。

(4) 选择约束组合或偏移距离或旋转角度。

(5) 单击“确定”按钮，完成基准平面的创建。

三、任务实施

1. 创建基准点 PNT0 和 PNT1

将工作目录指向下载文件 mok3[①]，打开文件 jizhunmx. prt。基准点 PNT0 位于该模型下部长方体的上表面，为该表面的左后顶点，属于两边的交点。单击基准工具栏中的图标按钮 ，选取模型下部长方体上表面左面的边和后面的边作为放置参照边，形成约束组合，确定基准点 PNT0。

基准点 PNT1 位于实体模型下部长方体前上棱边上，通过输入距某一端点

① 此下载文件可通过邮箱 hanbianzhi@163. com 向作者索取，后同。

的比率即可确定，如图 3-9 所示。单击“确定”按钮，完成两个基准点的创建。

2. 创建基准轴线 A_2

基准轴线 A_2 位于实体模型下部长方体的上表面的后棱边上，进入绘制基准轴线的状态，选该棱边作为放置参照，选择约束类型为“穿过”，单击“确定”按钮，完成基准轴 A_2 的创建。如图 3-10 所示。

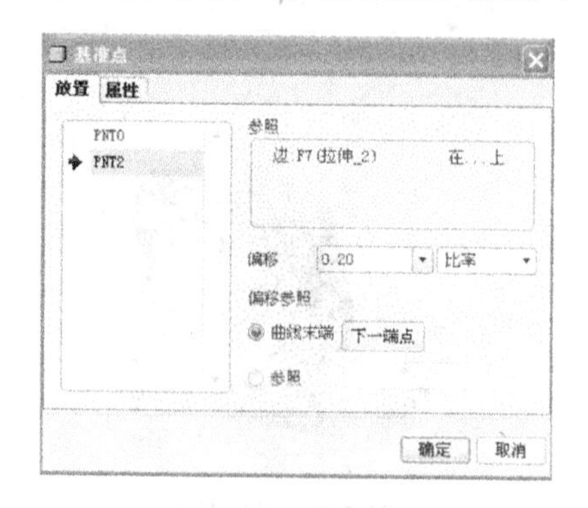

图 3-9　线上基准点的确定

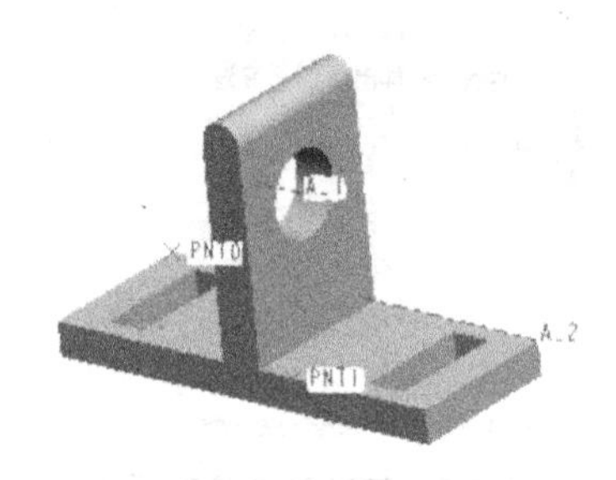

图 3-10　实体上的基准点和基准轴

3. 创建基准平面 DTM1、DTM2

基准平面 DTM1 为形体的对称面，可通过给定与某一参照平面的距离值确定。单击基准工具栏中基准平面图标按钮 ▱，选取长方体的右侧面或左侧面为放置参照平面，选择约束类型为偏移，输入偏移值 50(长方体长度值的一半)，如图 3-11 所示，单击“确定”按钮，完成基准平面 DTM1 的创建。也可通过其他方法创建，请自行思考。

基准平面 DTM2 为通过实体模型下部长方体的右上侧棱边，并和上部圆弧顶面相切的平面，要用约束组合确定。具体确定方法：进入基准平面创建状态，选择作为实体模型上部圆弧顶面作为放置参照，选择约束类型为“相切”，按住“Ctrl”键，选择实体模型下部长方体的右上侧棱边，约束条件为“穿过”，形成组合约束，确定基准平面，如图 3-12 所示，单击“确定”按钮，生成基准平面 DTM2。

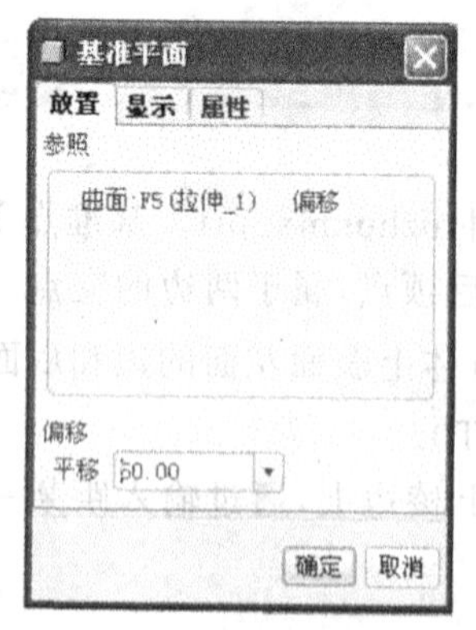

图 3-11　偏移创建基准平面

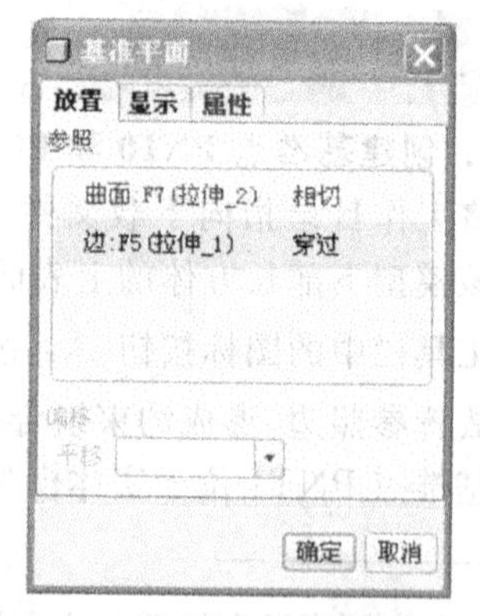

图 3-12　组合约束创建的基准平面

按上述步骤完成后，可形成如图 3-1 所示的基准特征。

四、知识拓展

（一）基准曲线的创建

基准曲线常常作为曲面特征的边界线和扫描用的轨迹线，是建立实体和曲面特征的重要辅助特征。单击图标按钮 ，弹出如图 3-13 所示“曲线选项”菜单，各创建方法说明如下。

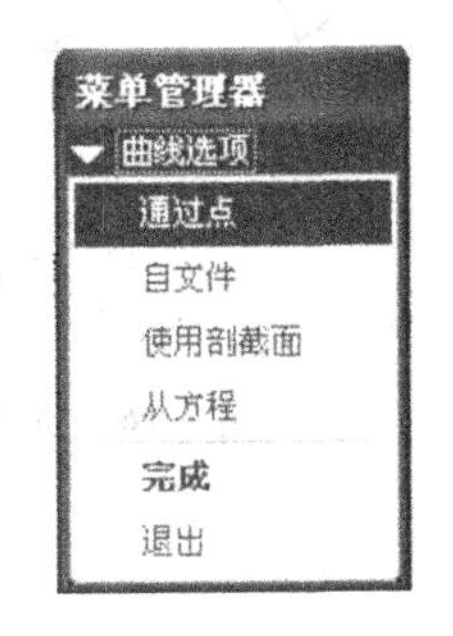

图 3-13　“曲线选项”菜单

◇ 通过点　通过连接实体的顶点或基准点，创建基准曲线。

◇ 自文件　通过读取来自包含点的坐标值参数的文件，创建基准曲线。

◇ 使用剖截面　使用截面的边线曲线作为基准曲线，创建基准曲线。

◇ 从方程　输入数学方程式创建基准曲线。

当选取经过点选项创建基准曲线后，系统显示基准曲线选项菜单，如图3-14 所示，属性项目包括自由、面组/曲面两个选项，如图 3-15 所示，用于指定设置是否位于所选的表面上，效果如图 3-16、图 3-17 所示。

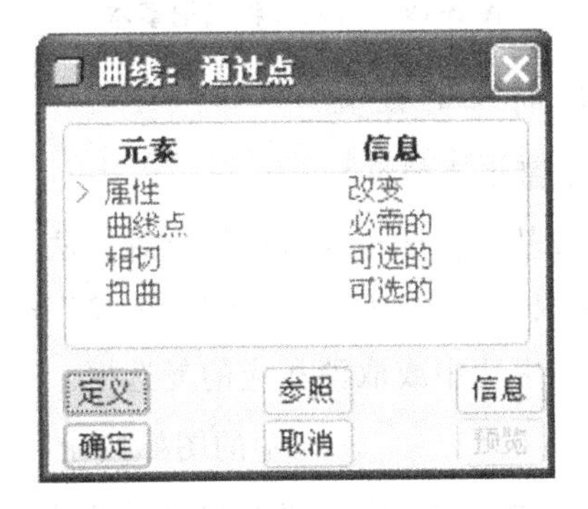

图 3-14　通过点设置选项菜单

图 3-15　属性选项

当选取从方程选项创建基准曲线后，系统显示如图 3-18 所示的菜单，选取坐标系和坐标系的类型，出现如图 3-19 所示的输入曲线方程的记事本，可输入以 t 为自变量的方程式，$t=0\sim1$，如输入方程式为“$x=30*\cos(t*360)$，$y=30*\sin(t*360)$，$z=50*t$”，保存记事本，并关闭，系统自动将该文件保存为 rel. ptd。单击“确定”按钮，生成如图 3-20 所示的曲线。

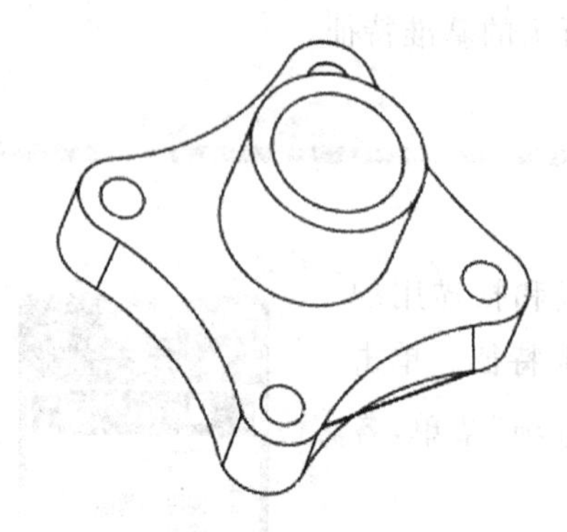

图 3-16 选择自由属性

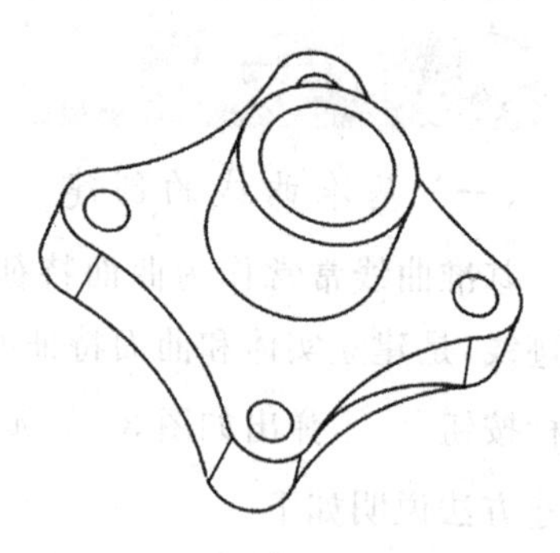

图 3-17 选择面组/曲面属性

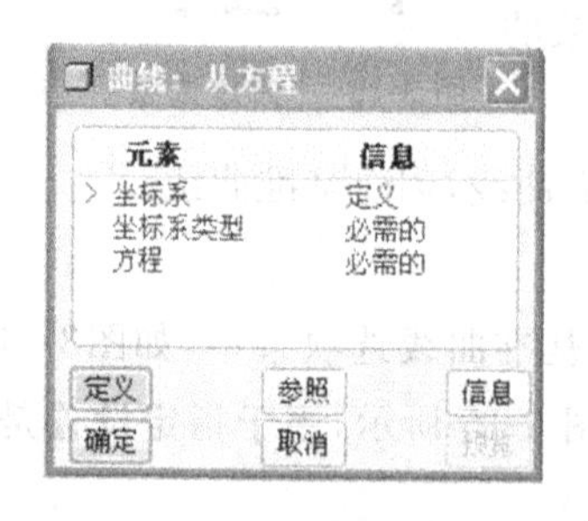

图 3-18 从方程选项菜单

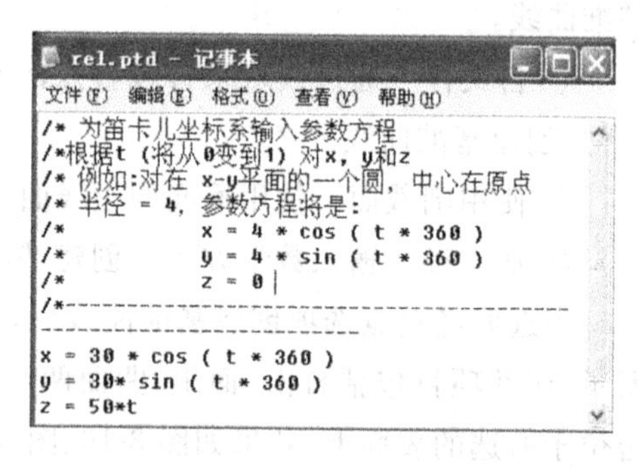

图 3-19 输入方程式记事本

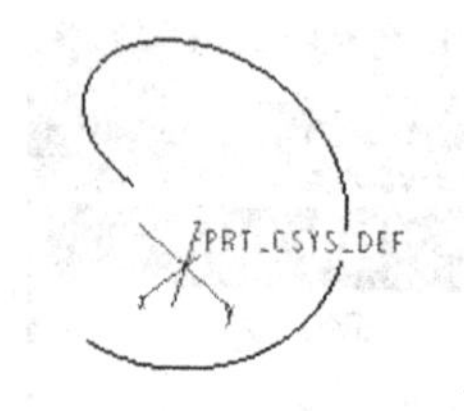

图 3-20 方程式基准曲线

（二）基准特征的设置

1. 显示/隐藏基准特征

显示和隐藏基准特征可通过以下三种方法。

◇ 依次选取菜单栏中的“工具”/“环境”选项，在弹出的对话框中选中或取消相应的复选框。

◇ 使用工具栏中的图标按钮，按一次按钮，按钮凸出，不显示相应的基准特征，再按一次，按钮凹下则显示相应的基准特征。

◇ 依次选取菜单栏中的“视图”/“显示设置”/“基准显示”选项，在弹出的对话框中选中或取消相应的复选框。

2. 重新设置基准颜色

选取菜单栏中的“视图”/“显示设置”/“系统颜色”选项，在弹出的对话框中选中基准选项卡，即可在该对话框中设置基准颜色。

任务二 盘类零件建模——泵体左泵盖造型

一、任务导入

根据如图 3-21、图 3-22 所示的泵体左泵盖的视图及立体图建立实体模型。从图中可以看出，完成本模型的建模需要用拉伸特征、旋转特征和倒圆角特征。通过该图的练习，初步掌握用拉伸特征、旋转特征和倒圆角特征创建一般零件模型的技能。

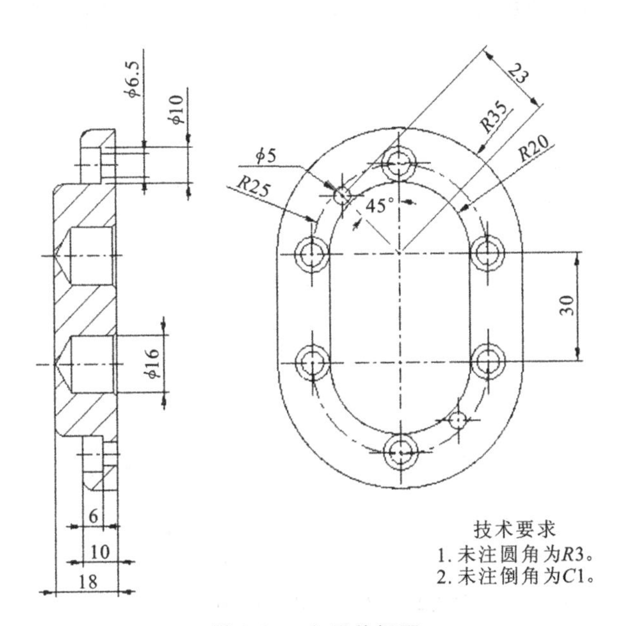

图 3-21 左泵盖视图

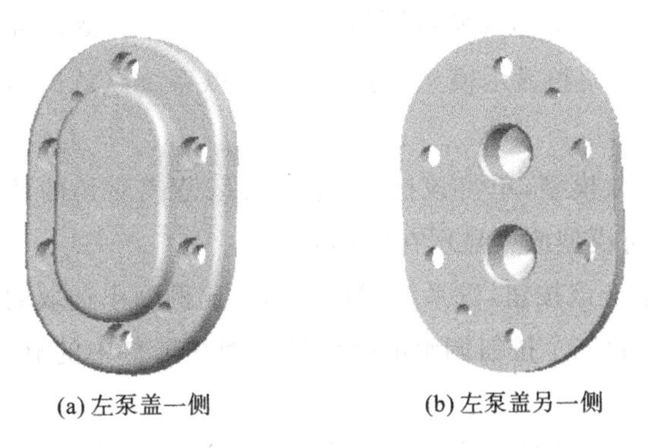

(a) 左泵盖一侧 (b) 左泵盖另一侧

图 3-22 左泵盖实体图

二、相关知识

（一）零件模块界面简介

1. 进入零件模块工作界面

在主菜单中依次选取“文件”/“新建”，弹出“新建”对话框，在类型栏中选择“零件”，然后在子类型栏中选择“实体”，进入实体设计模块，该界面与主界面类似，不同的是插入菜单的内容变成实体特征构建方式，在对应的工具图标按钮中增加了实体特征工具按钮，如图3-23所示。

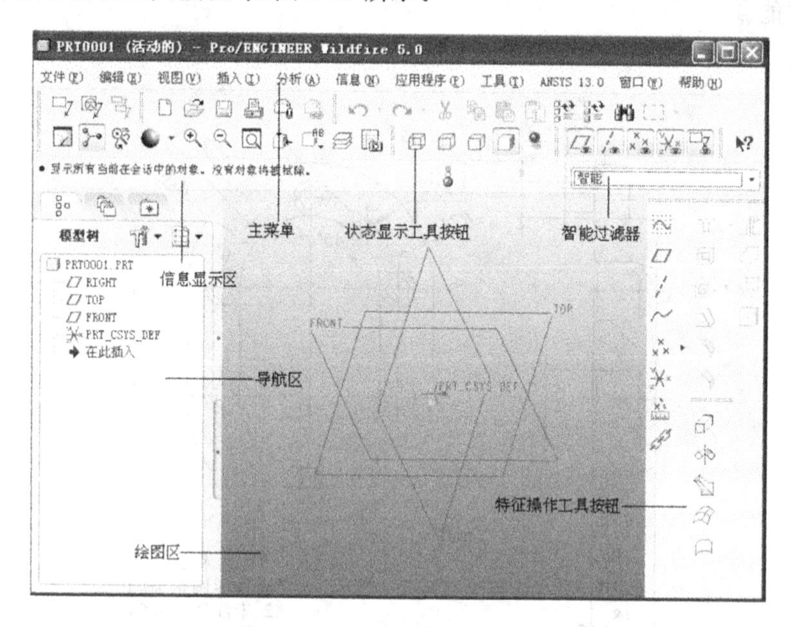

图 3-23　Pro/E 实体模块的界面

2. 工作区模型显示状态调整按钮简介

(1) 更新当前的视窗，可消除操作过程中在模型表面留下的残影。

(2) 重新调整显示模型，使显示模型以系统默认的最佳比例完整地显示在图形窗口。

(3) 缩放模型，单击该按钮，选取视区范围对角的两点，创建缩放框，将缩放框内的几何模型放大显示在图形窗口。

(4) 单击该按钮，以系统默认的缩小比例缩小选取的视区范围。

注意：上述的后三个按钮调整的仅仅是模型在屏幕中的显示状态，并不是模型实际尺寸的改变。

(5) 模型以线框模式显示，且隐藏线和可见线均显示同一种线型。

(6) 模型以线框模式显示，且隐藏线以灰色线条显示。

(7) 模型以线框模式显示，且隐藏线不显示。

(8) 模型以着色图像显示。单击该按钮，当前工作模型以缺省颜色或用户定义颜色显示着色。

(9) 是否绕模型中心旋转的切换按钮。

(10) 视图模式切换按钮。

(11) 重新定义模型视角。

(12) 显示所有已保存的视角。

3. 信息显示区

信息显示区位于界面的上部，作用是对当前的操作显示简要的说明或提示。

4. 智能过滤器

智能过滤器位于窗口右上角，通过选择相应的对象类型，使得在模型选择中可供选择的项目受到限制，只有选择过滤栏中的特征才能被选中，使得操作更方便。系统提供的各种可供选择的类型，随着操作的不同可供选择的类型也不同。

（二）拉伸特征

1. 拉伸特征概念

拉伸是指绘制的截面图形沿指定的拉伸方向，以给定深度平直拉伸截面，生成三维实体的方法。通过拉伸可以生成实体或薄壁的钣金件。

2. 拉伸特征操作面板

选择“插入”/“拉伸”或单击拉伸特征按钮，系统显示拉伸特征操作控制面板，各项含义如图 3-24 所示。

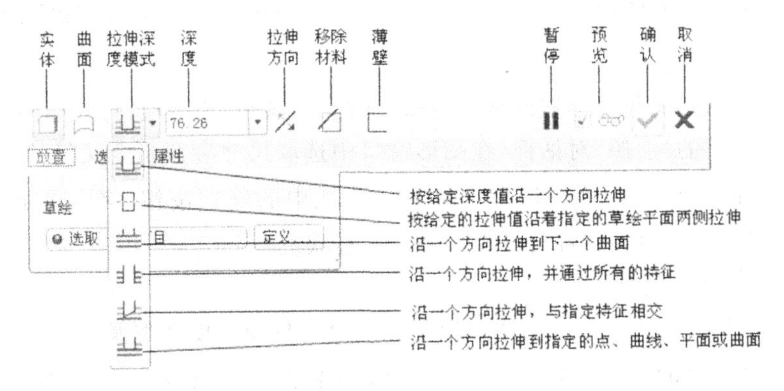

图 3-24 拉伸特征操作控制面板

3. 拉伸特征的创建步骤

1）选择创建拉伸特征命令

进入零件设计模式后，单击界面右边工具栏中的拉伸特征按钮。

2）启动草绘截面图命令

在拉伸特征操作“放置”面板中，单击 定义... 按钮，系统弹出如图 3-25 所示的对话框，进入设置草绘平面和参照面的状态。

3）设置草绘平面和参照面

根据系统提示，选择草绘平面、参照面和草绘定位方向，然后单击草绘按钮，系统进入草绘界面。

草绘平面：绘制二维截面的平面称为草绘平面。

参照面：与草绘面垂直的平面，用于确定草绘平面的放置位置。

进行实体特征创建时，必须选择合适的草绘平面，草绘平面可以选择基准平面或特征表面。完成草绘平面的设置后，系统会自动选择参照面及定位方向。用户也可根据自己的喜好修改。

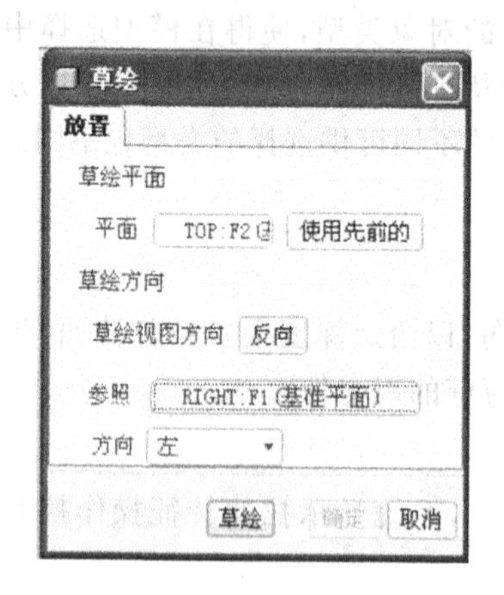

图 3-25 “放置”对话框

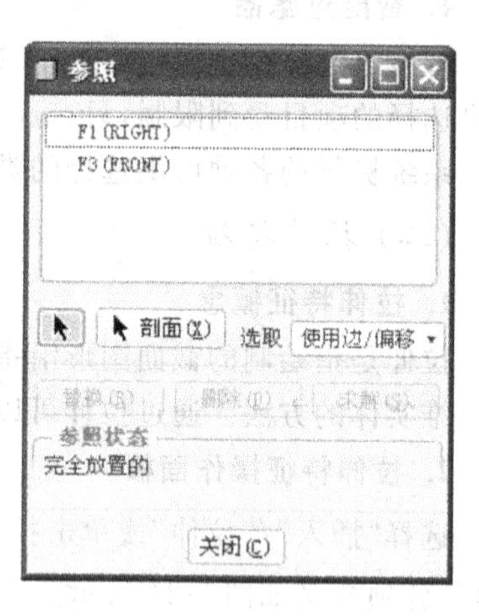

图 3-26 标注尺寸的“参照”对话框

4）草绘截面

按照默认定义尺寸参照或依次选取“草绘”/“参照”菜单项，打开如图 3-26 所示的标注尺寸的“参照”对话框，在图形窗口中选取尺寸参照自定义尺寸参照，然后绘制拉伸截面图形，完成后单击草绘工具栏中的确定按钮 ✔，退出草绘模式，系统重新进入拉伸特征设计操作控制面板状态。

5）设置其他选项

在拉伸特征操作控制面板中，进行拉伸方向、拉伸深度选项及深度值、减材料特征或薄体特征的设置。单击按钮 ，改变拉伸方向；单击按钮 右边的下拉箭头，选择拉伸深度模式，并在右边输入深度值。如果是在已有的实体上去除材料，则单击按钮 ；如果是生成薄体特征，则单击按钮 ，并设置薄体厚度。

6）预览拉伸特征

单击按钮 ，预览生成的拉伸特征，以便修改特征。

7）确认拉伸特征

单击按钮✔，完成拉伸特征的创建。

（三）旋转特征

1. 旋转特征概念

旋转是指绘制的截面图形沿指定的轴旋转一定角度，生成三维实体的方法。它也是一种常用的实体创建类型，适合于构建回转体零件。

2. 旋转特征操作面板

选择“插入”/“旋转”或单击旋转特征按钮，系统显示旋转特征操作控制面板，界面及各项含义类似于图 3-24 所示的拉伸特征操作控制面板。不同的是拉伸深度方式对应旋转角度方式，输入的值为角度值，最大为 360°。

3. 旋转特征的创建步骤

1）选择创建旋转特征命令

进入零件设计模式后，单击界面右边工具栏中的旋转特征按钮。

2）启动草绘截面图命令

在旋转特征操作“放置”面板中，单击 定义... 按钮，系统弹出设置草绘平面和参照面的对话框。

3）设置草绘平面和参照面

根据系统提示，选择草绘平面、参照面和草绘定位方向，然后单击“草绘”按钮，系统进入草绘界面。

4）草绘截面

在草绘模式，绘制旋转截面和旋转轴，完成后单击草绘工具栏中的确定按钮✔，退出草绘模式，系统重新进入旋转特征设计操作控制面板状态。需要注意的是旋转特征的草绘截面必须有旋转轴，要用几何中心线按钮绘制旋转轴。

5）设置其他选项

在旋转特征操作控制面板中，进行旋转方向、旋转角度选项及角度值、减材料特征或薄体特征的设置。单击按钮，改变旋转方向；单击按钮右边的下拉箭头，选择旋转角度模式，并在右边输入角度值。如果是在已有的实体上去除材料，则单击按钮；如果是生成薄体特征，则单击按钮，并设置薄体厚度。

6）预览旋转特征

单击按钮，预览生成的旋转特征，以便修改设计特征。

7）确认旋转特征

单击按钮✔，完成旋转特征的创建。

（四）倒圆角特征

圆角特征在零件设计中是必不可少的。在产品设计中，考虑到工艺方面的

因素，零件上一般有较多的圆角特征。圆角特征是指用一定的倒圆尺寸将实体的边缘变成圆柱面或圆锥面，倒圆尺寸为构成圆柱面或圆锥面的半径。倒圆角分为等半径倒圆和变半径倒圆。创建倒圆角的步骤如下。

1）选择倒圆角命令

选择菜单“插入”/“圆角”或单击图标工具栏中的图标按钮 ，显示如图3-27所示的圆角特征操作控制面板。

图 3-27　圆角特征操作控制面板

2）选择建立圆角的图元

在图形窗口中的实体上选择要建立圆角的图元，选择多于一个边时要同时按住“Ctrl”键。如果要建立圆角的边半径不等，则单击圆角特征操作控制面板上的按钮“集”，打开如图3-28所示的集面板，单击“新建集”项，此时在集面板上出现集2，选取用同一半径作圆角处理的边。

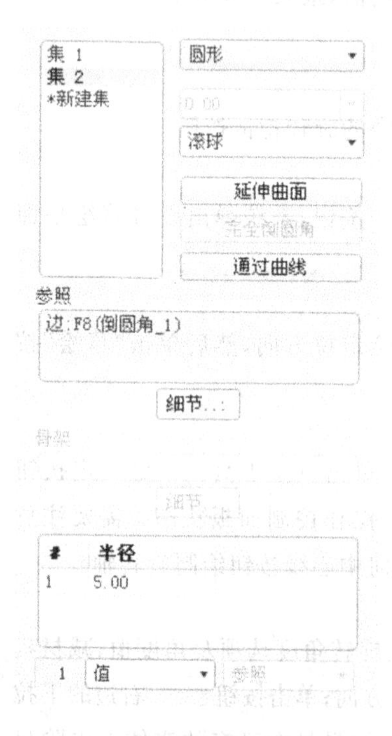

图 3-28　集面板

3）设置圆角的半径值

单击集面板中的集1，在下部半径栏处输入第一组圆角的半径值，再单击集面板中的集2，输入第二组圆角的半径值，也可以直接拖动图形窗口中的半径操纵柄设置半径值。如果进行圆角处理边的圆角半径为变化的，则在图形窗口中该边的半径手柄处单击右键，在出现的快捷菜单中选择添加半径，则系统在该边的顶点处出现圆角半径和半径值的操纵柄，修改半径值即可，如图3-29所示。也可在集面板下部半径值处单击右键，添加半径值。如果要处理边的圆角半径值是由曲线决定，则在集面板中单击“通过曲线”，在图形窗口中选择一条曲线而不需要输入半径值，如图3-30所示。

3）确认圆角特征

单击按钮 ，完成圆角特征的创建。

Pro/E系统提供自动倒圆角功能，如果多数图元都要倒圆角，则可用自动倒圆角功能。

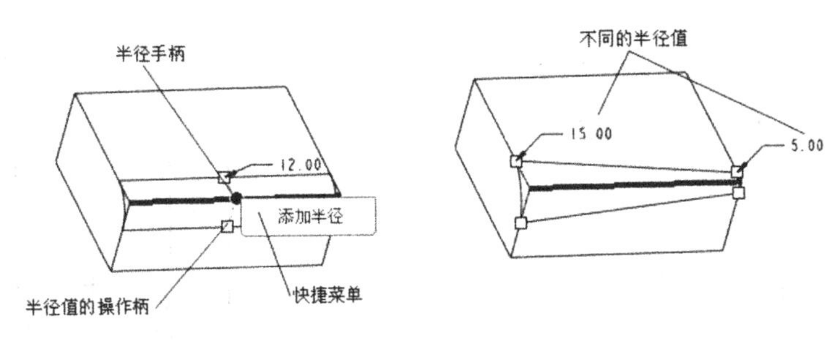

图 3-29 变半径的圆角特征

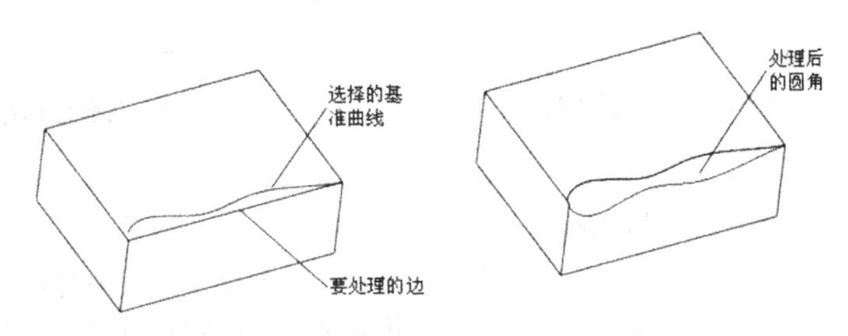

图 3-30 通过曲线生成的圆角特征

三、任务实施

1. 创建零件文件

依次单击“文件”/“新建”菜单项，系统将弹出“新建”对话框，在文件类型栏中选取“零件”单选按钮，在子类型栏中选取“实体”单选按钮，在名称栏后的文本框中输入新的文件名“benggai”，单击“确定”按钮，系统进入实体创建模式。

2. 创建基础实体拉伸特征

单击拉伸特征按钮 ，在拉伸特征操作“放置”面板中，单击 定义... 按钮，选择 TOP 面为草绘平面，RIGHT 面为参照面，FRONT 和 RIGHT 面为尺寸参照，按照所标尺寸，绘制如图 3-31 所示的截面图，设置拉伸长度为 10，形成基础实体。

3. 创建凸台拉伸特征

单击拉伸特征按钮，选择第一步所创建的基础实体的上表面为草绘平面，以 RIGHT 面为参照面，FRONT 和 RIGHT 面为尺寸参照，按照所标尺寸，用图素偏移方法绘制如图 3-32 所示的截面图，设置拉伸长度为 8，形成凸台部分。

4. 创建泵盖上六个放置螺母的大孔

同样利用拉伸特征，选择第一步所创建的基础实体的上表面为草绘平面，以 RIGHT 面为参照面，FRONT 和 RIGHT 面为尺寸参照，按照所标尺寸，绘制如图 3-33 所示的截面图，设置拉伸长度为 6，并选择去除材料模式，形成放置螺母

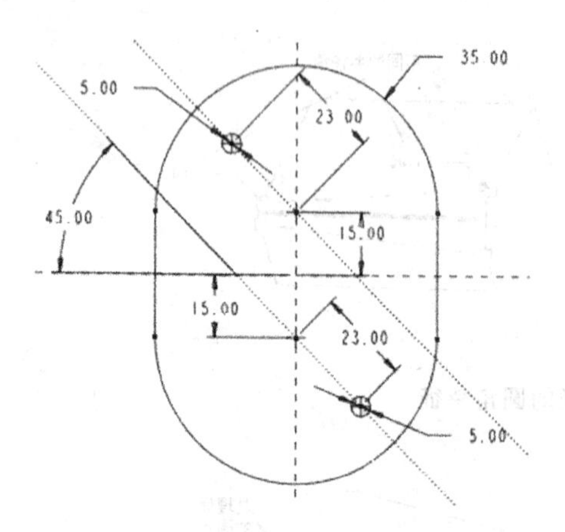

图 3-31　基础实体拉伸截面图形

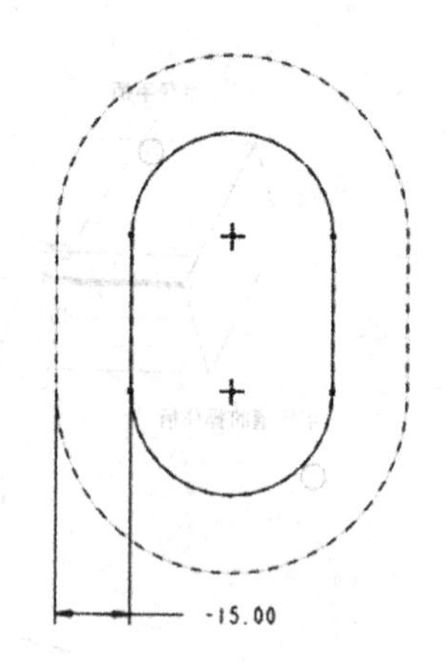

图 3-32　凸台拉伸截面图形

的大孔部分。

5. 创建盖上六个放置螺栓的小孔

用和第 4 步类似的方法创建截面图，草绘平面选为大孔的内部底面，六个小圆的直径为 6.5，深度选项为沿一个方向，并通过所有的特征，同样选择去除材料模式，形成的实体如图 3-34 所示。

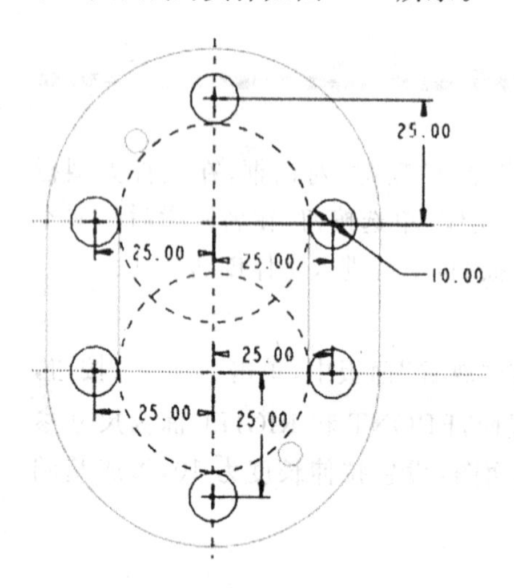

图 3-33　基础实体拉伸截面图形

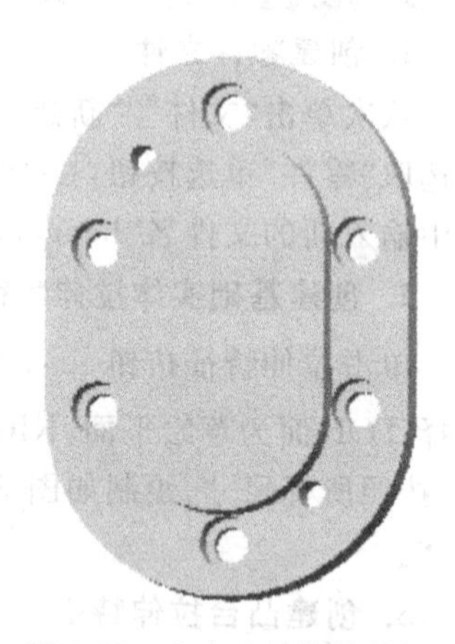
图 3-34　六个孔的拉伸特征

6. 创建实体上部放轴的内孔

单击旋转特征按钮，创建旋转切除特征。在旋转特征操作"放置"面板中，单击 定义... 按钮，选取 RIGHT 面为草绘平面，TOP 面为参照面，进入截面绘图模式，以 TOP 面和 FRONT 面为尺寸参照，绘制如图 3-35 所示的封闭的旋转截面和旋转轴，旋转角度为 360°，并选择去除材料模式，形成的实体如图 3-36 所示。

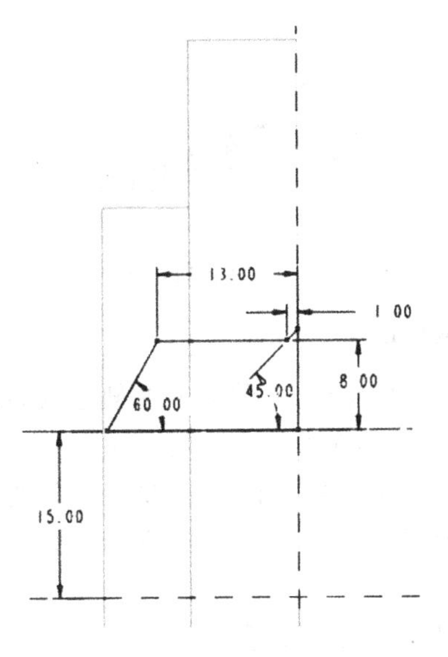

图 3-35 旋转截面图形

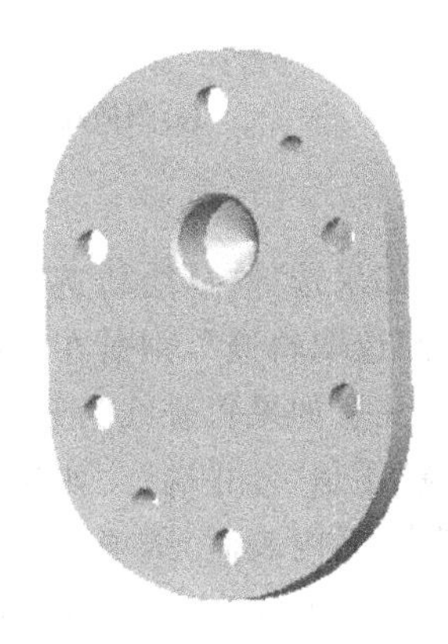

图 3-36 旋转切除特征

7. 创建实体下部放轴的内孔

用和第 6 步同样的方法创建旋转切除特征，形成的实体如图 3-37 所示。

8. 创建圆角特征

单击圆角特征图标按钮 ，选取基础实体外轮廓边和凸台外轮廓边为要进行圆角处理的边，设置圆角半径为 3，完成圆角特征，最终结果图如图 3-22 所示。

9. 保存文件

选择“文件”/“保存”或单击“保存”按钮，在弹出的“保存对象”对话框中，单击“确定”按钮，保存文件。

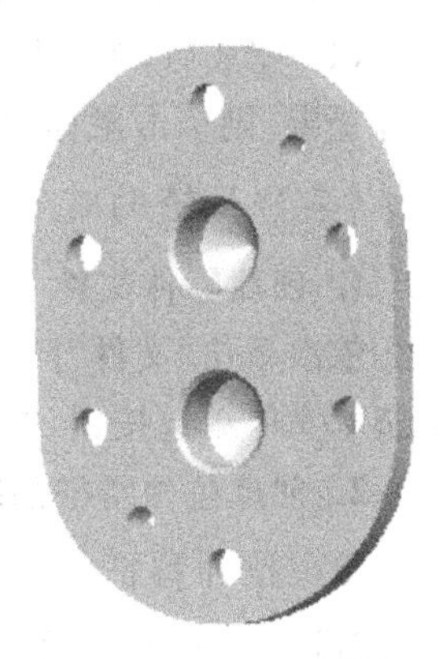

图 3-37 旋转切除特征

四、知识拓展——凸轮的建模

（一）扫描特征

1. 扫描特征概念

扫描特征是将二维截面沿指定轨迹线移动而生成三维实体特征，如图 3-38 所示。利用扫描来建立增料或减料特征时，先要绘制或选择轨迹线即扫描路径，然后绘制截面的外形轮廓。

2. 建立扫描特征的操作步骤

(1) 单击主菜单“插入”/“扫描”/“伸出项”或“切口”(建立减料特征选项)。

(2) 在“扫描轨迹”菜单中选择创建轨迹线的方式。

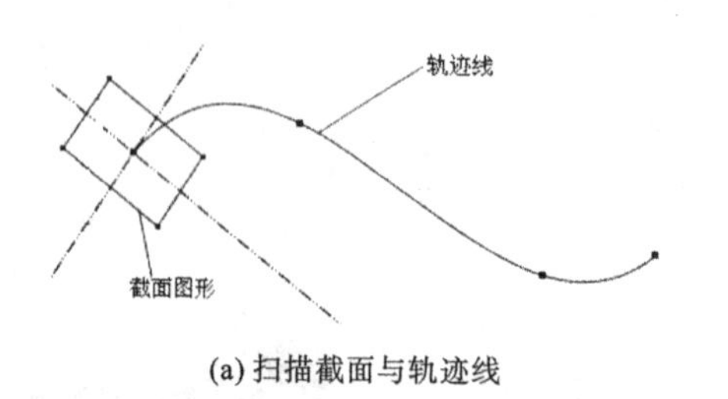

(a) 扫描截面与轨迹线

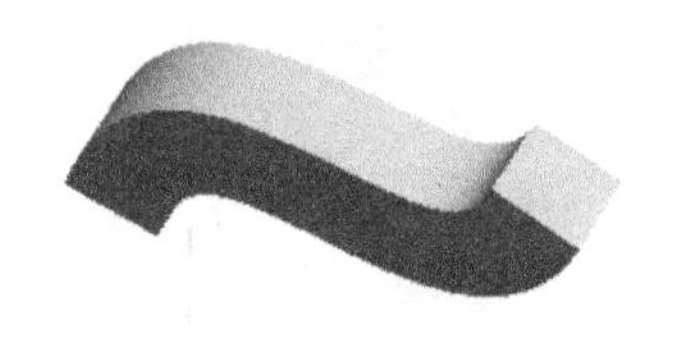

(b) 扫描生成的实体

图 3-38　扫描特征

如果选择"草绘轨迹"，则需定义绘图平面与参照面，然后绘制轨迹线；如果选择"选取轨迹"，则需在绘图区或特征树中选择一条曲线作为轨迹线。

注意如果轨迹线为开放轨迹并与实体相结合，则应确定轨迹的首尾端为"自由端"还是"合并端"。如果轨迹为封闭的，则需配合截面的形状选择"增加内表面"或"无内表面"选项。

(3) 在自动进入的草绘图形窗口中绘制扫描截面并标注尺寸（注：位置尺寸的标注必须以轨迹起点的十字线的中心为基准）。

(4) 完成后，单击模型对话框中的"预览"按钮，观察扫描结果，如果特征符合设计要求，则单击鼠标中键，完成扫描特征。

（二）凸轮的建模

1. 创建零件文件

依次单击"文件"/"新建"菜单项，在类型栏中选取零件单选按钮，子类型栏中选取实体单选按钮，在名称处输入新的文件名"tulun"，单击"确定"按钮。

2. 创建拉伸特征的基础实体

单击拉伸特征按钮 ，选择 TOP 面为草绘平面，RIGHT 面为参照面，FRONT 和 RIGHT 面为尺寸参照，绘制直径为 80 的截面图形——圆，设置拉伸长度为 10，形成薄圆板基础实体。

3. 创建凸轮槽

1) 创建扫描特征命令

依次单击"插入"/"扫描"/"切口"，开始创建去材料扫描特征。

2) 定义扫描特征的轨迹

系统弹出如图 3-39 所示的对话框，其中轨迹线之前的">"表示系统处于定义扫描特征的轨迹状态，同时系统出现如图 3-40 的菜单项，菜单有两项内容：草绘轨迹、选取轨迹。本例选择草绘轨迹，此时需定义草绘平面和参照

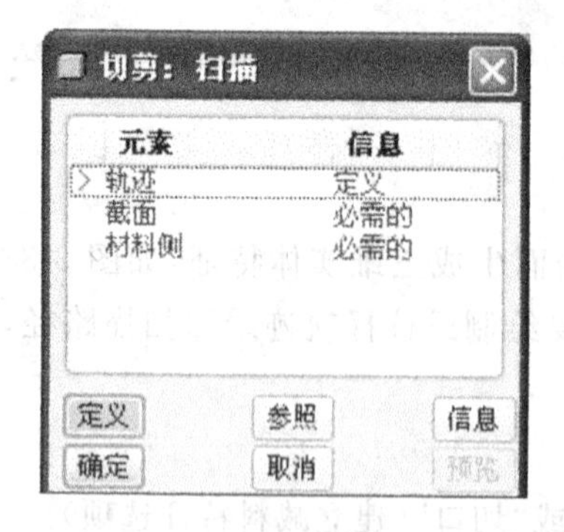

图 3-39　"切剪：扫描"对话框

面，选择基础实体圆板的上表面为草绘平面，按照系统默认定义参照面，在草绘模式下按尺寸绘制凸轮槽的轨迹线如图 3-41 所示。轨迹线完成后单击按钮 。

图 3-40　扫描轨迹菜单

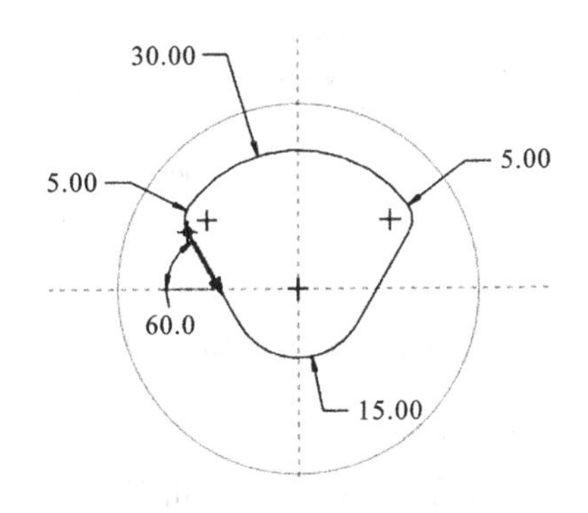

图 3-41　凸轮槽轨迹线

3）绘制扫描截面

当完成轨迹定义后，系统出现如图 3-42 所示的属性定义菜单项，选择“添加内表面”，然后单击完成。此时系统会自动把草绘平面转动到垂直于轨迹起点的面，要求用户绘制扫描的截面草图。此时扫描特征模型管理器中“>”在截面前，表示系统正要求定义扫描截面。按照尺寸绘制如图 3-43 所示的截面图。

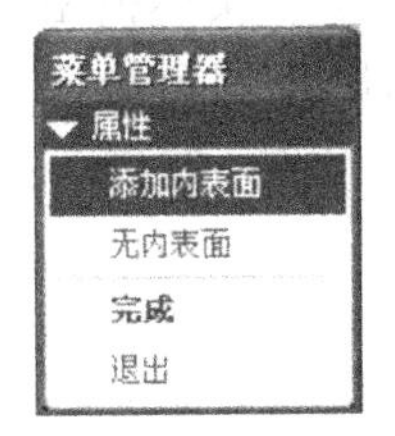

图 3-42　属性菜单

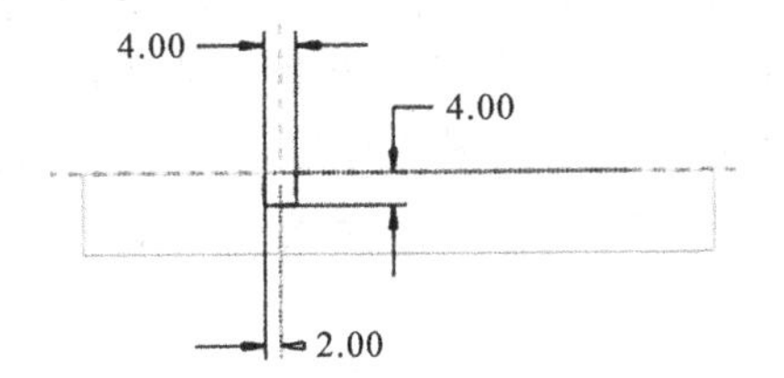

图 3-43　扫描截面绘制

4）创建完成

完成扫描截面的绘制后，在草图工具条单击按钮 ✓，完成截面定义，退出草绘模式。扫描对话框指向材料侧方向定义，定义方向后，单击方向对话框的中的“确定”按钮。所有元素定义完毕，单击扫描对话框中的“确定”按钮，完成扫描特征凸轮槽的创建，如图 3-44 所示。

图 3-44　凸轮槽

4. 创建轴孔

单击拉伸特征按钮 ，选择圆板上表面为草绘平面，RIGHT 面为参照面，FRONT 和 RIGHT 面为尺寸参照，按照所标尺寸，绘制截面图形如图 3-45 所示，设置深度模式为通过所有特征，形成的实体如图 3-46 所示。

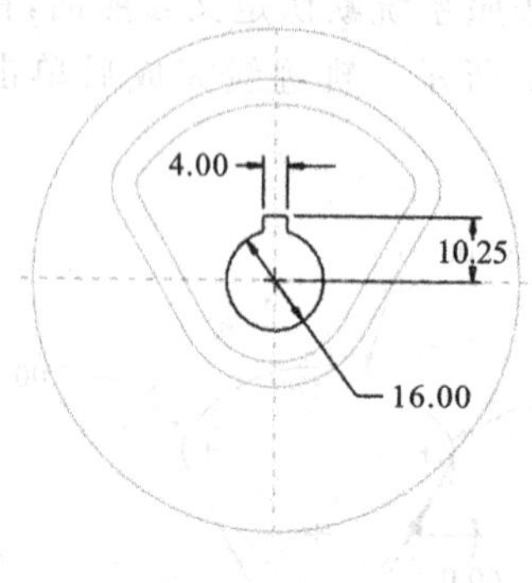

图 3-45 轴孔截面图

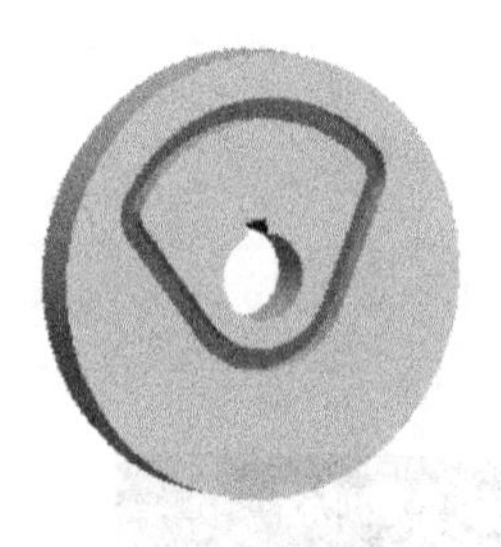

图 3-46 凸轮实体

5. 保存文件

选择"文件"/"保存"或单击"保存"按钮，在弹出的"保存对象"对话框中，单击"确定"按钮，保存文件。

任务三 轴类零件建模——螺杆造型

一、任务导入

根据如图 3-47、图 3-48 所示的螺杆的视图及立体图建立实体模型。从图中可以看出，完成本模型的建模需要用旋转特征、倒角特征、倒圆角特征及螺旋扫描等特征。通过该图的练习，熟练掌握旋转特征的创建方法，初步掌握倒角特征、螺旋扫描特征创建一般零件模型的技能。

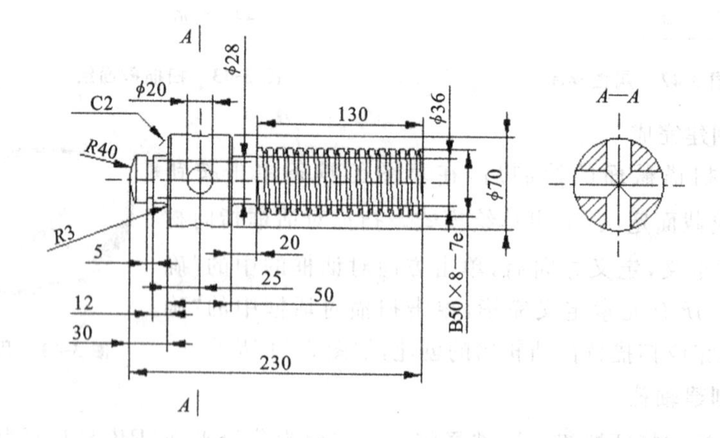

图 3-47 螺杆视图

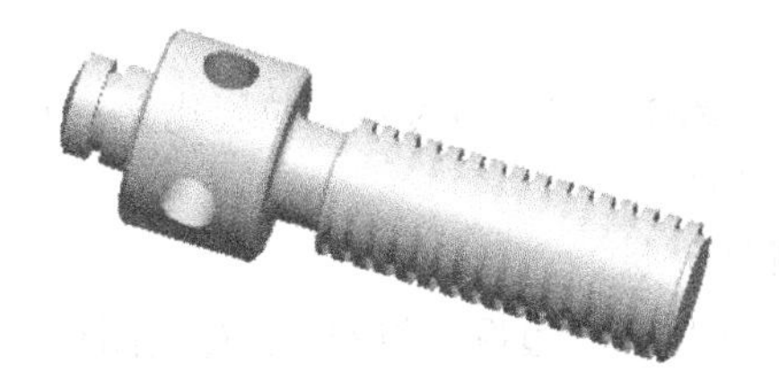

图 3-48 螺杆实体图

二、相关知识

(一) 倒角特征

倒角特征在轴类零件设计中是必不可少的。在产品设计中,考虑到工艺方面的因素,零件上一般有较多的倒角特征。Pro/E 提供了两种功能的倒角:边倒角和角倒角,如图 3-49 所示。

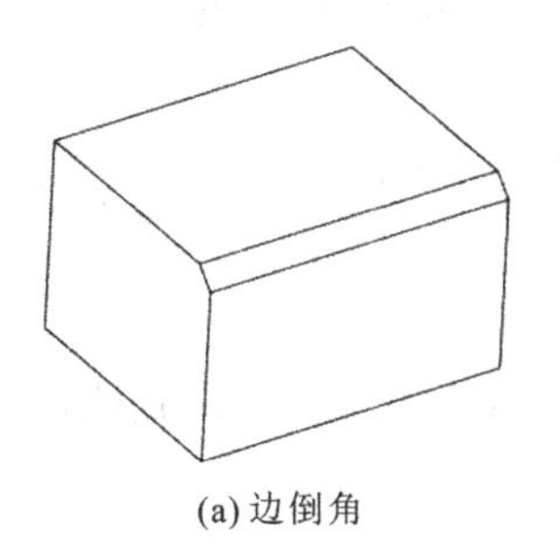

(a) 边倒角

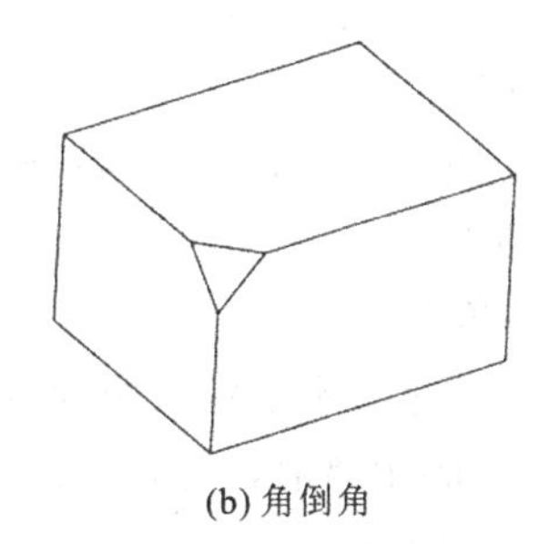

(b) 角倒角

图 3-49 倒角特征

1. 边倒角

单击图 3-23 右边图标工具栏中的倒角特征图标按钮 ,出现如图 3-50 所示的"倒角特征"操作控制面板,建立边倒角的原则基本同倒圆角。边倒角有以下四种类型。

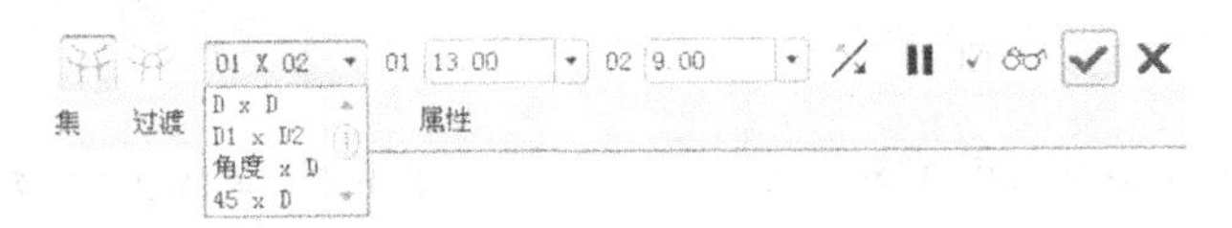

图 3-50 "倒角特征"操作控制面板

(1) 45×D 在距选择的边距离为 D 的位置建立 45°的倒角,仅适用于在两互相垂直的面上创建倒角。

(2) D×D 在距选择的边距离为 D 的位置建立倒角,创建倒角的两个面之间没有角度限制。

(3) D1×D2 在距选择的边沿一个面距离为 D1,沿第二个面距离为 D2 的位置建立倒角。

(4) 角度×D　在距选择的边距离为D的位置建立一个可自行选择角度的倒角。

创建边倒角的步骤如下。

1) 选择创建边倒角命令

依次选取“插入”/“倒角”/“边倒角”或单击右边图标工具条中的倒角特征建立图标 。

2) 选择倒角处理的边及类型

在图形窗口中选择要倒角处理的边，多于一条要同时按“Ctrl”键，在倒角特征操作控制面板上选择倒角类型，并输入相应的值。

3) 完成倒角特征

单击按钮 ，完成边倒角特征的创建。

2. 角倒角

角倒角是将选定的顶点倒成一平面，创建角倒角的步骤如下。

1) 选择创建角倒角命令

依次选取“插入”/“倒角”/“拐角倒角”，系统弹出如图 3-51 所示的“倒角(拐角)：拐角”对话框。

2) 选择拐角点

选取顶点，通过文本框输入距顶点的距离值或通过点击直线段上的指定点，给定拐角沿各边的距离值，如图 3-52 所示。

3) 完成拐角定义

单击按钮 ，完成倒角特征的创建。

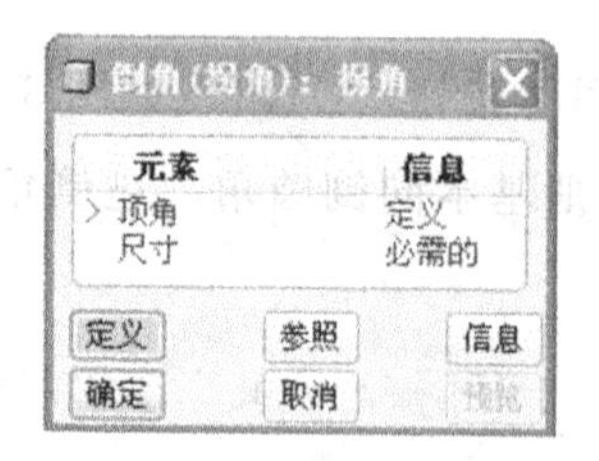

图 3-51　“倒角(拐角)：拐角”对话框

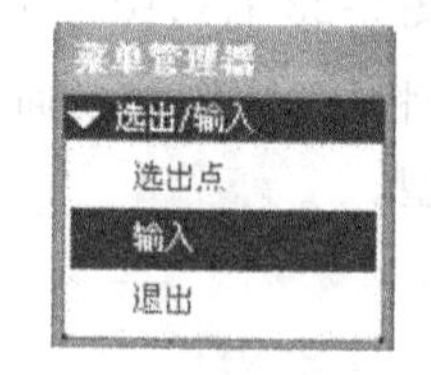

图 3-52　角倒角距离选项菜单

(二) 螺旋扫描特征

螺旋扫描特征是指一截面图形沿螺旋轨迹线移动形成的特征。利用螺旋扫描可生成弹簧、螺纹等造型结构。螺旋轨迹线是由旋转外形面及螺旋线的节距定义的，创建方法如下。

1. 新建文件

在菜单栏依次单击“文件”/“新建”，选中“零件”单选按钮，单击“确定”进入

三维实体建模状态。

2. 创建常数节距螺旋扫描特征

(1) 在菜单栏依次选取“插入”/“螺旋扫描”/“伸出项”，打开“伸出项：螺旋扫描”对话框，如图 3-53 所示。“>”处于“属性”处，说明正处于属性的定义阶段，接受系统的默认选项“常数”/“穿过轴”/“右手定则”选项，单击“完成”按钮，结束属性的定义。

(2) 选取 FRONT 面为草绘平面，按系统默认的方式放置草绘平面，即选取“确定”/“缺省”。

(3) 系统进入草绘模式，绘制轨迹线的一侧外形线及旋转轴，如图 3-54 所示。单击按钮 ✔，退出草绘模式。

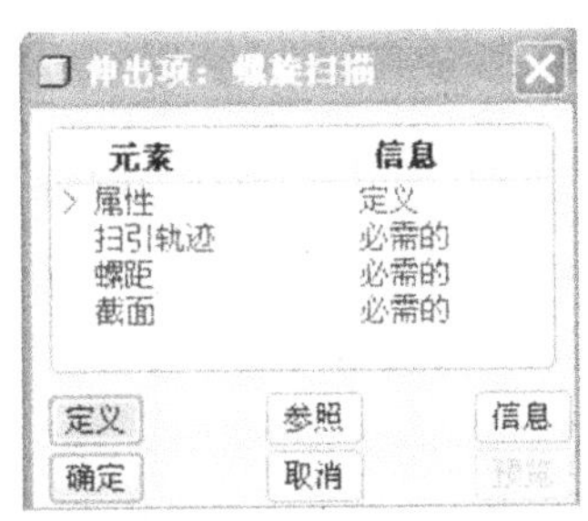

图 3-53　“伸出项：螺旋扫描”特征创建对话框

50.00
10.00

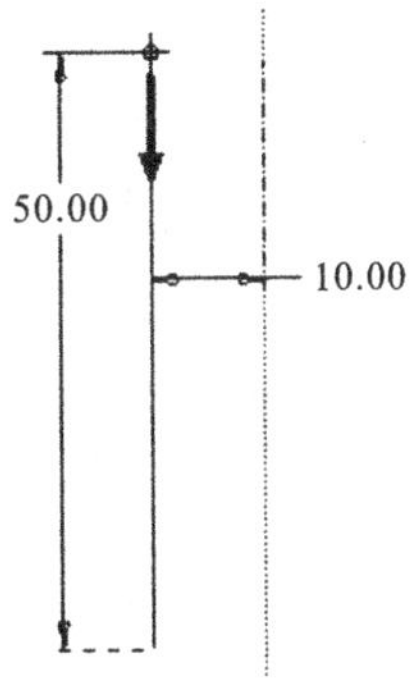

图 3-54　轨迹线定义

(4) 按照系统提示在节距值文本框中输入 8，单击 ✔，完成节距的定义。

(5) 系统进入草绘状态，绘制如图 3-55 所示的截面图，单击按钮 ✔，退出草绘模式。

(6) 在螺旋扫描特征创建对话框单击“确定”按钮，完成如图 3-56 所示实体的创建。

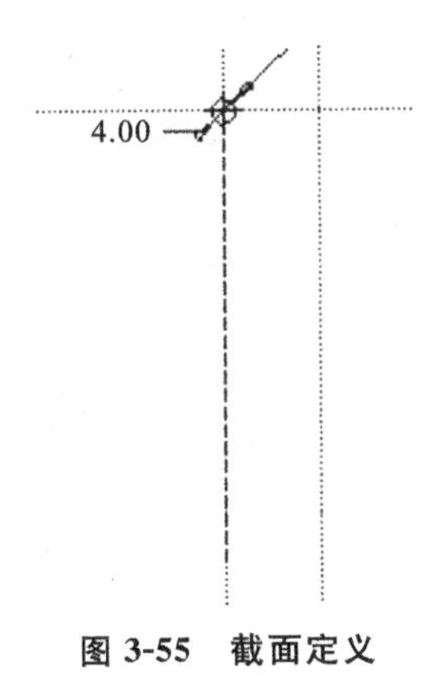

图 3-55　截面定义

图 3-56　弹簧实体

3. 创建变节距螺旋扫描特征

(1) 在菜单栏依次选取“插入”/“螺旋扫描”/“伸出项”，打开螺旋扫描特征创建对话框，依次选取“可变的”/“穿过轴”/“右手定则”选项，单击“完成”按钮，结束属性的定义。

(2) 选取 FRONT 面为草绘平面，按系统默认的方式放置草绘平面，即选取“确定”/“缺省”。

(3) 系统进入草绘模式，绘制轨迹线的一侧外形线及旋转轴，如图 3-57 所示。单击按钮 ✔，退出草绘模式。

(4) 按照系统提示，将首端的节距值设置为 4，中间和末端设置为 10，完成节距的定义，如图 3-58 所示。

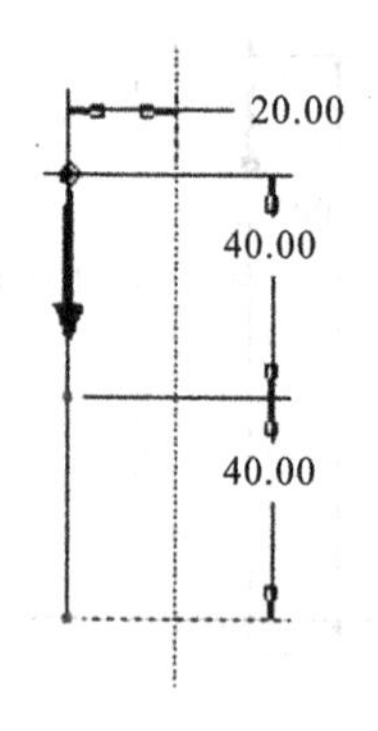

图 3-57　轨迹线定义

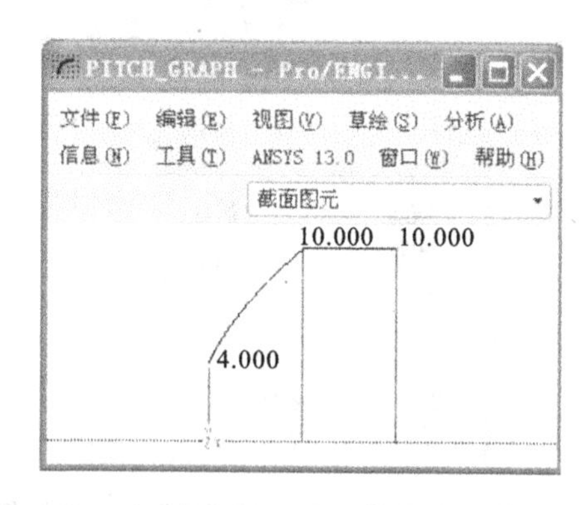

图 3-58　节距定义

(5) 系统进入草绘状态，绘制如图 3-59 所示的截面图，单击按钮 ✔，退出草绘模式。

(6) 在螺旋扫描特征创建对话框中单击“确定”按钮，完成如图 3-60 所示实体的创建。

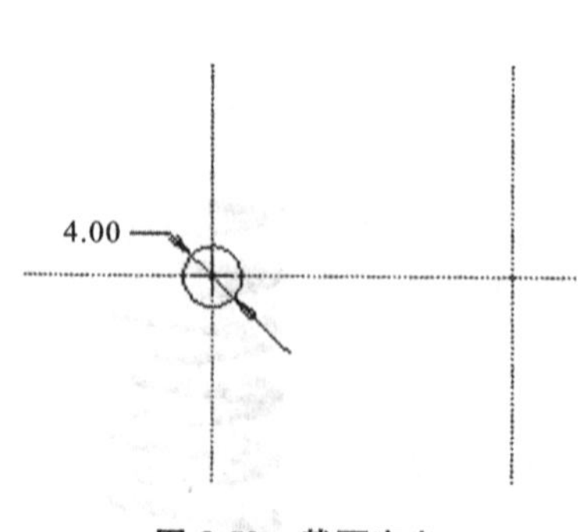

图 3-59　截面定义

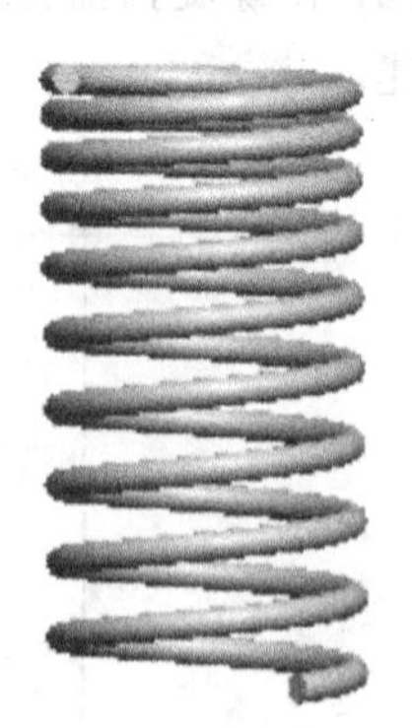

图 3-60　弹簧实体

三、任务实施

1. 创建零件文件

依次单击“文件”/“新建”菜单项，在类型栏中选取“零件”单选按钮，然后在子类型栏中选取“实体”单选按钮，在名称处输入新的文件名“luogan”，单击“确定”按钮，进入实体创建模式。

2. 创建基础实体旋转特征

单击旋转特征按钮 ，创建旋转增料特征。选取 RIGHT 面为草绘平面，TOP 面为参照面，进入截面绘图模式，以 TOP 面和 FRONT 面为尺寸参照，绘制如图 3-61 所示的旋转截面和旋转轴，旋转角度为 360°，形成的实体如图 3-62 所示。

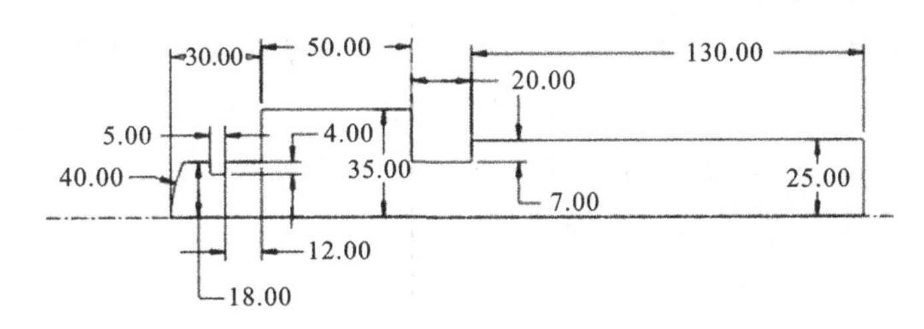

图 3-61　旋转特征截面图形及旋转轴

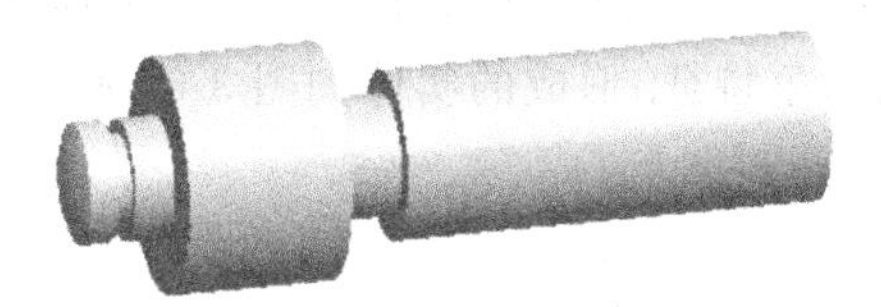

图 3-62　螺杆实体旋转特征

3. 拉伸去除材料的方法创建中部的通孔

(1) 单击创建基准面按钮 ，创建一距右端面 175 处，且平行于右端面的基准面 DTM1。

(2) 单击拉伸特征按钮 ，选择 RIGHT 面为草绘平面，DTM1 面为参照面，FRONT 和 DTM1 面为尺寸参照，按照所标尺寸，绘制如图 3-63 所示的截面圆，设置拉伸深度方式为双向，深度值为 80，设置为减材料模式，形成实体。

(3) 单击拉伸特征按钮 ，选择 FRONT 面为草绘平面，DTM1 面为参照面，RIGHT 和 DTM1 面为尺寸参照，按照所标尺寸，绘制直径为 20 的截面圆，设置拉伸深度方式为双向，深度值为 80，设置为减材料模式，形成的实体如图 3-64 所示。

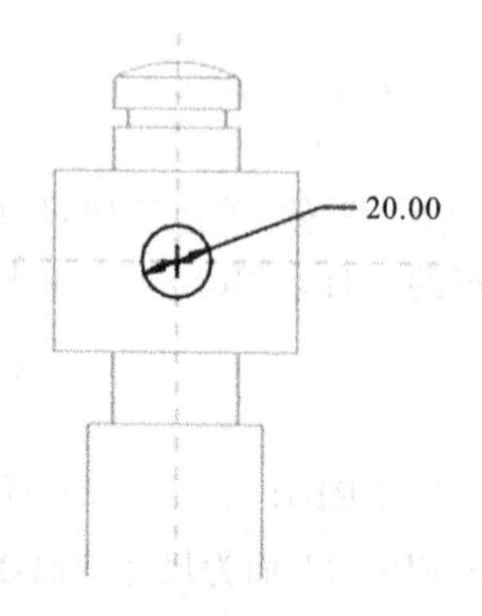

图 3-63　拉伸特征截面图形

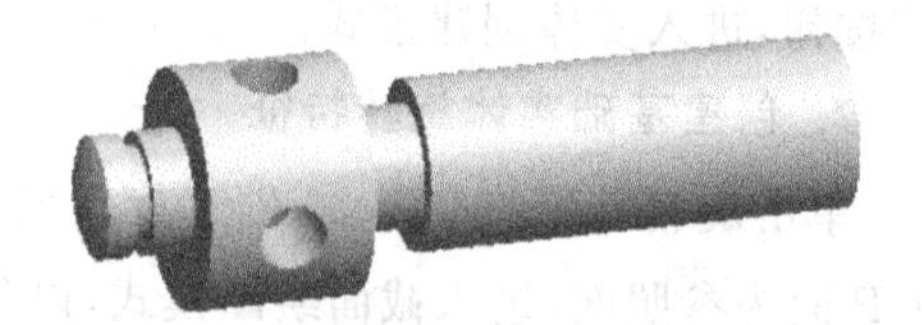

图 3-64　拉伸两垂直通孔后的实体图

4. 创建螺杆的倒角

单击倒角特征图标按钮 ，在图形窗口中选择螺杆上半径最大处的左、右端面圆轮廓，设置为 45×D 模式，D 为 2。单击“倒角特征”操作控制面板上的按钮“集”，打开“集”面板，单击“新建集”项，此时在集面板上出现集 2，选取螺杆上右端面的圆轮廓，设置为 45×D 模式，D 为 3。

5. 创建螺杆的圆角

单击圆角特征图标按钮 ，在图形窗口中选择螺杆上半径最大处的左、右端面与主体相交部分的圆轮廓和螺纹部分左端面与主体相交部分的圆轮廓，设置圆角半径为 3，完成圆角特征，形成的实体如图 3-65 所示。

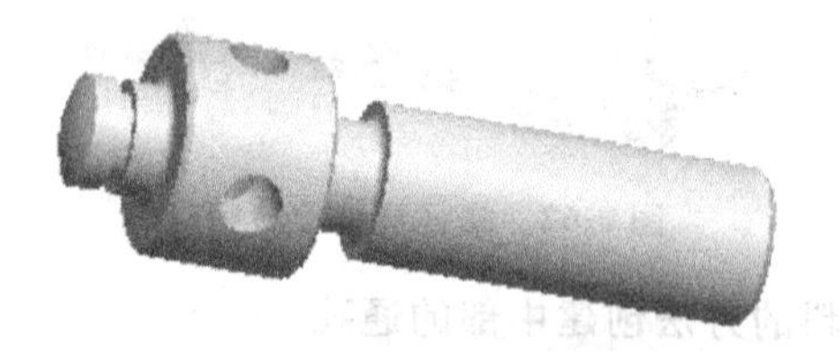

图 3-65　倒圆角后的实体

6. 创建螺杆的螺纹

(1) 在菜单栏依次选取“插入”/“螺旋扫描”/“切口”，接受系统的默认选择“常数”/“穿过轴”/“右手定则”，选择 RIGHT 面为草绘平面，TOP 面为参照面，FRONT 和 TOP 面为尺寸参照，进入草绘状态。

(2) 绘制如图 3-66 所示的轨迹线的一侧外形线和旋转轴，单击按钮 ✔，退出草图状态。根据系统提示，输入节距为 8。

(3) 绘制如图 3-67 的截面图，单击按钮 ✔，退出草绘模式。

(4) 在如图 3-53 所示对话框中单击“确定”按钮，完成锯齿形螺纹的创建，如图 3-48 所示。

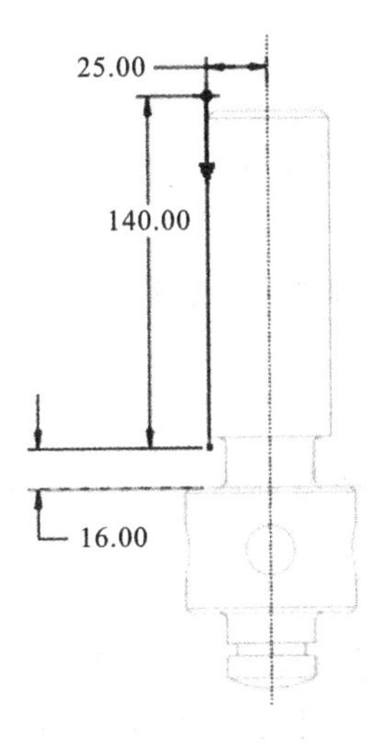

图 3-66 绘制螺旋扫描的轨迹线

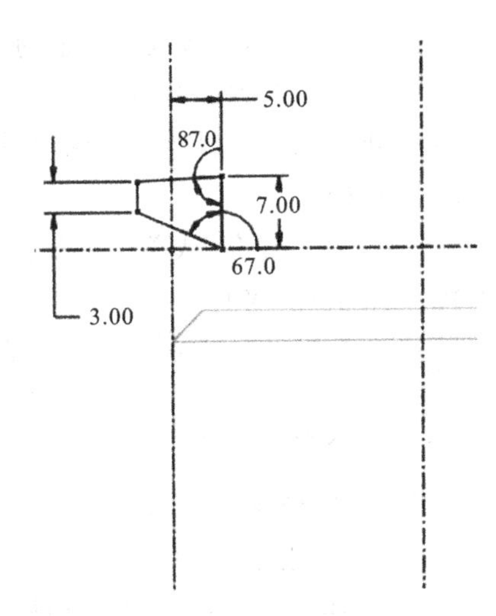

图 3-67 绘制螺旋扫描的截面图形

注意：也可通过创建修饰特征来创建螺纹。通过修饰特征创建的螺纹在模型中只显示通过螺纹牙底直径和螺纹终止线的轮廓，它以紫色显示。与其他修饰特征不同，此种方法不能修改修饰螺纹的线造型，并且螺纹也不会受到“环境”菜单中隐藏线显示设置的影响，但在工程图制作中的投影和机械制图螺纹投影的画法一致，具体操作步骤如下。

(1) 单击“插入”/“修饰”/“螺纹”，打开“修饰：螺纹”菜单管理器，列出螺纹的必要元素——“螺纹曲面”、“起始曲面”、“方向”、“螺纹长度”、“主直径”(对于圆锥曲面用“螺纹高度”)和“注解参数”。

(2) 选取圆柱或圆锥螺纹曲面。

(3) 选取修饰螺纹的起始面。

(4) 出现一个箭头，指示特征创建方向。方向相反时单击“反向”，然后单击“确定”按钮。

(5) “指定到”菜单出现。需要设置螺纹长度，可选择“盲孔”、“至点/顶点”、“至曲线”或“至曲面”，然后单击“完成”按钮。如果选择“盲孔”，系统会提示输入特征深度。键入特征深度，并单击按钮✓。

(6) 如果螺纹曲面为圆柱曲面，键入螺纹直径。如果螺纹曲面为圆锥曲面，键入螺纹高度。这些参数的缺省值会随即显示出来。输入后单击✓。

(7) 如果要修改特征参数，则单击“特征参数”菜单中的以下命令之一，修改参数文件。

◇ 检索　浏览查找要读入的参数文件。

◇ 保存　为参数文件键入一个新名称并保存。

◇ 修改参数　打开参数文件并编辑其内容。

◇ 显示　打开包含螺纹参数值的信息窗口。

(8) 单击"完成/返回"按钮。

(9) 单击"预览"以显示螺纹轮廓,然后单击"确定"按钮。

7. 保存文件

选择"文件"/"保存"或单击"保存"按钮,在弹出的"保存对象"对话框中,单击"确定"按钮,保存文件。

四、知识拓展——方圆接头的建模

(一) 混合特征

1. 混合特征概念

混合特征是通过一系列截面混合而成的三维实体特征。它适用于多个截面形态各异的实体建模,如显示器的前后壳等。按截面不同的位置关系,可分为平行混合、旋转混合、一般混合。

平行混合:所有混合截面相互平行。

旋转混合:混合截面之间有一个角度,即围绕 Y 轴旋转,最大旋转角度可达120°。

一般混合:混合截面可以围绕 X 轴、Y 轴和 Z 轴旋转,也可沿这三个轴平移。

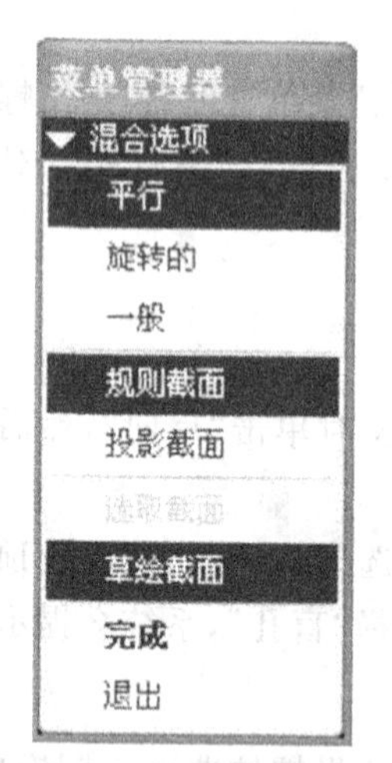

图 3-68 "混合选项"菜单管理器

单击菜单"插入"/"混合"/"伸出项"或"切口"(减材料)或"薄板伸出项"(薄壁结构)即可进入建立混合特征状态,系统出现如图 3-68 所示的"混合选项"菜单管理器。它分三部分:第一部分是混合特征的方式;第二部分是混合特征截面的属性;第三部分是截面的生成方式。其含义如下。

(1) 规则截面　使用草绘平面绘制的平面为混合截面。

(2) 投影截面　将草绘平面绘制的平面向选定面进行投影所形成的图形为混合截面,该选项只用于平行混合。

(3) 选取截面　选择已有截面为混合截面,该选项对平行混合无效。

(4) 草绘截面　进入草绘环境,绘制新的截面图形。

在建立混合特征时,所有截面图形必须有相同数量的边,混合点代替一条边,系统会按照顶点建立的先后顺序编号,形成实体时同一编号的顶点对应连接。起点为带箭头的点,可通过快捷菜单修改起点。

2. 平行混合

平行混合各截面之间相互平行，各截面的几何图形在一个窗口中绘出，需要指定截面之间的距离，其创建步骤如下。

1）设置平行混合

在混合菜单中选择“平行”选项，在混合截面形式中选择截面的形式；在截面的生成方式中选取截面定义方式；选择“完成”选项建立平行混合特征。

2）设置特征属性

系统出现混合特征对话框并弹出属性菜单，可定义混合截面之间的过渡方式，有直和光滑两项，其含义如下。

◇ 直　通过用直线段连接不同子截面的顶点来创建混合特征。

◇ 光滑　通过用光滑曲线连接不同子截面的顶点来创建混合特征。

选择特征属性后，点击“完成”选项，结束特征属性设置。

3）草绘混合截面

设置绘图平面和参考面，进入草绘模式，绘制截面图形。先绘制第一个截面的几何图形，绘制完成后，单击右键在快捷菜单中选择“切换剖面”，第一个草图截面将变成灰色，然后绘制第二个截面，以此类推，直至绘制完所有的截面图形；单击完成按钮 ✔，完成截面定义。

4）设置截面间的距离

这时系统提示输入各截面间的距离，逐个输入它们之间的距离值。如果在第一步选择混合特征截面属性为投影截面，则系统询问各截面向哪些面投影形成截面图形，要分别选择投影的面。

5）创建完成

单击混合特征对话框中的“确定”按钮，完成混合特征的创建。

3. 旋转混合

旋转混合各截面之间成一定角度，各截面图形在不同窗口中绘出，通过建立一个坐标系来定义各截面图形间的尺寸位置关系；旋转轴是第一个绘图截面内坐标系的 Y 轴，其创建步骤如下。

1）设置旋转混合

在混合菜单中选择“旋转”选项，选择定义截面的生成方式；选择“完成”选项，建立旋转混合特征。

2）设置特征属性

在属性菜单中选择定义混合截面之间的过渡方式；选择创建封闭或开放的混合实体；点击“完成”选项，结束特征属性设置。

◇ 开放　指形成的混合特征是按输入的角度旋转的，形状是开放的。

◇ 封闭　指形成的混合特征是封闭的，形成一个圈状。

3）草绘第一个截面

设置草绘平面和参照面，进入草绘模式，绘制截面图形。建立局部坐标系，绘制第一个截面图形，单击完成按钮 ✔，结束第一个截面定义。

4）设置旋转角度

系统提示输入第二个截面绕第一个截面局部坐标系 Y 轴的旋转角度，在输入框中输入其角度值并确认。

5）完成其他截面的绘制

绘制局部坐标系和第二个截面图形。完成第二截面绘制后，系统询问是否绘制下一截面，选择“是”，绘制下一截面；选择“否”，结束截面的绘制。

6）创建完成

单击混合特征对话框中的“确定”按钮，完成旋转混合特征的创建。

4. 一般混合

它是以上两种混合特征的综合。各绘图截面间不仅有一定的距离，而且后一个截面是由前一个截面分别绕 X、Y、Z 轴旋转不同角度所形成的。各截面都建立一个坐标系，所有截面的坐标系位于相同位置。各截面的距离为各坐标系原点之间的距离，其创建步骤如下。

1）设置一般混合

在混合菜单中选择“一般”选项，选择定义截面的生成方式；选择“完成”选项，建立一般混合特征。

2）设置特征属性

在属性菜单中选择定义混合截面之间的过渡方式；选择创建封闭或开放的混合实体；选择完毕之后，点击“完成”选项，完成特征属性设置。

3）草绘第一个截面

设置绘图平面和参照面，进入草绘模式，绘制截面图形。先建立局部坐标系，绘制第一个截面图形，单击完成按钮 ✔，结束第一个截面定义。

4）设置旋转角度

系统提示输入第二个截面绕第一个截面局部坐标系 X、Y、Z 轴的旋转角度，在输入框中输入各角度值，并确认。

5）绘制第二个截面

绘制第二个截面图形和局部坐标系，单击完成按钮 ✔，结束第二个截面定义。

6）是否继续

系统询问是否绘制下一个截面，选择“是”，绘制下一截面；选择“否”，结束截面的绘制。

7）创建完成

单击“混合特征”对话框中的“确定”按钮，完成一般混合特征的创建。

（二）方圆接头的建模

1. 创建零件文件

依次单击“文件”/“新建”菜单项，新建一实体文件，文件名为“jietou”。

2. 创建混合特征的接头基础实体

（1）单击菜单“插入”/“混合”/“薄板伸出项”，按默认选择“平行”/“规则截面”/“草绘截面”，创建平行混合类型特征。

（2）设置混合属性为“光滑”，单击“完成”选项，结束特性设置。

（3）选择 TOP 面为草绘平面，参照面及放置方向均按默认选择，进入草绘状态，绘制第一个截面。

（4）单击右键，在快捷菜单中选择“切换截面”，绘制第二个截面，如图 3-69 所示的截面图形。

（5）单击“确定”按钮，结束截面绘制。

（6）输入壁厚为 3，截面 2 和截面 1 之间的距离为 40，并确认。

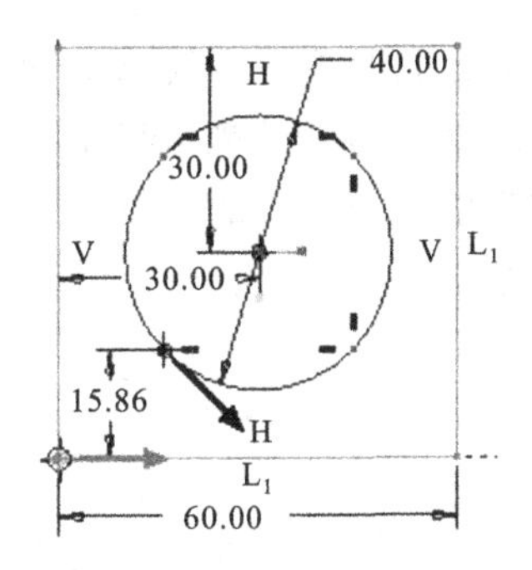

图 3-69　平行混合截面图形

（7）设置薄壁结构生成材料的方向。

（8）单击“混合特征”对话框中的“确定”按钮，完成平行混合特征的创建，如图 3-70 所示。

3. 创建基础实体上表面

单击拉伸特征按钮 ，选择第二步所创建的基础实体的上表面为草绘平面，以 RIGHT 面为参照面，FRONT 和 RIGHT 面为尺寸参照，绘制 60×60 正方形截面图形，设置拉伸长度为 20，选择薄壁结构模式，壁厚为 3，形成拉伸特征部分。

4. 创建基础实体下表面

单击拉伸特征按钮 ，选择第二步所创建的基础实体的下表面为草绘平面，以 RIGHT 面为参照面，FRONT 和 RIGHT 面为尺寸参照，绘制直径为 40 的圆截面图形，设置拉伸长度为 80，选择薄壁结构模式，壁厚为 3，形成拉伸特征部分，如图 3-71 所示。

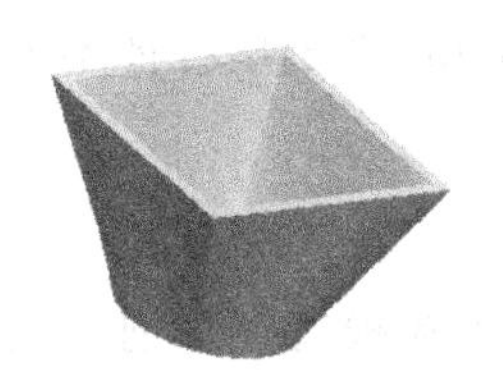

图 3-70　薄壁混合特征

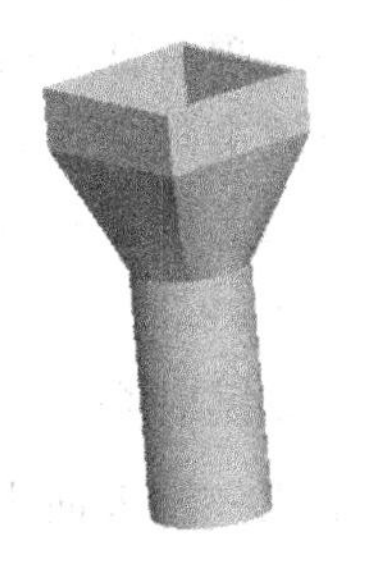

图 3-71　实体图

任务四　叉杆类零件建模——连杆造型

一、任务导入

连杆是机械设计中常见的零件，这类零件主要由大、小头和中部连接部分构成。根据如图 3-72、图 3-73 所示连杆的视图及立体图建立其三维模型。从图中可以看出，完成本模型的建模需要用拉伸特征、旋转特征、倒角特征、倒圆角特征、拔模特征及镜像特征等操作。通过该图的练习，熟练掌握拉伸和旋转特征和圆角、倒角特征的操作，初步掌握利用拔模特征、特征操作工具之一的镜像特征创建一般零件模型的技能。

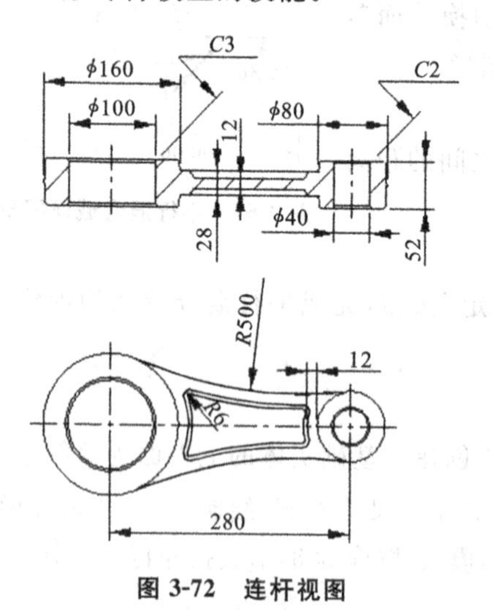

图 3-72　连杆视图

图 3-73　连杆实体图

二、相关知识

（一）父子关系

当创建了一新特征时，先前为创建新特征用作参照的特征称为父项特征，而新的特征为子项特征，它们构成父子关系。当对父项特征的尺寸进行修改时，子项特征的位置会随之变动，删除一父项特征，以此为参照的子项特征都将删除。父项特征不因子项特征而存在，但是，如果没有父项，则子项特征不能存在。使用父子关系时，记住这一点非常有用。

（二）拔模特征

在单个或一组表面上添加一个倾斜角度，称为拔模特征。创建拔模特征的过程如下。

1）启动拔模特征命令

单击“插入”/“拔模”菜单项或单击图标工具栏中的按钮 ，打开如图 3-74 所示的“拔模特征”操作控制面板（以下简称拔模控制面板）。

图 3-74　“拔模特征”操作控制面板

2）选择拔模面

在图形窗口中实体上选取拔模面（用来生成拔模斜度的面），多于一个同时按“Ctrl”键。

3）选择中性线

单击拔模控制面板上的定义拔模枢轴栏，在图形窗口中选择线或平面，作为中性线（拔模过程中，拔模面上大小固定不变的线），如果选的是平面，中性线是该平面与拔模面的交线。

4）确定拔模方向

单击拔模控制面板上的定义拔模方向（拖拉方向）栏，在图形窗口中选择线、轴线或平面作为拔模方向的参照，如果选的是平面，拔模方向的参照是该平面的法向方向。

5）设置拔模角度

单击拔模控制面板上的角度选项卡，或直接在控制面板上的角度设置文本框中输入拔模角，此角度为拔模方向与拔模面的夹角，取值范围为－30°～30°。

6）完成拔模特征

单击按钮 ，完成拔模特征的定义。

（三）镜像特征

镜像是以一平面为对称面生成某一特征的对称特征，实际上是复制的一种形式，Pro/E 中有两种操作方式：一种是通过特征操作菜单，另一种是通过特征编辑中的镜像几何工具。

1. 通过特征操作菜单完成镜像特征

（1）在实体创建模式下，依次选择“编辑”/“特征操作”菜单项，单击弹出的特征菜单管理器下的“复制”项，选取“镜像”。

(2) 选择特征关系。如果选“独立”菜单项，表示镜像特征和原特征之间的尺寸是独立的。如果选择“从属”菜单项表示镜像特征和原特征之间尺寸相互关联，修改原特征尺寸，所镜像的特征也改变。单击“完成”菜单项。

(3) 在图形窗口中的实体上选择镜像特征，多于一个时，请同时按住“Ctrl”键，单击“完成”菜单项。

(4) 选择或创建作为镜像参照的平面。

(5) 单击“完成”菜单项，结束镜像特征操作。

2. 通过镜像几何工具完成镜像特征

(1) 选择要镜像的对象，多于一个时，请同时按住“Ctrl”键。

(2) 单击“编辑”/“镜像”菜单项或单击图标工具栏中的按钮，系统显示如图 3-75 所示的“镜像特征”操作控制面板。

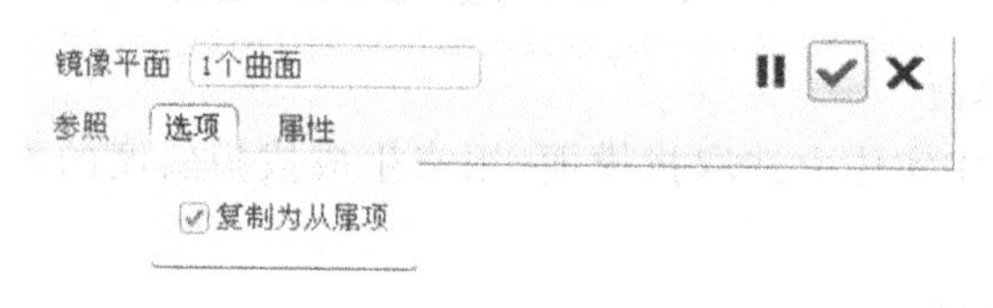

图 3-75 “镜像特征”操作控制面板

(3) 选择已存在的某一平面为镜像平面。

(4) 设置特征关系。如果要求镜像特征和原特征间存在从属关系(父子关系)，单击镜像特征操作控制面板中的选项，选中复选项“复制为从属项”，即打钩。否则，则不选复选项“复制为从属项”。

(5) 单击确认“镜像特征”操作控制面板上的按钮，完成镜像特征创建。

三、任务实施

1. 创建零件文件

依次单击“文件”/“新建”菜单项，在类型栏中选取“零件”单选按钮，然后在子类型栏中选取“实体”单选按钮，在名称处输入新的文件名“liangan”，单击“确定”按钮。

2. 创建实体的基础部分

单击拉伸特征按钮，选择 TOP 面为草绘平面，RIGHT 面为参照面，进入草绘模式，以 FRONT 和 RIGHT 面为尺寸参照，按照所标尺寸，绘制如图 3-76 所示的截面图，设置拉伸长度值为 14，形成拉伸特征。

3. 创建大、小圆柱体拉伸特征

单击拉伸特征按钮，选择实体的基础部分上表面为草绘平面，RIGHT 面为参照面，进入草绘模式，尺寸参照选用“默认参照”，绘制与已有特征上表面同心等径的两个圆作为草图，设置拉伸长度值为 12，形成如图 3-77 的特征。

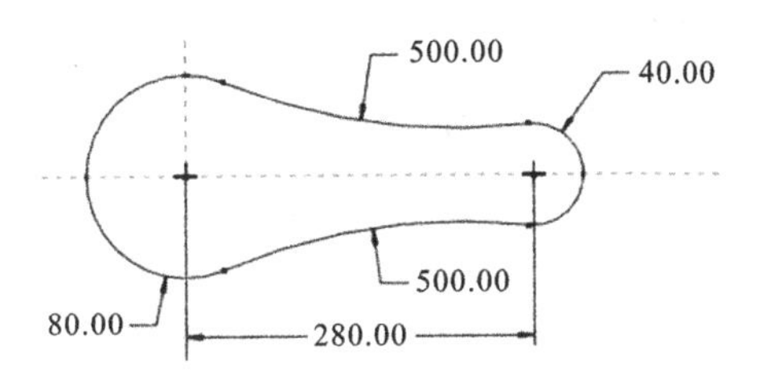

图 3-76 基础部分拉伸特征截面图

图 3-77 大、小圆柱体拉伸特征

4. 创建拔模特征

单击图标工具栏中的按钮，选择已有特征的所有侧面为拔模面，拔模枢轴和拖拉方向面均选已有特征的下底面，拔模角度为－5°，单击按钮，完成拔模特征创建。

5. 创建大圆柱内孔特征

单击旋转特征按钮，创建旋转减料特征。选取 FRONT 面为草绘平面，RIGHT 面为参照面，进入截面绘图模式，以 TOP 面、已有特征的上表面和大端圆柱的轴线为尺寸参照，绘制如图 3-78 所示的旋转截面，选择大端圆柱的轴线为回转轴线，旋转角度为 360°，设置为减材料模式。完成大圆柱孔的创建。

图 3-78 基础部分拉伸特征截面图

6. 创建小圆柱内孔特征

单击旋转特征按钮，创建旋转减料特征。选取 FRONT 面为草绘平面，RIGHT 面为参照面，进入截面绘图模式，以 TOP 面、已有特征的上表面和小端圆柱的轴线为尺寸参照，绘制类似于大孔的旋转截面，孔的尺寸为 20，旋转角度为 360°，选择小端圆柱的轴线为回转轴线，设置为减材料模式。完成小圆柱孔的创建。

7. 创建连接部分的减重槽特征

单击拉伸特征按钮，创建拉伸减材料特征。选择基础部分上表面为草绘平面，RIGHT 面为参照面，进入草绘模式，以中间板的上表面圆弧部分为尺寸参照，按照所标尺寸，用图素偏移的方法绘制如图 3-79 所示的截面图，设置为减材料模式，取切除长度值为 8。

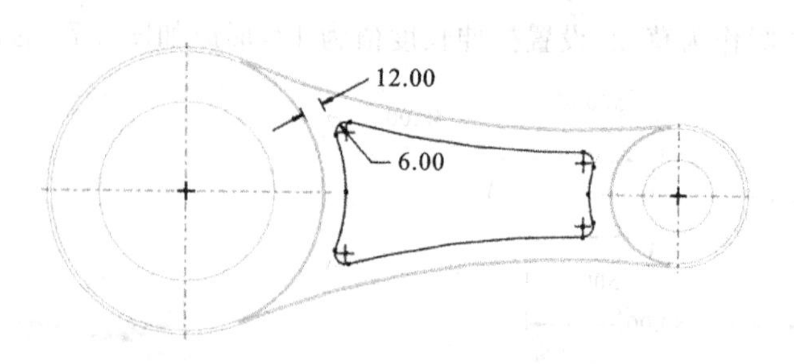

图 3-79 减重槽拉伸截面图形

8. 创建减重槽的拔模特征

单击图标工具栏中的按钮，选择减重槽的所有侧面为拔模面，拔模枢轴和拖拉方向面均选择基础部分特征的上底面，拔模角度为－30°，单击按钮，完成拔模特征的创建。

9. 创建内孔的倒角特征

单击倒角特征图标按钮，在图形窗口中选择连杆上大孔的端面圆轮廓，设置为45×D模式，D为3。单击“倒角特征”操作控制面板上的按钮“集”，打开集面板，单击“新建集”选项，此时在集面板上出现集2，选取连杆上小孔的端面圆轮廓，设置为45×D模式，D为2，如图3-80所示。

10. 创建连杆的另一半特征

依次选择“编辑”/“特征操作”，单击弹出的菜单中的“复制”及复制菜单中的“镜像”/“所有特征”/“从属”，选择已有实体的下表面为镜像面，镜像复制出连杆的另一半，如图3-81所示。

图 3-80 倒角后的实体

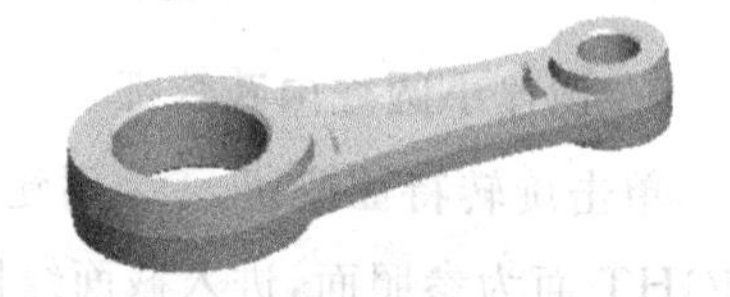

图 3-81 镜像后的实体

11. 创建圆角特征

单击圆角特征图标按钮，选取上下两半的交界线为要进行圆角处理的边，设置圆角半径为120，单击“圆角特征”操作控制面板上的按钮“集”，打开集面板，单击“新建集”项，此时在集面板上出现集2，选取其余部分的要建立圆角特征的边，设置圆角半径为2，最终结果如图3-73所示。

12. 保存文件

选择“文件”/“保存”或单击保存按钮，在弹出的“保存对象”对话框中，单击“确定”按钮，保存文件。

四、知识拓展——托架的建模

（一）筋特征

筋特征是在两个或两个以上相邻面之间添加加强筋板。筋特征分轮廓筋和轨迹筋两种。

1. 轮廓筋

轮廓筋是给出筋的纵截面轮廓线及厚度生成筋特征，创建步骤如下。

1）启动轮廓筋特征命令

单击菜单“插入”/“筋”/“轮廓筋”或单击工具栏中的图标按钮，打开如图 3-82 所示的操作控制面板。

图 3-82 “轮廓筋”操作控制面板

2）绘制筋板的截面图

单击“轮廓筋”操作控制面板上的“参照”按钮，定义草绘平面及参照面。系统进入草绘模式，绘制截面图，截面图不封闭，起点和终点应在实体的轮廓边上。

3）设置筋板的厚度

在“轮廓筋”操作控制面板中直接输入厚度值，并确认。

4）设置筋板生成材料的方向

单击“轮廓筋”操作控制面板中的按钮，设置筋板生成材料的方向。

5）完成筋板特征

单击“轮廓筋”操作控制面板中的确认按钮，完成轮廓筋的创建。

2. 轨迹筋

轮廓筋是给出筋的横截面轨迹线及厚度生成筋特征，创建步骤如下。

1）启动轨迹筋特征命令

单击菜单“插入”/“筋”/“轨迹筋”或单击工具栏中的图标按钮，打开如图 3-83 所示的操作控制面板。

图 3-83 “轨迹筋”操作控制面板

2）绘制筋板的截面图

单击“轨迹筋”操作控制面板上的“放置”按钮，定义物体上表面为草绘平面，选择系统默认的参照面和物体的内表面为放置草绘平面。系统进入草绘模式，绘制如图 3-84 所示截面图轨迹线。

3）设置筋板的尺寸

在“轨迹筋”操作控制面板中直接输入尺寸值为 2，并确认。

4）设置筋板生成材料的方向

单击“轨迹筋”操作控制面板中的按钮 ，设置筋板生成材料的方向。

5）选择添加圆角和拔模特征

可通过“轨迹筋”操作控制面板上的添加拔模和圆角按钮添加圆角和拔模特征。

6）完成筋板特征

单击“轨迹筋”操作控制面板中的确认按钮 ，完成轨迹筋的创建，如图 3-85所示。

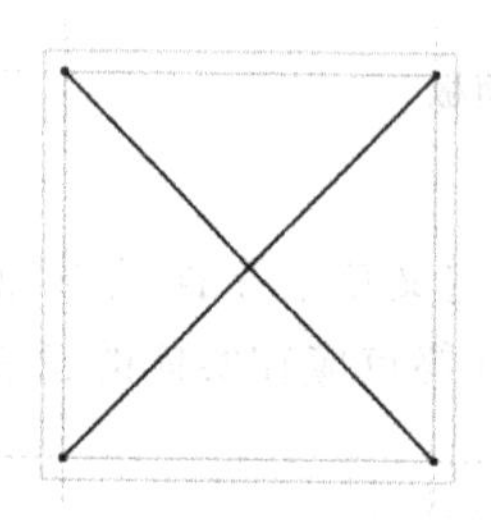

图 3-84　轨迹筋截面图

图 3-85　添加轨迹筋的实体图

（二）托架的建模

1. 创建零件文件

依次单击“文件”/“新建”菜单项，新建一实体文件，文件名为“tuojia”。

2. 创建拉伸增特征的基础实体

（1）单击拉伸特征按钮 ，选择 TOP 面为草绘平面，RIGHT 面为参照面，进入草绘模式，以 FRONT 和 RIGHT 面为尺寸参照，绘制长为 60、宽为 100 的长方形截面图，设置拉伸长度值为 14。

（2）单击拉伸特征按钮 ，选择长方体的后侧面为草绘平面，参照面按默认选择，方向选为底，放置草绘平面，绘制如图 3-86 所示的截面图，设置拉伸长度值为 10，形成托架的基础实体。

（3）单击拉伸特征按钮 ，选择第 2 步拉伸特征的前表面为草绘平面，其余选用系统默认，进入草绘模式，绘制和已有圆弧面同心等径的截面圆，拉伸长度为 30，形成托架的支撑部分。

3. 创建圆柱孔

单击拉伸特征按钮 ，选择已有实体后面为草绘平面，其余均按系统默认

选择，进入草绘状态，绘制和已有圆弧面同心直径为 25 的截面圆，选择减材料模式，深度方式为通孔，形成如图 3-87 所示的托架实体。

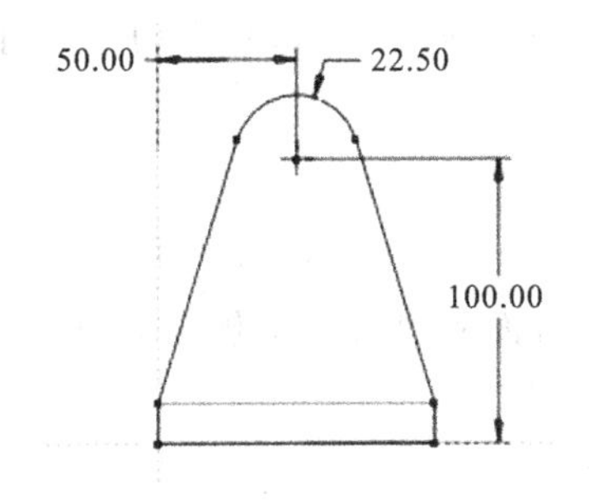

图 3-86　拉伸增材料截面

图 3-87　生成圆柱孔后的实体

4. 创建底部大方槽

单击拉伸特征按钮，选择已有实体下底面为草绘平面，其余均按系统默认选择，进入草绘状态，绘制如图 3-88 所示的截面图，选择减材料模式，深度为 4。

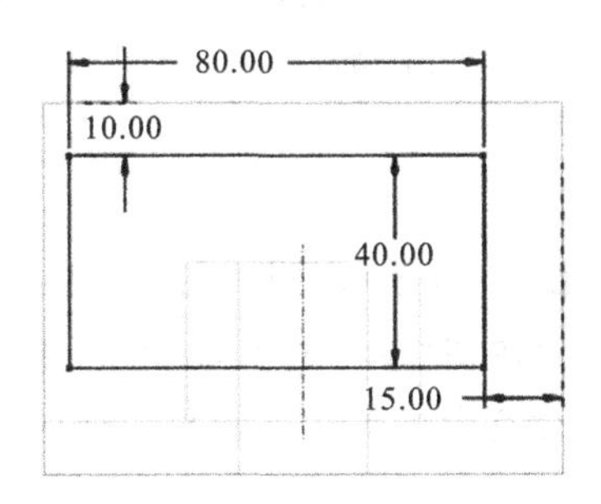

图 3-88　切底部大槽截面图

5. 创建另外两个方槽

单击拉伸特征按钮，选择已有实体底板的上表面为草绘平面，以左、右侧面和后侧面作为尺寸参照，其余按系统默认选择，进入草绘状态，绘制如图 3-89 所示的截面图，选择减材料模式，深度为通孔，形成如图 3-90 所示的实体。

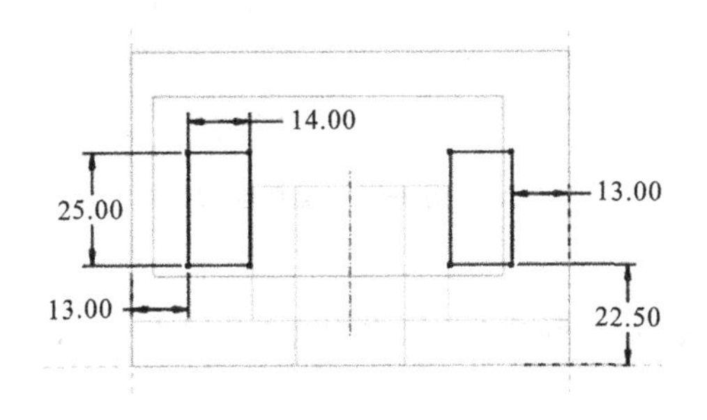

图 3-89　切底板上两矩形槽的截面图

图 3-90　切槽后的实体图

6. 创建筋板

1）创建基准面

过圆柱的回转轴线且平行于 FRONT 面，作基准面 DTM1，它为物体的对称面。

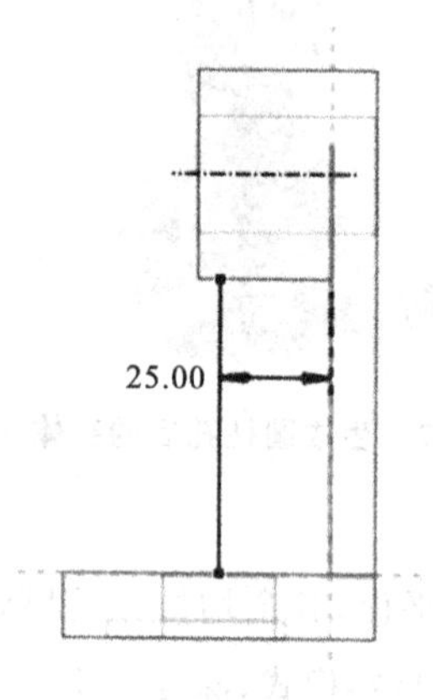

图 3-91　筋特征截面图

2）建立筋特征

单击按钮图标，以 DTM1 面为草绘平面，RIGHT 面为参考面，后面支撑板的前侧面和 TOP 面为尺寸参照，进入草绘状态。

3）绘制截面图形

绘制如图 3-91 所示的截面图。

4）设置筋板厚度

在筋特征操作控制面板中的筋特征厚度设置文本框里输入 10。

5）完成筋特征

单击“确认”按钮，结束筋特征定义，形成的筋特征实体如图 3-92 所示。

7. 创建圆角特征

单击圆角特征图标按钮，选取筋板下部交线，设置圆角半径为 20，单击圆角特征操作控制面板上的按钮“集”，打开集面板，单击“新建集”选项，此时在集面板上出现集 2，选取其余部分的要建立圆角特征的边，设置圆角半径为 5，最终结果如图 3-93 所示。

图 3-92　筋特征实体图

图 3-93　最后的实体图

8. 保存文件

选择“文件”/“保存”或单击保存按钮，在弹出的“保存对象”对话框中，单击“确定”按钮，保存文件。

任务五 箱体类零件建模——减速箱体造型

一、任务导入

根据如图 3-94、图 3-95 所示减速箱体的视图及立体图建立其三维模型。从图中可以看出,完成本模型的建模需要用拉伸特征、孔特征、倒角特征、倒圆角特征及壳特征等。通过该图的练习,掌握利用孔特征、特征操作工具之一的阵列特征创建零件模型的技能。

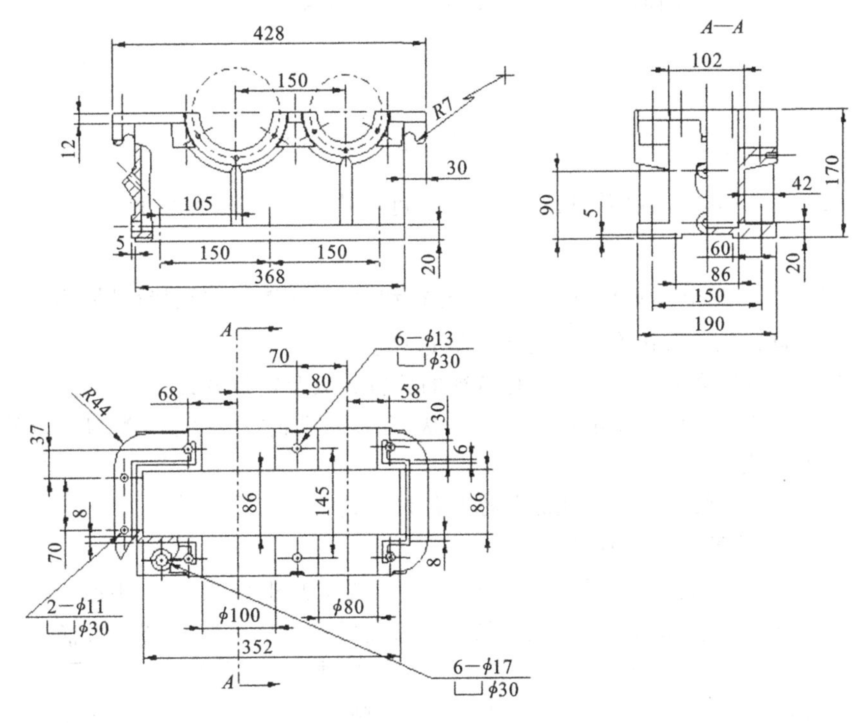

图 3-94 箱体视图

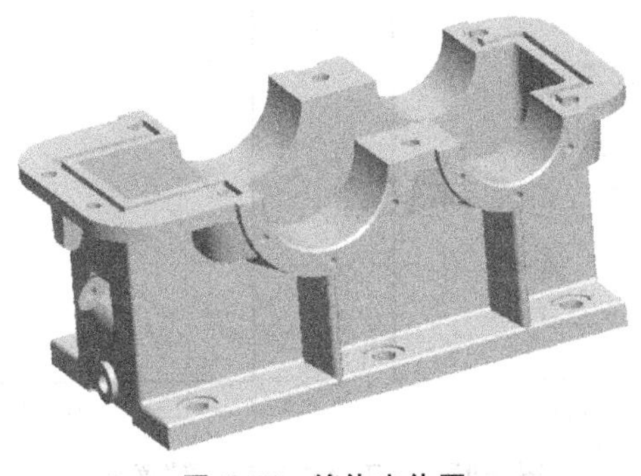

图 3-95 箱体实体图

二、相关知识

（一）孔特征

孔特征是机械零件中很常见的一种特征，除使用前面讲述的减材料功能制作孔外，还可直接使用 Pro/E 提供的“孔”工具向模型中添加各种孔，如通孔、盲孔、台阶孔、沉孔等。

1. “孔特征”操作控制面板

单击下拉菜单“插入”/“孔”或单击图标工具栏中的 ，弹出如图 3-96 所示的“孔特征”操作控制面板。其各菜单、图标的含义如下。

图 3-96 “孔特征”操作控制面板

（1） 建立直孔特征的图标按钮，可创建矩形直孔轮廓、标准孔轮廓、草绘轮廓。

（2） 建立工业标准孔特征图标按钮，单击该图标，“孔特征”操作控制面板会出现创建工业标准孔需要的各参数选择表。

（3）“放置”菜单 显示建立孔特征的放置参数及定位方式。

（4）“形状”菜单 显示孔特征的形状，并设定孔的深度方式，类似于拉伸图标的深度方式。

（5）“属性”菜单 显示孔的名称及各种参数。

2. 孔的放置及定位方式

建立孔特征需指定孔的放置平面及偏移位置，如图 3-97 所示，添加孔的放置平面显示在“放置”标题框中。反向按钮可改变孔的方向。“类型”右边指定孔位

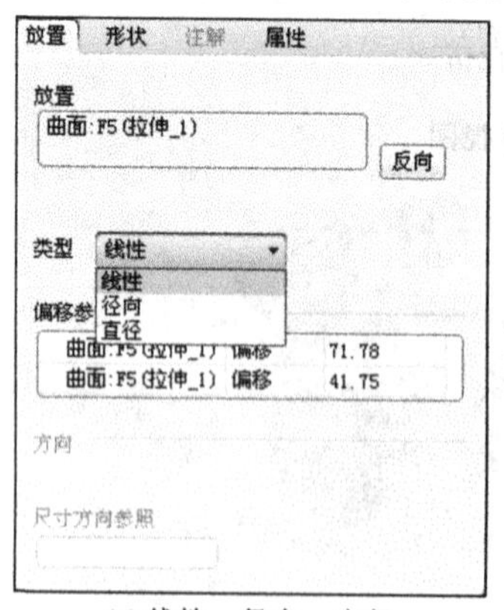

(a) 线性、径向、直径

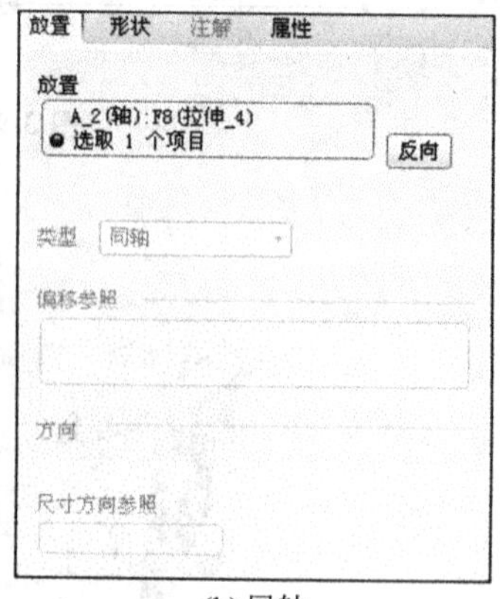

(b) 同轴

图 3-97 孔工具中的“放置”菜单

置方式，有线性、径向、直径、同轴四种方式。

(1) 线性 类似于直角坐标系中孔的定位，需指定两个定位尺寸，选择两个用作基准的边或线作为定位基准，显示在偏移参照中。

(2) 径向 类似于极坐标系，需指定极角和极值，以指定的轴或边作为极点，以指定的参考平面作为极角的基准。输入相应的数值。

(3) 直径 类似于径向，不同的是极值相当于直径方向的值。

(4) 同轴 在放置处直接选择轴或边，无须指定位置参照，认为是同轴。

3. 简单孔

1) 建立简单孔特征

单击图标按钮，并在弹出的操作控制面板中单击左边的，进入添加简单孔特征状态。

2) 选择简单孔特征类型

选择第二个为可选预定义矩形轮廓；选择为标准孔轮廓，使用标准孔轮廓作为钻孔轮廓，可以为创建的孔指定埋头孔、扩孔和刀尖角度。

3) 选择放置参数

单击孔特征操作控制面板中的“放置”菜单，选择放置参照、类型和偏移参照，并修改孔的定形和定位尺寸。首先选择单击“放置”菜单中的“放置参照”，在图形窗口中选一个面作为放置面，再单击“偏移参照”，在图形窗口中选第一个偏移参照，按“Ctrl”键，再选第二个偏移参照。

4) 设置孔长度

单击“孔特征”操作控制面板中的“形状”菜单，选择孔长度设置方式及长度值。

5) 完成孔特征

单击孔特征操作控制面板中的“确认”图标按钮，结束孔特征的创建。

4. 草绘孔

1) 建立简单孔特征

单击图标按钮，并在弹出的操作控制面板中单击左边的，进入添加简单孔特征状态。

2) 选择草绘孔特征类型

单击草绘孔图标按钮，系统出现如图 3-98 所示的操作控制面板。

图 3-98 “草绘孔”操作控制面板

3) 绘制孔的轴向截面图形

单击“草绘孔”操作控制面板的图标按钮，激活草绘器，绘制孔的轴向截面图形。首先要绘制中心线，只绘制中心线一侧的图形，注意图形中至少要有一条线垂直于中心线，它与孔的放置面重合。

4）选择放置参数

单击“孔特征”操作控制面板中的“放置”菜单，选择放置参照、类型和偏移参照，并修改孔的定形和定位尺寸。

5）设置孔长度

单击“孔特征”操作控制面板中的“形状”菜单，选择孔长度的设置方式及长度值。

6）完成孔特征

单击“孔特征”操作控制面板中的“确认”图标按钮，结束孔特征的创建。

5. 标准孔

1）建立工业标准孔特征

单击图标按钮 ，并在弹出的操作控制面板中选择 ，系统显示如图3-99所示的操作控制面板。进入添加工业标准孔特征状态，可用于建立普通螺纹孔。

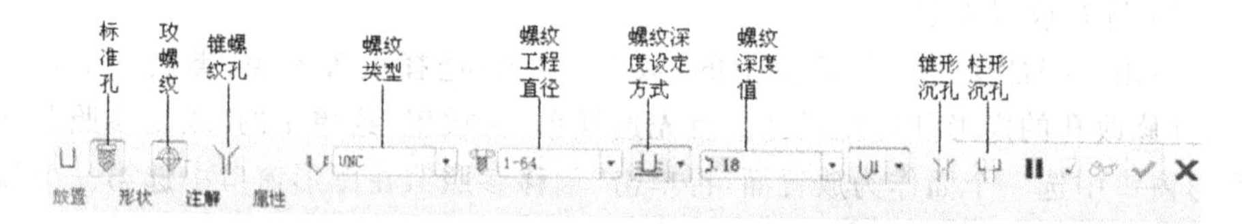

图 3-99 “工业标准孔”操作控制面板

2）选择螺纹孔类型

可选螺纹孔类型主要有三种：ISO 为国际标准螺纹，我国国家标准螺纹与之等同；UNC 为英制粗牙螺纹；UNF 为英制细牙螺纹。

3）设置螺纹孔的其他特征

选择是否为锥孔，是否添加柱形沉孔或锥形沉孔。

4）选择放置参数

单击“孔特征”操作控制面板中的“放置”菜单，选择放置参照、类型和偏移参照，并修改孔的定形和定位尺寸。

5）设置孔长度

单击“孔特征”操作控制面板中的“形状”菜单，选择孔长度设置方式及长度值。

6）完成孔特征

单击“孔特征”操作控制面板中的“确认”图标按钮，结束孔特征的创建。

为节省计算机资源，螺纹孔特征一般不在实体中显示螺纹曲面，而只标注其注释。

（二）特征阵列

阵列是使用单个特征(或特征组)创建多个相同结构的特征。单击“编辑”/“阵列”菜单项或单击图标工具栏中的按钮 ，系统显示如图 3-100 所示的“阵列”操作控制面板。

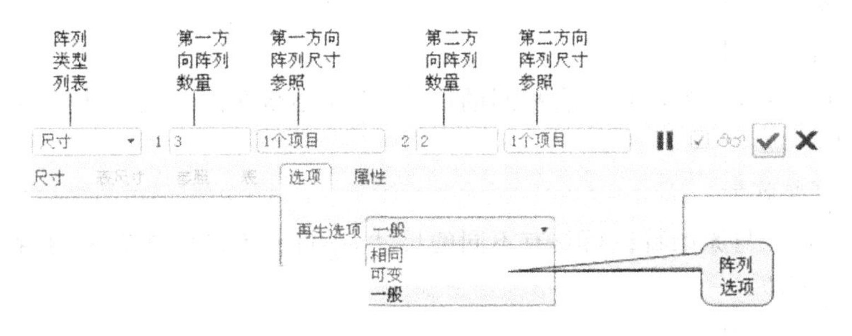

图 3-100 “阵列”操作控制面板

1. 阵列类型

系统提供尺寸阵列、方向阵列、轴阵列、表阵列、参照阵列、填充阵列、曲线阵列、点阵列共八种。

1）尺寸阵列

通过选择原有特征中的参考尺寸作为特征阵列驱动尺寸，并指定阵列的增量变化与阵列数目。尺寸阵列分为线性尺寸驱动和角度尺寸驱动，线性尺寸驱动可以为单向或双向。

2）方向阵列

须指定方向，并指定阵列的增量变化与阵列数目。如果参照是边，特征沿平行于边的方向阵列；如果选择的是平面，沿法向方向阵列。方向阵列可以为单向或双向。

3）轴阵列

指定旋转轴线，并设置阵列的角增量和径向增量来创建自由形式旋转阵列。即使没有角度尺寸也可以创建环形阵列，也可阵列为螺旋形。

4）表阵列

通过使用阵列表，并为每一阵列实例指定尺寸值来控制阵列。

5）参照阵列

通过参照另一阵列来控制阵列。对父项特征进行了阵列操作，其子项特征使用“参照”阵列的方式，Pro/E 系统自动为子项特征执行同父项特征的阵列操作。

6）填充阵列

可以在指定范围内自动用特征填满，不用定义特征数量，填满的方式有正方形、菱形、六边形、圆形、草绘曲线、螺旋线。

7）曲线阵列

通过指定沿着曲线的阵列成员间的距离或阵列成员的数目来控制阵列。

8）点阵列

将阵列成员放置在几何草绘点、几何草绘坐标系或基准点上。

2. 阵列选项

1）相同阵列

阵列特征与原始特征具有相同的尺寸，阵列必须在同一放置面内，特征之间不能相互干涉。

2）可变阵列

阵列特征与原始特征可具有不同的尺寸，也可在不同的放置面内，特征之间不能相互干涉。

3）一般阵列

阵列特征与原始特征可具有不同的尺寸，也可在不同的放置面内，特征之间允许相互干涉。

3. 尺寸阵列

1）建立阵列特征

选中需要阵列的特征，单击图标按钮 。

2）选择阵列类型

在阵列类型列表中，选择尺寸类型，此项为默认。系统将显示控制选定特征的尺寸。

3）指定第一方向尺寸参照和增量值

在第一方向，选取尺寸 20，它控制着孔到零件前面的距离，图形窗口中的组合框打开，其中显示初始值为 20（尺寸值）的尺寸增量。键入 40 作为尺寸增量。

4）指定第一方向阵列成员数

在“阵列”操作控制面板上第一方向的文本框中键入 2，该文本框位于标签 1 和第一方向上用于阵列的尺寸收集器之间。

5）指定第二方向尺寸参照和增量值

在第二方向，选取尺寸 30，它控制着孔到零件左面的距离，图形窗口中的组合框打开，其中显示初始值为 30（尺寸值）的尺寸增量。键入 25 作为尺寸增量。

6）指定第二方向阵列成员数

在“阵列”操作控制面板上第二方向的文本框中键入 3。

7）选择阵列选项

单击“阵列”操作控制面板中的“选项”/“一般”。

8）完成阵列

单击“阵列”操作控制面板中的确认按钮，结束阵列。图形结果如图 3-101 所示。

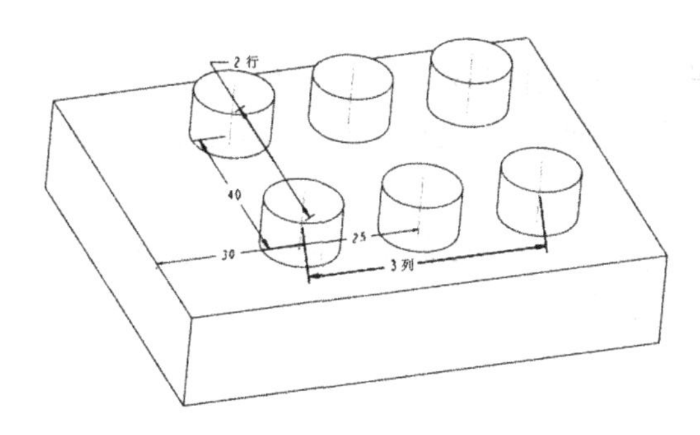

图 3-101　线性阵列

如果是环形阵列，要指定的尺寸基准为角度尺寸，如图 3-102 所示。

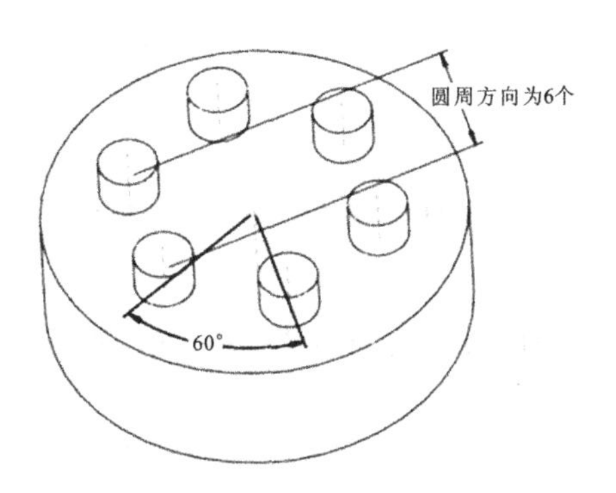

图 3-102　环形阵列

4. 方向阵列

(1) 选中需要阵列的特征，单击图标按钮 ，在阵列类型列表中，选择方向类型，如图 3-103 所示。

(2) 选择阵列类型：环形或线性。

(3) 指定第一方向参照。

(4) 指定第一方向阵列成员数和增量间距。

(5) 单击“阵列”操作控制面板中的“选项”/“一般”，选择阵列选项。

(6) 完成阵列。

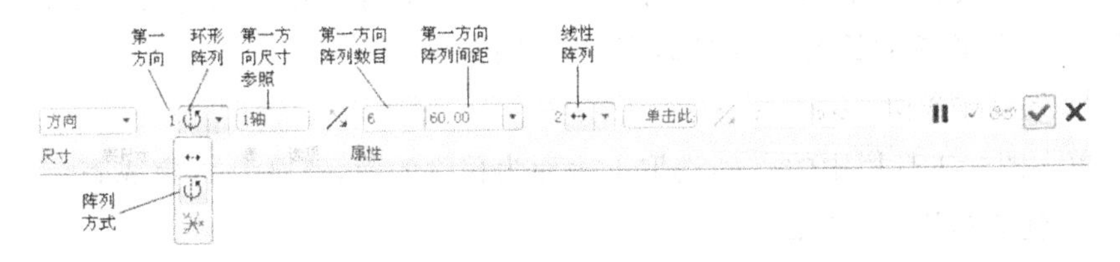

图 3-103　“方向阵列”操作控制面板

（三）壳特征

壳特征主要用于箱体零件和塑料壳体零件的建模。壳特征是用来掏空实体的内部，留下指定壁厚的薄壳。建立轴壳特征的具体步骤如下。

1）建立壳特征

单击下拉菜单“插入”/“壳”或单击图标工具栏中的，系统显示如图3-104所示的“壳特征”操作控制面板。

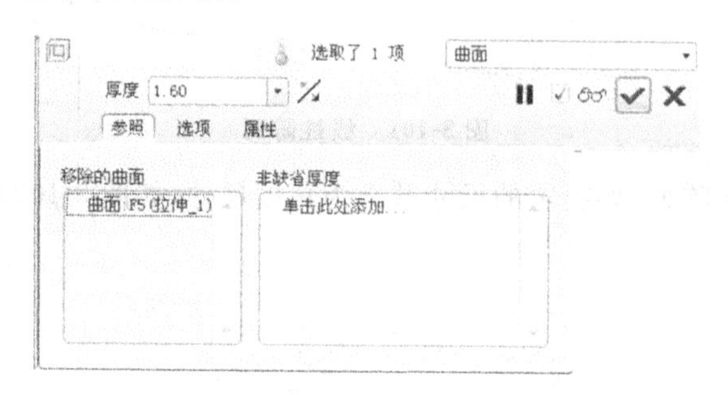

图3-104 “壳特征”操作控制面板

2）选出移除面

单击创建壳特征控制面板中的“参照”选项，在图形窗口中选择要移除的面。

3）设置壳体的厚度

设定壳体其余面的厚度，若其中有厚度不同的壁，可通过单击“参照”菜单中的“非缺省厚度”的列表框，选择该壁所在的面，输入其厚度。

4）完成壳特征

单击“壳特征”操作控制面板上的确定图标，完成壳特征。

三、任务实施

1. 创建零件文件

依次单击“文件”/“新建”菜单项，创建一个文件名为“xiangti”的实体文件。

2. 创建箱体的基础实体部分

单击拉伸特征按钮，选择TOP面为草绘平面，RIGHT面为参照面，进入草绘模式，以FRONT和RIGHT面为尺寸参照，绘制长为368、宽为102的长方形截面图，设置拉伸长度值为153，完成拉伸特征。

3. 创建壳特征

单击图标工具栏中的，选取上表面为移除的面，壁厚为8，完成壳特征。

4. 创建箱体的下部凸缘

（1）创建箱体的前后、左右对称面分别为DTM1、DTM2。

（2）单击拉伸特征按钮，选择已有特征的左侧面为草绘平面，TOP面为

参照面,进入草绘模式,以 TOP 和 DTM1 面为尺寸参照,绘制如图 3-105 所示的截面图,设置拉伸长度为 368。

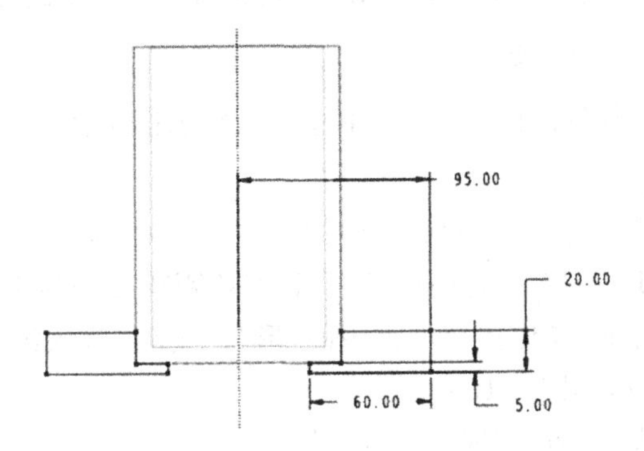

图 3-105　箱体下部凸缘截面图

5. 创建箱体的上部凸缘

单击拉伸特征按钮 ,选择已有特征的上表面为草绘平面,DTM2 面为参照面,进入草绘模式,以 DTM1 和 DTM2 面为尺寸参照,绘制如图 3-106 所示的截面图,设置拉伸长度为 12,形成的实体图如图 3-107 所示。

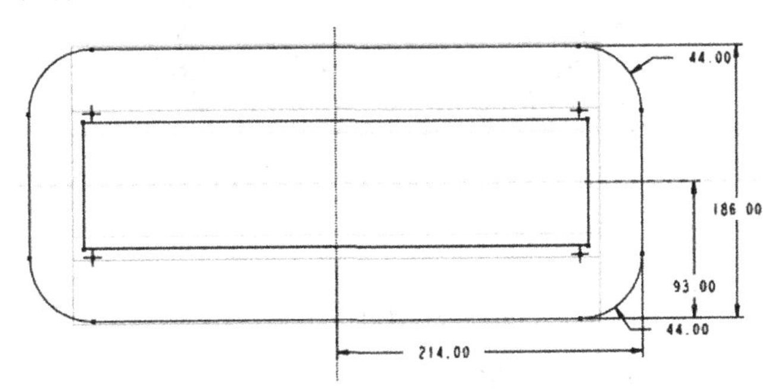

图 3-106　箱体上表面截面图

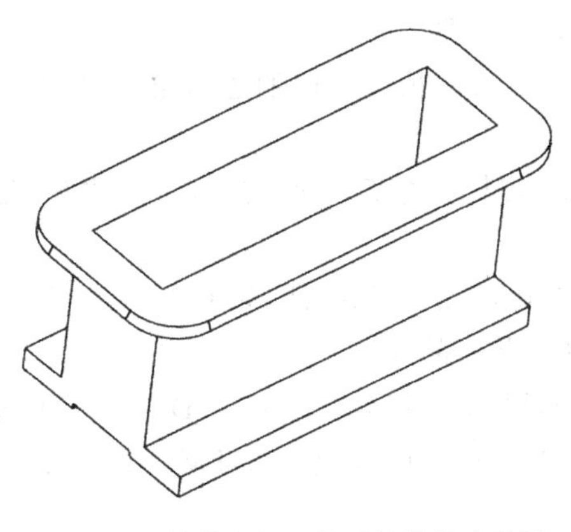

图 3-107　拉伸上部凸缘后的箱体实体图

6. 用孔工具创建下部凸缘的一个孔

(1) 单击图标按钮 ，并在弹出的“孔特征”操作控制面板中单击左边的 ，进入添加简单孔特征状态。

(2) 单击“孔特征”操作控制面板中标准孔轮廓图标按钮 ，深度方式选项为穿透，选择沉孔样式。

(3) 单击“孔特征”操作控制面板中的“放置”选项，选择底板上表面为孔放置平面，基准面 DTM1、DTM2 为偏移参照面，偏移距离分别为 150、75。

(4) 单击“孔特征”操作控制面板中的“形状”选项，输入沉孔直径为 30，深度为 2，小孔直径为 17，如图 3-108 所示。

(5) 单击“确认”按钮，完成孔特征定义。

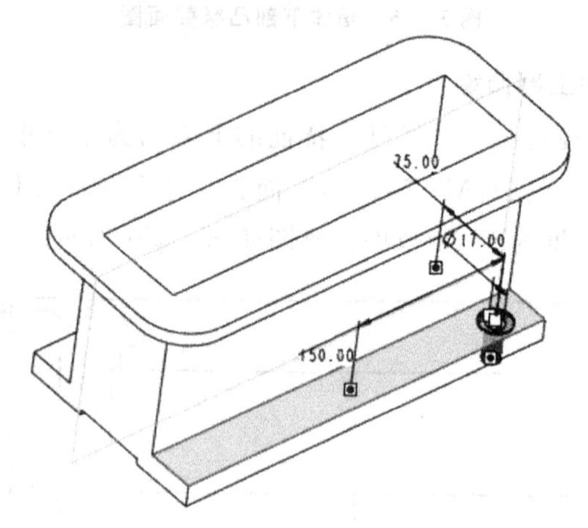

图 3-108 孔特征定义

7. 用阵列工具创建下底面的六个孔

(1) 选中第 6 步创建的孔，单击图标按钮 ，选择阵列类型为“方向”。

(2) 选择阵列方式为线性。

(3) 选择底部凸缘上表面长度方向的边为第一参照，输入间距为 150，数目为 3。

(4) 选择底部凸缘上表面宽度方向的边为第二参照，输入间距为 150，数目为 2。

(5) 单击“确认”按钮，完成阵列特征，如图 3-109 所示。

8. 创建箱体上部的凸台部分

(1) 创建基准面 DTM3、DTM4、DTM5。DTM3 过底部左侧 $\phi17$ 小孔的回转轴线，且平行于 DTM2；DTM4 平行于 DTM3，且相距为 105；DTM5 平行于 DTM4，且相距为 150。

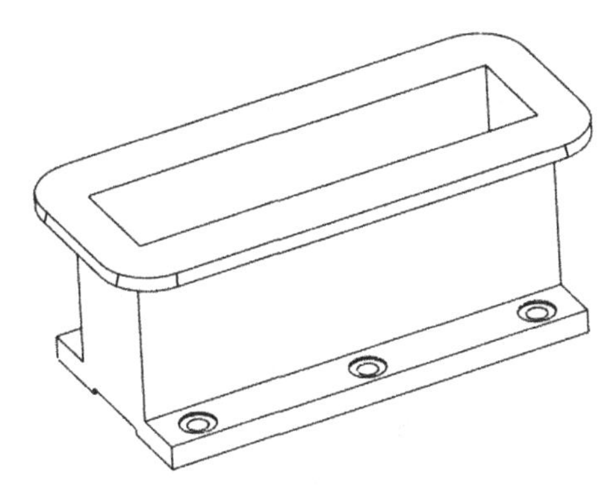

图 3-109 下底面六个孔生成后的实体图

(2) 单击拉伸特征按钮 ，选择上部凸缘的下表面为草绘平面，DTM1 面为参照面，进入草绘模式，以基准面 DTM1、DTM4 和 DTM5 为尺寸参照，用镜像图标和通过边创建图元图标，绘制如图 3-110 所示的截面图，设置拉伸长度值为 33，完成拉伸特征。

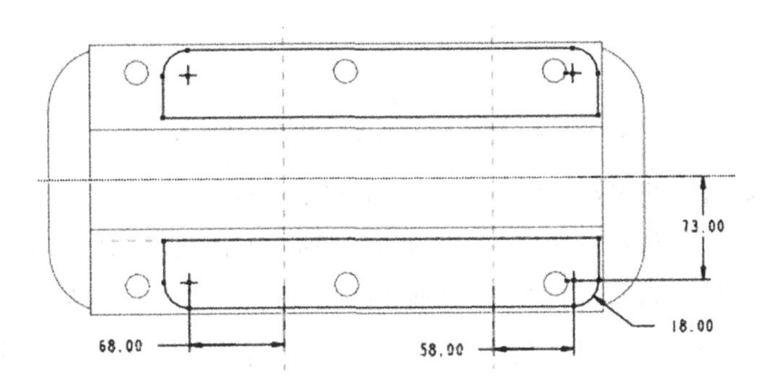

图 3-110 上部凸台部分截面图

9. 创建箱体上部凸台部分的 1∶10 拔模特征

单击图标工具栏中的按钮 ，选择箱体上部前凸台的左、右、前侧面及后凸台的左、右、后侧面为拔模面，拔模枢轴和拖拉方向面均选择凸台的顶面，拔模角度为 5.71°，单击按钮 ，完成拔模特征创建，如图 3-111 所示。

10. 创建箱体轴孔的凸出部分

(1) 单击拉伸特征按钮 ，选择基础部分的前侧面为草绘平面，TOP 面为参照面，进入草绘模式，以基准面 DTM3、DTM4 的上表面和 DTM5 为尺寸参照，绘制如图 3-112 所示的截面图，设置拉伸长度值为 47，完成轴孔前面凸出部分的拉伸特征。

(2) 选择轴孔前面凸出部分的拉伸特征，单击图标工具栏中的按钮 ，选择箱体的前后对称面 DTM1 为镜像面，形成轴孔后面部分的凸出部分。

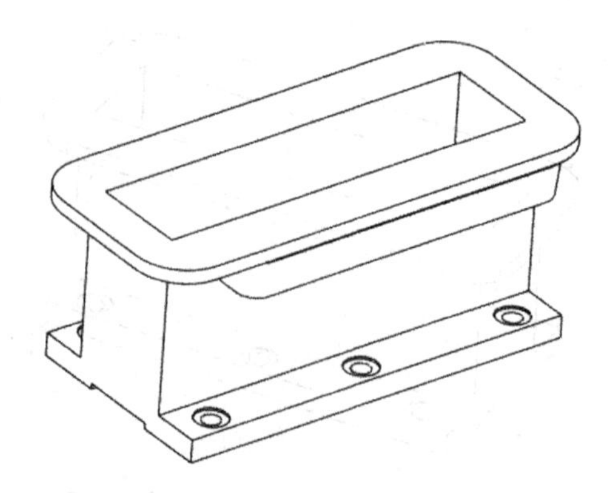

图 3-111　上部凸台部分生成后的实体图

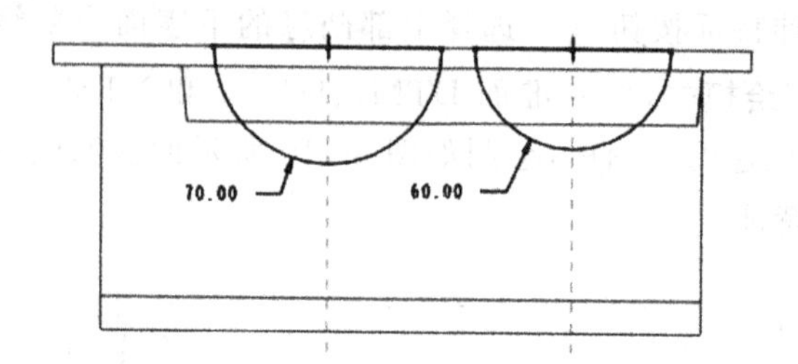

图 3-112　箱体的轴孔的凸出部分的截面图

11. 创建箱体的轴孔凸出部分的 1∶5 拔模特征

单击图标工具栏中的按钮，选择箱体轴孔前面凸出部分的两圆弧面为拔模面，拔模枢轴和拖拉方向面均选择轴孔凸出部分的前面，拔模角度为11.31°，单击按钮，完成拔模特征创建。用同样的方法生成轴孔后面凸出部分的拔模特征，如图 3-113 所示。

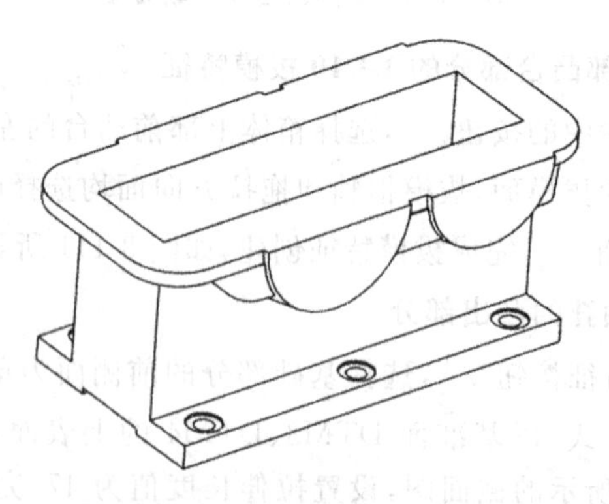

图 3-113　箱体轴孔的凸出部分生成后的实体图

12. 创建箱体的底部放油孔的凸出部分

单击拉伸特征按钮，选择基础部分的左侧面为草绘平面，DTM1 面为参

照面，进入草绘模式，以基准面 DTM1、箱体的下表面为尺寸参照，绘制如图 3-114所示的截面图，设置拉伸长度值为 5，完成放油孔的凸出部分的拉伸特征。

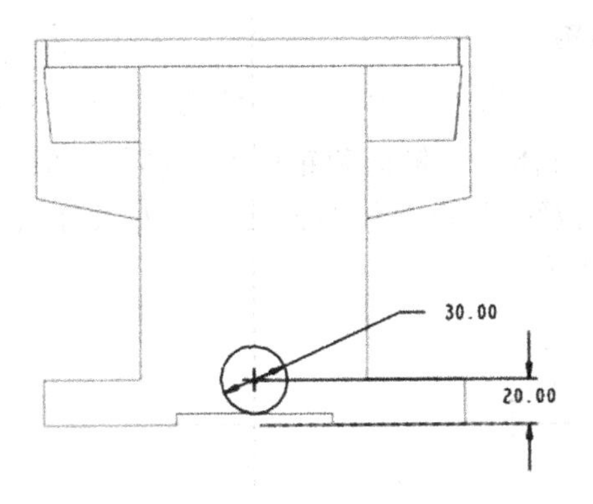

图 3-114 箱体放油孔的凸出部分截面图

13. 创建箱体的中部放油标的凸台部分

(1) 平行于箱体的底面且相距箱体底面 90 处创建基准面 DTM6，平行于箱体的左面且相距箱体左面 9.191 处创建基准面 DTM7。

(2) 通过基准面 DTM6、DTM7，创建基准线 A_8。

(3) 将基准面 DTM6、DTM7 分别围绕 A_8 旋转 45°，创建两互相垂直的基准面 DTM8、DTM9。

(4) 单击拉伸特征按钮，选择 DTM8 为草绘平面，DTM9 面为参照面，进入草绘模式，以基准面 DTM1、DTM9 为尺寸参照，绘制如图 3-115 所示的截面图，设置拉伸长度模式为拉伸到选定的点、曲线、平面或曲面，完成放油标凸出部分的拉伸特征，如图 3-116 所示。

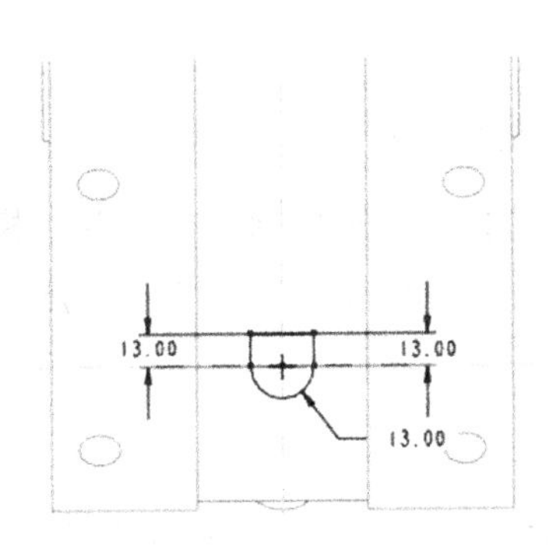

图 3-115 箱体放油标的凸出部分截面图

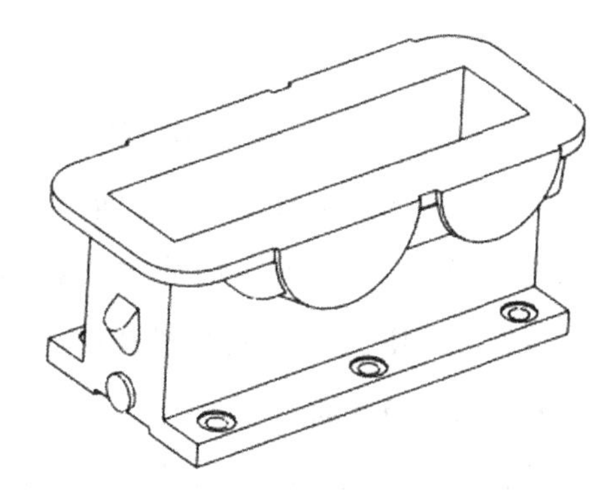
图 3-116 箱体放油标的凸出部分生成后的实体图

(5) 单击图标工具栏中的按钮，选择放油标凸出部分的拉伸特征的侧面为拔模面，拔模枢轴和拖拉方向面均选择放油标凸出部分的拉伸特征的顶面，拔模角度为 11.31°，单击按钮，完成拔模特征创建。

14. 创建箱体吊钩

（1）单击拉伸特征按钮，选择 DTM1 为草绘平面，机体的左侧面为参照面，进入草绘模式，以机体的左侧面和箱体的上部凸缘的下表面为尺寸参照，绘制如图 3-117 所示的截面图，设置拉伸长度模式为双向，值为 20，完成吊钩的拉伸特征，如图 3-118 所示。

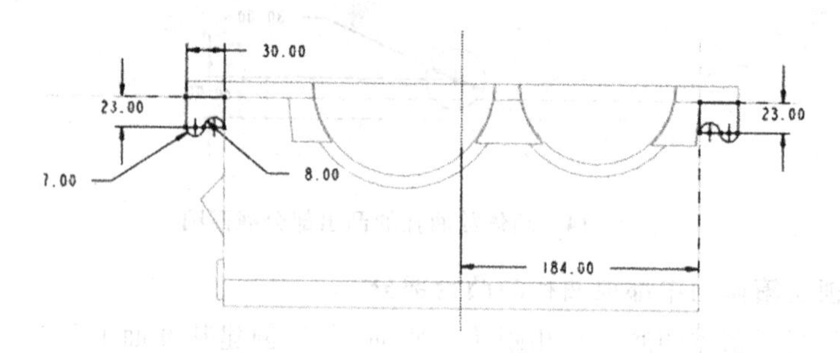

图 3-117　箱体吊钩部分的截面图

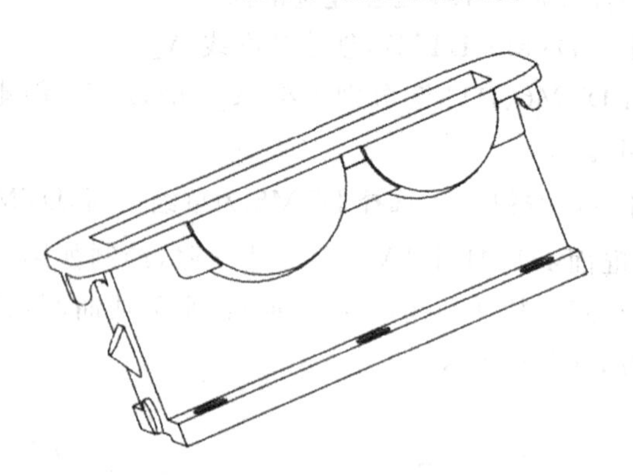

图 3-118　箱体吊钩部分生成后的实体图

（2）单击图标工具栏中的按钮，选择吊钩的拉伸特征的前后侧面为拔模面，拔模枢轴和拖拉方向面均选择箱体上部凸缘部分的下底面，拔模角度为 5.71°，单击按钮，完成拔模特征创建。

15. 创建箱体的轴孔

单击拉伸特征按钮，选择已有特征的前面为草绘平面，TOP 为参照面，进入草绘模式，采用系统默认的尺寸参照，绘制直径为 100 和直径为 80 的两圆作为截面图，设置拉伸长度模式为穿过所有，选择移除材料模式，完成箱体轴孔的拉伸减材料特征，如图 3-119 所示。

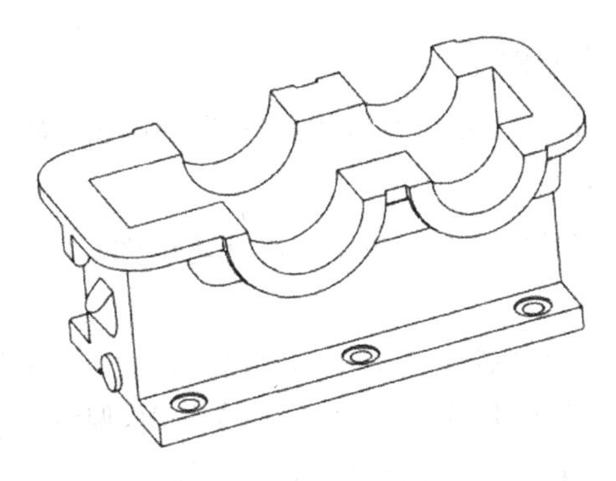

图 3-119　箱体轴孔生成后的实体图

16. 用孔工具创建上部凸台的一个孔

(1) 单击图标按钮 ，并在弹出的“孔特征”操作控制面板中单击左边的 ，进入添加简单孔特征状态。

(2) 单击“孔特征”操作控制面板中的标准孔轮廓图标按钮 ，深度方式选项为穿透，选择沉孔样式。

(3) 单击“孔特征”操作控制面板中的“放置”选项，选箱体上部凸台的下表面为孔放置平面，基准面 DTM1、DTM4 为偏移参照面，偏移距离分别为 73、68。

(4) 单击“孔特征”操作控制面板中的“形状”选项，输入沉孔直径为 30，深度为 2；小孔直径为 13，深度方式选项为通透。

(5) 单击按钮 ，完成孔特征定义。

17. 用阵列工具创建上部的四个孔

(1) 选中第 16 步创建的孔，单击图标按钮 ，选择阵列类型为“方向”。

(2) 选择阵列方式为“线性”。

(3) 选上部凸缘上表面长度方向的边为第一参照，输入间距为 148，数目为 2。

(4) 选上部凸缘上表面宽度方向的边为第二参照，输入间距为 150，数目为 2。

(5) 单击按钮 ，完成阵列特征，如图 3-120 所示。

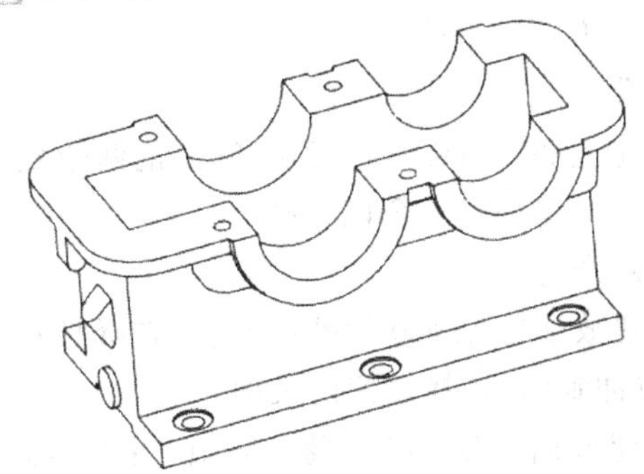

图 3-120　箱体上部凸缘上四个孔生成后的实体图

18. 创建上部凸台右侧孔

(1) 单击图标按钮，并在弹出的孔特征操作控制面板中单击左边的，进入添加简单孔特征状态。

(2) 单击“孔特征”操作控制面板中标准孔轮廓图标按钮，深度方式选项为穿透，选择沉孔样式。

(3) 单击“孔特征”操作控制面板中的“放置”选项，选箱体上部凸台的下表面为孔放置平面，基准面DTM1、DTM5为偏移参照面，偏移距离分别为73、58。

(4) 单击“孔特征”操作控制面板中的“形状”选项，输入沉孔直径为30，深度为2；小孔直径为13，深度方式选项为通透。

(5) 单击按钮，完成孔特征定义。

19. 用镜像图标创建左侧后面的孔

选择第18步创建的孔，单击图标工具栏中的按钮，选择箱体的前后对称面DTM1为镜像面。

20. 创建上部凸台左侧带沉孔(直径为30，深度为2)、小孔直径为11的孔

(1) 单击图标按钮，并在弹出的孔特征操作控制面板中单击左边的，进入添加简单孔特征状态。

(2) 单击“孔特征”操作控制面板中标准孔轮廓图标按钮，深度方式选项为穿透，选择沉孔样式。

(3) 单击“孔特征”操作控制面板中的“放置”选项，选箱体上部凸台的下表面为孔放置平面，基准面DTM1、DTM4为偏移参照面，偏移距离分别为35、156。

(4) 单击“孔特征”操作控制面板中的“形状”选项，输入沉孔直径为30，深度为2；小孔直径为11，深度方式选项为通透。

(5) 单击按钮，完成孔特征定义。

21. 用镜像图标创建右侧后面的孔

选择第20步创建的孔，单击图标工具栏中的按钮，选择箱体的前后对称面DTM1为镜像面，如图3-121所示。

22. 创建其余的孔

(1) 用孔工具创建上部轴承端盖前面的ϕ6.5的两个螺纹底孔。

(2) 用阵列工具分两步创建其余四个孔。

(3) 镜像后面的六个孔。

(4) 用孔工具创建放油标处ϕ10的螺纹底孔，选择柱形沉孔的直径为30，深度为2，深度方式为拉伸到面，选择左侧内表面。

(5) 用孔工具创建放油孔处ϕ14的螺纹底孔，深度方式为拉伸到面，选择左侧内表面，如图3-122所示。

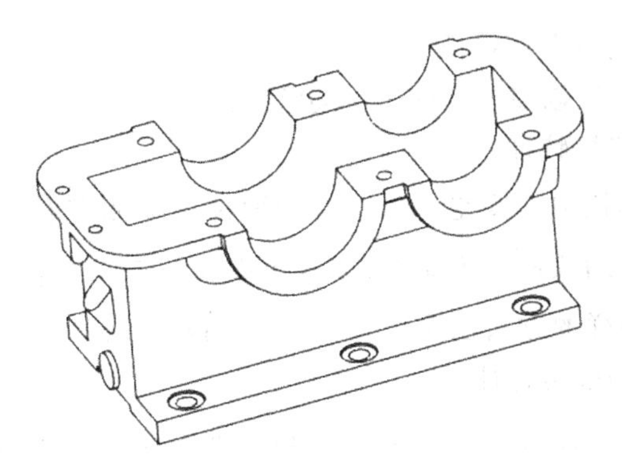

图 3-121　箱体上部凸缘上孔生成后的实体图

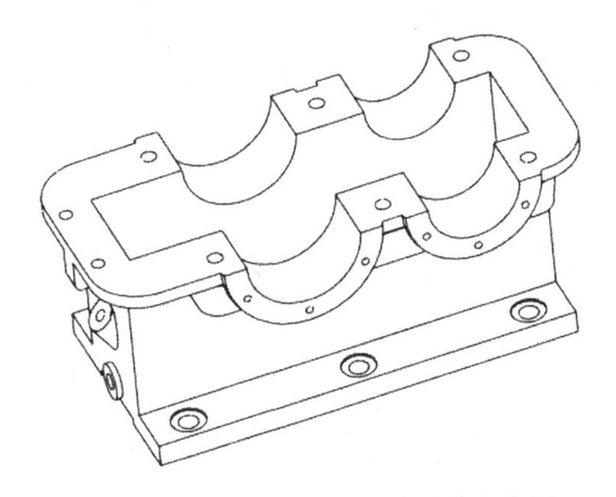

图 3-122　箱体上所有孔生成后的实体图

23. 创建筋板

1）创建右前面的筋特征

单击按钮图标，以 DTM5 面为草绘平面，箱体底面为参考面，方向为底部，进入草绘状态，绘制如图 3-123 所示的截面图。设置筋板厚度为 7，完成筋特征。

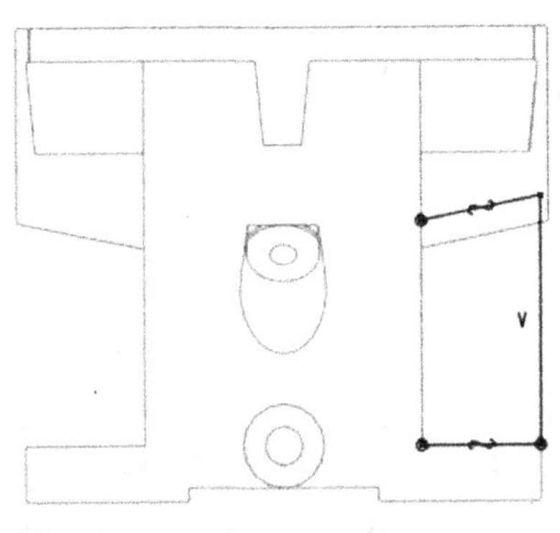

图 3-123　筋特征的截面图

2）创建剩余的三个筋特征

用类似1)的方法创建剩余的三个筋特征。

3）创建筋的拔模特征

单击图标工具栏中的按钮 ，选择前面两个筋的左右侧面为拔模面，拔模枢轴和拖拉方向面均选择箱体前面，拔模角度为5.71°，单击按钮 ，完成拔模特征创建。采用同样的方法创建后面两个筋的拔模特征。

4）创建筋的倒圆角特征

单击圆角特征图标按钮 ，选择圆角特征操作控制面板上的按钮“集”，打开集面板，选取一个筋板外部的两条边，单击“完全倒圆角”按钮。再单击“新建集”选项，此时在集面板上出现集2，选取另外一个筋板外部的两条边，单击“完全倒圆角”按钮。采用同样的方法处理另外两筋板，最终结果如图3-124所示。

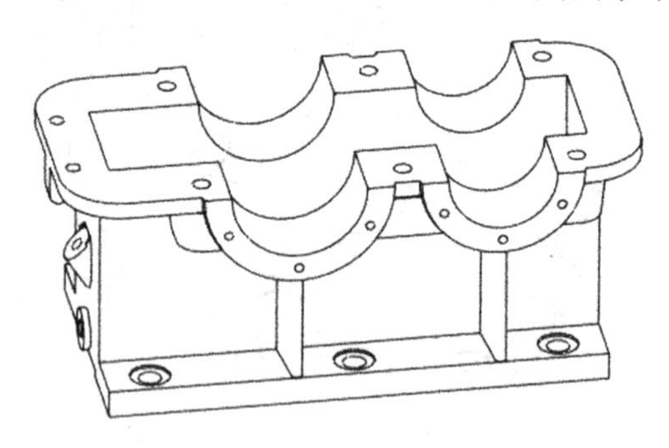

图3-124　筋板生成后的实体图

24. 创建油槽

(1) 单击“插入”/“扫描”/“切口”，选择“草绘轨迹”，以上表面为草绘平面，参照面和放置方向均按系统默认选择，进入草绘状态，用偏移图标绘制如图3-125所示的扫描轨迹，定义扫描属性为“自由端”。

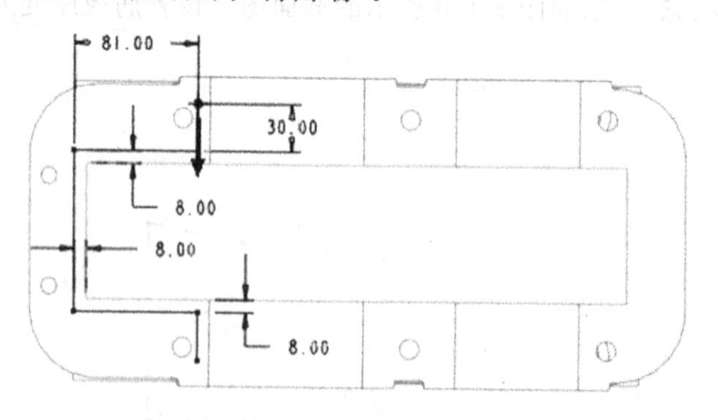

图3-125　左侧油槽扫描轨迹图

(2) 确认扫描轨迹后，绘制如图3-126所示的截面图。定义材料侧后，单击按钮✓，完成扫描特征。

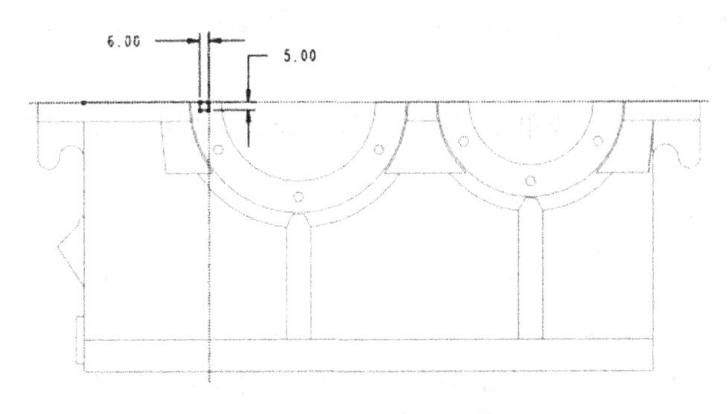

图 3-126　左侧油槽扫描截面图

(3) 采用同样的方法绘制右侧油槽，实体图如图 3-127 所示。

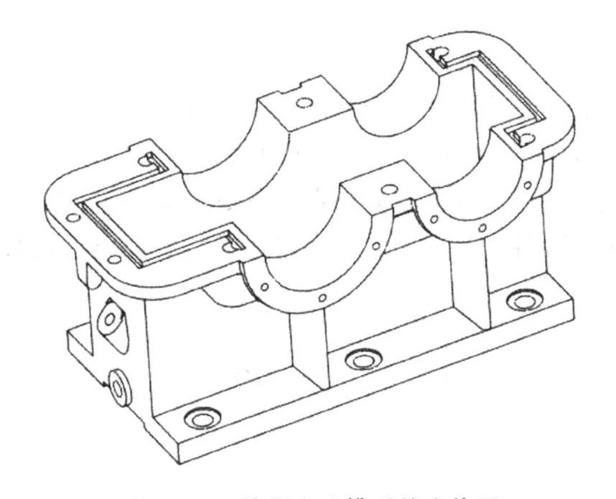

图 3-127　绘制完油槽后的实体图

25. 创建倒圆角

创建内部各棱边的圆角半径为 6，外部各棱边的圆角半径为 3，形成实体图如图 3-128 所示。

图 3-128　创建倒圆角后的油槽实体图

26. 创建倒角

轴孔外端部设置2×45°的倒角，最后的实体图如图3-95所示。

27. 保存文件

选择“文件”/“保存”或单击保存按钮，在弹出的“保存对象”对话框中，单击按钮✓，保存文件。

四、知识拓展

（一）特征重定义

Pro/E允许用户对已建立的特征进行重新定义，以修改其尺寸及位置。对于不同的特征，重定义的内容也不一样，一般情况，可对特征的整个创建过程进行重定义。针对不同的特征，有三种重定义操作。特征重定义操作方式和特征重定义步骤如下。

1. 特征重定义操作方式

(1) 在特征的操作控制面板中重新定义特征的各内容，基本上跟创建新特征的操作过程一样。大部分特征重定义采用这种方式。

(2) 在特征对话框中，选择要重新定义的项目进行重定义，如在混合特征重定义中选择“截面”，如图3-129所示，单击“定义”，对截面进行重新定义。

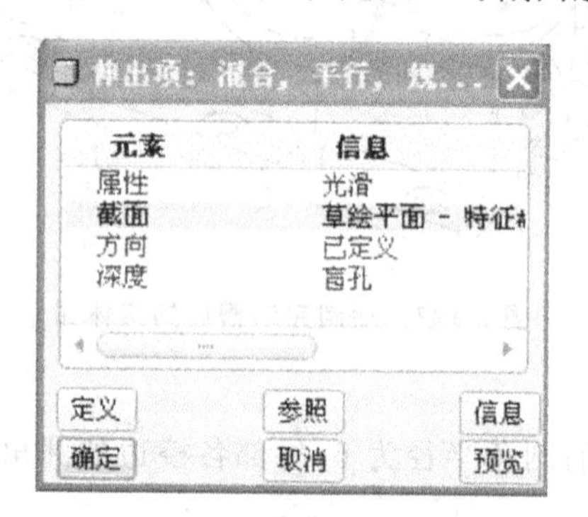

图3-129 “伸出项：混合，平行，规...”对话框

(3) 在重定义菜单中，选择重定义的选项进行定义。

2. 特征重定义步骤

(1) 在图形窗口中或在特征树中选择重定义的特征。

(2) 单击菜单“编辑”/“定义”或单击右键在弹出的快捷菜单中选择“编辑定义”，系统进入该特征的重新定义状态。

(3) 如果系统打开特征面板，在特征面板中选择相应项目进行重定义，然后单击“确认”按钮；如果打开对话框，则在对话框中选择要重新定义的项目，单击“定义”按钮，进行重新定义，然后单击“确定”按钮；如果出现重定义菜单，则选择“重定义”选项，单击“完成”按钮。

（二）插入新特征

从模型树可以看出特征建立的先后顺序，由上而下代表顺序的前与后。在建立新特征时系统自动会将新特征创建在所有已建立的特征之后，使用特征插入模式，可以在已有的特征顺序队列中间插入新特征，从而改变模型特征的创建顺序，具体操作如下。

(1) 单击菜单“编辑”/“特征操作”/“插入模式”/“激活”，系统提示选择一个项目。

(2) 选择某一特征作为插入的参考，会在该特征之后绘制新特征，新特征之后的特征会自动被抑制，如图 3-130 所示。

(3) 建立新特征。

(4) 完成新特征后，单击菜单“编辑”/“恢复”/“恢复全部”，恢复第二步被抑制的特征。

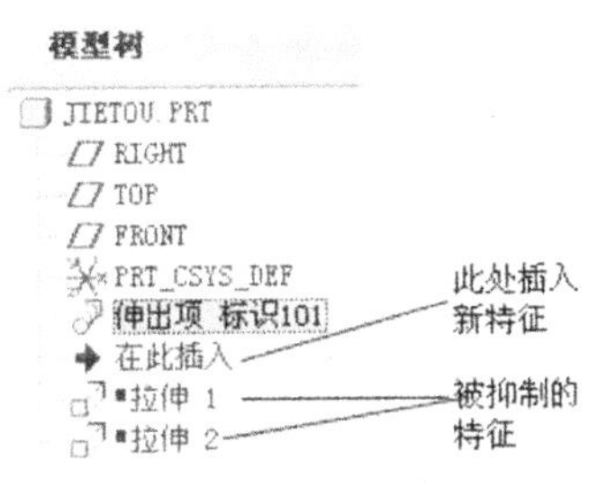

图 3-130　插入新特征的模型树

也可以直接选择某一特征，然后单击右键，在弹出的快捷菜单中选择“在此插入”选项或直接在模型树中单击“在此插入”，然后拖动到要插入新特征的位置，进行新特征的创建，最后将“在此插入”拖到模型树的尾部。

任务六　常用件零件建模——圆柱齿轮造型

一、任务导入

根据如图 3-131、图 3-132 所示的齿轮的视图及立体图建立其三维模型。从图中可以使用拉伸特征、旋转特征、孔特征、阵列特征及复制特征等工具完成本模型的建模。通过该图的练习，掌握利用特征操作工具之一的复制特征创建一般零件模型和用方程创建基准曲线的技能。

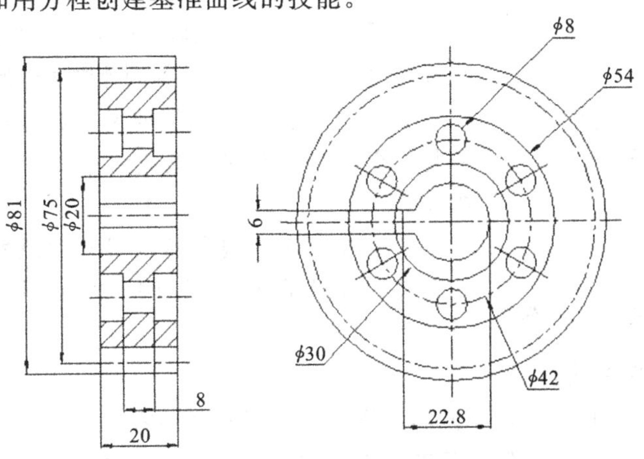

图 3-131　齿轮视图

图 3-132　齿轮实体图

二、相关知识

（一）特征复制

复制是一种高效率重复制作多个相同或相类似特征的技术。灵活使用复制，可提高建模速度。

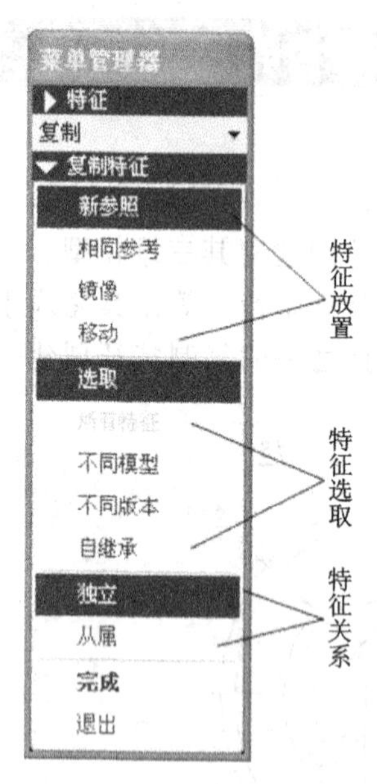

图 3-133　“复制特征”菜单

单击菜单“编辑”/“特征操作”，系统显示“特征”菜单，单击其中的“复制”，打开“复制特征”菜单，如图3-133所示，该菜单包括特征放置、特征选取、特征关系三部分。

◇ 新参照　使用新的放置面和参照面复制特征。

◇ 相同参考　使用与原特征相同的放置面和参照面复制特征，可改变复制特征中的尺寸。

◇ 镜像　用镜像的方式复制特征。

◇ 移动　用平移和旋转的方式复制特征。该选项允许超出改变尺寸所能达到的范围之外的其他转换。

◇ 独立　使已复制特征尺寸和原特征之间的尺寸是独立的。从不同模型或版本中复制的特征自动独立。

◇ 从属　使已复制特征尺寸和原特征尺寸之间相互关联，如果修改原特征尺寸，复制特征的尺寸也改变。

1. 新参照方式复制

新参照复制可以复制不同零件模型的特征和同一零件模型的不同版本的模型特征。使用新参照复制需重新定义复制特征的放置面和参照面，其步骤如下。

1）进入新参照复制状态

单击菜单“编辑”/“特征操作”，在系统显示特征菜单中选取“复制”/“新参照”，根据具体情况选择特征选取方式和特征关系类型，单击“完成”按钮。

2）选择要复制的特征

在图形窗口中选择要复制的特征，然后单击选取菜单中的“完成”按钮。

3）定义复制后特征的尺寸

如果第一步特征选取方式选择的是“选取”，系统会出现“组可变尺寸”菜单，如图 3-134 所示。选择要改变的尺寸，在系统的提示下，逐一输入新尺寸。

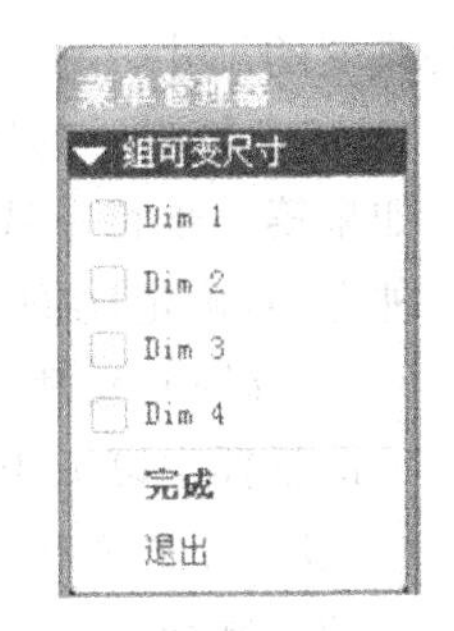

图 3-134　尺寸改变菜单

4）定义复制后的比例

如果第一步特征选取方式选择的是“不同模型”或“不同版本”，系统将出现比例菜单，如图 3-135 所示，选择一种选项，确定比例，单击“完成”按钮。

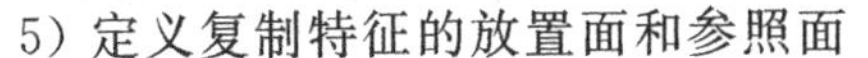
5）定义复制特征的放置面和参照面

系统出现如图 3-136 所示的“参考”菜单，根据系统依次提示（在图形窗口中以高亮度颜色显示）的原始特征放置面及参照面，利用参考菜单项定义复制后的特征放置面和参考面。参考菜单各项含义如下。

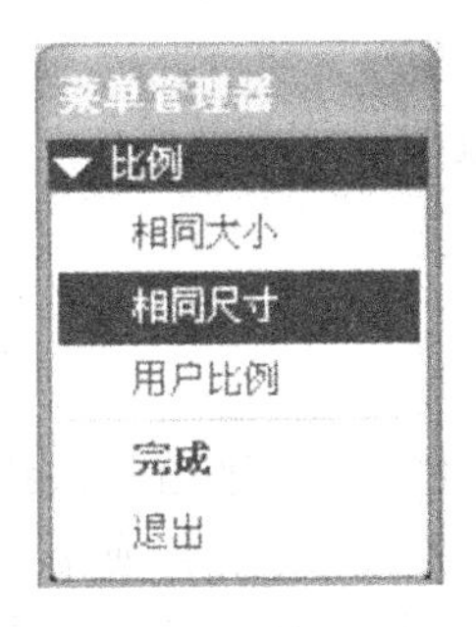

图 3-135　“比例”菜单

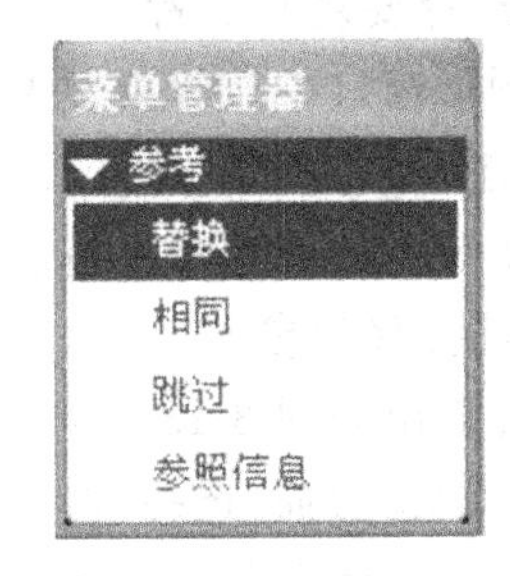

图 3-136　“参考”菜单

◇ 替换：选择新的基准面、边或实体的面作为复制后的特征对应参照，选择此选项，需要在图形窗口中指定新的参照。

◇ 相同：使用与原特征相同的参照。

◇ 跳过：跳过当前参照的定义，先定义其他参照特征。

◇ 参照信息：显示参考平面的相关信息。

6）完成特征复制

单击鼠标中键或单击菜单中的“完成”按钮，结束特征复制操作。

2. 相同参考复制

1）进入新参照复制状态

单击菜单“编辑”/“特征操作”，在系统显示“特征”菜单中选取“复制”/“相同参考”，在特征选取方法中选择“选取”或“不同版本”。在特征关系中选取“独立”

或"从属",单击"完成"按钮。

2）选择要复制的特征

在图形窗口中选择要复制的特征,然后单击菜单中的"完成"按钮。

3）定义复制后特征的尺寸

如果第一步特征选取方式选择的是"选取",系统出现"组可变尺寸"菜单,选择要改变的尺寸,在系统的提示下,逐一输入新尺寸。

4）定义复制后的比例

如果第一步特征选取方式选择的是"不同版本",系统将出现"比例"菜单,选择一种选项,确定比例,单击"完成"按钮。

5）完成特征复制

单击鼠标中键或单击菜单中的"完成"按钮,结束特征复制操作。

3. 移动方式复制

移动复制特征可以将原特征进行平移或旋转得到复制特征,如图 3-137 所示,其创建步骤如下。

1）进入移动复制状态

单击菜单"编辑"/"特征操作",在系统显示特征菜单中选取"移动",在特征关系中选"独立"或"从属",单击"完成"按钮。

2）选择要复制的特征

在图形窗口中选择要复制的特征,然后单击菜单中的"完成"按钮。

3）选择移动复制的方式

在系统弹出的菜单中选择"平移"或"旋转"。

4）选择移动参照

系统弹出如图 3-138 所示的菜单,选择"平面",使用所选平面的法线作为平移方向或旋转的轴;选择"曲线/边/轴",则以曲线/边/轴作为旋转或平移的方向参考;选择"坐标系",则以所选坐标系的某一轴作为旋转或平移的方向参考。选

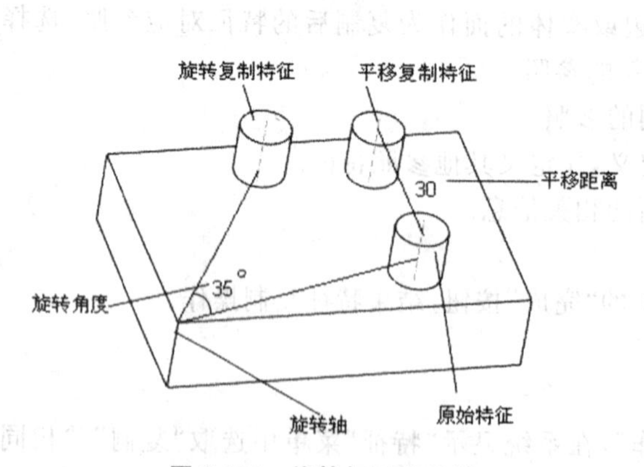

图 3-137　旋转与平移复制

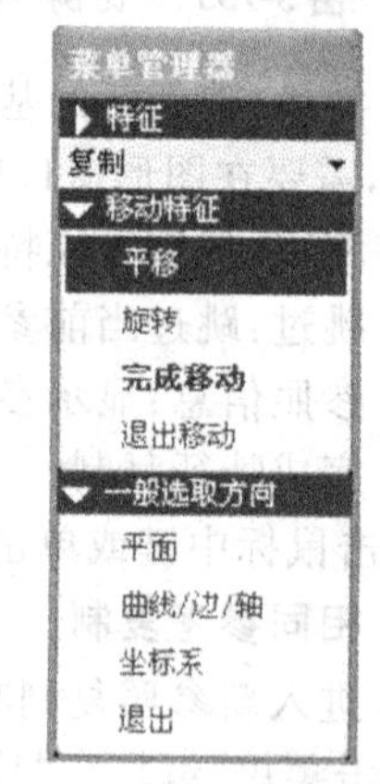

图 3-138　"一般选取方向"菜单

择一种方向参考方式后，在图形窗口中选择相应的图元。

5）确定移动的尺寸

选择“平移”，则输入平移距离；选择“旋转”，则输入旋转角度。然后单击移动复制菜单中的“完成移动”。

6）定义复制后的特征尺寸

在出现的“组可变尺寸”菜单中，选择要改变的尺寸，在系统的提示下，逐一输入新尺寸。

7）完成特征复制

单击鼠标中键或单击菜单中“完成”按钮，结束特征复制操作。

（二）粘贴特征

1. 复制与粘贴

复制与其他软件有不同之处。选择要复制的对象，点击复制按钮 或单击“编辑”/“复制”，该特征会被复制到剪贴板中；再点击“编辑”/“粘贴”或直接单击粘贴按钮 ，会根据不同的特征打开特征操作控制面板或特征对话框或特征创建菜单。类似于特征重定义，根据需要，放置平面可以和原特征在同一平面，也可以在不同平面，同时还可以更改对象尺寸等，也可多次粘贴所复制的特征，必要时可清除选取缓冲区。

2. 复制与选择性粘贴（平移复制）

点选所需要的特征，点击复制按钮 ，单击选择性粘贴按钮 ，弹出“选择性粘贴”对话框，如图 3-139 所示，勾选“从属副本”，则复制的对象与原对象存在从属关系（即父子关系），否则不存在从属关系，其他设置同普通粘贴一样。如果利用新参照移动复制，则选择高级参照配置，会打开如图 3-140 所示对话框，可选择新的三个参照来重新定义这三个参照。如果选择“对副本应用移动/旋转变换”，则打开如图 3-141 所示的操作控制面板，选择平移 ↔ 或旋转 。

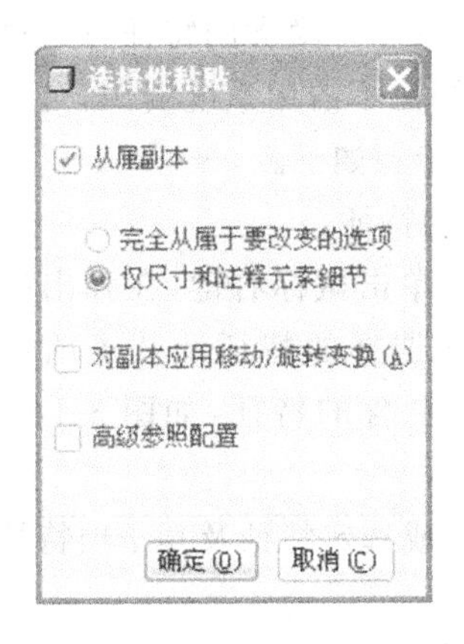

图 3-139　“选择性粘贴”对话框

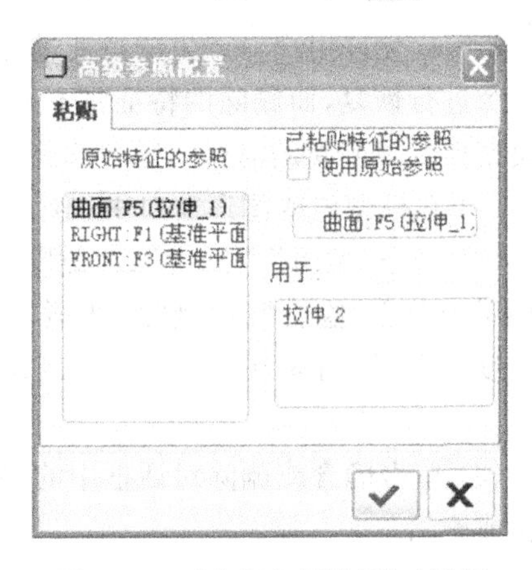

图 3-140　“高级参照配置”对话框

图 3-141 “选择性粘贴”操作控制面板

(1) 平移:需要选择一个参照,如直曲线、边、平面或轴,沿其平移。如果想在两个方向上都移动,需要单击“变换”菜单,在下拉窗口中,选择新移动,选择参照边,输入移动数值即可。

(2) 旋转:需要选择一个绕其旋转的旋转轴,输入角度值即可。

(三) 特征重新排序

Pro/E 允许用户在已建立的多个特征中,重新排列各特征的生成顺序,从而增加设计的灵活性。其操作步骤如下。

图 3-142 “重新排序”菜单

(1) 单击菜单“编辑”/“特征操作”选项,打开“特征”菜单,选择“重新排序”选项。

(2) 在图形窗口中或模型树中选择要调整的特征,然后单击“完成”按钮。

(3) 系统出现“重新排序”菜单,如图 3-142 所示。选择是在目标特征“之前”还是“之后”,然后选取目标特征。

在特征排序时,应注意特征之间的父子关系,父项特征不能移到子项特征之后,同样子项特征也不能移到父项特征之前。更快捷的方法是将光标移至模型树中某个要移动的特征,按住鼠标左键,直接将其拖至欲插入特征之前或之后,然后释放即可。

(四) 特征隐含、恢复与删除

Pro/E 允许用户对产生的特征进行隐含、删除、恢复。隐含的特征可通过恢复命令进行恢复,而删除的特征将不可恢复。隐含特征不占用系统资源,可以减少模型再生或刷新的时间。隐含或删除特征的操作步骤如下。

(1) 在模型树或图形窗口中选择要删除或隐含的特征。

(2) 单击“编辑”/“隐含”或“删除”项,也可直接单击鼠标右键,在弹出的快捷菜单中单击“隐含”或“删除”选项,在模型树中被选择的特征及其子项特征高亮度显示,同时弹出一对话框,以确认要删除或隐含的特征,如图 3-143 所示。

(3) 单击隐含或删除对话框中的“确定”按钮,完成选定特征及其子项特征的隐含或删除。

(4) 如果想保留子项特征,则单击图 3-143 中的 选项>> 按钮,打开如图3-144

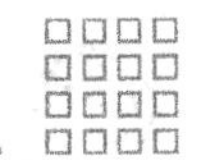

所示的“子项处理”对话框，选定该子项特征的相应处理方式。

(5) 单击“确定”按钮，完成特征的隐含或删除。

特征恢复的步骤为：单击菜单“编辑”/“恢复”/“恢复上一个集”或“恢复全部”。

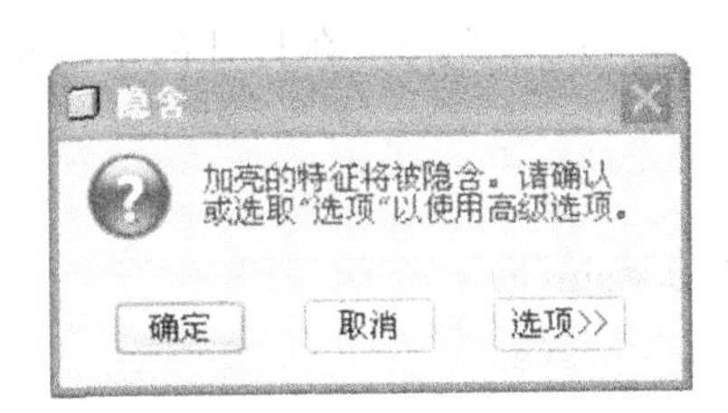

图 3-143　“隐含”对话框

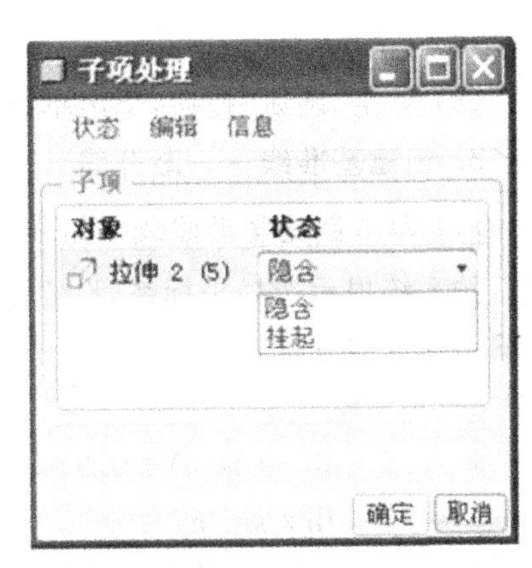

图 3-144　“子项处理”对话框

三、任务实施

1. 创建零件文件

依次单击“文件”/“新建”菜单项或单击新建文件按钮 ，在类型栏中选择“零件”，在子类型栏中选择“实体”，在名称处输入新的文件名“chilun”，单击“确定”按钮。

如果不使用缺省模板，则单击使用缺省模板复选按钮，使其成为不选状态，即“使用缺省模板”前面的复选框中没有打钩，然后在随即出现的对话框中选择一种模板并确定。

2. 创建四个基准参数圆

(1) 单击“工具”/“参数”菜单项，打开参数创建对话框，单击添加新参数按钮 + ，创建 z、m、angle、c、ha、d、df、da、db 九个参数。其中 z=25，m=3，angle=20，ha=1，c=0.25，其余的初始值均为 0。

(2) 单击草绘曲线按钮 ，以 FRONT 面为草绘平面，其余按默认选项设置，进入草绘模式，画出 4 个同心圆。单击“工具”/“关系”菜单项，在关系窗口中输入下列关系式：

d=m * z

db=m * z * cos(angle)

da=m * z+2 * ha * m

df=m * z-2 * (ha+c) * m

sd0=df

sd1=db

sd2=d

sd3=da

(3) 单击“确认”按钮，退出草绘状态。

3. 创建基准线——渐开线

(1) 单击创建基准曲线按钮 ，在创建基准曲线菜单中选择“从方程”/“完成”，按系统提示选择坐标系，设置坐标系的类型为笛卡儿坐标，在打开的记事本中输入渐开线方程：

a=60 * t

x=0.5 * db * cos(a)+0.5 * pi * db * a/180 * sin(a)

y=0.5 * db * sin(a)-0.5 * pi * db * a/180 * cos(a)

(2) 保存记事本，并关闭，渐开线曲线生成，如图 3-145 所示。

4. 创建齿轮坯

单击拉伸特征按钮 ，选择 FRONT 面为草绘平面，RIGHT 面为参照面，进入草绘模式，以 RIGHT 面和 TOP 面为尺寸参照，绘制和四个基准圆中最大圆的半径相等的同心圆截面图，设置拉伸长度为 20。

5. 创建减重槽

单击旋转特征按钮 ，创建旋转减料特征。选取 RIGHT 面为草绘平面，TOP 面为参照面，进入截面绘图模式，以 TOP 面和 FRONT 面为尺寸参照，绘制如图 3-146 所示的旋转截面和旋转轴，旋转角度为 360°，设置为去材料模式。

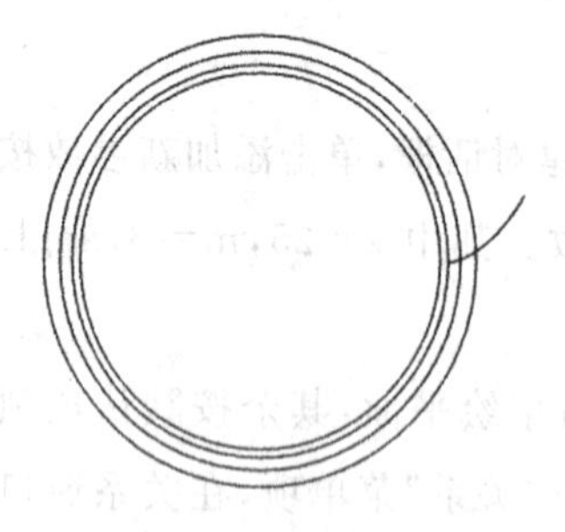

图 3-145 参数曲线

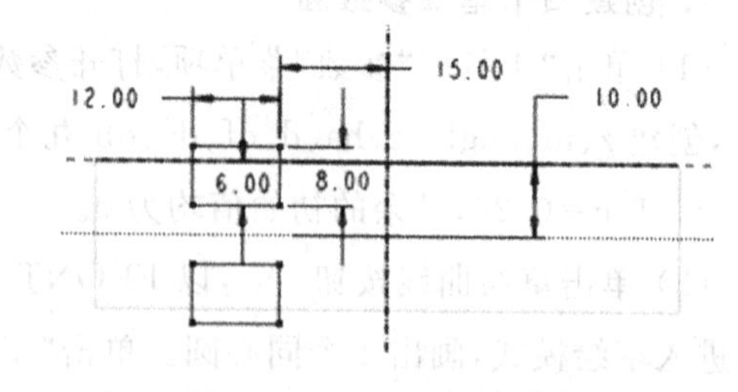

图 3-146 旋转特征截面图

6. 创建轴孔及键槽

单击拉伸特征按钮 ，选择已有实体的端面为草绘平面，RIGHT 面为参照

面，进入草绘模式，以 RIGHT 面和 TOP 面为尺寸参照，绘制如图 3-147 所示的截面图，设置拉伸长度模式为通透，形成的实体图如图 3-148 所示。

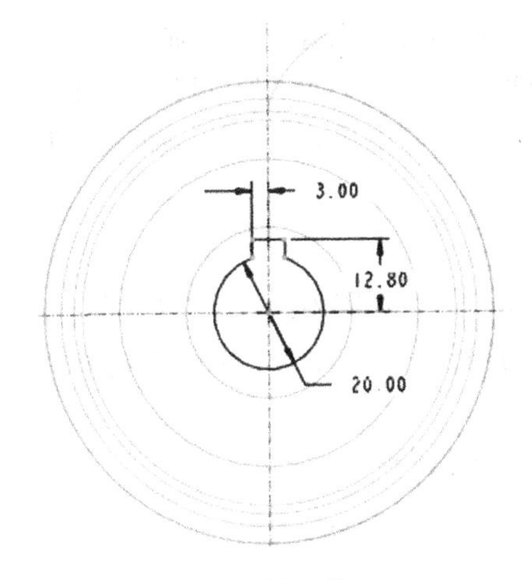

图 3-147　轴孔截面图

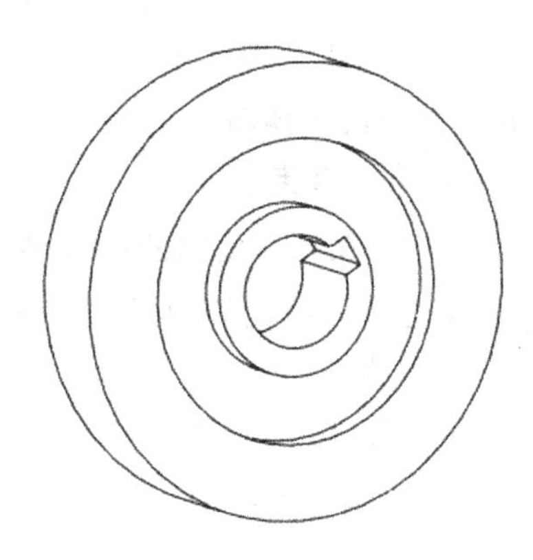

图 3-148　绘制轴孔后的实体图

7. 创建一个齿槽

(1) 过分度圆(直径为 d 的圆)及所画渐开线，创建基准点 PNT0。

(2) 过基准点 PNT0 及回转轴线创建基准面 DTM1。

(3) 基准面 DTM1 绕回转轴线旋转角度为 $360/z/4$，创建基准面 DTM2。

(4) 选择基准线渐开线，单击图标按钮 ，选择基准面 DTM2 为镜像面，作齿槽曲线的另一半。

(5) 单击拉伸特征按钮 ，设置为减材料模式，选择拉伸长度模式为通透，以已有实体的端面为草绘平面，RIGHT 面为参照面，以 RIGHT 和 TOP 面为尺寸参照，进入草绘模式，绘制如图 3-149 所示的截面图，形成的实体如图 3-150 所示。

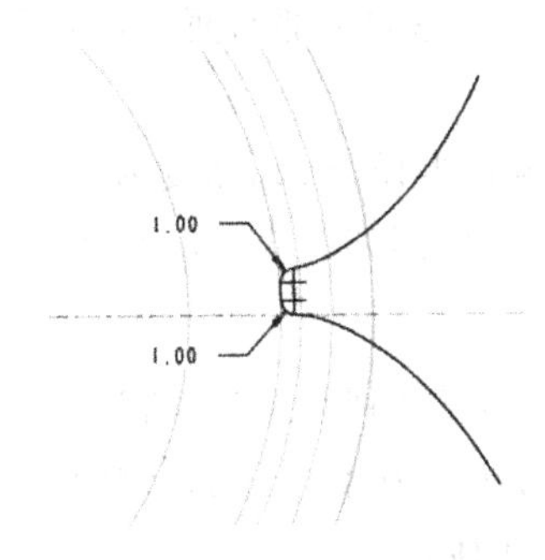

图 3-149　齿槽截面图

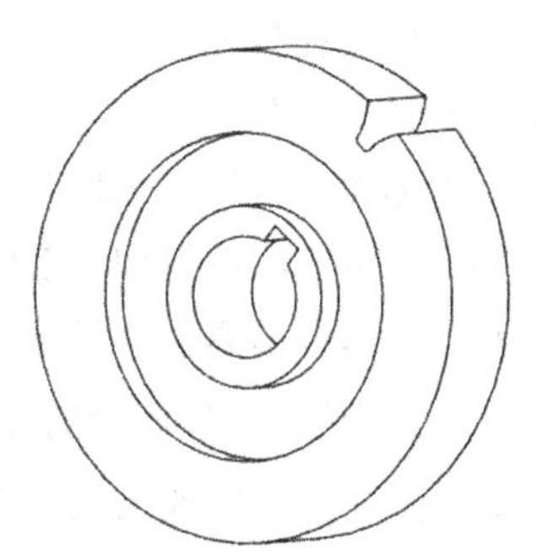

图 3-150　绘制一个齿后的实体图

8. 复制一个齿槽

单击“编辑”/“特征操作”，选择“复制”/“移动”/“从属”/“完成”，选择已经创建的一个齿槽，单击“完成”/“旋转”/“曲线/边/轴”，选择实体的回转轴线，输入旋转复制的角度为 $360/z$，在特征操作菜单中单击“完成移动”，在出现的组可变尺寸菜单管理器中直接单击“完成”，在组元素对话框中单击“确定”，最后单击“完成”，形成的实体图如图 3-151 所示。

9. 阵列其余齿槽

(1) 选中第八步复制的齿槽，单击图标按钮 ，选择阵列类型为“尺寸”。

(2) 选择移动旋转复制特征的旋转角度尺寸为第一参照，输入增量值为 $360/z$，数目为 24。

(3) 单击“确认”按钮，完成阵列特征。如图 3-152 所示。

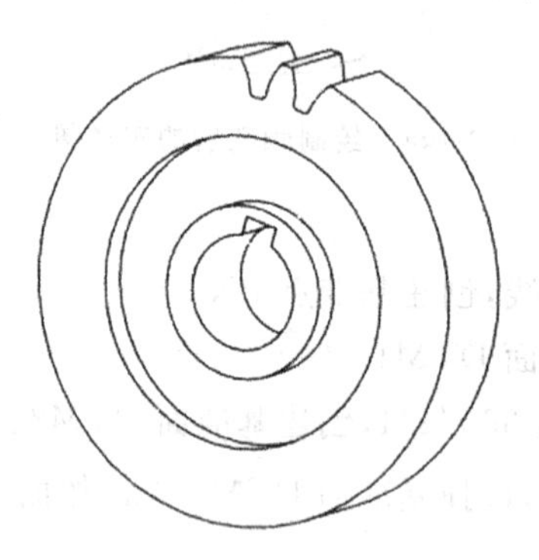

图 3-151　复制齿槽特征

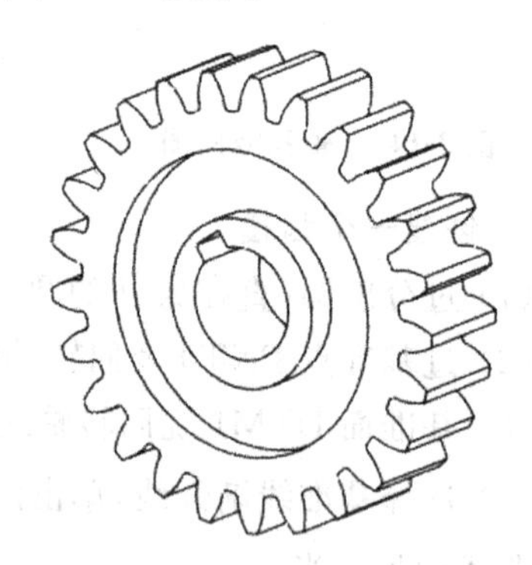

图 3-152　阵列齿槽后的实体图

10. 创建中间一个孔特征

(1) 单击图标按钮 ，并在弹出的孔特征操作控制面板中单击左边的 ，进入添加简单孔特征定义状态，设置直径值为 8，深度选项为穿透。

(2) 单击孔特征操作控制面板中“放置”菜单，选齿轮的中部凹面为孔放置平面，类型为“径向”。

(3) 选择回转轴和 RIGHT 面为偏移参照面，偏移半径为 21，角度为 0。

(4) 单击“确认”按钮，完成孔特征定义，形成的实体图如图 3-153 所示。

11. 用阵列工具创建其余的五个孔

(1) 选中第 10 步创建的孔，单击图标按钮 ，选择阵列类型为“轴”。

(2) 选择回转轴线为第一参照，输入间距为 60，数目为 6，不设第二参照。

(3) 单击“确认”按钮，完成阵列特征，如图 3-154 所示。

12. 保存文件

单击“保存”按钮，保存文件。

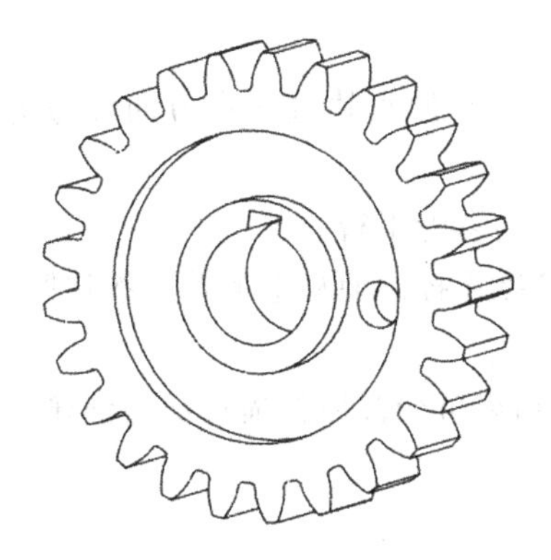

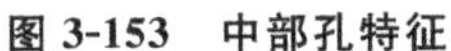
图 3-153　中部孔特征

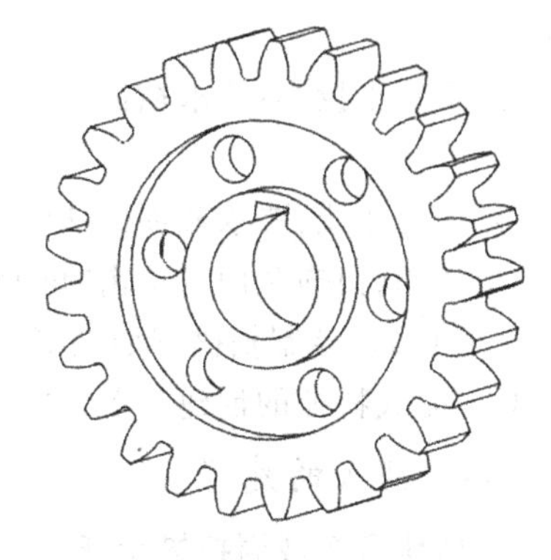

图 3-154　阵列中部后的实体图

四、知识拓展——插头的创建

使用“可变截面扫描”特征可创建实体或曲面特征。可在沿一个或多个选定轨迹扫描截面时，通过控制截面的方向、旋转和几何特征来添加或移除材料形成可变截面扫描特征；可使用恒定截面或可变截面创建变截面扫描特征。

（一）创建可变截面扫描的流程

(1) 单击“插入”/“可变截面扫描”或单击按钮图标，打开“可变截面扫描”操作控制面板，如图 3-155 所示。

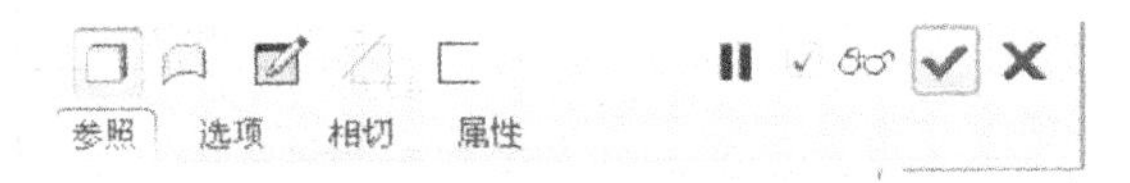

图 3-155　“可变截面扫描”操作控制面板

(2) 选择建立实体，即在操作控制面板中单击按钮图标；如果是曲面则单击。

(3) 创建可变截面扫描的轨迹。单击草绘工具，选择 RIGHT 为草绘平面，其余按系统默认设置，进入草绘，绘制轨迹线，完成绘制。然后单击继续操作按钮，如果提前画好轨迹线，则省略此步骤。

(4) 定义选项内容。单击“可变截面扫描”操作控制面板上的“选项”，打开“选项”面板，在其中选择“可变截面”或“恒定截面”。

(5) 定义参照内容。单击“可变截面扫描”操作控制面板上的“参照”，打开“参照”面板，如图 3-156 所示。单击“轨迹”栏，在图形窗口中选择轨迹；在“剖面控制”栏中选择扫描截面的定位方式；在“水平/垂直控制”栏中选择扫描截面的扭转形状的确定方式。

◇ 垂直于轨迹：要求截面在扫描过程中沿着原点轨迹线运动并与原点轨迹

线垂直。

◇ 垂直于投影：要求截面在扫描过程中垂直于原点轨迹线在方向参考上的投影。

◇ 恒定法线：要求截面的法线与选定的方向参考平行。

(6) 绘制扫描截面。单击“可变截面扫描”操作控制面板上的草绘按钮图标，进入草绘模式，绘制扫描截面图形，并确认。

(7) 完成特征的创建。单击“确认”按钮，结束可变截面扫描特征的创建。

(二) 插头的建模

1. 创建可变截面扫描特征

(1) 单击按钮图标 ，选择创建实体模式。

(2) 单击草绘工具 ，选择 RIGHT 面为草绘平面，绘制如图 3-157 所示的轨迹。

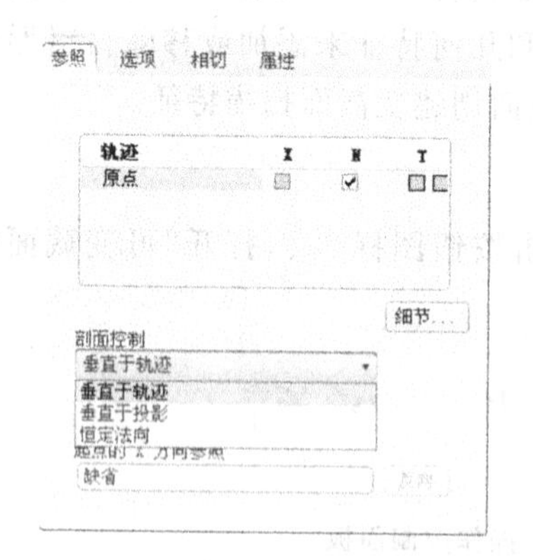

图 3-156 “参照”操作控制面板

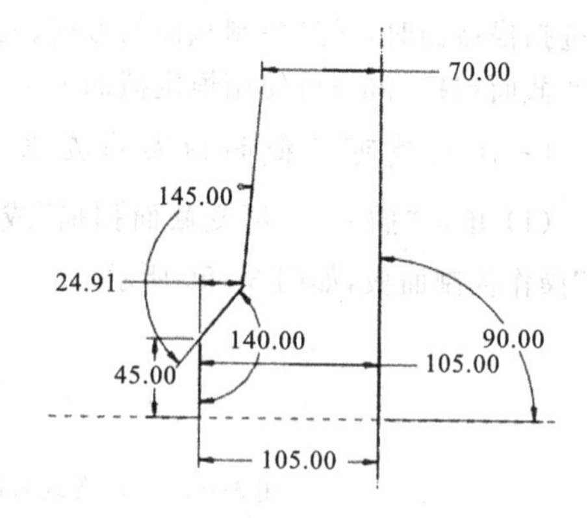

图 3-157 变截面的截面轨迹

(3) 定义参照和截面选项。选择直线为原始轨迹线，按下“Ctrl”键选择另外一条轨迹线，剖面控制为“垂直于轨迹”，其余选项按默认设置，截面选项为“可变截面”。

(4) 绘制截面图形，单击“草绘”按钮，进入草绘模式，绘制如图 3-158 所示的截面图形。

(5) 完成可变截面扫描特征。单击“确认”按钮，结束可变截面特征创建，形成的可变截面扫描特征如图 3-159 所示。

2. 绘制插针

单击拉伸图标按钮，选择已有实体的下底面为草绘平面，参照面按系统默认设置，绘制如图 3-160 所示的截面图形。设置拉伸长度为 80，绘制的实体图如图 3-161 所示。

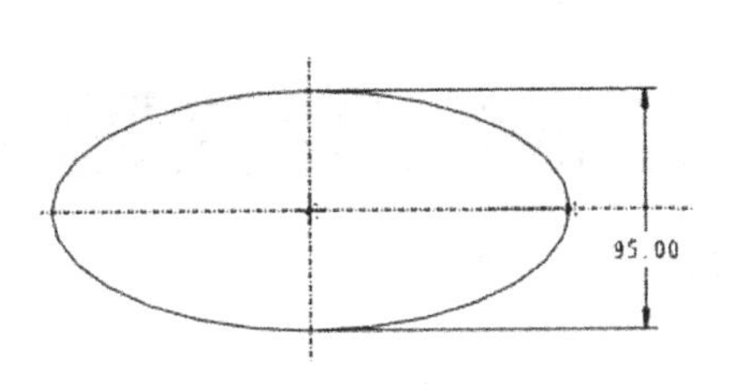

图 3-158　变截面截面图形

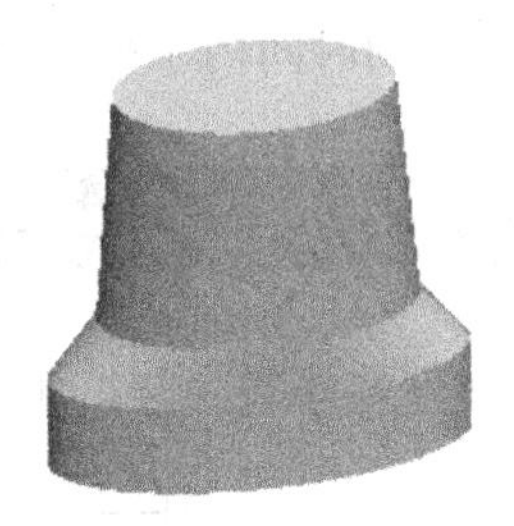

图 3-159　可变截面扫描特征

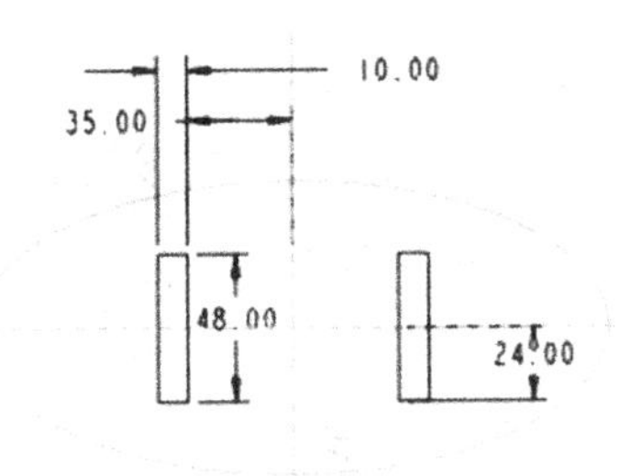

图 3-160　拉伸截面图形

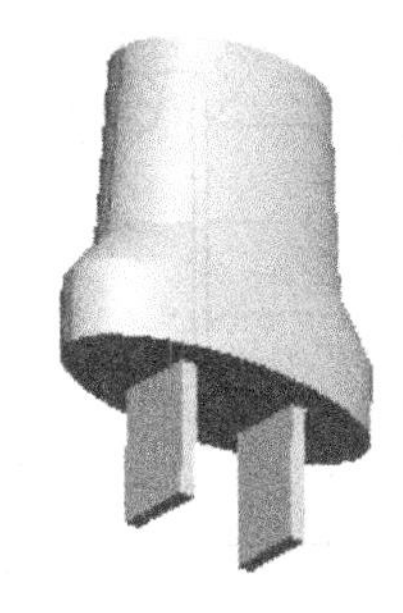

图 3-161　可变截面扫描特征

小　结

产品的数字化设计与制造涉及产品的几何造型、结构分析、工艺设计、加工仿真等方面的技术，其中几何造型是其他部分的基础，为结构分析、工艺设计及制作加工提供基本数据。

本模块结合机械中常见的各种零件的造型过程，主要介绍了以下内容。

(1) 基准工具是实体造型中常用的辅助工具，结合实例讲述了基准特征——基准点、基准轴、基准曲线、基准坐标系的一般创建原理和应用。

(2) 基础实体特征是特征创建的根本，详细讲述了基础实体的常用创建方法——拉伸、旋转、扫描、混合这四类特征的创建步骤。

(3) 介绍了在基础实体特征上创建圆角、倒角、孔壳等各种放置特征的基本方法和一般步骤。

(4) 介绍了实体特征的操作及编辑工具，这些工具包括阵列特征、复制特征、镜像特征、尺寸修改、特征重定义、特征重新排序、特征的隐含与恢复和插入特征等。

(5) 通过实例介绍了螺旋扫描、变截面扫描高级建模工具的使用方法和创建步骤。

本模块通过六个任务详细说明了实体建模的方法和各类工具的应用，使读者在较短的时间内掌握 Pro/E 软件实体设计的方法和技巧。

思考与练习

1. 创建如图 3-162 所示的视图所表示的零件模型。

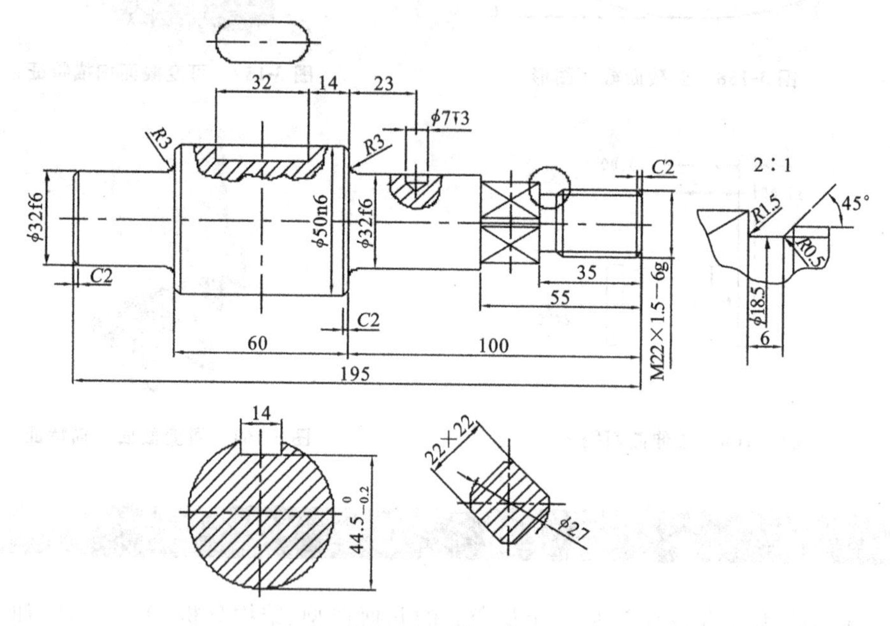

图 3-162 练习题 1

2. 创建如图 3-163 所示的视图所表示的零件模型。

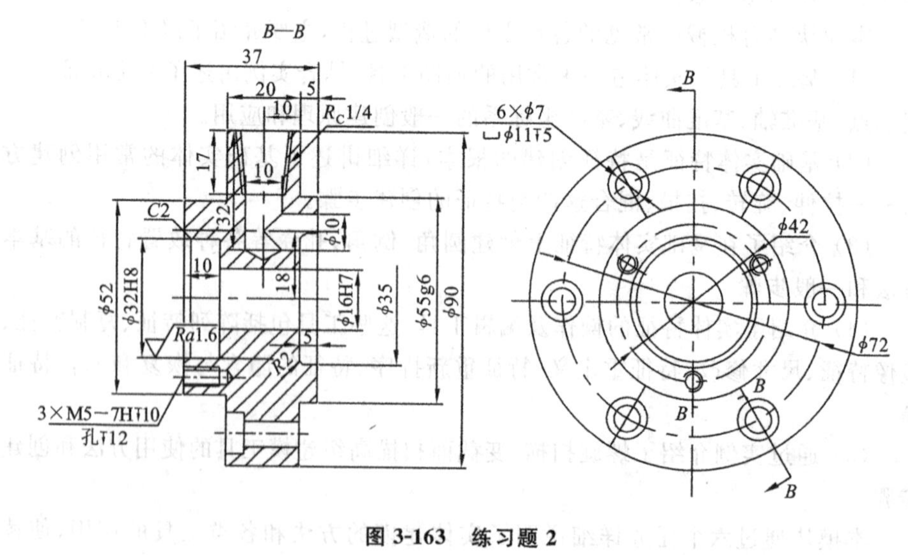

图 3-163 练习题 2

3. 创建如图 3-164 所示的零件模型。

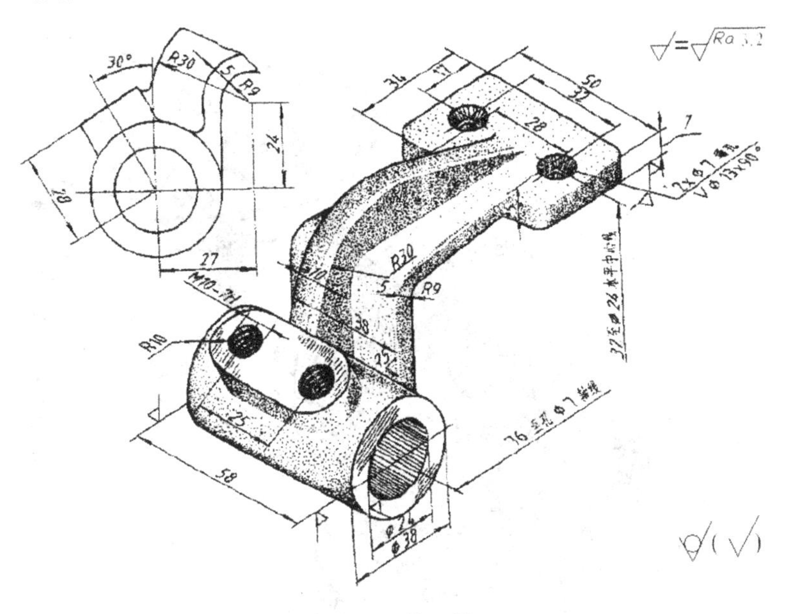

图 3-164　练习题 3

4. 创建如图 3-165 所示的零件模型。

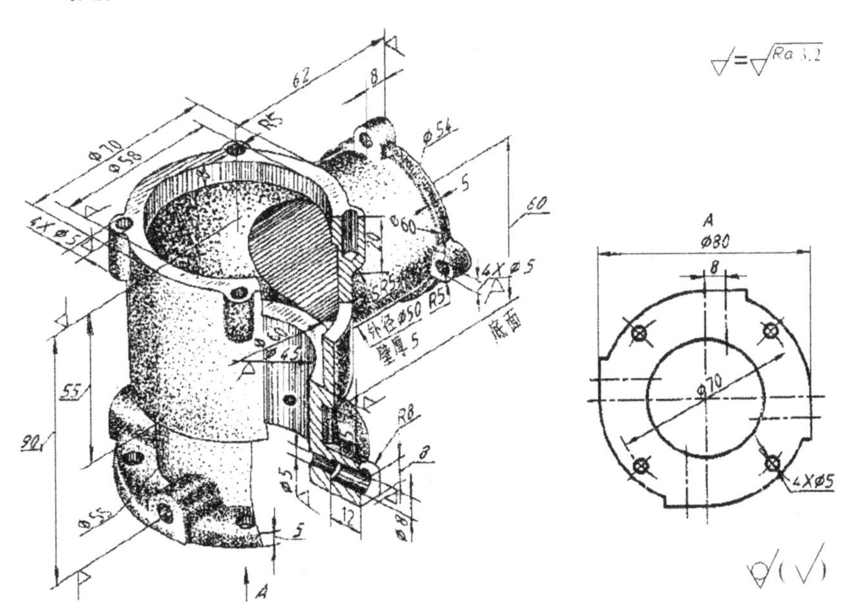

图 3-165　练习题 4

5. 创建如图 3-166 所示的零件模型。

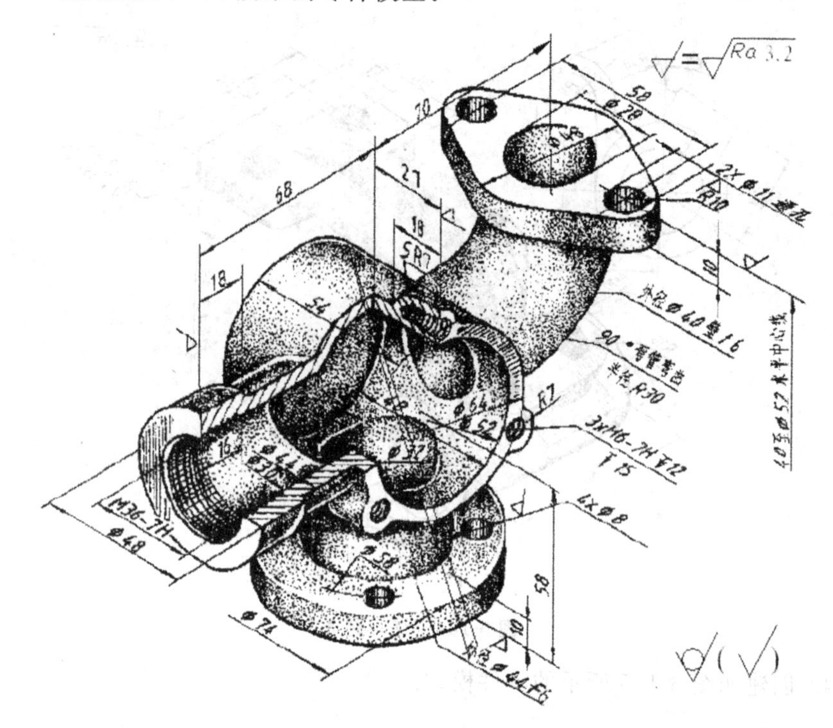

图 3-166　练习题 5

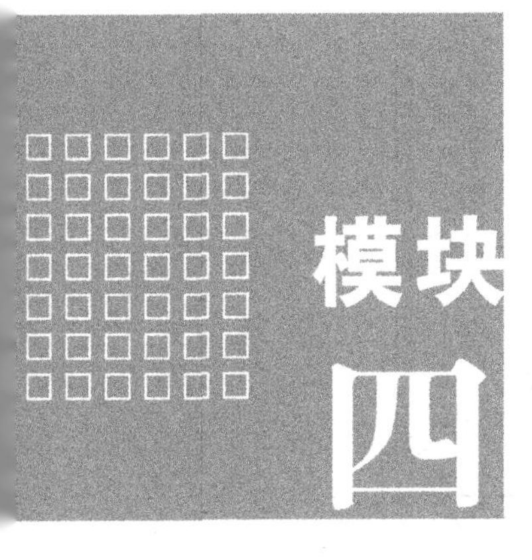

曲面造型

【能力目标】

1. 掌握在 Pro/E 中创建曲面的方法与技巧。
2. 掌握在 Pro/E 中使用曲面编辑工具进行设计的方法与技巧。
3. 掌握在 Pro/E 中使用实体与曲面进行混合造型的方法与技巧。

【知识目标】

1. 理解并掌握 Pro/E 曲面的特性及创建方法。
2. 理解并掌握 Pro/E 曲面编辑的概念与方法。
3. 理解并掌握 Pro/E 曲面与实体间的关系。

任务一　弯管零件的绘制

一、任务导入

如图 4-1 所示的弯管零件,可以通过扫描特征完成该零件的造型。扫描特征的截面比较简单,是一个直径为 10 的圆。相对而言,扫描的轨迹线较为复杂,是一条空间的曲线,该曲线可以通过一个拉伸曲面与一个旋转曲面相交产生。

二、相关知识

(一) 拉伸曲面

在垂直于草绘平面的方向上,通过将草绘截面拉伸到指定深度来创建面组。

选择“插入”/“拉伸”菜单命令或单击工具按钮,系统打开“拉伸”特征操作控制面板,与拉伸实体的操作控制面板相同,所不同的是要单击按钮,创建拉伸曲面。

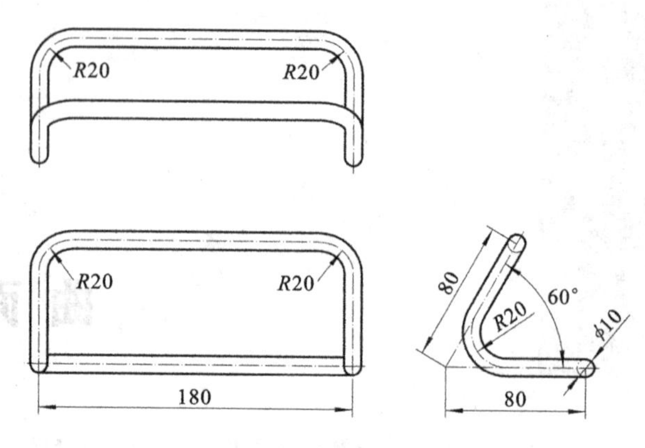

图 4-1　弯管零件图

（二）旋转曲面

通过绕截面中草绘的第一条中心线，将草绘截面旋转至某特定角度来创建面组，也可指定旋转角度。

选择“插入”/“旋转”菜单命令或单击工具按钮，系统打开“旋转曲面”操作控制面板，并单击按钮，可以创建旋转曲面，如图 4-2 所示。

图 4-2　“旋转曲面”操作控制面板

（三）曲面相交

可使用“相交”工具创建曲线，在该曲线处，曲面与其他曲面或基准平面相交，也可在两个草绘或草绘后的基准曲线（被拉伸后成为曲面）相交的位置处创建曲线。

三、任务实施

(1) 打开 Pro/E 软件，设置工作目录为 D:\ex4，新建一个名为“surf-1”的零件文件。

(2) 单击工具栏上的图标按钮，进入拉伸特征创建界面，在操作控制面板中选择“曲面”选项。单击“放置”面板中的“草绘定义”按钮，选择 FRONT 基准平面为草绘平面，以 RIGHT 基准平面为参照面，参照方向为“右”，单击“草绘”按钮，进入草绘模块。

(3) 绘制如图 4-3 所示截面，完成后单击按钮 ✔，选择深度定义方式为 ⊟，拉伸深度为 200，创建拉伸曲面如图 4-4 所示。

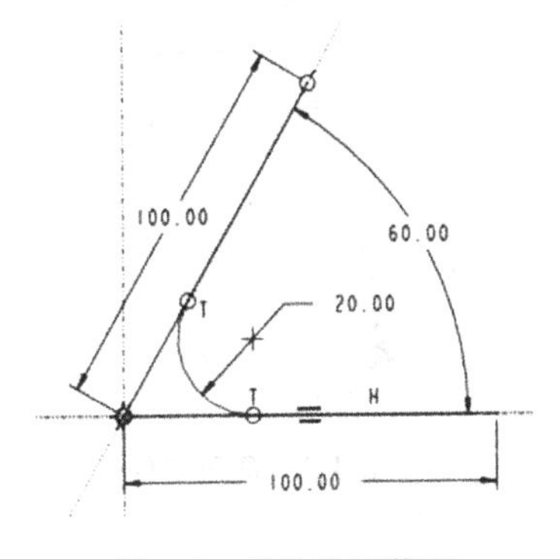

图 4-3　拉伸曲面截面

图 4-4　拉伸曲面

(4) 单击工具按钮 ，在操作控制面板中选择“曲面”选项，并选择“放置”/“定义”命令，系统弹出“草绘”对话框，选择 TOP 平面为草绘平面，以 RIGHT 平面为参照面，参照方向为“右”，单击“草绘”按钮，进入草绘界面，绘制如图 4-5 所示截面，完成后单击按钮 ✔，给定旋转角度为 360°，结果如图 4-6 所示。

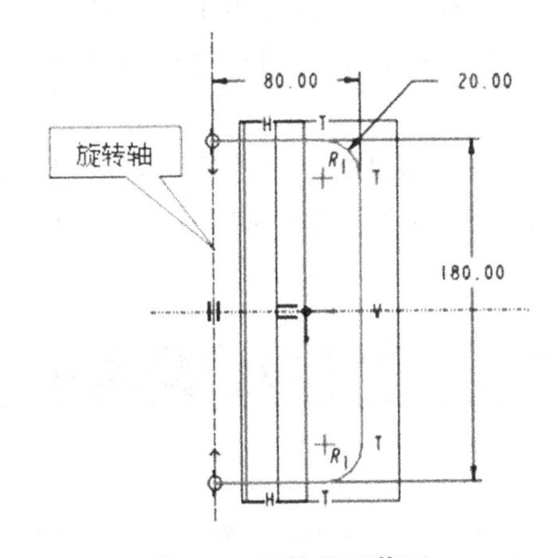

图 4-5　旋转曲面截面

图 4-6　拉伸曲面与旋转曲面

(5) 按住“Ctrl”键，在绘图区或模型树中同时选择前面所创建的拉伸及旋转曲面，单击“编辑”/“相交”命令，在两个曲面相交之处生成曲线。

(6) 建立一个名为“surfs”的图层，将拉伸及旋转曲面放置于该图层上，并对其进行隐藏操作，结果如图 4-7 所示。

(7) 选择“插入”/“扫描”/“伸出项”命令，以图 4-7 所示曲线为扫描轨迹线，以直径为 10 的圆为截面，创建弯管零件如图 4-8 所示。

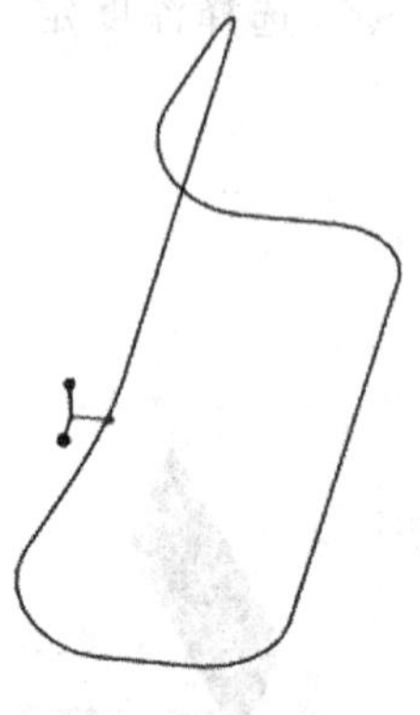

图 4-7　相交曲线

图 4-8　弯管零件

四、知识拓展

可通过下列方式使用相交特征。

◇ 创建可用于其他特征(如扫描轨迹)的三维曲线。

◇ 显示两个曲面是否相交,以避免可能的间隙。

◇ 诊断不成功的剖面和切口。

曲面只能与其他曲面或基准平面相交,同样的规则也适用于两个草绘。指定或改变相交对象或参照的选项仅在重定义期间可用。但是,可在激活“相交”工具前选取第一个相交参照。

执行完这些步骤后,不必打开“相交”操作控制面板,即可自动完成相交特征。由于预先选取的参照完整定义了“相交”过程,所以可自动完成,并且可以不需要工具改进或可选的设置。

任务二　水壶零件的绘制

一、任务导入

如图 4-9 所示水壶零件,可以通过旋转曲面及扫描混合曲面合并产生水壶零件的外形,并通过实体化操作生成水壶实体,水壶手柄则可以采用扫描方式生成。

二、相关知识

(一) 扫描混合曲面

与可变截面扫描特征一样,当选择“插入”/“扫描混合”菜单命令时,系统也会弹出“扫描混合”操作控制面板。在默认状态下,系统自动选择创建曲面特征,如图 4-10 所示。

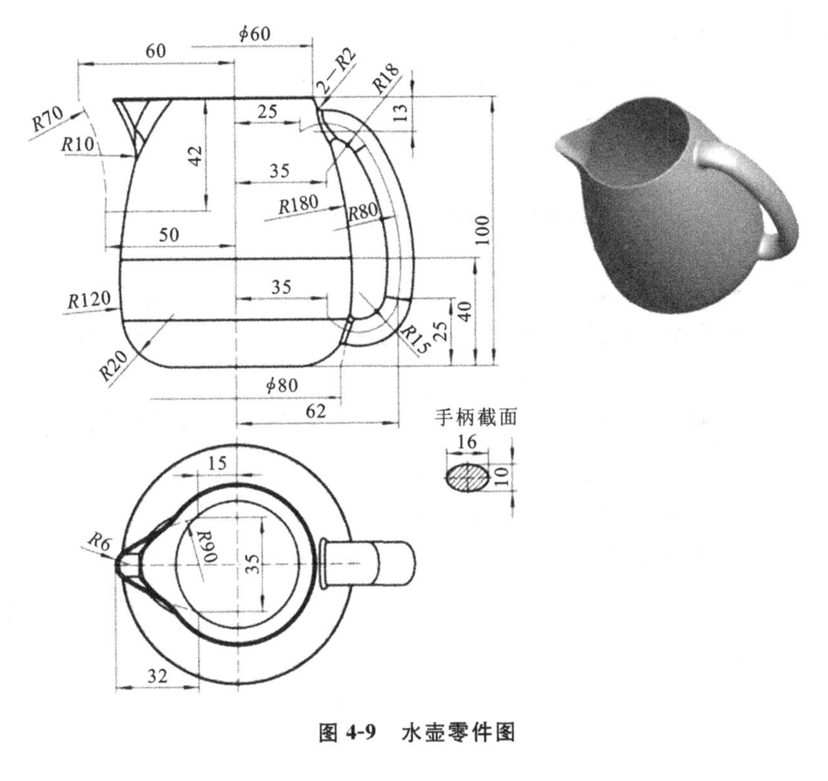

图 4-9　水壶零件图

图 4-10　“扫描混合”操作控制面板

（二）填充曲面

填充曲面是通过草绘边界创建面组。可以先绘制边界图形，然后选择“编辑”/“填充”菜单命令生成填充曲面，也可以先选择“编辑”/“填充”菜单命令，然后再通过草绘边界图形，创建填充曲面。

（三）曲面合并

使用合并工具可通过让两个面组相交或连接来合并两个面组，或是通过连接两个以上面组来合并两个以上面组。生成的面组会成为主面组，并继承主面组的 ID。如果删除合并的特征，原始面组仍保留。

（四）曲面延伸

通过延伸现有面组或曲面创建面组或曲面，指定要延伸的现有曲面的边界，也可指定所延伸的曲面或面组的延伸类型、长度和方向。

要激活曲面“延伸”工具，必须先选取要延伸曲面的边界，然后单击“编辑”/“延伸”菜单命令，系统弹出如图 4-11 所示操作控制面板，可将面组延伸到指定距

离或延伸至一个平面上。

图 4-11 “曲面延伸”操作控制面板

三、任务实施

(1) 打开 Pro/E 软件，设置工作目录为 D:\ex4，新建一个名为“surf-2”的零件文件。

(2) 选择“插入”/“旋转”菜单命令或单击工具按钮，系统打开“旋转曲面”操作控制面板，并单击按钮，以创建曲面。

(3) 选择“位置”/“定义”，系统弹出“草绘”对话框，选择 FRONT 平面为草绘平面，以 RIGHT 平面为参照面，参照方向为“右”，单击“草绘”按钮进入草绘界面，绘制如图 4-12 所示截面，完成后单击按钮 ✔，给定旋转角度为 360°，结果如图 4-13 所示。

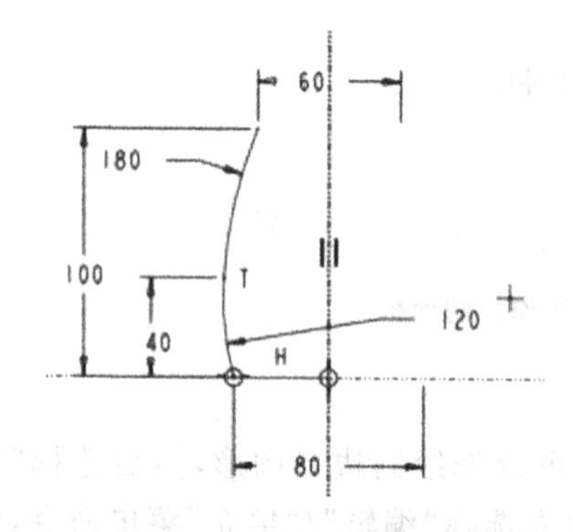

图 4-12 旋转曲面截面

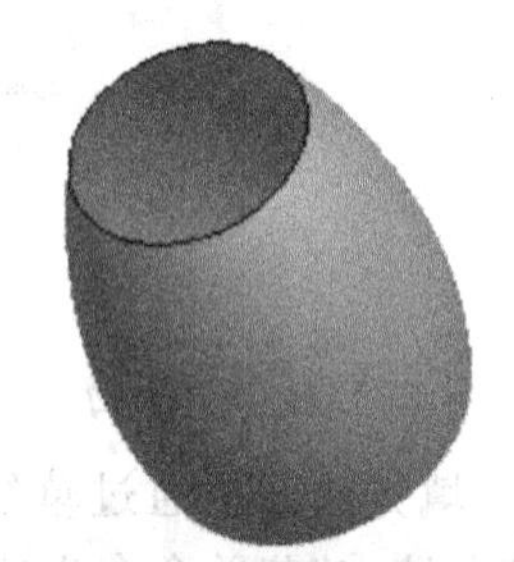

图 4-13 旋转曲面特征

(4) 对旋转曲面进行倒圆角操作。选择“插入”/“倒圆角”命令或单击工具按钮，系统弹出“倒圆角”操作控制面板，选择上一步所创建旋转曲面底面的边，输入圆角半径为 20，结果如图 4-14 所示。

(5) 创建扫描混合曲面的轨迹曲线。单击工具按钮，以 FRONT 基准平面为草绘平面，以 RIGHT 基准平面为参照面，参照方向为“右”，绘制如图 4-15 所示直线作为扫描混合曲面的轨迹线。

(6) 创建基准平面。创建平行于 TOP 平面，相距为 100 的基准平面 DTM1。

(7) 创建扫描混合曲面的截面曲线。单击工具按钮，以 DTM1 基准平面为草绘平面，以 RIGHT 基准平面为参照面，参照方向为“右”，绘制如图 4-16 所

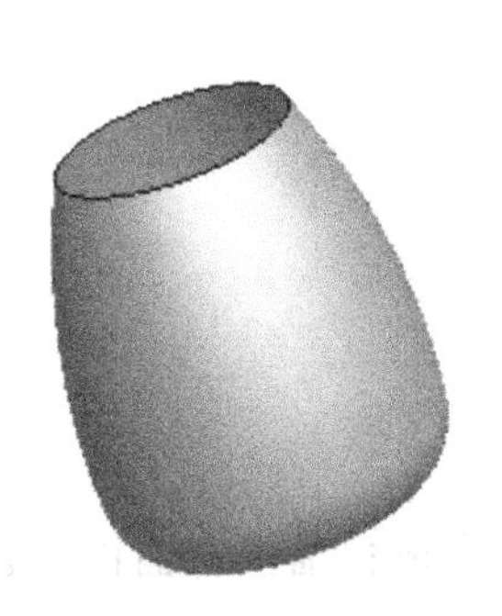

图 4-14　倒圆角后的曲面

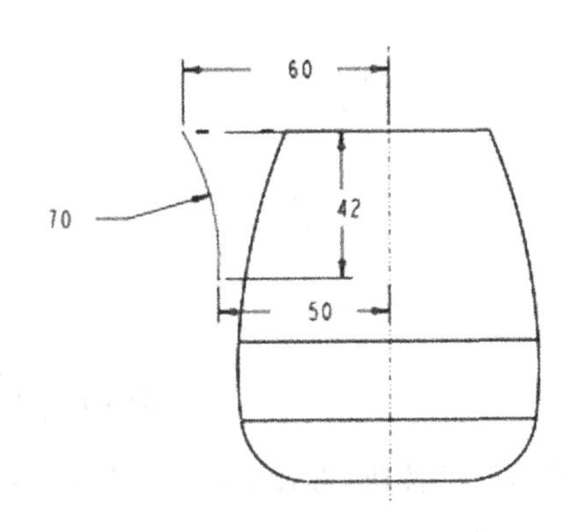

图 4-15　草绘扫描混合曲面的轨迹线

示直线作为扫描混合曲面的截面曲线。

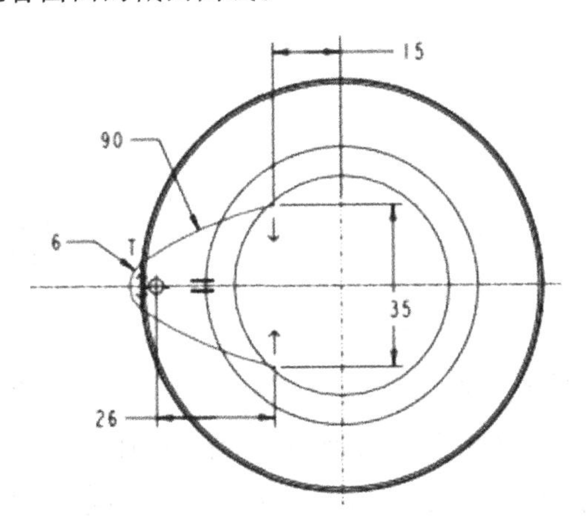

图 4-16　扫描混合曲面的截面曲线

(8) 使用“复制”及“选择性粘贴”命令复制扫描混合曲面的另一截面曲线。选择第(7)步所创建的曲线，单击 工具按钮，选定的曲线被复制到剪贴板上；接着单击 工具按钮，在系统弹出的“选择性粘贴”对话框中勾选“对副本应用移动/旋转变换”选项，单击“确定”按钮。并在系统弹出的“选择性粘贴”操作控制面板中，选择“移动”方式，以 DTM1 平面作为方向参照，向下移动距离为 42，完成“移动 1”的定义；单击“变换”下滑式菜单，在该菜单中单击“新移动”创建“移动 2”，选择“移动”方式，以 RIGHT 平面作为方向参照，向右移动距离为 13，如图 4-17所示，单击 完成粘贴操作。

(9) 选择“插入”/“扫描混合”菜单命令，系统弹出“扫描混合”操作控制面板，接受默认的曲面选项，选择第(5)步所创建曲线作为扫描混合曲面的轨迹线。单击“截面”按钮打开截面上滑面板，按如图 4-18 所示选择“所选截面”，然后在绘图区单击第(7)步所创建曲线，此时剖面下滑面板“截面”栏中出现“截面 1”，单击右

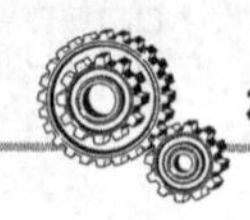

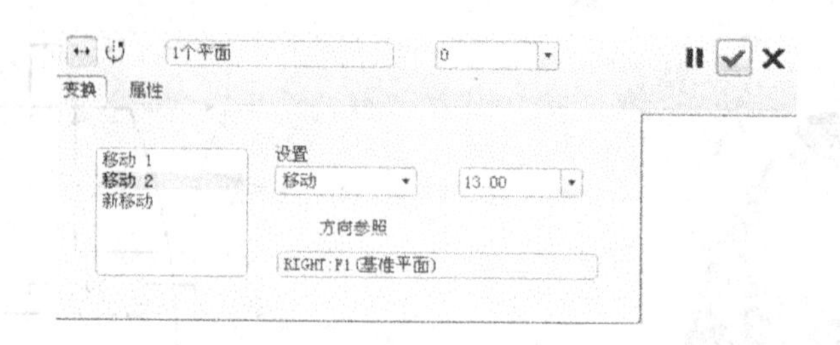

图 4-17 “变换”下滑菜单

侧的“插入”按钮，选择第(8)步所复制的曲线，单击 完成扫描混合曲面创建，如图 4-19 所示。

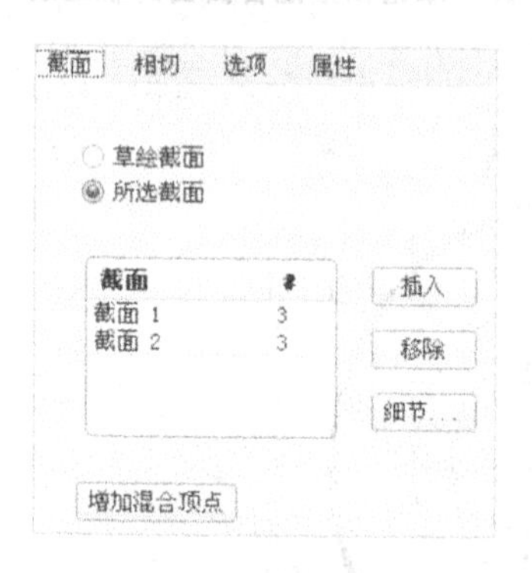

图 4-18 截面下滑菜单

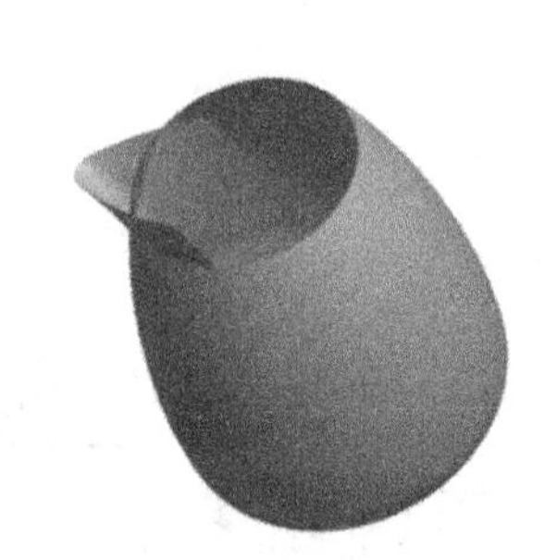

图 4-19 扫描混合曲面

(10) 合并旋转曲面与扫描混合曲面。按住“Ctrl”键选取两个面组，然后选择“编辑”/“合并”菜单命令或者单击工具按钮 ，系统弹出“曲面合并”操作控制面板，如图 4-20 所示，通过方向按钮调节两个曲面需要保留的侧，合并后的曲面如图 4-21 所示。

图 4-20 “曲面合并”操作控制面板

(11) 对曲面合并处进行倒圆角操作。选择“插入”/“倒圆角”命令或单击 工具按钮，系统弹出“倒圆角”操作控制面板，选择曲面合并处轮廓线，输入圆角半径为 10，完成曲面倒圆角操作，如图 4-22 所示。

(12) 对曲面边界进行延伸操作。将过滤器选定为“几何”，按住“Shift”键，选择如图 4-23 所示的曲面边界轮廓，然后单击“编辑”/“延伸”菜单命令，并使用“沿原始曲面延伸”方式，输入延伸长度为 2。

(13) 创建填充曲面。选择“编辑”/“填充”菜单命令，系统弹出“填充”操作控制面板，如图 4-24 所示，单击“参照”下滑菜单按钮，选择“定义”，系统弹出“草绘”

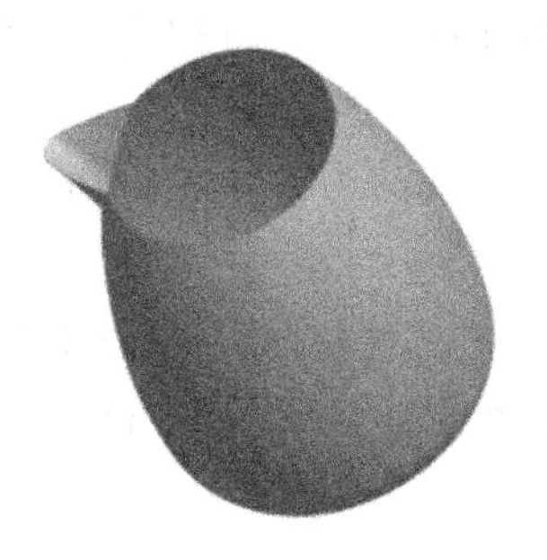

图 4-21　合并后的曲面

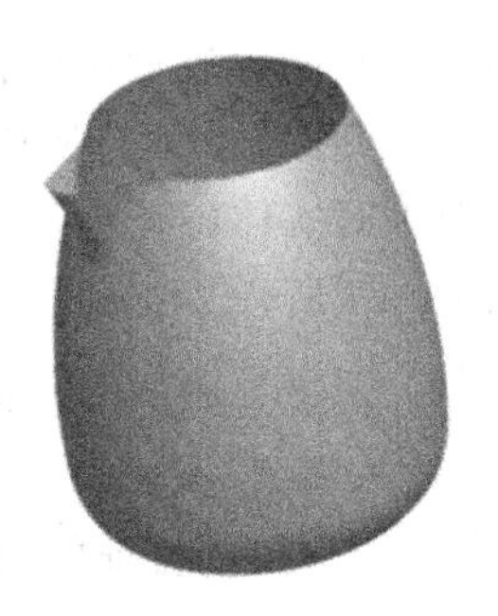

图 4-22　倒圆角后的曲面

对话框，选择 DTM1 面为草绘平面，以 RIGHT 基准平面为参照面，参照方向为“右”，绘制如图 4-25 所示填充曲面轮廓曲线，完成填充曲面的创建。（注：该轮廓曲线大小、形状不限，只需大于已有曲面轮廓即可。）

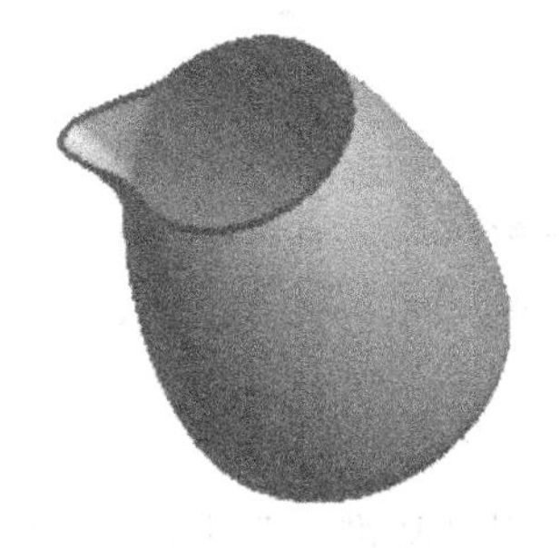

图 4-23　曲面边界轮廓

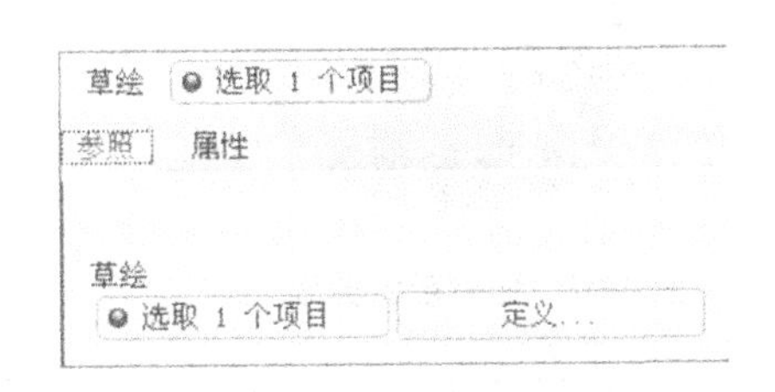

图 4-24　“参照”下滑菜单

（14）再次进行曲面合并操作。按住“Ctrl”键选取两个面组，然后选择“编辑”/“合并”菜单命令或者单击 工具按钮，系统弹出“曲面合并”操作控制面板，如图 4-20 所示，通过方向按钮调节两个曲面需要保留的侧，合并后的曲面如图 4-26 所示。

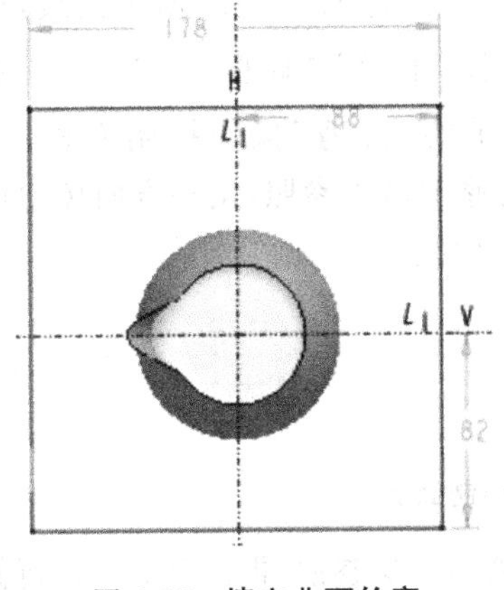

图 4-25　填充曲面轮廓

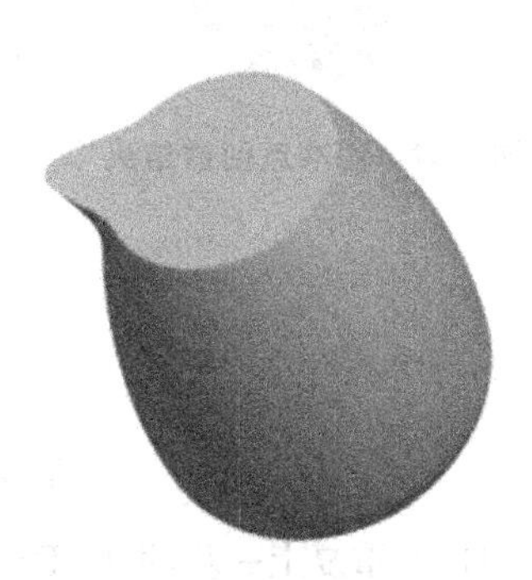

图 4-26　合并后的曲面

(15) 对曲面进行实体化操作。选取合并后的曲面，然后选择“编辑”/“实体化”菜单命令，将曲面转换成实体特征。

(16) 对实体特征进行抽壳操作。选择实体的上表面为移除面，壳的厚度为1，如图 4-27 所示。

(17) 创建手柄扫描特征的轨迹曲线。单击工具按钮，以 FRONT 基准平面为草绘平面，以 RIGHT 基准平面为参照面，参照方向为“右”，绘制如图 4-28 所示直线作为扫描特征的轨迹线。

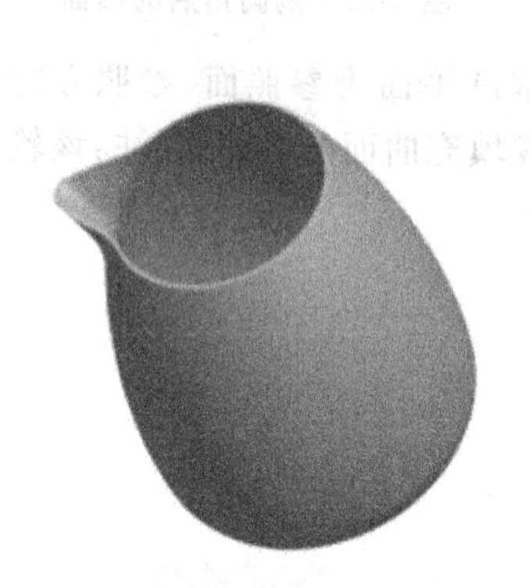

图 4-27 抽壳后的实体

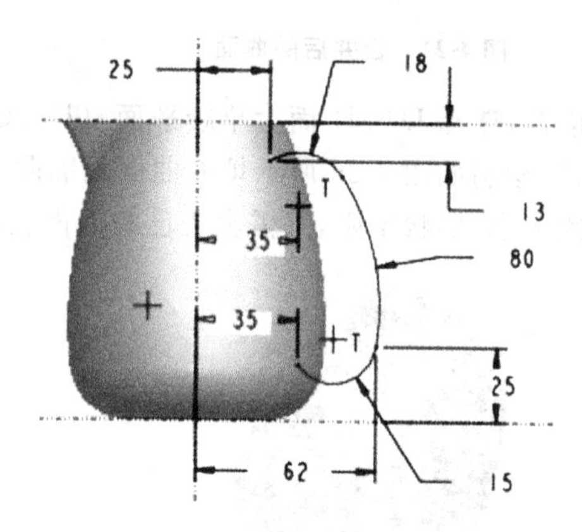

图 4-28 手柄扫描轨迹线

(18) 创建基准点。单击工具按钮，系统弹出“基准点”对话框，按住“Ctrl”键同时选择上一步所创建的曲线及实体特征的外表面上半部分曲面，创建第一个基准点 PNT0。

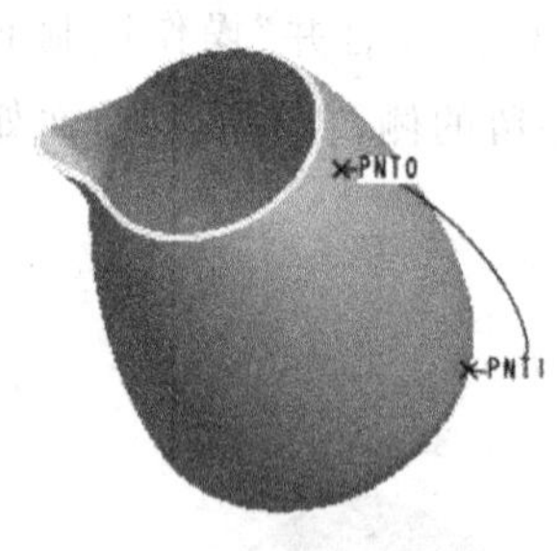

图 4-29 基准点创建结果

(19) 重复上一步骤，选择曲线及实体特征外表面下半部分曲面，创建第二个基准点 PNT1，基准点创建的结果如图 4-29 所示。

(20) 修剪曲线。选择如图 4-29 所示曲线，单击工具按钮或选择“编辑”/“修剪”菜单命令，系统弹出如图 4-30 所示的“修剪”操作控制面板，选择 PNT0 基准点作为修剪对象参照，调整方向按钮保留实体外表面的部分曲线。

图 4-30 “修剪”操作控制面板

(21) 重复上一步骤，以 PNT1 基准点作为修剪对象参照，再次对曲线进行修剪操作，调整方向按钮保留实体外表面的部分曲线，修剪前后的曲线如图 4-31 所示。

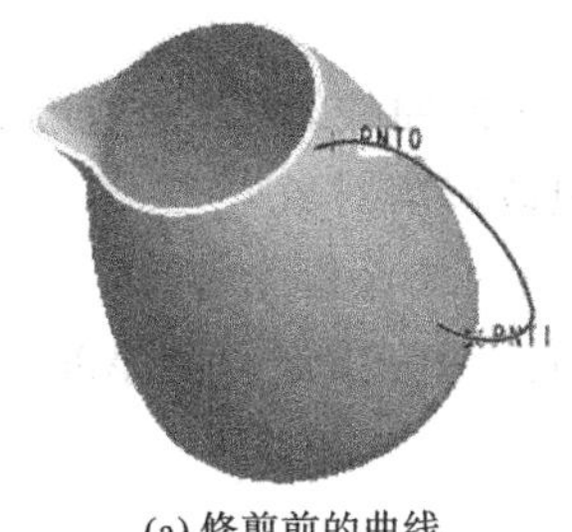

(a) 修剪前的曲线

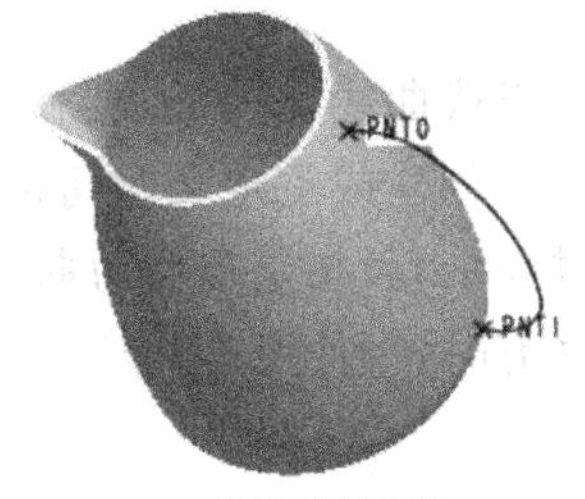

(b) 修剪后的曲线

图 4-31　曲线修剪操作

(22) 创建水壶的手柄部分。选择“插入”/“扫描”/“伸出项”菜单命令，以图4-31(b)所示曲线为扫描轨迹线，选择扫描特征的属性为“合并端”，绘制如图4-32所示图形为扫描截面，创建手柄特征如图 4-33 所示。

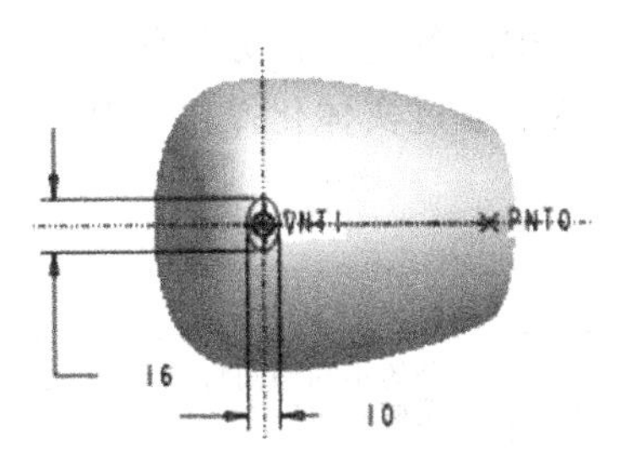

图 4-32　扫描特征的截面

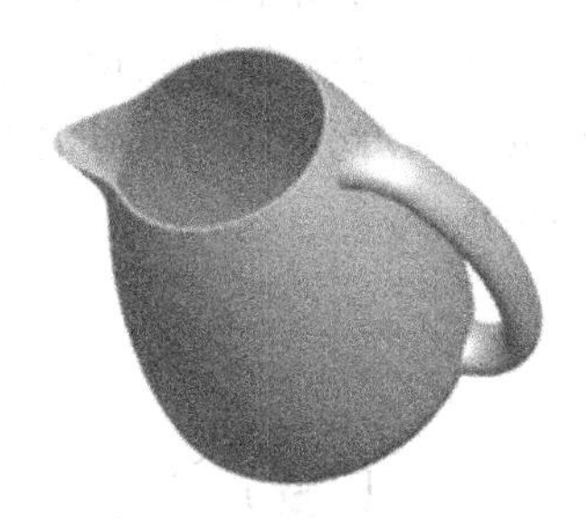
图 4-33　水壶的手柄部分

(23) 对水壶口部及手柄部分进行倒圆角操作。其中水壶的口部圆角半径为0.5，手柄根部圆角半径为 2，最终结果如图 4-9 所示。

四、知识拓展

(1) 基本曲面设计方法包括：拉伸、旋转、扫描、混合、圆角、倒角、可变截面扫描、扫描混合及螺旋扫描等。基本曲面特征的创建方法与相应实体特征的创建方法类似，因此在使用这些基本曲面设计方法时，可以参照相应实体造型命令的建模步骤。

(2) 曲面的实体化操作包括实体化及加厚两个命令。

(3) 关于修剪特征。

可使用修剪工具来剪切或分割面组或曲线。面组是曲面的集合。使用修剪工具从面组或曲线中移除材料，以创建特定形状或分割材料。可通过以下方式修剪面组。

◇ 在与其他面组或基准平面相交处进行修剪。

◇ 使用面组上的基准曲线修剪。

可通过在曲线与曲面、其他曲线或基准平面相交处修剪或分割曲线来修剪该曲线。

要修剪面组或曲线，先选取要修剪的面组或曲线，激活修剪工具，然后指定修剪对象。可在创建或重定义期间指定和更改修剪对象。

在修剪过程中，可指定被修剪曲面或曲线中要保留的部分。另外，在使用其他面组进行修剪时，可使用“薄修剪”，“薄修剪”允许指定修剪厚度尺寸及控制曲面拟合要求。

任务三　拨叉零件的绘制

一、任务导入

如图 4-34 所示拨叉零件，该零件由四部分组成，其中两个圆柱结构及一个凸耳结构比较规则，可以采用实体造型方式完成，而中间的连接部分形状相对而言较为复杂，在此可使用边界混合命令创建曲面，然后通过实体化操作将其转化为实体结构。

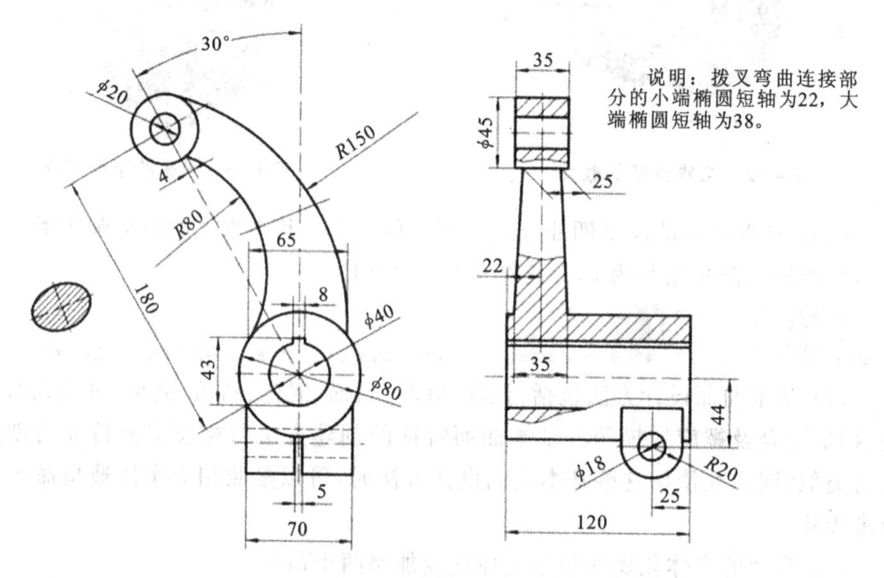

图 4-34　拨叉零件图

二、相关知识

（一）边界混合

边界混合是指通过在一到两个方向上选取边界来创建面组，在每个方向上选定的第一个和最后一个图元定义曲面的边界，对于在两个方向上定义的混合曲面来说，其外部边界必须形成一个封闭的环。如图 4-35 所示，该边界混合曲面

是从两个方向上选取边界来定义的，其中方向 1 上由 5 条曲线组成，而方向 2 上由 3 条曲线组成。

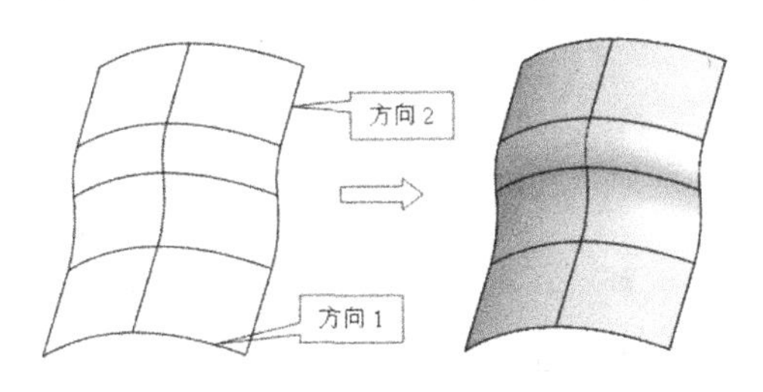

图 4-35　边界混合曲面的创建

（二）关于实体化特征

“实体化”工具可以使选定的曲面特征或面组几何转换为实体几何。在设计中，可使用“实体化”工具添加、移除或替换实体材料。如图 4-36 所示，设计实体化特征必须执行以下操作。

◇ 选取一个曲面特征或面组作为参照。

◇ 确定使用参照几何的方法：添加实体材料（伸出项），移除实体材料（切口）或修补曲面（曲面片）。

◇ 定义几何的材料方向。

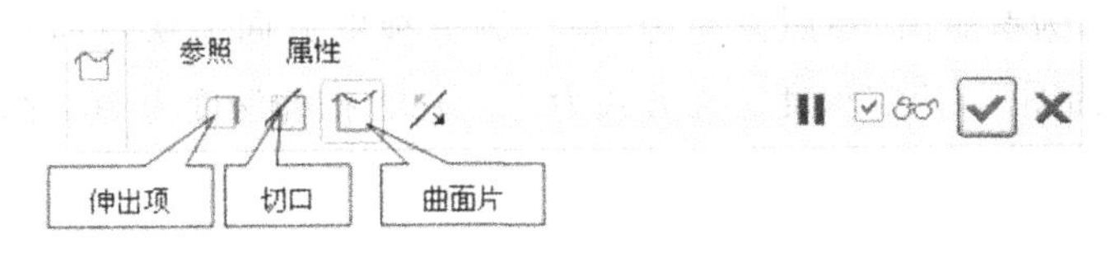

图 4-36　“实体化”操作控制面板

（1）“伸出项”功能　将曲面特征或面组几何作为边界来添加实体材料，该功能在建模时始终处于可用状态。

（2）“切口”功能　使用曲面特征或面组几何作为边界来移除实体材料，在有实体特征的前提下，该功能在建模时始终处于可用状态。

（3）“曲面片”功能　使用曲面特征或面组几何替换指定的曲面部分，只有当选定的曲面或面组边界位于实体几何上时才可用。

三、任务实施

1. 新建文件

打开 Pro/E 软件，设置工作目录为 D:\ex4，新建一个名为“surf-3”的零件文件。

2. 创建第一个圆柱特征

单击工具按钮 ，接受默认的实体选项，选择 FRONT 平面为草绘平面，RIGHT 平面为参照面，参照方向为“右”，绘制一个直径为 80 的圆曲线作为拉伸

特征的截面图形，单击操作控制面板上的“选项”按钮，确定深度定义方式为“双侧”拉伸，其中向前拉伸长度为22，向后拉伸长度为98，如图4-37所示，完成第一个圆柱特征的创建。

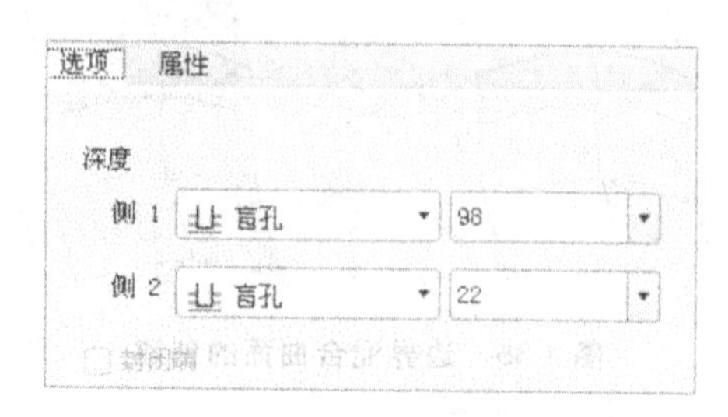

图 4-37　双侧拉伸长度的确定

3. 创建第二个圆柱特征

单击工具按钮，接受默认的实体选项，选择FRONT平面为草绘平面，RIGHT平面为参照面，参照方向为“右”，绘制如图4-38所示截面图形，确定深度定义方式为方式，拉伸深度为35，完成第二个圆柱特征的创建。

4. 创建凸耳特征

单击工具按钮，接受默认的实体选项，选择RIGHT平面为草绘平面，选择TOP平面为参照面，参照方向为“顶”，调整视图方向为从左向右，绘制如图4-39所示截面图形，确定深度定义方式为方式，拉伸深度为70，完成凸耳特征的创建。

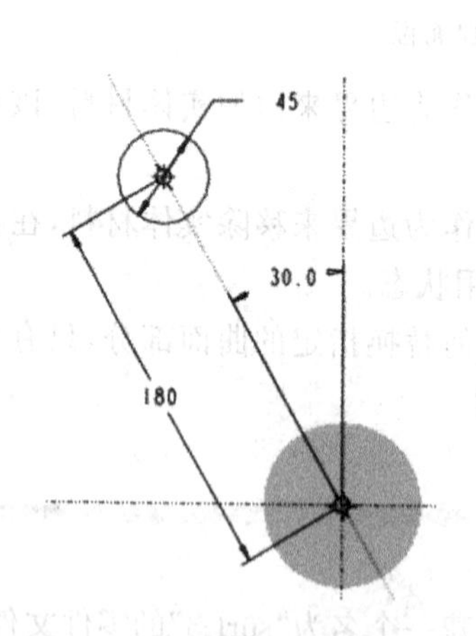

图 4-38　第二个圆柱截面图形

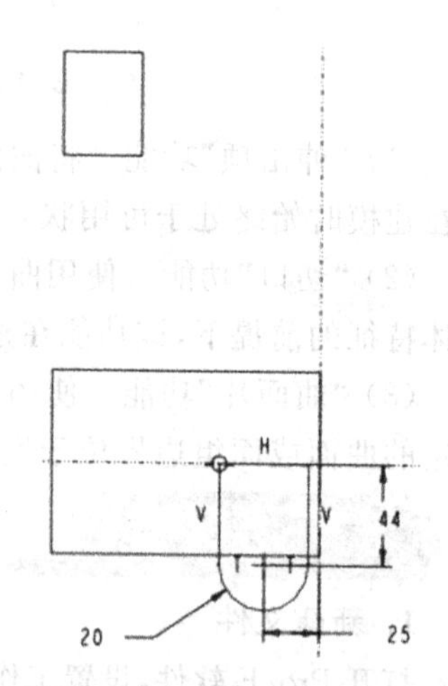

图 4-39　凸耳特征的截面图形

5. 创建草绘曲线

单击工具按钮，以FRONT平面为草绘平面，以RIGHT平面为参照面，

参照方向为“右”，绘制如图 4-40 所示曲线。

6. 创建基准平面 DTM1

单击工具按钮 ，系统弹出“基准平面”对话框，按住“Ctrl”键选择大直径圆柱上表面及 TOP 基准平面，设置新基准平面与大直径圆柱上表面的约束条件为“相切”，与 TOP 基准平面的约束条件为“平行”，单击“确定”按钮，完成基准平面 DTM1 的创建。

7. 创建基准平面 DTM2

使用同样的方式，以小直径圆柱下表面及 TOP 基准平面为参照，约束条件分别为“相切”及“平行”，完成基准平面 DTM2 的创建。

8. 创建基准点

单击工具按钮 ，系统弹出“基准点”对话框，按住“Ctrl”键同时选择第 5 步所创建的曲线中的一条及 DTM2 基准平面，创建第一个基准点 PNT0。使用同样方式，分别选择第 5 步所创建的曲线中的两条曲线及 DTM1、DTM2 基准平面，创建另三个基准点 PNT1、PNT2 及 PNT3，如图 4-41 所示。

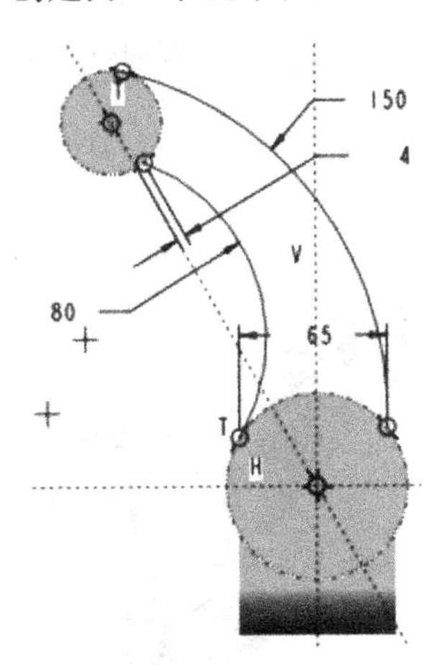

图 4-40　创建草绘曲线

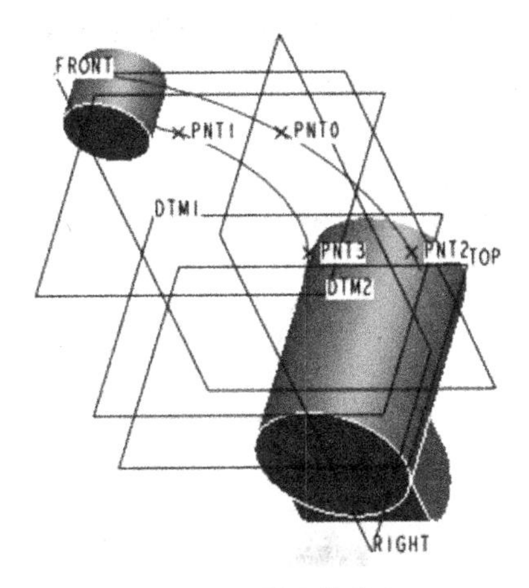

图 4-41　创建基准点

9. 创建第一条椭圆曲线

单击工具按钮 ，以 DTM2 基准平面为草绘平面，以 RIGHT 基准平面为参照面，参照方向为“右”，绘制如图 4-42 所示椭圆曲线，其中椭圆长轴由基准点 PNT0 及 PNT1 确定，椭圆短轴长度为 25。

10. 创建第二条椭圆曲线

单击工具按钮 ，以 DTM1 基准平面为草绘平面，以 RIGHT 基准平面为参照面，参照方向为“右”，绘制如图 4-43 所示椭圆曲线，其中椭圆长轴由基准点 PNT2 及 PNT3 确定，椭圆短轴长度为 35。

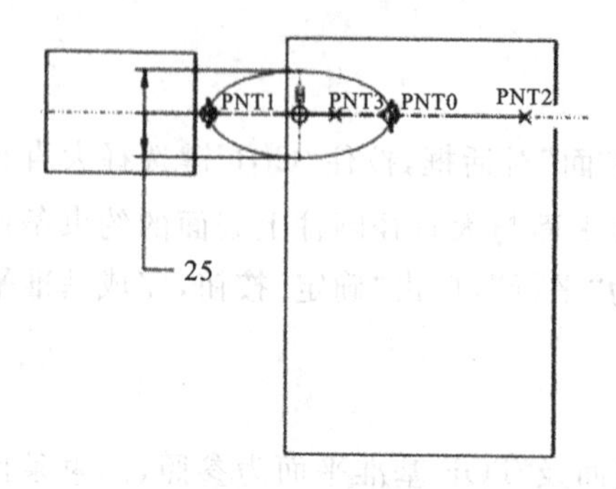

图 4-42　创建第一条椭圆曲线

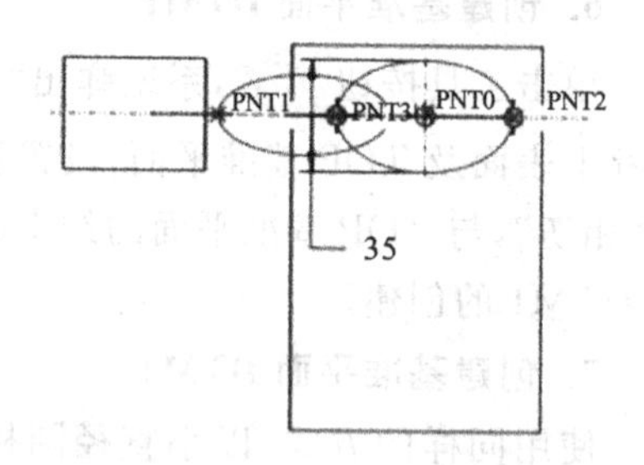

图 4-43　创建第二条椭圆曲线

11. 创建拉伸曲面

单击工具栏上的按钮，进入拉伸特征创建界面，在操作控制面板中选择“曲面”选项。选择 FRONT 基准平面为草绘平面，以 RIGHT 基准平面为参照面，参照方向为“右”，单击“草绘”按钮进入草绘模块。绘制如图 4-44 所示截面图形，注意约束第 5 步所创建曲线端点在截面图形轮廓线上。拉伸深度定义方式为 方式，拉伸深度为 80，完成拉伸曲面特征的创建，其结果如图4-45所示。

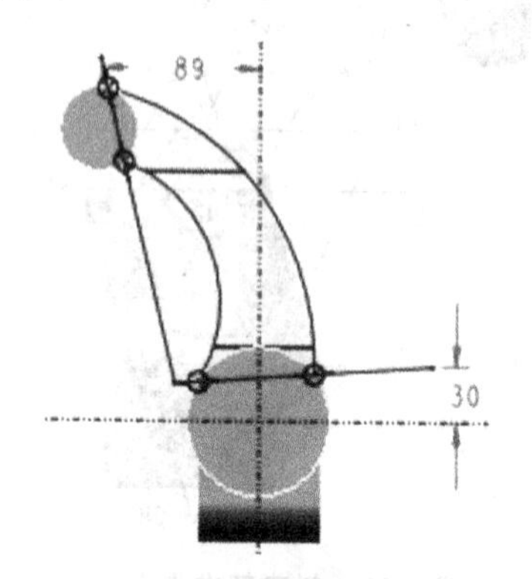

图 4-44　拉伸曲面截面图形

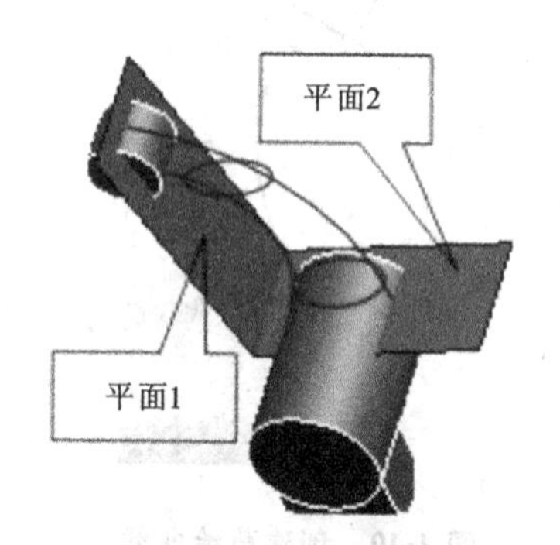

图 4-45　拉伸曲面结果

12. 创建第三条椭圆曲线

单击工具按钮，以如图 4-45 所示“平面 1”为草绘平面，接受系统默认的参照选项，绘制如图 4-46 所示截面图形，完成第三条椭圆曲线的绘制。

13. 创建第四条椭圆曲线

单击工具按钮，以如图 4-45 所示“平面 2”为草绘平面，接受系统默认的参照选项，绘制如图 4-47 所示截面图形，完成第四条椭圆曲线的绘制。（注意：第三条及第四条椭圆曲线的长轴均由第 5 步所创建的曲线端点所决定。）

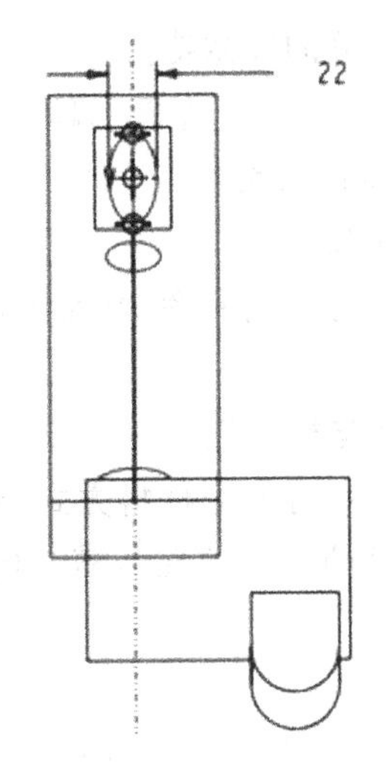

图 4-46 创建第三条椭圆曲线

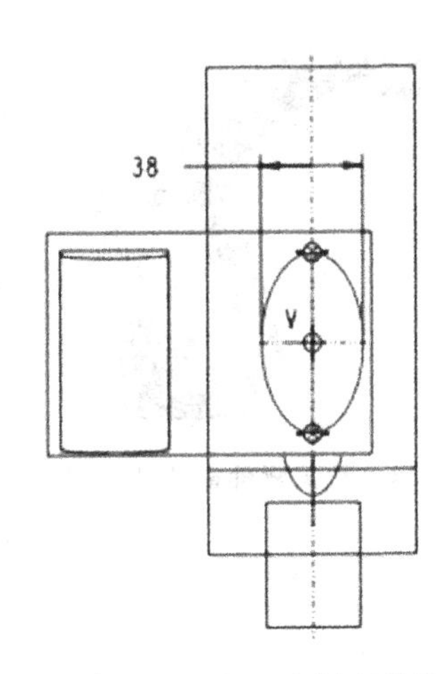

图 4-47 创建第四条椭圆曲线

14. 创建边界混合曲面

选择"插入"/"边界混合"命令或单击工具按钮，系统弹出如图 4-48 所示"边界混合曲面"操作控制面板，按住"Ctrl"键选择四条椭圆曲线为第一方向链曲线，单击图 4-48 中的第二方向链收集器，选择第 5 步所创建的两条曲线为第二方向链曲线，创建边界混合曲面如图 4-49 所示。

图 4-48 "边界混合曲面"操作控制面板

15. 合并拉伸曲面与边界混合曲面

按住"Ctrl"键选取两个面组，然后选择"编辑"/"合并"菜单命令或者单击工具按钮，系统弹出"曲面合并"操作控制面板，合并后的曲面如图 4-50 所示。

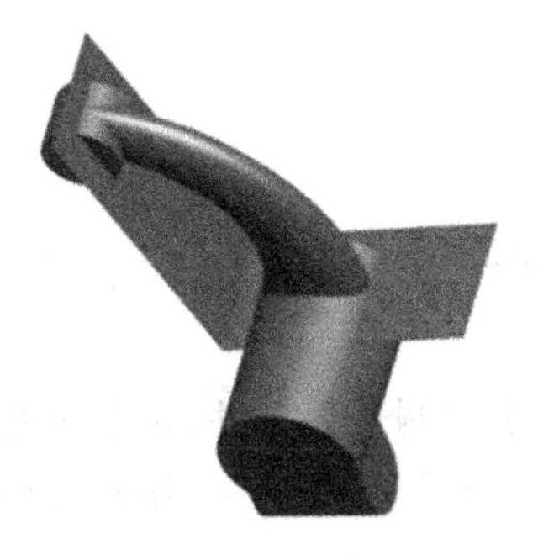

图 4-49 创建边界混合曲面

图 4-50 合并后的曲面

图 4-51　拨叉零件最终效果图

16. 创建连接部分的实体特征

选择合并后的曲面，然后选择“编辑”/“实体化”菜单命令，将曲面转换成实体特征。

17. 隐藏所有曲线

创建一个图层，将所有曲线均置于该图层中，并隐藏该图层。

18. 创建各个孔与槽特征

选择拉伸命令，使用去除材料方式，切除两个圆柱中的孔结构及凸耳中的孔与槽结构，最终效果如图 4-51 所示。

四、知识拓展

1. “边界混合”操作控制面板

“边界混合”操作控制面板包含两个收集器。这两个收集器指出要添加、移除或重定义的已选取曲线链参照。这两个收集器与第一方向曲线及第二方向十字线相对应。在收集器中单击，可激活并选取该方向的曲线，或使用相应的快捷菜单。

2. “边界混合曲线”上滑面板

“边界混合曲线”上滑面板如图 4-52 所示，用在第一方向和第二方向选取的曲线创建混合曲面，并控制选取顺序。选中“封闭的混合”复选框，通过将最后一条曲线与第一条曲线混合来形成封闭环曲面。封闭的混合只适用于其他收集器为空的单向曲线。单击“细节”按钮可打开“链”对话框，以便修改链和曲面集属性。

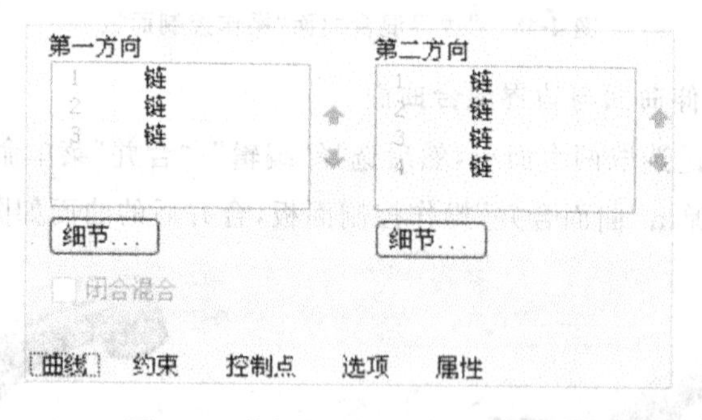

图 4-52　“边界混合曲线”上滑面板

3. “边界混合约束”上滑面板

如图 4-53 所示“边界混合约束”上滑面板用于控制边界条件，包括边对齐的相切条件。可以约束的条件有“自由”、“切线”、“曲率”和“垂直”。还有其他可用选项如下。

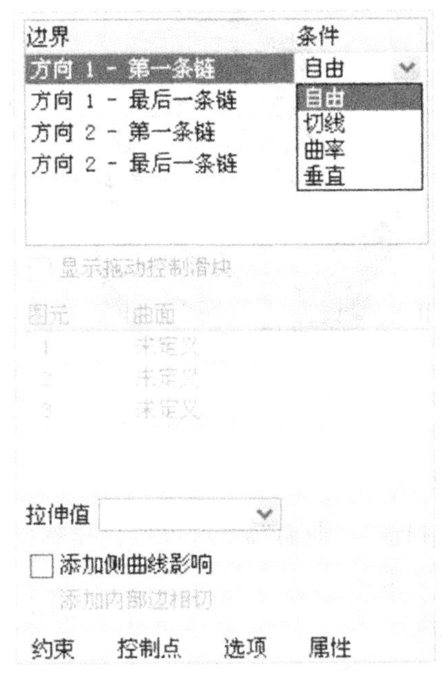

图 4-53　“边界混合约束”上滑面板

显示拖动控制滑块:显示控制边界拉伸系数的拖动控制滑块。

添加侧曲线影响:启用侧曲线影响。在单向混合曲面中,对于指定为“相切”或“曲率”的边界条件,Pro/E 使混合曲面的侧边相切于参照的侧边。

添加内部边相切:设置混合曲面单向或双向的相切内部边条件。此条件只适用于具有多段边界的曲面。可创建带有曲面片(通过内部边并与之相切)的混合曲面。

任务四　电缆线的绘制

一、任务导入

如图 4-54 所示为电缆线的造型结果,该模型采用螺旋扫描及可变截面扫描曲面造型命令创建扫描轨迹线及 X 轨迹线,最后利用可变截面扫描命令创建电缆线的实体特征。

二、相关知识

(一) 可变截面扫描曲面

选择“插入”/“可变剖面扫描”菜单命令或单击工具按钮,系统会弹出“可变剖面扫描”特征操作控制面板。在默认状态下,系统自动选择创建曲面特征。

图 4-54　电缆线造型

（二）螺旋扫描曲面

选择“插入”/“螺旋扫描”/“曲面”命令，可以创建螺旋扫描曲面特征，其建模方法与步骤与实体造型类似。

三、任务实施

(1) 打开 Pro/E 软件，设置工作目录为 D:\ex4，新建一个名为“surf-4”的零件文件。

(2) 选择“插入”/“螺旋扫描”/“曲面”命令，接受系统的默认选项，绘制如图 4-55 所示为扫描轨迹线，给定螺距为 50，绘制如图 4-56 所示的扫描截面。

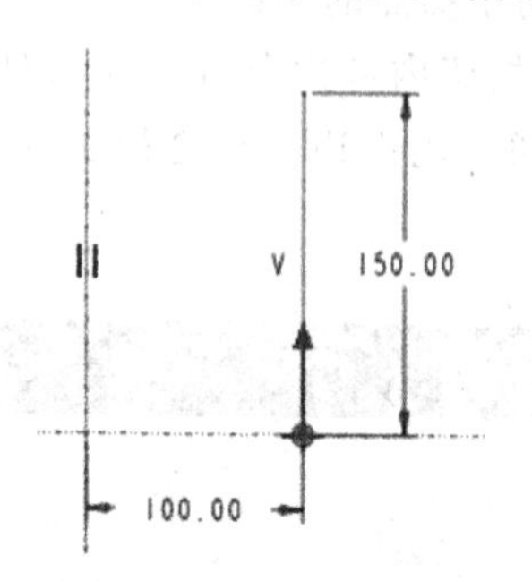

图 4-55　螺旋扫描轨迹线

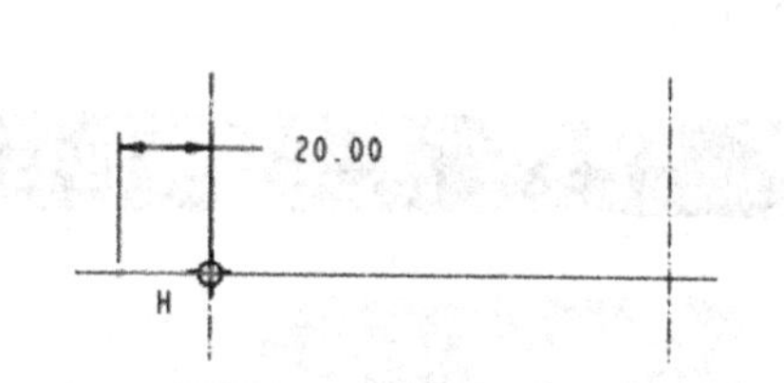

图 4-56　螺旋扫描截面

(3) 完成后的螺旋扫描曲面如图 4-57 所示。

(4) 选择“插入”/“可变截面扫描”命令，接受系统默认的曲面选项，选择上一步所创建的螺旋扫描曲面的外侧边为可变截面扫描特征的轨迹线，并单击按钮，进入草绘界面，绘制如图 4-58 所示截面。

(5) 单击“工具”/“关系”命令，用鼠标左键选择图 4-58 中的角度尺寸，输入如下公式：

sd＃＝trajpar＊360＊3＊3

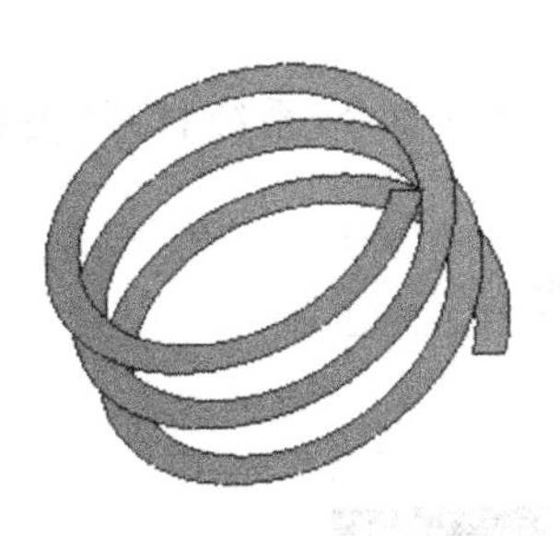

图 4-57 螺旋扫描曲面

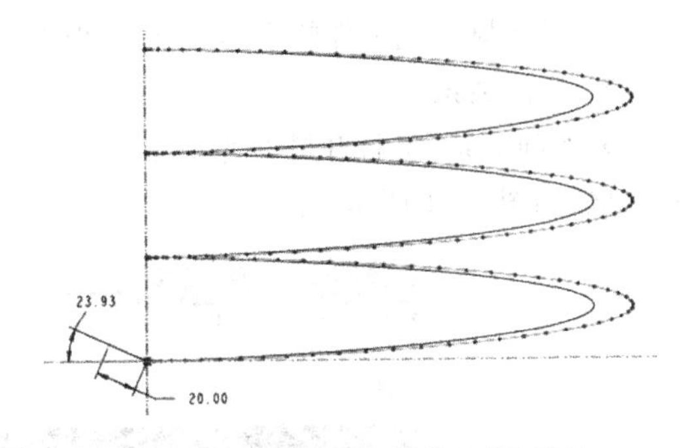

图 4-58 可变截面扫描特征截面(1)

式中：sd＃表示角度尺寸代号。

(6) 完成后的曲面特征如图 4-59 所示。

(7) 选择“插入”/“可变截面扫描”命令，单击 按钮选择创建实体特征，选择螺旋扫描曲面外侧边为扫描轨迹线，选择可变截面扫描曲面外侧边为 X 轨迹线，并单击按钮 ，进入草绘界面，绘制如图 4-60 所示截面。

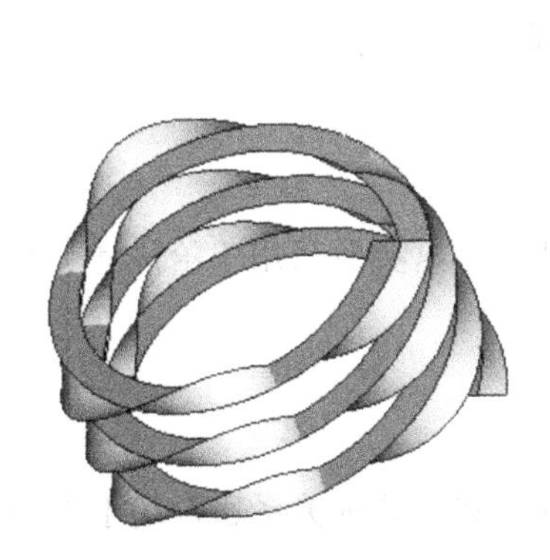

图 4-59 可变截面扫描曲面

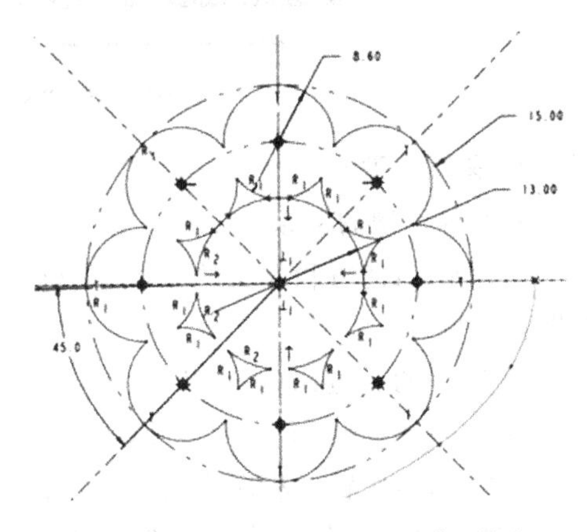

图 4-60 可变截面扫描特征截面(2)

(8) 完成后的实体特征如图 4-54 所示。

四、知识拓展

关系（也被称为参数关系）是书写在符号尺寸和参数之间由用户定义的等式。这些关系可以使用户通过定义特征或零件内的关系或者组件内元件之间的关系来捕捉设计意图。

1. 使用关系控制建模过程的方式

◇ 控制模型的修改效果。

◇ 定义零件和组件中的尺寸值。

◇ 设置设计条件的约束。例如，指定相对于零件边的孔位置。

◇ 描述模型或组件的不同零件之间的条件关系。

2. 访问关系

要访问关系,可打开模型并单击“工具”/“关系”菜单命令,系统打开“关系”对话框,如图 4-61 所示。

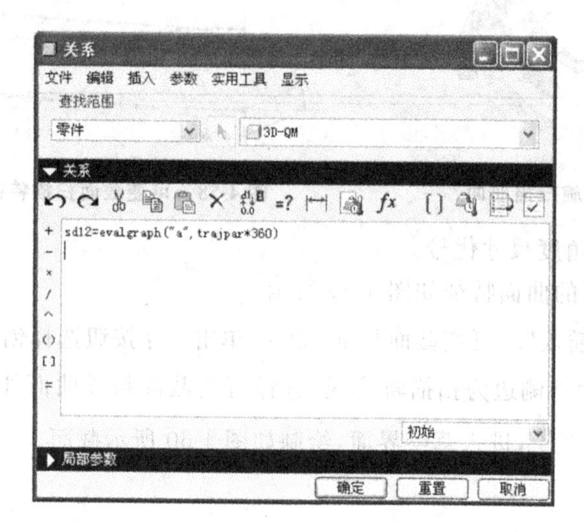

图 4-61 “关系”对话框

3. 关系类型

有两种类型的关系。

(1) 等式:使方程左边的参数等于右边的表达式。这类关系用于给尺寸和参数赋值。例如,

◇ 简单的赋值:d1=4.75

◇ 复杂的赋值:d5=d2 * (SQRT(d7/3.0+d4))

(2) 比较:比较方程左边的表达式和右边的表达式。这种关系通常用于作为一个约束或用于逻辑分支的条件语句中。例如,

◇ 作为约束:(d1+d2)>(d3+2.5)

◇ 在条件语句中:IF(d1+2.5)>=d7

4. 在关系中使用的参数符号

可在关系中使用以下参数类型。

(1) 尺寸符号　在关系中支持下列尺寸符号类型。

◇ d#　“零件”或“组件”模式下的尺寸。

◇ d#:#　“组件”模式下的尺寸。将组件或元件的进程标识添加为后缀。

◇ rd#　零件或顶级组件中的参照尺寸。

◇ rd#:#　“组件”模式中的参照尺寸。将组件或元件的进程 ID 添加为后缀。

◇ rsd# 草绘器(截面)中的参照尺寸。

◇ kd# 草绘器(截面)中的已知尺寸(在父零件或组件中)。

◇ Ad# 在"零件"、"组件"或"绘图"模式下的从动尺寸。

(2) 公差参数 与公差格式相关的参数,当尺寸由数字转向符号的时候会出现这些参数。

◇ tpm# 加减对称格式的公差;#是尺寸数。

◇ tp# 加减格式的正公差;#是尺寸数。

◇ tm# 加减格式的负公差;#是尺寸数。

(3) 实例数 阵列方向中的实例数的整数参数。

◇ p# 其中#是实例的个数。

(4) 用户定义参数 通过添加参数或关系而定义的参数。例如:

Volume=d0 * d1 * d2 或 Vendor="Stockton Corp."

(5) 系统参数 可在"关系"对话框的"局部参数"框中更改系统参数的值。这些改变的值应用于当前工作区的所有模型。下列参数是由系统保留使用的。

◇ PI=3.14159 (注意:不能更改此值。)

◇ G=9.8 米/秒^2

◇ C1、C2、C3 和 C4 是缺省值,分别等于 1.0、2.0、3.0 和 4.0。

任务五 幸运星零件的绘制

一、任务导入

如图 4-62 所示幸运星模型,该模型需要利用填充曲面、边界混合曲面、曲面复制及阵列操作、曲面合并、曲面实体化等命令。其中边界混合曲面需要通过绘制基准点来创建曲线,然后利用曲线作为边界来创建边界混合曲面。

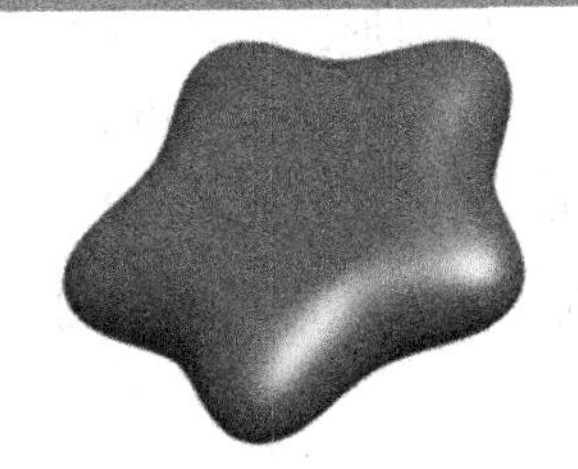

图 4-62 幸运星模型

二、相关知识

(一) 曲面的复制操作

(1) 在图形窗口或者模型树中,选取要复制的一个或多个曲面。

(2) 选择"编辑"/"复制"菜单命令或单击工具按钮,选定的曲面被复制到剪贴板上。注意:也可按"Ctrl+C"进行复制曲面。

（二）曲面的粘贴

1. 曲面的粘贴操作步骤

(1) 对要进行粘贴的曲面进行复制操作。

(2) 选择“编辑”/“粘贴”菜单命令或单击工具按钮，也可按“Ctrl＋V”进行粘贴曲面。

(3) 出现类似于特征重定义的面板，按照系统提示进行粘贴操作。

2. 曲面的选择性粘贴操作

(1) 对要进行选择性粘贴的曲面进行复制操作。

(2) 选择“编辑”/“选择性粘贴”菜单命令或单击工具按钮。

(3) 系统弹出“选择性粘贴”对话框，根据实际需要按系统提示进行操作。

三、任务实施

1. 新建文件

打开 Pro/E 软件，设置工作目录为 D:\ex4，新建一个名为“surf-5”的零件文件。

2. 创建基准平面 DTM1

单击工具按钮，选择 TOP 平面作为参照，使用“偏移”方式，输入偏移距离 5，单击“确定”按钮，完成基准平面 DTM1 的创建。

3. 创建填充曲面

单击“编辑”/“填充”菜单命令，选择 DTM1 平面作为草绘平面，绘制一个直径为 20 的圆形图形，完成填充曲面的创建，如图 4-63 所示。

4. 创建基准点 PNT0

单击工具按钮，按住“Ctrl”键同时选择填充曲面的边曲线及 RIGHT 平面，创建基准点 PNT0，如图 4-64 所示。

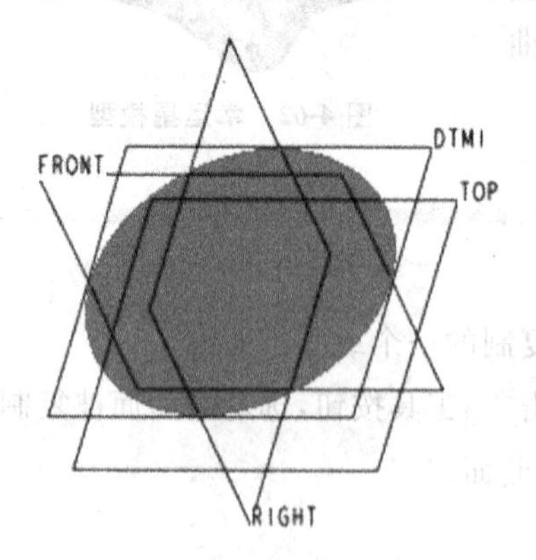

图 4-63 填充曲面

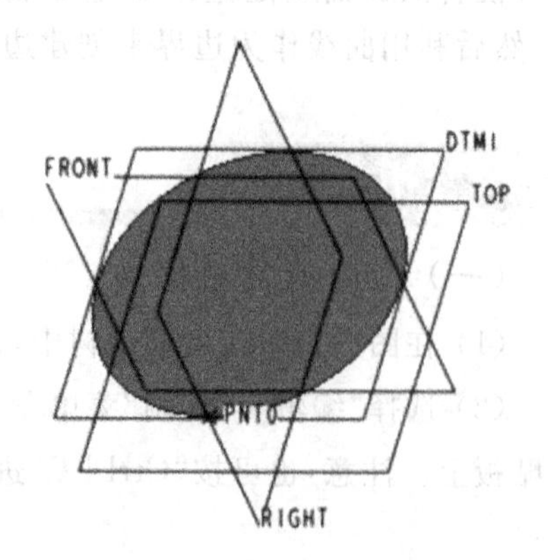

图 4-64 创建基准点 PNT0

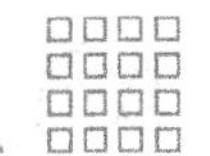

5. 创建第一条草绘曲线

单击工具按钮,选择 RIGHT 基准平面作为草绘平面,接受系统默认的参照选项,绘制如图 4-65 所示的截面图形,完成第一条草绘曲线的创建。

6. 创建基准轴线

单击工具按钮,按住“Ctrl”键选择 FRONT 与 RIGHT 平面,在两基准平面相交处产生一条基准轴线。

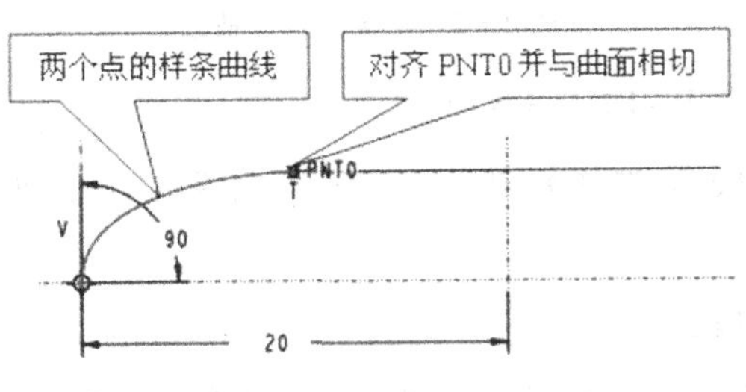

图 4-65 创建第一条草绘曲线

7. 创建基准平面 DTM2

单击工具按钮,系统弹出“基准平面”对话框,选择上一步所创建的基准轴线及 RIGHT 平面作为参照,创建经过轴线与 RIGHT 平面成 36°的基准平面 DTM2,如图 4-66 所示。

8. 创建基准点 PNT1

单击工具按钮,按住“Ctrl”键同时选择填充曲面的边曲线及 DTM2 平面,如图 4-67 所示创建基准点 PNT1。

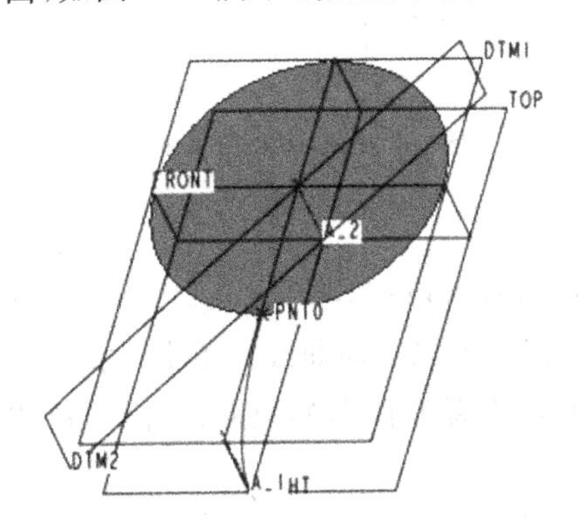

图 4-66 创建基准平面 DTM2

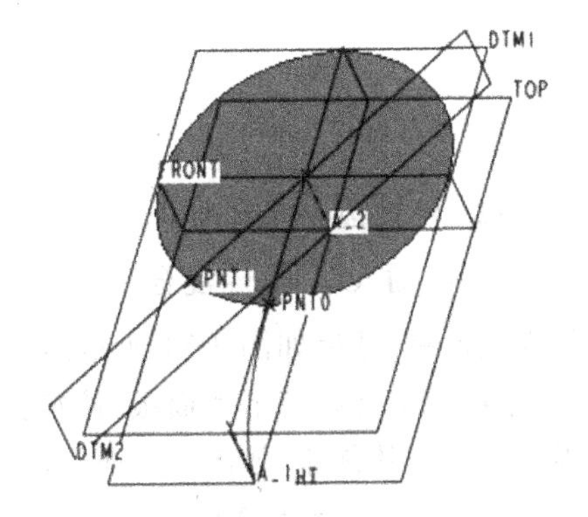

图 4-67 创建基准点 PNT1

9. 创建第二条草绘曲线

单击工具按钮,选择 DTM2 基准平面作为草绘平面,接受系统默认的参照选项,绘制如图 4-68 所示的截面图形,完成第二条草绘曲线的创建。

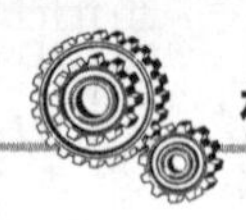

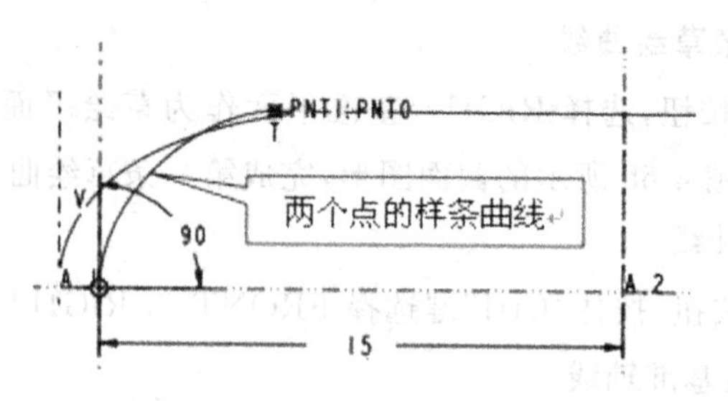

图 4-68 创建第二条曲线

10. 创建基准点 PNT2 与 PNT3

单击 工具按钮，选择如图 4-69 所示两曲线的端点，创建基准点 PNT2 与 PNT3。

11. 创建第三条曲线

单击 工具按钮，选择 TOP 基准平面作为草绘平面，接受系统默认的参照选项，绘制如图 4-70 所示的截面图形，完成第三条草绘曲线的创建。

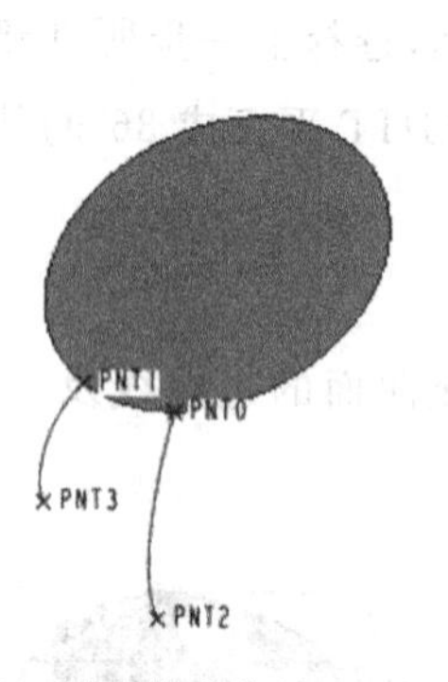

图 4-69 创建基准点 PNT2 与 PNT3

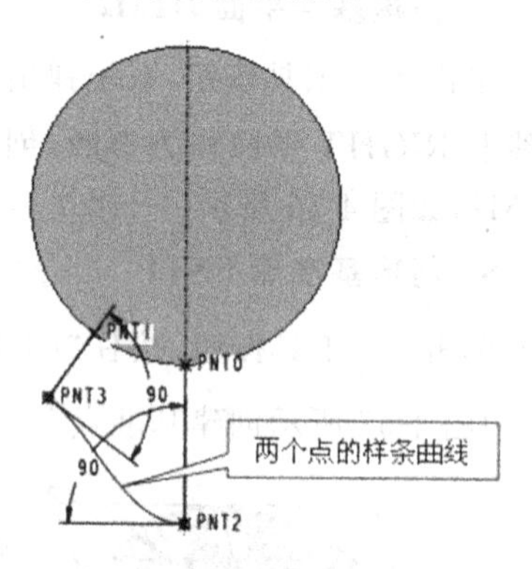

图 4-70 创建第三条曲线

12. 创建边界混合曲面

选择“插入”/“边界混合”命令或单击 工具按钮，系统弹出“边界混合”操作控制面板，选择如图 4-71 所示曲线分别为第一、第二方向曲线。单击“约束”按钮，系统弹出“约束”下滑面板，按如图 4-72 所示设置该曲面的边界条件，完成边界混合曲面的创建，如图 4-73 所示。

13. 镜像边界混合曲面

选择上一步所创建的边界混合曲面，单击 工具按钮，以 RIGHT 平面为镜像基准平面，完成边界混合曲面的镜像操作。

14. 旋转复制上两步所创建曲面

按住“Ctrl”键选择上面两步所创建的曲面，单击 工具按钮，完成曲面的复

方向 1 第一条曲线
方向 2 第一条曲线
PNT1
PNT0
方向 2 第二条曲线
PNT3
PNT2
方向 1 第二条曲线

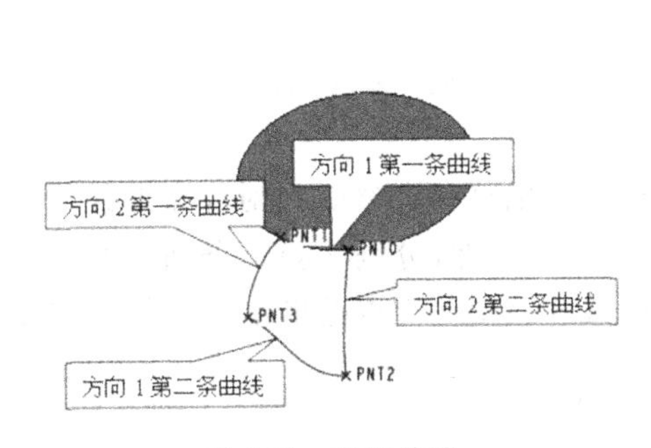

图 4-71 选择曲线

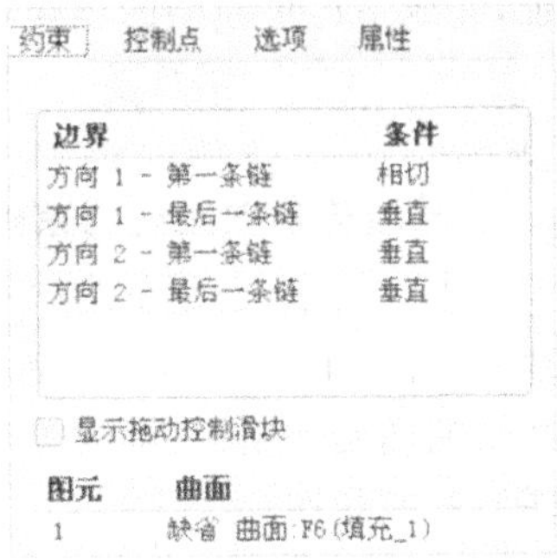

约束 控制点 选项 属性
边界 条件
方向 1 - 第一条链 相切
方向 1 - 最后一条链 垂直
方向 2 - 第一条链 垂直
方向 2 - 最后一条链 垂直
显示拖动控制滑块
图元 曲面
1 缺省 曲面:F6(填充_1)

图 4-72 约束曲面边界条件

制操作，单击工具按钮，系统弹出“选择性粘贴”对话框，勾选“对副本应用移动/旋转变换”，系统弹出“复制移动”操作控制面板，选择移动方式为“旋转”，以第六步所创建基准轴为旋转复制中心，输入旋转角度为 72°，完成曲面的旋转复制操作。

15. 对旋转复制的曲面进行阵列操作

选择上一步所复制的曲面特征，单击工具按钮，选择尺寸 72 为驱动尺寸，输入尺寸增量为 72，阵列数量为 4，完成曲面的阵列操作，如图 4-74 所示。

PNT1
PNT0
PNT3
PNT2

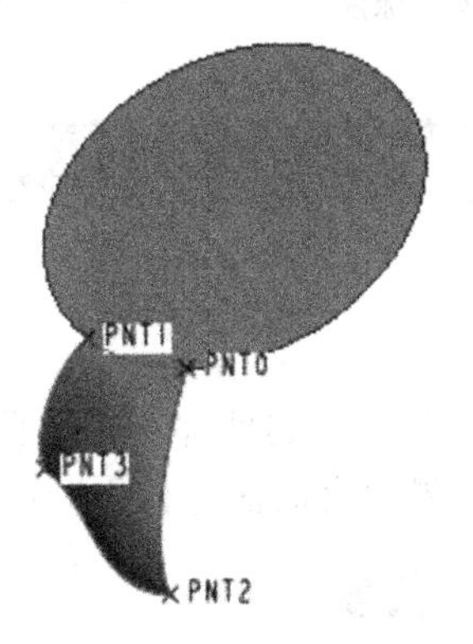

图 4-73 边界混合曲面

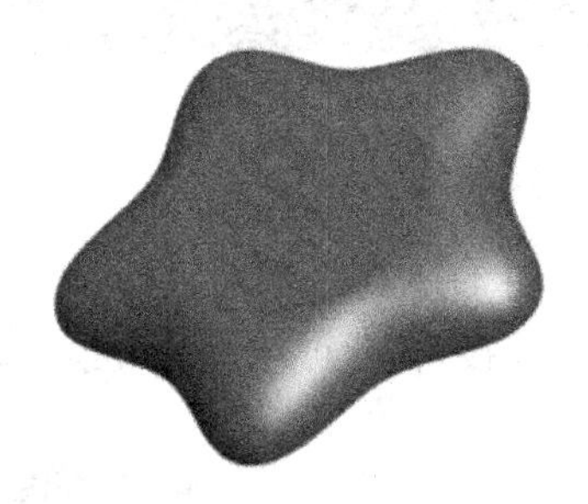

图 4-74 阵列后的曲面

16. 对所有曲面进行镜像操作

选择所有曲面，单击工具按钮，以 TOP 平面为镜像基准平面，完成所有曲面的镜像操作。

17. 对曲面进行合并操作

依次对 TOP 基准面上半部分曲面、下半部分曲面分别进行曲面合并操作，最后对两个合并后的曲面再一次进行合并操作，完成所有曲面的合并操作。

18. 将曲面进行实体化操作

选择最后合并的曲面特征，执行“编辑”/“实体化”命令，将曲面转换成实体特征，完成幸运星模型的创建。

四、知识拓展

1. 草绘样条曲线时约束条件的设置

在本实例中，创建草绘曲线时，均为两个点的样条曲线。在对样条曲线进行约束时，首先单击"约束"命令，选择"相切"约束条件，分别选择样条曲线与欲与其相切的图元如曲面、轴线等，此时样条曲线与该图元交点处出现"T"符号，表示两图元已经相切。

2. 样条曲线端点的角度尺寸标注

单击尺寸标注图标按钮 ⊢⊣ ，首先用鼠标左键选择样条曲线，其次选择样条曲线的端点，最后选择样条曲线与其成一定角度的图元如轴线、曲线等，完成选择后单击鼠标中键，即可放置样条曲线端点处的角度尺寸，如图 4-75 所示。

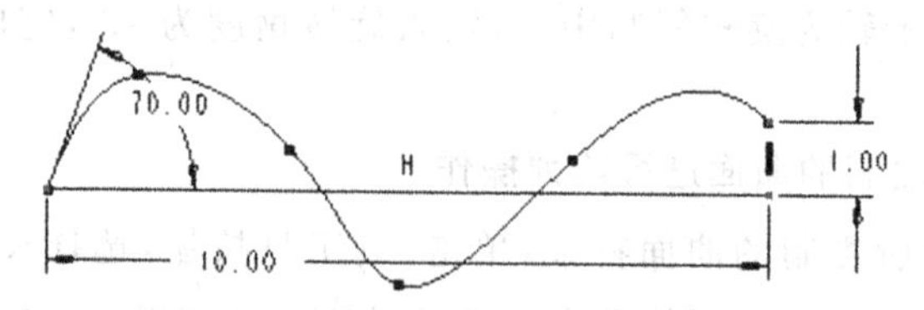

图 4-75　样条曲线起点的角度尺寸标注

任务六　汤匙零件的绘制

一、任务导入

如图 4-76 所示汤匙零件，该零件造型关键之处在于汤匙柄部与汤匙前部如何光滑连接，在此可使用曲线绘制轮廓，然后采用边界混合曲面进行光滑连接。

图 4-76　汤匙零件模型

二、相关知识

（一）使用修剪工具裁剪曲面

可使用修剪工具来剪切或分割面组。面组是曲面的集合，使用修剪工具可以从面组中移除材料，以创建特定形状或分割材料。可通过以下方式修剪面组：

◇ 在与其他面组或基准平面相交处进行修剪。

◇ 使用面组上的基准曲线修剪。

修剪工具的基本操作如下。

(1) 选取要修剪的面组。

(2) 单击工具按钮 或选择“编辑”/“修剪”菜单命令，系统弹出如图 4-77 所示的“修剪”操作控制面板。

图 4-77　“修剪”操作控制面板

(3) 选取要用作修剪对象的曲线、平面或面组。

(4) 在操作控制面板中单击按钮 或曲面上的方向箭头，指定要保留的修剪曲面侧，可以保留修剪曲面的特定侧，也可以两侧都保留。

(5) 单击按钮 ，预览修剪后的曲面，或单击 ，完成曲面的修剪操作。

(二) 使用侧面影像边修剪曲面

侧面影像命令允许在特定的视图中查看弯曲曲面的轮廓边。当选取基准平面或平面作为修剪对象时，可使用侧面影像命令。

(1) 选取要修剪的弯曲曲面。

(2) 单击工具按钮 或选择“编辑”/“修剪”菜单命令，系统弹出“修剪”操作控制面板。

(3) 选取要用作修剪对象的任何基准平面或平曲面。

(4) 单击按钮 ，在绘图区域显示弯曲曲面的侧面影像。

(5) 单击按钮 ，预览修剪后的曲面，或单击 ，完成曲面的修剪操作。

(三) 使用基本曲面工具裁剪曲面

1. 使用拉伸曲面工具裁剪曲面

使用拉伸曲面工具裁剪曲面的操作步骤与建立拉伸曲面特征的过程相似。

(1) 选择“插入”/“拉伸”菜单命令或单击工具按钮 ，系统打开“拉伸”特征操作控制面板，并单击按钮 及 ，进入曲面裁剪操作界面。

(2) 与建立拉伸曲面方式类似，从放置上滑面板中可以定义草绘平面及参照平面进入草绘界面，绘制需要裁剪曲面的轮廓曲线。

(3) 返回到操作控制面板中，在面板栏中单击鼠标左键，选择要进行裁剪的曲面，并单击“面组”栏旁边的按钮 ，确定裁剪所绘制图形的那一侧。

(4) 定义切割方式、切割方向并输入曲面切割深度，完成后单击☑，完成曲面的修剪。

2. 使用旋转曲面工具裁剪曲面

旋转方式裁剪曲面与拉伸方式裁剪曲面的操作步骤基本相同。

三、任务实施

1. 新建文件

打开 Pro/E 软件，设置工作目录为 D:\ex4，新建一个名为“surf-6”的零件文件。

2. 创建第一条草绘曲线

单击工具按钮，选择 TOP 基准平面作为草绘平面，接受系统默认的参照选项，绘制如图 4-78 所示的截面图形，完成第一条草绘曲线的创建。

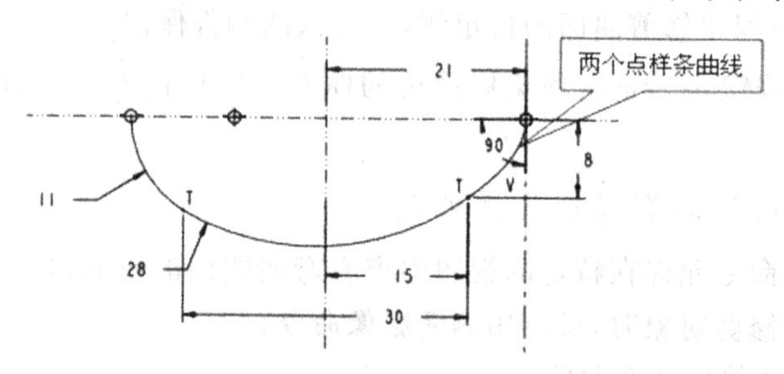

图 4-78　创建第一条草绘曲线

3. 镜像曲线

选择第一条草绘曲线，单击工具按钮，以 FRONT 平面为镜像基准平面，完成第一条草绘曲线的镜像操作，如图 4-79 所示。

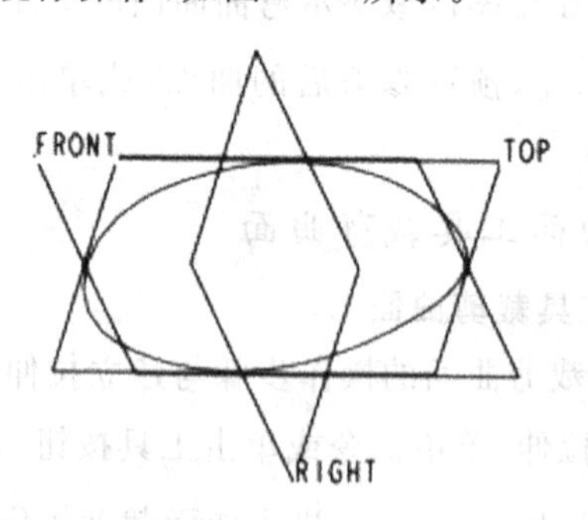

图 4-79　镜像曲线

4. 创建基准点 PNT0 与 PNT1

单击工具按钮，选择如图 4-79 所示曲线的端点，创建基准点 PNT0 与 PNT1。

5. 创建第二条草绘曲线

单击工具按钮，选择 FRONT 基准平面作为草绘平面，接受系统默认的参照选项，绘制如图 4-80 所示的截面图形，完成第二条草绘曲线的创建。

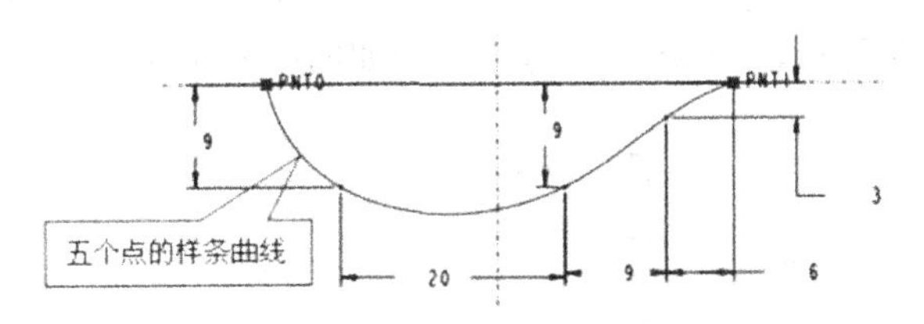

图 4-80　创建第二条草绘曲线

6. 创建基准点 PNT2、PNT3 及 PNT4

单击工具按钮，按住“Ctrl”键分别选择前面所创建的三条曲线与 FRONT 基准平面，创建基准点 PNT2、PNT3 及 PNT4，如图 4-81 所示。

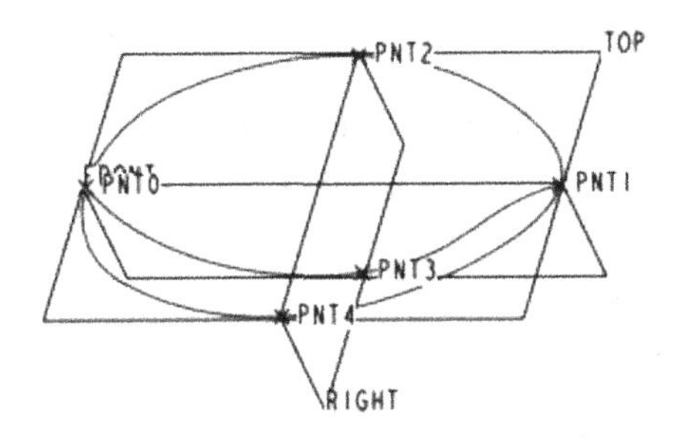

图 4-81　创建基准点

7. 创建第三条草绘曲线

单击工具按钮，选择 RIGHT 基准平面作为草绘平面，接受系统默认的参照选项，绘制如图 4-82 所示的截面图形，完成第三条草绘曲线的创建。

8. 创建边界混合曲面

选择“插入”/“边界混合”命令或单击工具按钮，选择如图 4-83 所示曲线 1-1、曲线 1-2、曲线 1-3 为第一方向的三条曲线，选择曲线 2-1 为第二方向的曲线，完成边界混合曲面的创建。

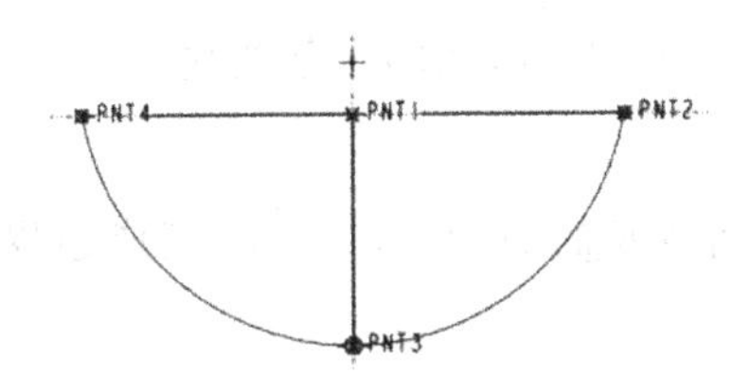

图 4-82　创建第三条草绘曲线

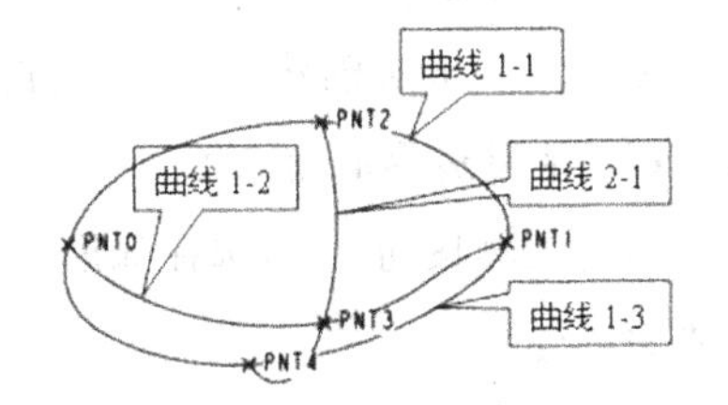

图 4-83　创建边界混合曲面

9. 剪切曲面

单击工具按钮，系统打开“拉伸”特征操作控制面板，并单击按钮及进入曲面裁剪操作界面，绘制如图4-84所示截面图形，其中左边截面图形的放大图如图4-85所示，完成曲面的剪切操作如图4-86所示。

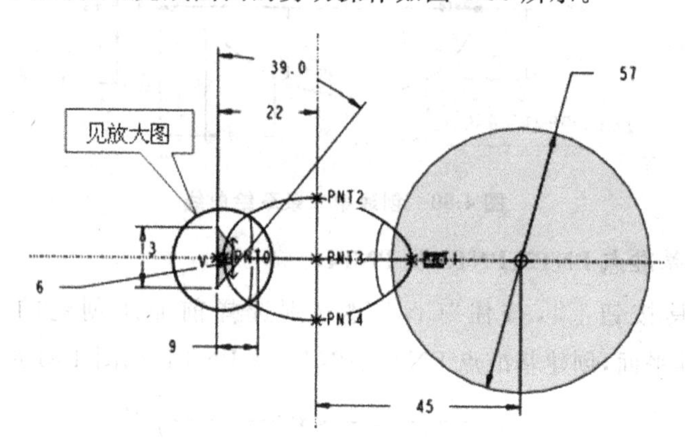

图4-84 剪切曲面截面

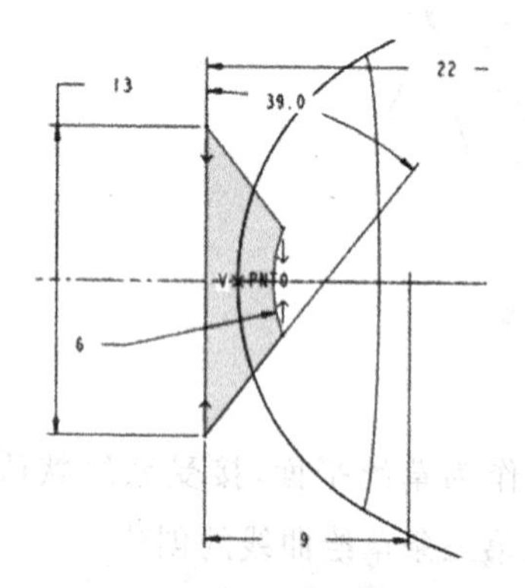

图4-85 剪切曲面截面放大图

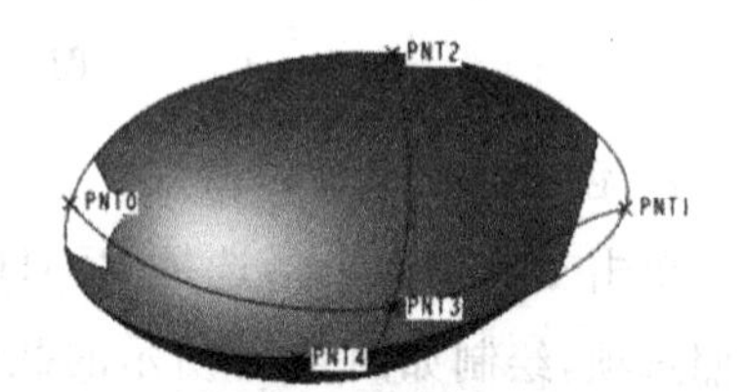

图4-86 剪切曲面结果

10. 创建基准点

创建如图4-87所示的三个基准点PNT5、PNT6及PNT7。

11. 修剪曲线

使用上一步所创建的三个基准点，分割如图4-87所示的三条曲线。

12. 创建边界混合曲面

单击工具按钮，选择如图4-87所示曲线及曲面的三条边界，完成边界混合曲面创建。

13. 对曲面进行合并操作

按住“Ctrl”键选择两个曲面，对其进行合并操作。

14. 对曲面执行加厚操作

选择合并后的曲面，选择“编辑”/“加厚”命令，给定厚度值为 1.2，加厚方向为双侧加厚，其结果如图 4-88 所示。

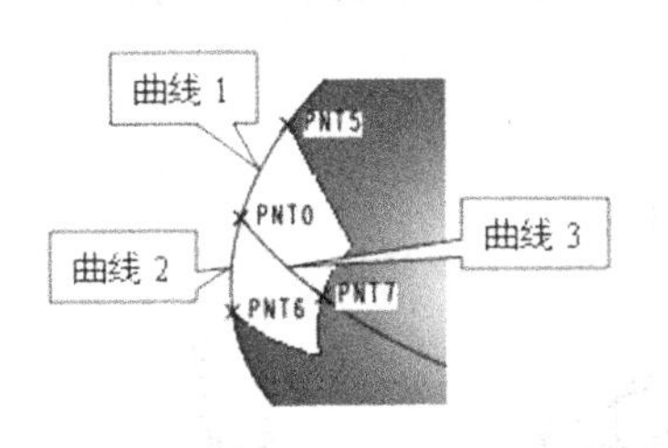

图 4-87　创建基准点及分割曲线

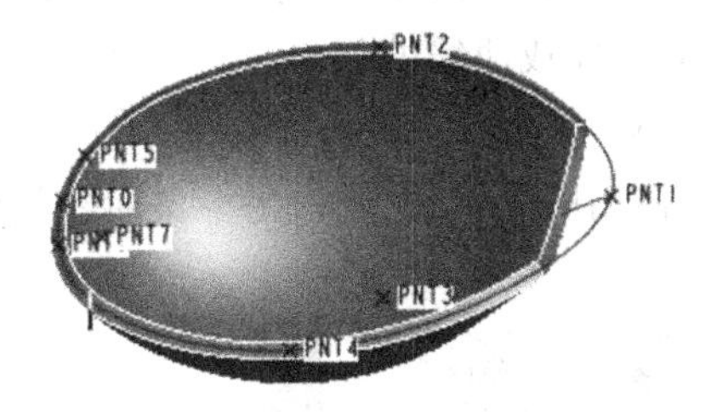

图 4-88　曲面加厚操作

15. 创建扫描混合轨迹曲线

单击工具按钮，选择 FRONT 基准平面作为草绘平面，接受系统默认的参照选项，绘制如图 4-89 所示的截面图形，完成扫描混合特征轨迹曲线的创建。

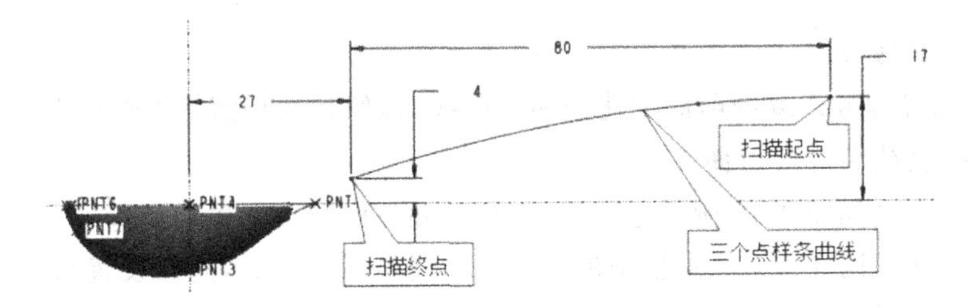

图 4-89　创建扫描混合轨迹曲线

16. 创建扫描混合特征

选择“插入”/“扫描混合”命令，确定其建模方式为实体造型，选择上一步创建的曲线为扫描混合轨迹线，分别绘制如图 4-90 所示图形为扫描起点及扫描终点截面，完成扫描混合特征的创建。

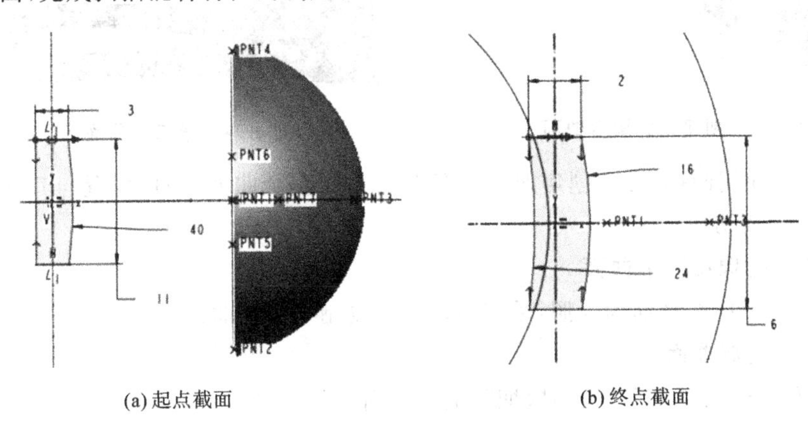

(a) 起点截面　　(b) 终点截面

图 4-90　扫描混合截面

17. 创建基准曲线

单击工具按钮 ，系统弹出“曲线”菜单管理器，选择“通过点”选项，单击“确定”，选择如图 4-91 所示端点 1 与端点 2，设置曲线起点与终点均与相连接的边相切，完成曲线的创建。

18. 创建另一条基准曲线

使用同样方式，创建另一条曲线如图 4-92 所示。

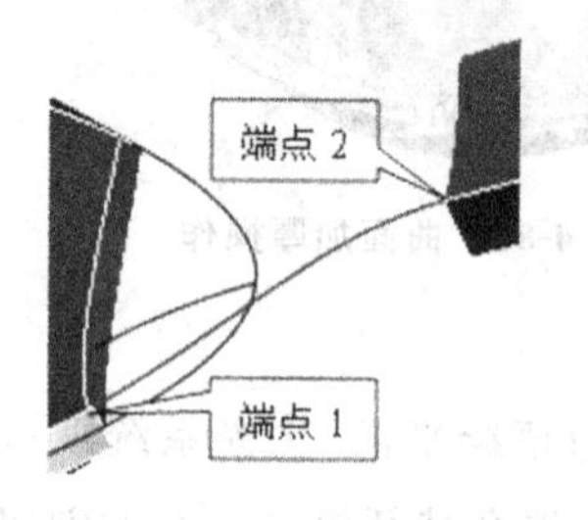

图 4-91　经过点方式创建曲线

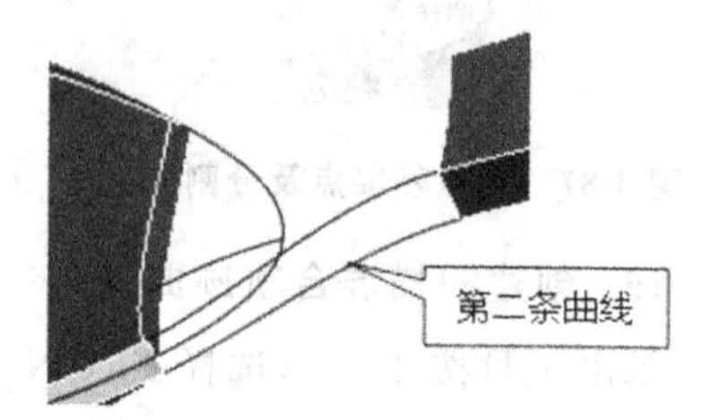

图 4-92　创建第二条曲线

19. 镜像曲线

使用镜像方式复制前面创建的两条曲线，镜像基准平面为 FRONT 平面。

20. 创建边界混合曲面

(1) 创建如图 4-93 所示边界混合曲面，并按图所示设置相切选项。

(2) 使用同样方式，创建如图 4-94 所示边界混合曲面，同样设置与其他表面相交处为相切。

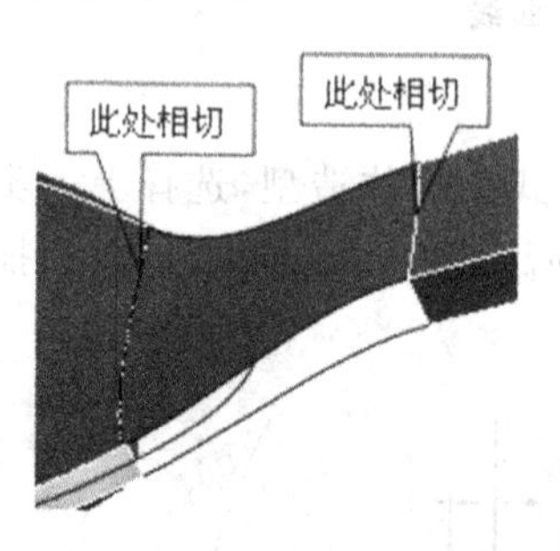

图 4-93　创建边界混合曲面

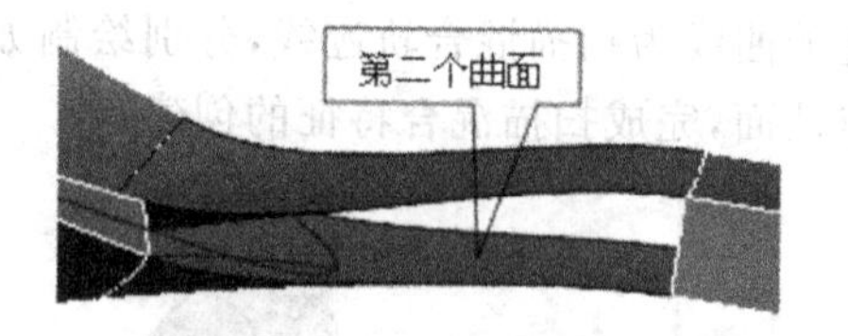

图 4-94　第二个曲面

(3) 使用同样方式，创建如图 4-95 所示边界混合曲面，同样设置与其他表面相交处为相切。

21. 镜像第三个曲面

以 FRONT 平面为参照，采用镜像方式复制第三个曲面。

22. 复制曲面

复制汤匙柄部下端及汤匙柄部上端曲面。

23. 合并曲面

合并四个边界混合曲面及上一步复制曲面。

24. 实体化操作

对合并后的曲面进行实体化操作。

25. 切孔和倒圆角

对汤匙模型进行倒圆角操作及切孔操作，完成汤匙模型的造型，如图 4-96 所示。

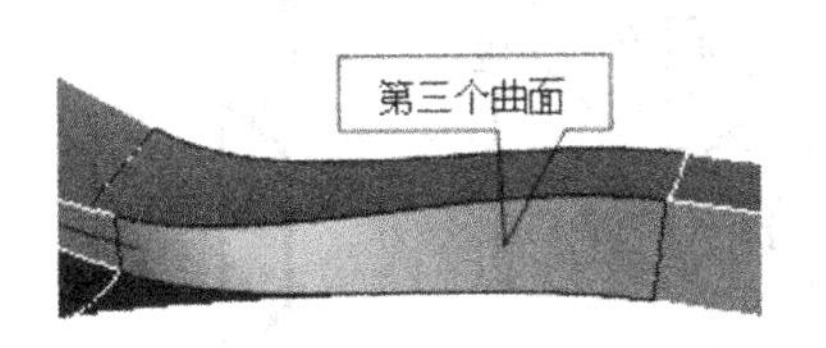

图 4-95　第三个曲面

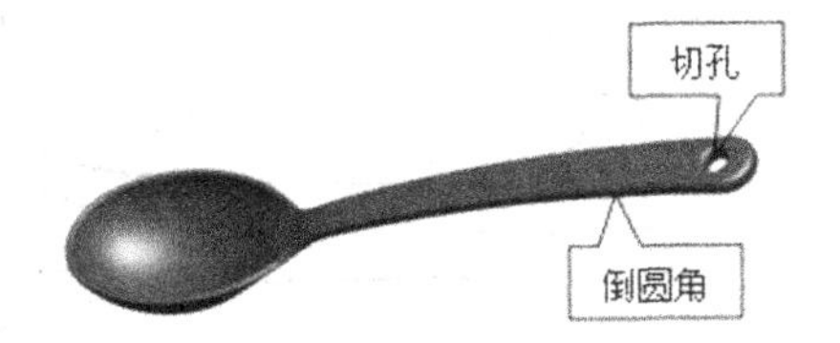

图 4-96　倒圆角及切孔操作

四、知识拓展

通过创建基准点及基准曲线进行曲面轮廓设计是曲面造型时常用的方式，因此灵活运用基准点及基准曲线工具，是进行较复杂曲面造型的最有效方法，一般称为“打点-拉线-铺面法”。

1. 打点

所谓打点是指建立关键参考点，然后通过关键点可以创建曲线，从而为创建曲面轮廓打下基础。各种创建基准点的方法可以参照基准特征创建方法。

2. 拉线

拉线是利用各种曲线创建命令来绘制曲面的轮廓曲线，创建曲面轮廓曲线时，可以利用关键点为参照，也可直接使用草绘方式绘制曲面轮廓，还可使用相交方式产生曲线。

3. 铺面

铺面是利用创建好的轮廓曲线，通过边界混合方式创建曲面特征，如果是对称结构，则可以绘制一半曲面，然后再对该曲面进行镜像操作，从而完成曲面的创建。

小　结

本模块主要介绍了曲面特征的基本操作和曲面特征的修改和编辑工具。曲面特征的创建除了可使用拉伸、旋转、扫描及混合等常用工具外，还可以利用平整、偏距、复制及倒圆角等方式来构建，无论采用什么方法都要经过修改、编辑操作，本模块还详细介绍了剪裁、合并、延伸等工具。

本模块通过 6 个实例对这些曲面创建工具和编辑工具进行了综合性的运用,使读者在较短的时间内掌握这些曲面建模工具的使用方法和技巧。

思考与练习

1. 创建如图 4-97 所示零件模型。

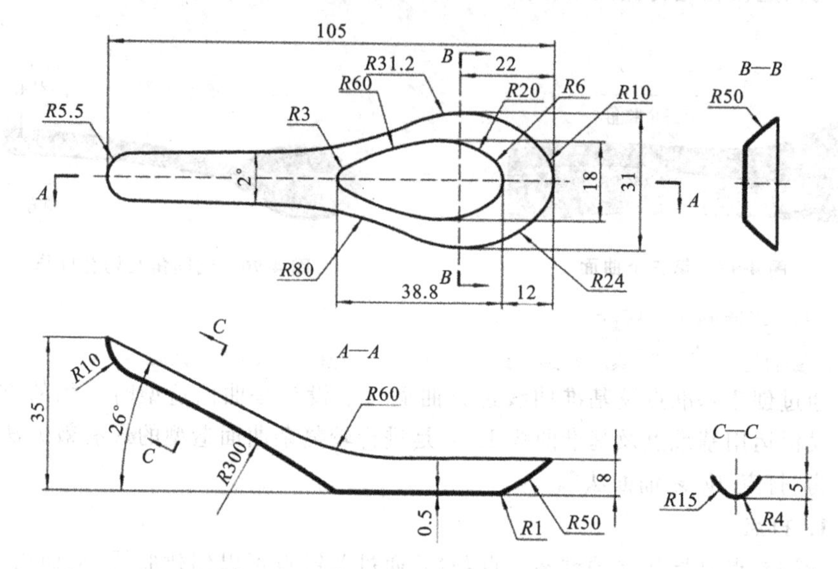

图 4-97　练习题 1

2. 创建如图 4-98 所示零件。

图 4-98　练习题 2

提示:余弦曲线方程为 $x=t\times20\times10$;$y=4\times\cos(t\times360\times10)$;$z=0$。

3. 创建如图 4-99 所示零件。

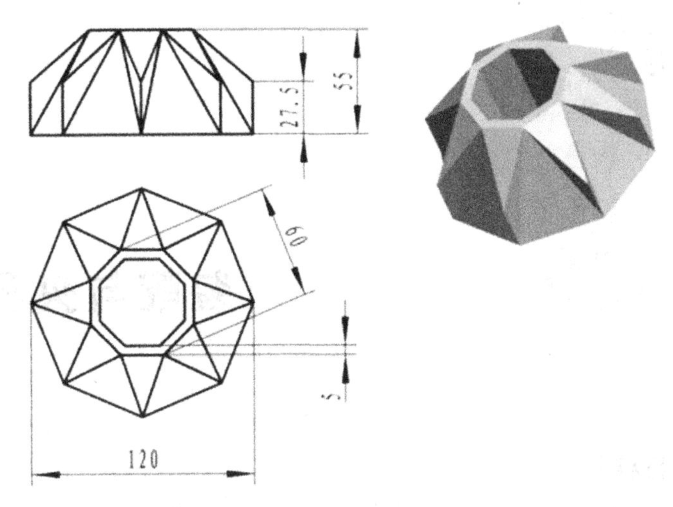

图 4-99　练习题 3

4. 创建如图 4-100 所示三通管零件。

注:三通管三个孔的直径均为 30,各段长均为 100。

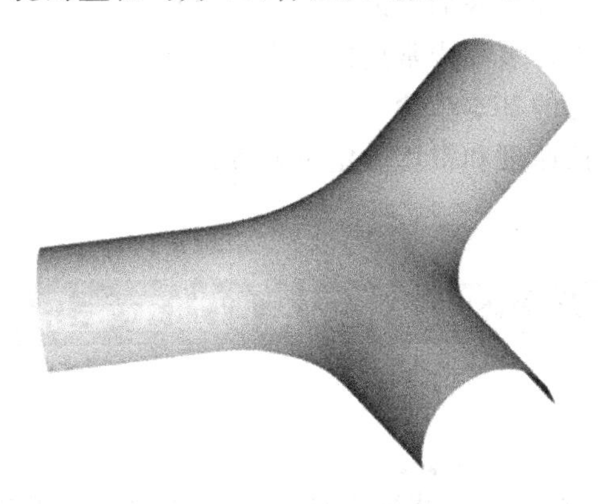

图 4-100　练习题 4

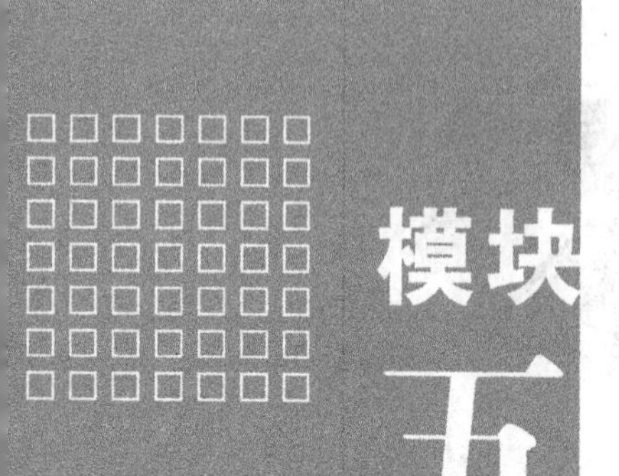

模块五 装配与夹具设计

【能力目标】

1. 能够熟练使用 Pro/E 装配模块进行产品装配设计。
2. 会运用装配模块进行中等复杂程度产品的专用夹具设计。

【知识目标】

1. 理解自顶而下和自底而上的两种设计思想。
2. 理解并掌握组件装配中常用的约束类型及其用法。
3. 熟悉装配设计的基本步骤。
4. 了解夹具定位原理和常用的定位元件。

任务一 薄壁空心圆柱外圆车削加工专用夹具装配设计

一、任务导入

采用 Pro/E 装配模块进行装配设计主要有两种基本方法：自底向上的设计和自顶向下的设计。那么什么是自底向上的设计和自顶向下的设计呢？

薄壁空心圆柱件是机械设备上常见的一种零件，此类工件由于空心而且壁较薄，径向受力能力较差，直接用卡盘装夹会将工件夹变形，故通常会采用专用夹具装夹。

本任务的学习任务是使用自底向上的设计方法，装配设计一款薄壁空心圆柱件的专用夹具。

二、相关知识

（一）装配设计的基本步骤

创建一个装配模型，首先必须新建一个装配文件，再添加元件与组件或者创

建组件，通过定义元件或组件的装配关系，从而将相应的元件组装成一套完整的产品。下面以一个实例来说明装配模型的基本步骤。

(1) 将工作目录指向下载文件 mok5[①] 下的“原始文件”文件夹，选择“文件”/“新建”命令，或者点击工具栏中的 按钮，弹出“新建”对话框。

(2) 在“新建”对话框“类型”栏中选择“组件”选项，然后在“名称”文本框中输入“mk5-1”，最后单击复选框，取消“使用缺省模板”项的勾选，如图 5-1 所示。在“新建”对话框中单击 确定 按钮。

(3) 系统弹出“新文件选项”对话框，在对话框中选取 mmns-asm-design 项，最后单击 确定 按钮，系统进入装配模式，在工作窗口中显示 3 个正交的装配基准平面，如图 5-2 所示。

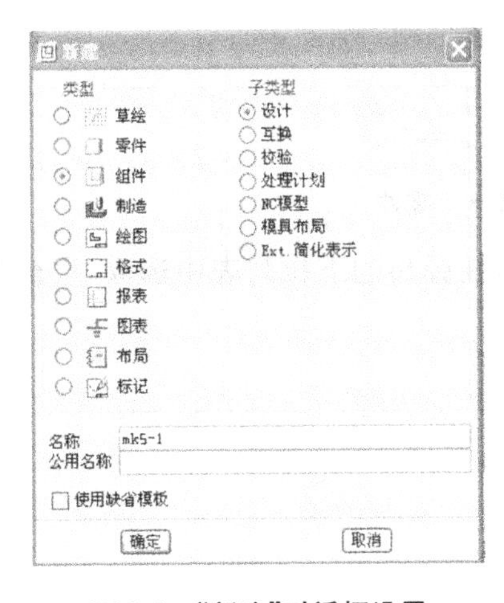

图 5-1 “新建”对话框设置

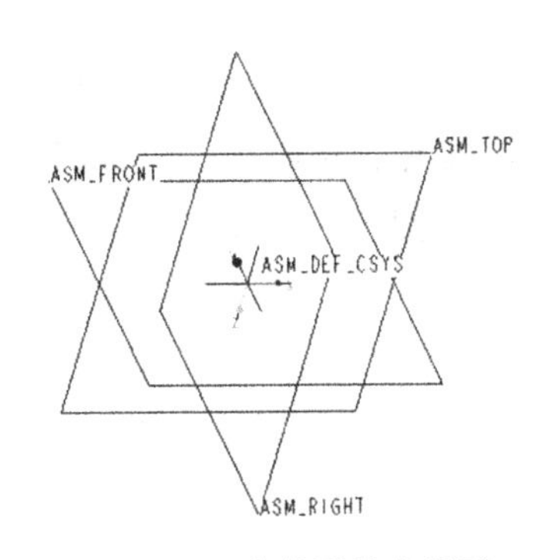

图 5-2 正交装配基准平面

(4) 单击工具栏中的 按钮或依次选择菜单命令“插入”/“元件”/“装配”，系统弹出“打开”对话框，在“打开”对话框中选择要装配的文件 MK5-1-A，单击 打开 按钮，将选择的零件添加到装配文件中，系统弹出“装配”操作控制面板。

(5) 在“装配”操作控制面板“自动”栏下面选择“缺省”选项，如图 5-3 所示，单击按钮 ，完成第一个零件的装配，如图 5-4 所示。

(6) 单击工具栏中的 按钮，系统弹出“打开”对话框，在“打开”对话框中选择要装入的第二个文件 MK5-1-B，单击 打开 按钮，将选择的零件添加到装配文件中，系统弹出“装配”操作控制面板。

(7) 在操作控制面板“自动”栏下面选择“对齐”选项，分别选取 MK5-1-B 和 MK5-1-A 中的 RIGHT 基准平面为元件的约束参照和组件的约束参照。单击

---

① 此下载文件可通过邮箱 hanbianzhi@163.com 向作者索取，后同。

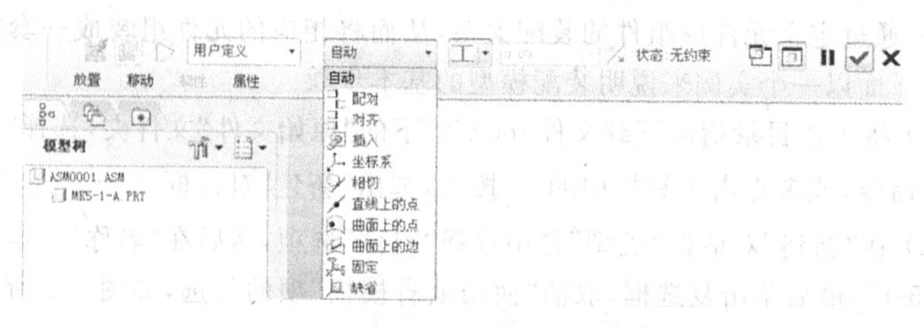

图 5-3 “装配”操作控制面板设置

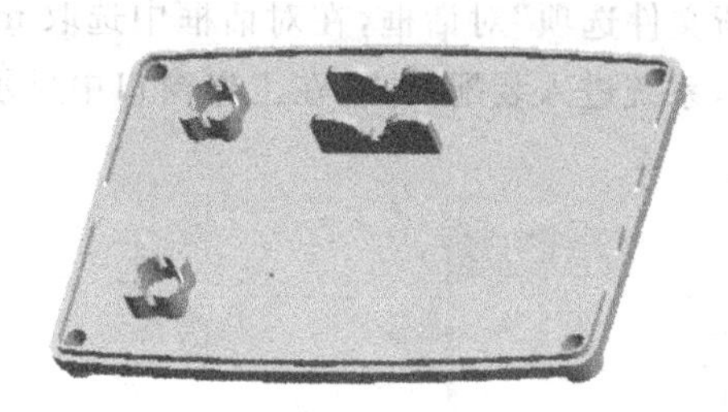

图 5-4 添加的第一个零件

“装配”操作控制面板中的“偏移类型”图标，在弹出的下拉列表中选取“重合”图标![工]，如图 5-5 所示。

图 5-5 选取“重合”图标

(8) 在“装配”操作控制面板中单击“放置”，弹出“放置”面板，如图 5-6 所示。在“约束”列表框中单击“新建约束”，新增一个约束“对齐”。

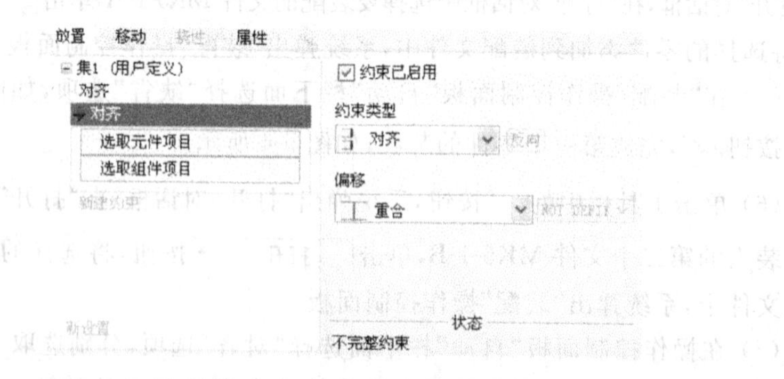

图 5-6 “放置”面板及设置

(9) 分别选取 MK5-1-B 和 MK5-1-A 中的 TOP 基准平面为元件的约束参照和组件的约束参照。单击“装配”操作控制面板中的“偏移类型”图标，在弹出的下拉列表中选取“重合”图标工。

(10) 使用步骤(8)和(9)中同样的方法，将 MK5-1-B 和 MK5-1-A 的 FRONT 平面对齐，完成第二个零件的装配。

(11) 在“装配”操作控制面板中单击按钮✓，完成如图 5-7 所示的装配体。

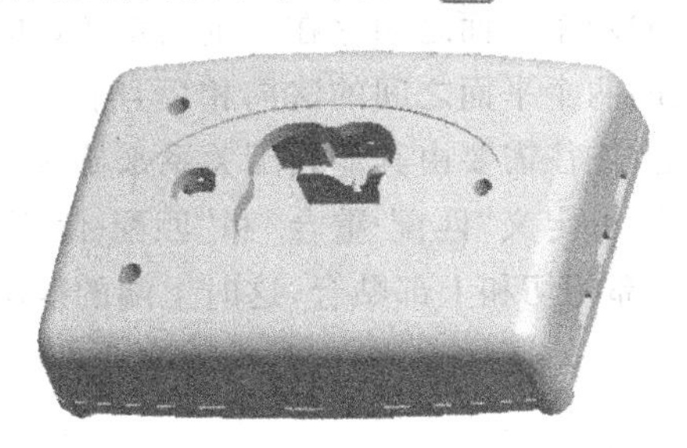

图 5-7　装配体

（二）约束状态

在上述例子的操作中，“放置”面板下方有“约束状态”提示栏，根据不同的情况会提示无约束、部分约束和完全约束，下面来讲解其各自意义。

约束是在两个零件之间加入一个或多个相互位置关系条件，确定零件之间的相对位置关系，主要有以下三种情况。

1. 无约束

两个零件之间尚未加入约束条件，零件处于自由状态，即零件装配前的状态。

2. 部分约束

在两个零件之间每加入一种约束条件，就会限制一个方向上的相对运动，因此该方向上两零件的相对位置就可以确定。但是要使两个零件的空间位置全部确定，根据装配工艺原理，必须限制零件在 x、y、z 这 3 个方向上的相对移动和转动。如果两零件在某方向的运动尚未被限定，这种零件约束状态称为部分约束状态。

3. 完全约束

当两个零件 3 个方向上的相对移动和转动全部被限制后，其空间位置关系就完全确定了，这种零件约束状态称为完全约束状态。

（三）约束种类

Pro/E 提供了丰富的约束方式来进行装配设计。在零件之间添加约束条件之前，首先选取零件上的顶点、边线、轴线或平面作为约束的实施对象，确定约束参照。下面介绍组件装配中常用的约束类型及其用法。

1. 匹配

匹配约束通常用来约束两个平面的相对位置。施加了匹配约束条件的两个平面将会面对面，即两平面的法向相反。

匹配约束又包含“重合”、“偏距”和“定向”3种定位方式，以图5-8(a)所示的零件匹配面加以说明，其中各选项的含义如下。

“重合”：相互匹配的两个平面之间彼此贴合，不存在间隙，如图5-8(b)所示。

“偏距”：相互匹配的两个平面之间存在一定的距离，如图5-8(c)所示。

“定向”：相互匹配的两个平面之间的法向相反且相距一段距离，但这段距离难以输入具体值来指定，往往需要由其他装配关系来确定。比如图5-8(d)中，当定义了一处相切关系后，再定义“匹配-重合”和“匹配-偏距”都会发生约束冲突，因为不可能同时保证底部相切和上部贴合，这时上端的匹配关系宜采用“匹配-定向”。

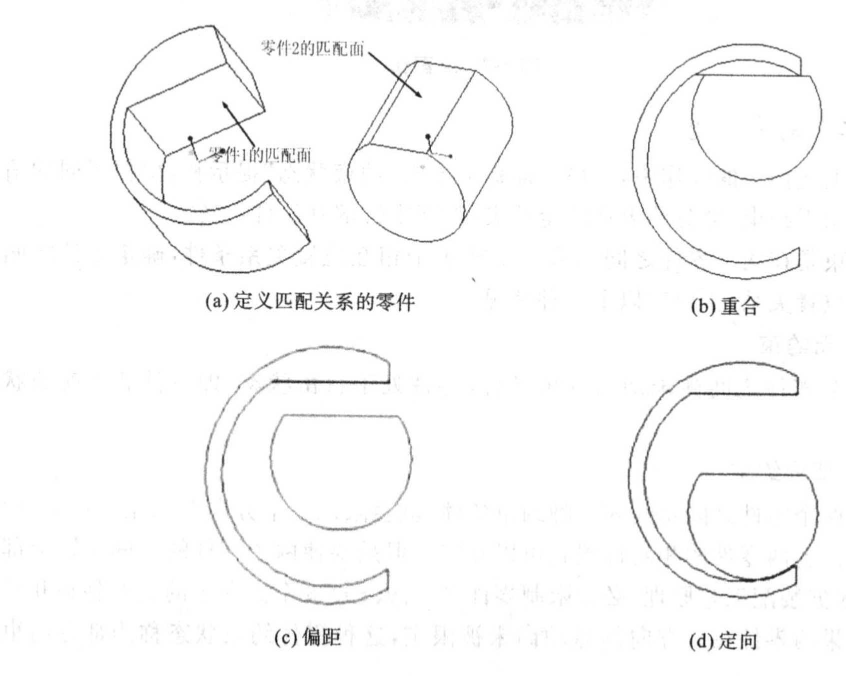

(a) 定义匹配关系的零件　(b) 重合　(c) 偏距　(d) 定向

图5-8　匹配关系

2. 对齐

对齐约束和匹配约束用法相近，用于将两平面对齐，但是与匹配约束不同的是，对齐约束的两个平面法向相同，如图5-9所示，图(a)表示的是对齐重合约束，图(b)表示的是对齐偏距约束。

3. 插入

插入约束用于将两个旋转体特征的轴线对齐，因此在用法上和使用轴线作为参照的对齐约束类似。但是插入约束的使用更方便，只需要选中需要对齐的两个旋转体作为对齐参照，系统就会自动将它们的轴线对齐，如图5-10所示。

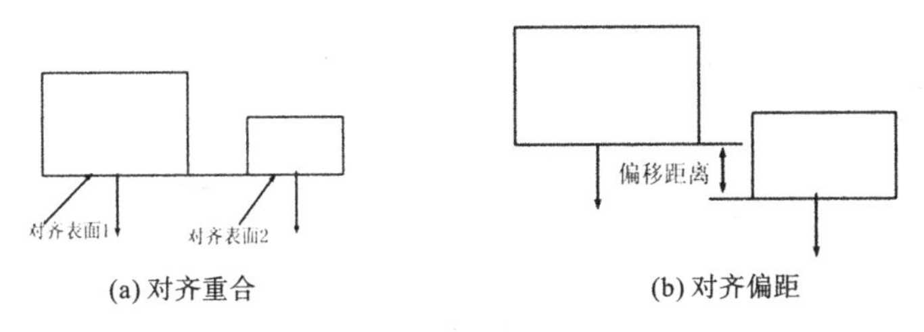

(a) 对齐重合　　(b) 对齐偏距

图 5-9 对齐约束

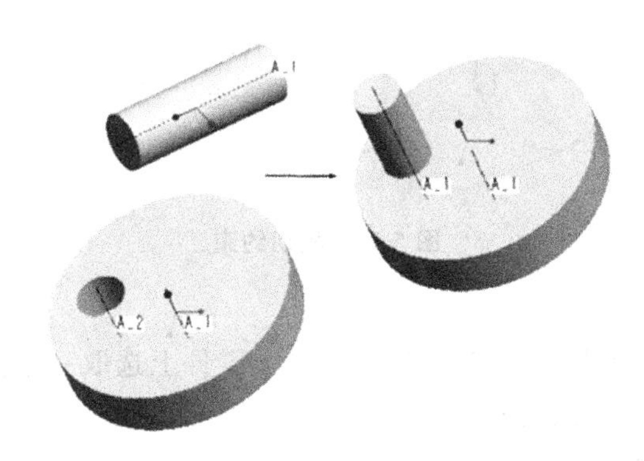

图 5-10 插入约束

4. 坐标系

选取两个模型上的坐标系作为约束参照，施加约束条件后，两坐标系重合，即相应的坐标轴重合，如图 5-11 所示。

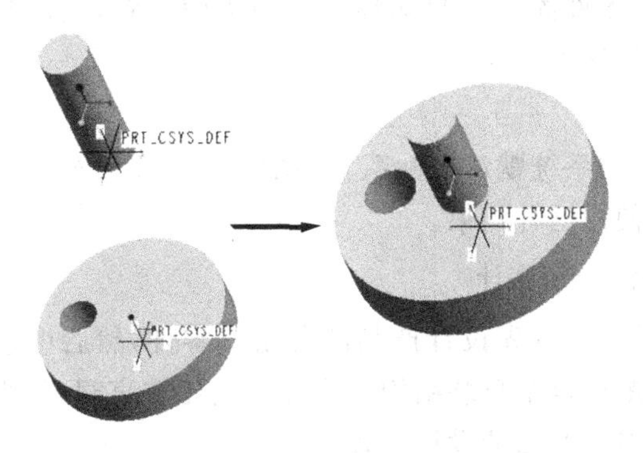

图 5-11 坐标系约束

5. 相切

选取两个实体表面作为约束参照，施加约束后，将两表面调整到相切状态，如图 5-12 所示。

6. 线上点

选取零件上的一个顶点或基准点作为约束参照，然后在另一零件上选取一条实体边线作为另一约束参照，施加约束后，选取的点位于线参照上。

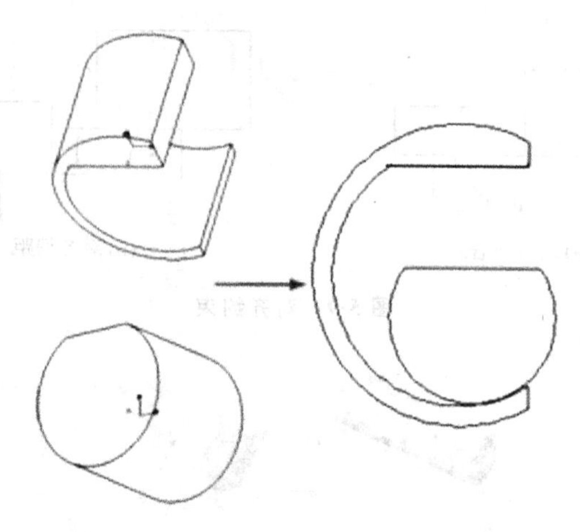

图 5-12　相切约束

7. 曲面上的点

在一个零件上选取一个点，然后在另一个零件上选取一个曲面或平面，施加约束后，选取的点位于该曲面上。

8. 曲面上的边

首先在一个零件上选取一条边，然后在另一个零件上选取一个曲面或者平面，施加约束后，选取的边位于该曲面上。

9. 固定约束

固定约束是将零件固定在装配环境中的当前位置，当向装配环境装入第一个零件时，可以使用这种约束。

10. 缺省

可以将零件上的系统默认坐标系和装配环境的默认坐标系对齐。装入第一个零件时，也可以使用这种约束。

（四）自底向上的设计

自底向上的设计是首先设计产品的各组成零件，然后由这些零件装配成各部件，再由部件装配成整个总装结构。这种方法比较直观，初学者易于掌握和理解，适用于比较成熟的产品的设计过程。

三、任务实施

1. 新建装配文件

将工作目录指向下载文件 mok5 下的“原始文件”，点击工具栏中的 □ 按钮，使用 mmns-asm-design 模板项，创建一名称为 MK5-2 的组件，系统进入装配模式，在工作窗口中显示 3 个正交的装配基准平面。

2. 装配第一个零件——工件

(1) 单击工具栏中的按钮，系统弹出“打开”对话框，在“打开”对话框中选择工件 MK5-2-A，单击 打开 按钮，系统弹出“装配”操作控制面板。

(2) 在“装配”操作控制面板“自动”栏下面选择“缺省”选项，如图 5-13 所示。单击按钮，完成第一个零件的装配，如图 5-14 所示。

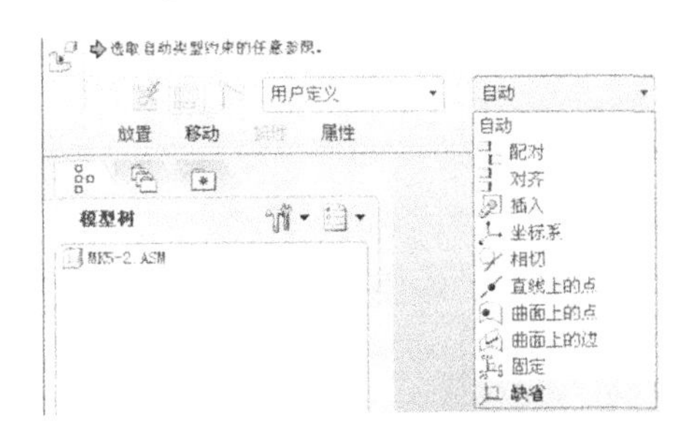

图 5-13 装配约束条件设置

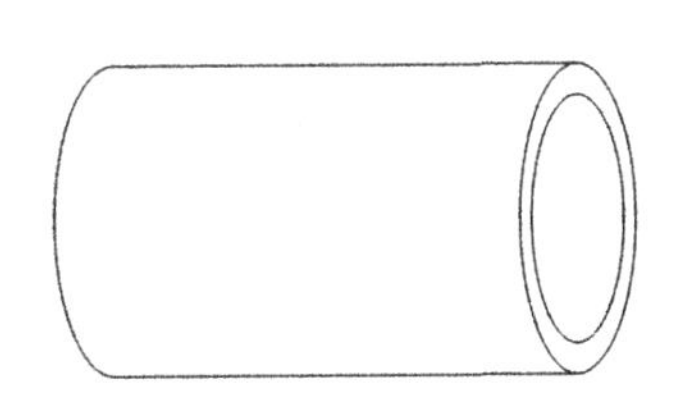

图 5-14 添加的第一个零件

3. 装配第二个零件——心轴

(1) 装配第一个工件后，在装配模型树下，并不能查看工件 MK5-2-A 的造型过程，模型树下只有一个单独的 MK5-2-A. PRT 零件显示，如图 5-15 所示。为了便于装配与查阅新装配进来的零件造型过程，单击图 5-15 中的按钮，选择“树过滤器”，弹出如图 5-16 所示对话框。

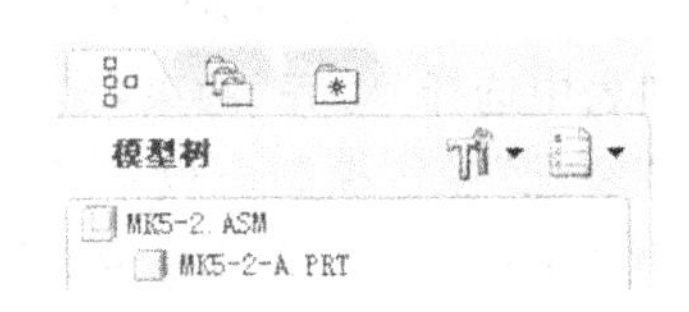

图 5-15 模型树

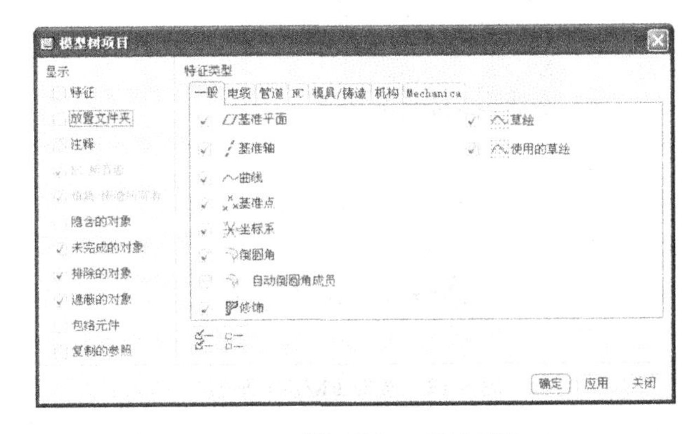

图 5-16 “模型树项目”对话框

在“模型树项目”对话框中勾选“特征”与“放置文件夹”，点击“确定”按钮，图5-15所示的模型树则变为如图5-17所示。

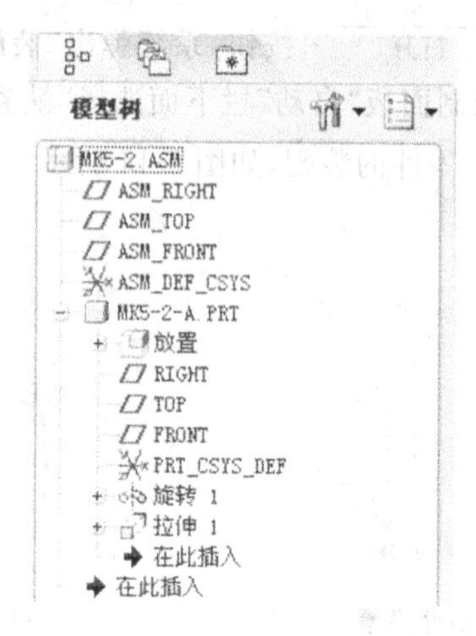

图 5-17 模型树

(2) 按住“Ctrl”键，选择工作区的 ASM_RIGHT、ASM_TOP、ASM_FRONT、ASM_DEF_CSYS，单击鼠标右键，选择“隐藏”，则正交装配平面与装配坐标系不再显示。

(3) 单击工具栏中的按钮，系统弹出“打开”对话框，在“打开”对话框中选择工件MK5-2-B，单击 打开 按钮，心轴则出现在装配窗口中。在“装配”操作控制面板中的“自动”列表中选择“对齐”约束，然后单击如图5-18所示的两个FRONT平面。装配后，“装配”操作控制面板中显示“状态:部分约束”，表示工件和心轴这两个工件的6个相对自由度没有完全被约束，需要添加新的约束。

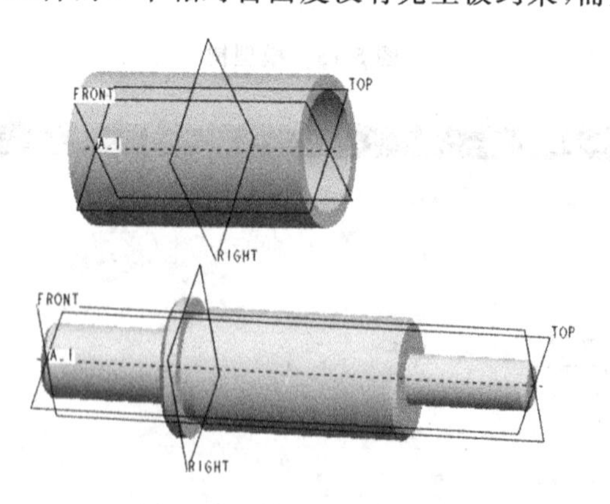

图 5-18 选择 FRONT 平面

(4) 打开“放置”面板，如图5-19所示，点击“新建约束”，在“约束类型”中将该约束类型设置为“对齐”，偏移类型设置为重合。选择如图5-20所示的两条轴

线，装配后，"装配"操作控制面板中仍显示"状态：部分约束"，表示工件和心轴这两个工件的6个相对自由度仍没有完全被约束，需要继续添加新的约束。

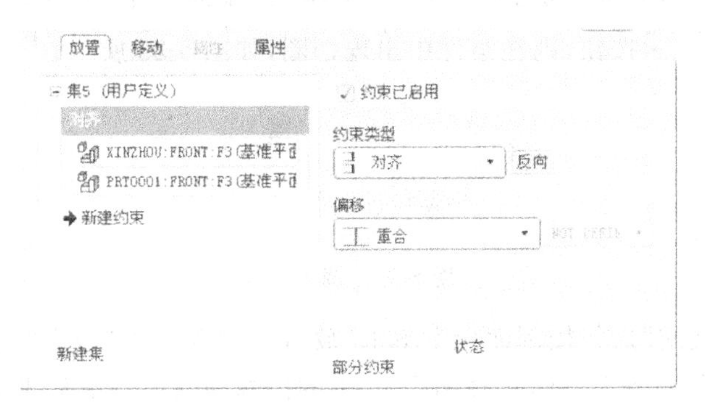

图 5-19　"放置"上滑面板

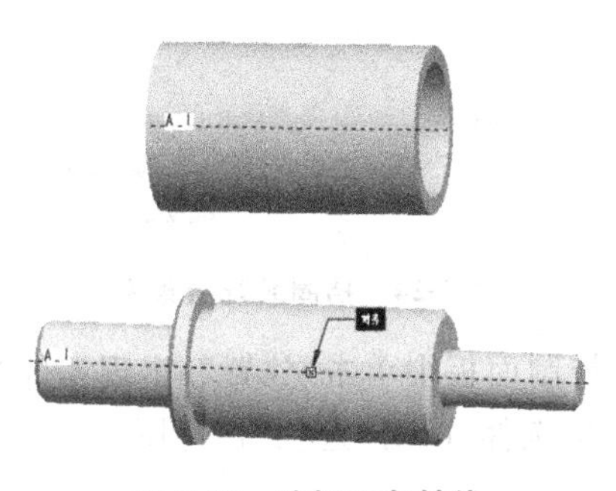

图 5-20　选择两条轴线

（5）打开"放置"面板，单击"新建约束"，在"约束类型"中将该约束类型设置为"配对"，偏移类型设置为重合。选择如图5-21所示的两个平面，装配后，"装配"操作控制面板中显示"状态：完全约束"，表示工件和心轴这两个工件的6个相对自由度完全被约束，无须再添加新的约束，单击按钮☑，完成心轴的装配。装配后的效果如图5-22所示。

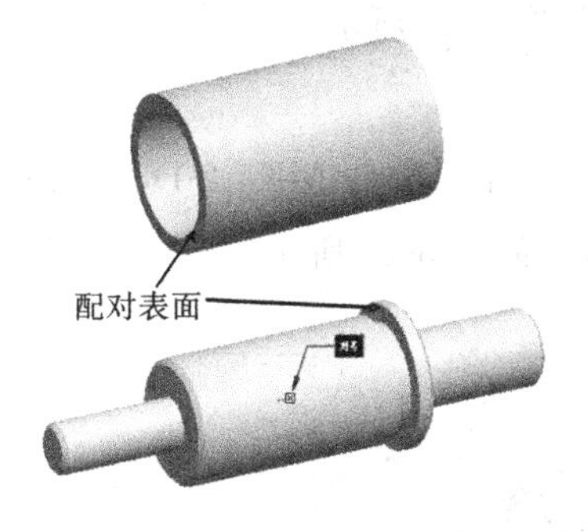

图 5-21　配对表面选择

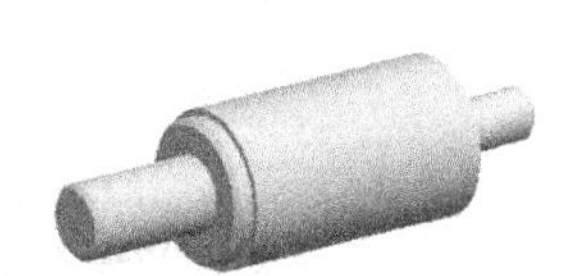

图 5-22　心轴装配后的效果图

4. 装配第三个零件——挡圈

(1) 单击(将元件添加到组件)按钮,选择源文件 MK5-2-C,单击对话框中的 打开 按钮,则在组件中出现挡圈,如图 5-23 所示。

图 5-23　调入挡圈

(2) 在“装配”操作控制面板中单击“放置”,出现元件“放置”面板,从“自动”列表框中选择“对齐”选项,选择图 5-24 中的挡圈轴线与心轴轴线,将偏移类型设置为重合。

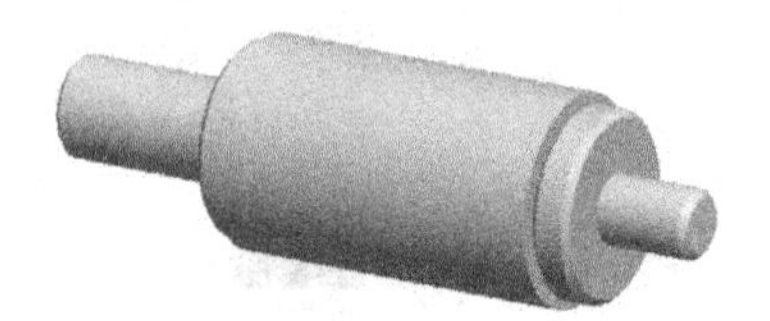

图 5-24　挡圈装配效果图

(3) 在“装配”操作控制面板中单击“放置”,出现元件“放置”面板,单击“新建约束”,从“自动”列表框中选择“配对”选项,选择图 5-25 中所示的两个平面,将偏移类型设置为重合。

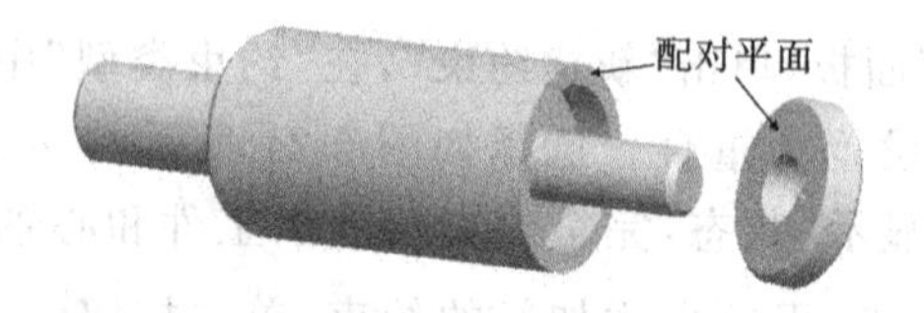

图 5-25　选择配对表面

(4) 单击按钮,完成挡圈装配,效果如图 5-24 所示。

5. 装配第四个零件——垫片

(1) 单击(将元件添加到组件)按钮,选择源文件 MK5-2-D,单击对话框中的 打开 按钮,则在组件中出现垫片,如图 5-26 所示。

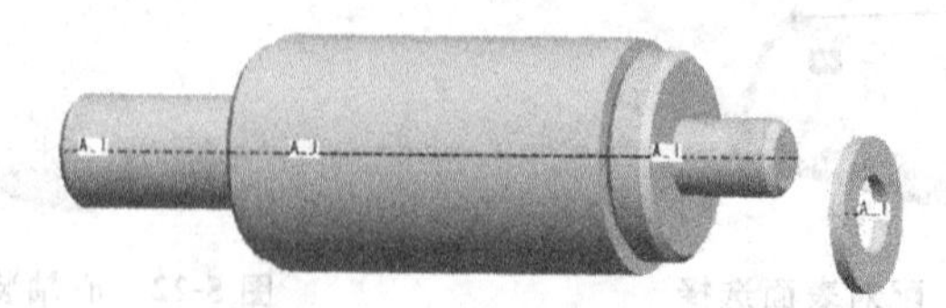

图 5-26　调入垫片

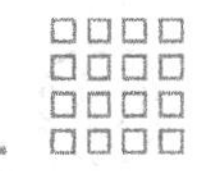

（2）在“装配”操作控制面板中单击“放置”，出现元件“放置”面板，从“自动”列表框中选择“对齐”选项，选择图 5-27 中的垫片轴线与心轴轴线，将偏移类型设置为重合。

（3）在“装配”操作控制面板中单击“放置”，出现元件“放置”面板，单击“新建约束”，从“自动”列表框中选择“配对”选项，选择图 5-27 中所示的两个平面，将偏移类型设置为重合。

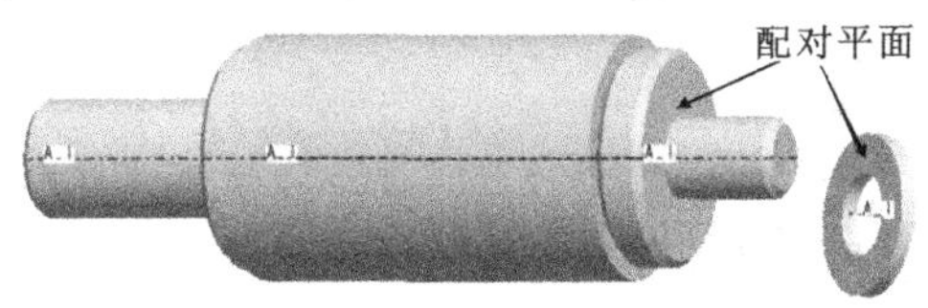

图 5-27　选择配对表面

（4）单击按钮☑，完成垫片装配，效果如图 5-28 所示。

图 5-28　垫片装配效果图

6. 装配第五个零件——螺母

（1）单击(将元件添加到组件)按钮，选择源文件 MK5-2-E，单击对话框中的「打开」按钮，则在组件中出现螺母，如图 5-29 所示。

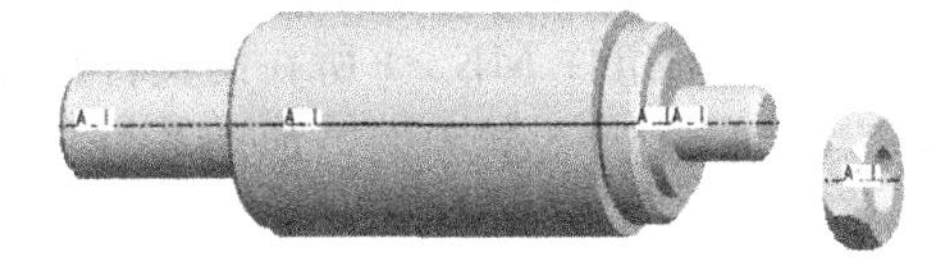

图 5-29　调入螺母

（2）在“装配”操作控制面板中单击“放置”，出现元件“放置”面板，从“自动”列表框中选择“对齐”选项，选择图 5-29 中的螺母轴线与心轴轴线，将偏移类型设置为重合。

（3）在“装配”操作控制面板中单击“放置”，出现元件“放置”面板，单击“新建约束”，从“自动”列表框中选择“配对”选项，选择图 5-30 中所示的两个平面，将偏移类型设置为重合。

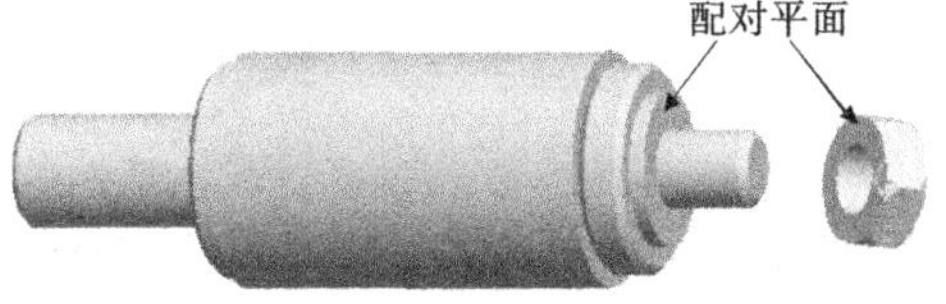

图 5-30　选择配对表面

(4) 单击按钮☑,完成螺母装配,效果如图 5-31 所示。

图 5-31　总装效果图

四、知识拓展

(一) 装配操作中常用快捷键

在装配设计模块中,增加了 3 个常用的快捷键,如表 5-1 所示。

表 5-1　装配模块中常用快捷键

调入装配工件的旋转	Ctrl+Alt+鼠标中键
调入装配工件的平移	Ctrl+Alt+鼠标右键
平移其他已经装配好的工件	Ctrl+Alt+鼠标左键

(二) 分解组件视图——爆炸图

组件分解视图又常称为组件的爆炸视图,它是将模型中的每个元件与其他元件分开表示。分解视图仅影响组件外观,而设计意图以及装配元件之间的实际距离不会改变。可以创建默认的分解组件视图,但通常需要进行位置编辑处理,以获得合理定义所有元件的分解位置。

(1) 将工作目录指向创建的组件 MK5-1 所在的文件夹,打开 MK5-1。

(2) 单击选择“视图”/“分解”/“分解视图”,如图 5-32 所示。组件分解,分解后的视图如图 5-33 所示。

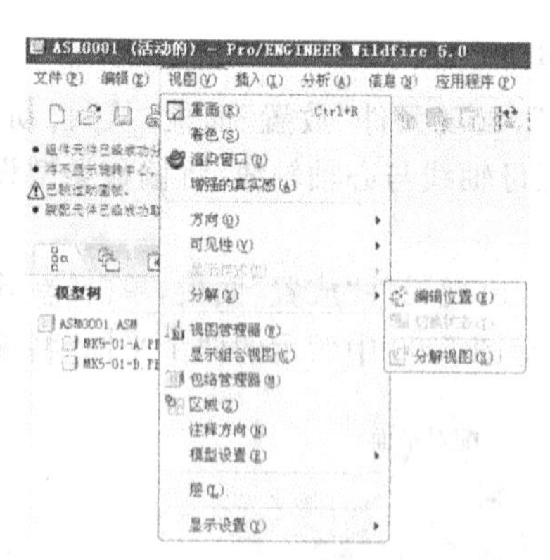

图 5-32　“分解视图”选择

图 5-33　分解后的组件

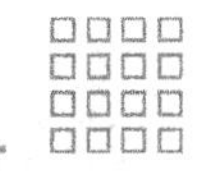

(3) 如果对系统默认的分解视图各元件位置不满意，可以选择图 5-32 所示的“编辑位置”命令，弹出如图 5-34 所示的“编辑位置”对话框。

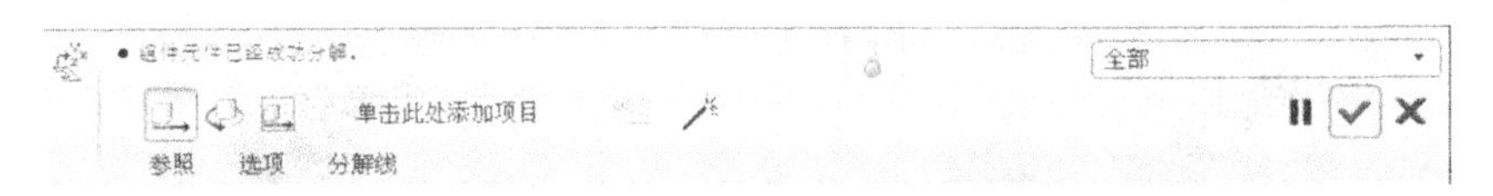

图 5-34 “编辑位置”对话框

利用该对话框，选择用于定位分解元件的运动类型，选取运动参照来设置运动方向，选取要分解的元件，然后将其拖动到新位置等。

任务二 一款高速转盘加工铣床专用夹具设计

一、任务导入

在机械设备中经常可以看见盘类工件，盘类工件通常由虎钳或压板装夹加工，但是有些厚度较薄的盘类工件或者一些其他结构因素，虎钳或压板无法装夹，这就需要使用专用夹具进行装夹。

任务一已经介绍了 Pro/E 装配设计主要有两种基本方法：自底向上的设计和自顶向下的设计。任务一主要学习了自底向上的设计方法，那么什么是自顶向下的设计方法呢？

任务二的学习任务是使用自顶向下的设计方法，装配设计一款高速转盘加工铣床专用夹具。

二、相关知识

（一）元件基本操作

1. 激活元件

在装配环境中，将某一元件激活后，可以对其进行创建特征、编辑特征参数等操作。在着色模式下，当组件中的某一元件被激活后，其他的元件呈透明显示。

(1) 将工作目录指向下载文件 mok5 下的“原始文件”，打开 MK5-3. ASM，如图 5-35 所示。

(2) 在模型树中选中 MK5-3-B. PRT，右击鼠标，弹出快捷菜单，在弹出的快捷菜单中选择“激活”命令。

(3) 在工具栏中选择着色图标 ，以着色方式显示模型，如图 5-36 所示。

2. 隐藏、恢复元件等操作

在组件模式下可以直接打开某一元件（包括零件和子组件），进入零件模式

图 5-35　原始图形

图 5-36　着色显示

中对该零件或子组件进行编辑。同时可以隐藏与编辑其他零件，便于操作，在需要的时候再将其恢复操作。

（1）将工作目录指向下载文件 mok5 下的“原始文件”，打开 MK5-3. ASM。

（2）在模型树中选中 MK5-3-B. PRT，单击鼠标右键，弹出快捷菜单，在弹出的快捷菜单中选择“隐藏”命令，如图 5-37 所示。工作窗口中的图形如图 5-38 所示。

（3）在模型树中选中 MK5-3-B. PRT，单击鼠标右键，弹出快捷菜单，在弹出的快捷菜单中选择“取消隐藏”命令，如图 5-39 所示。

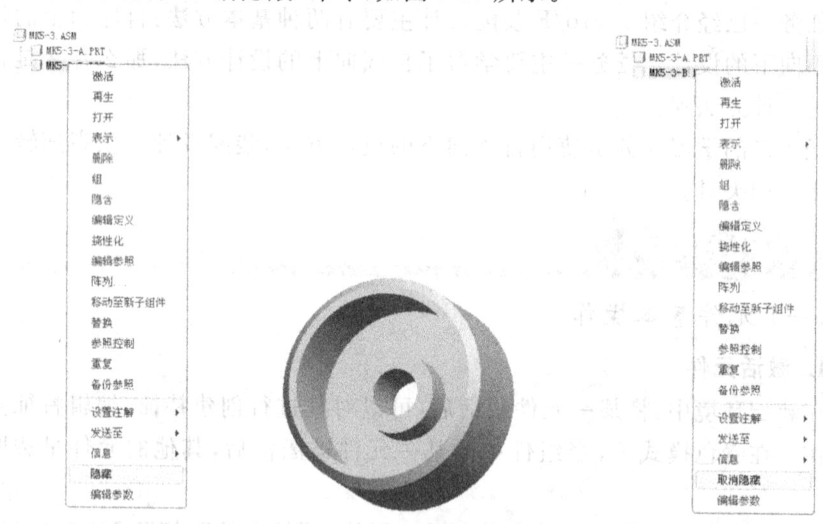

图 5-37　选择“隐藏”命令　　图 5-38　隐藏后图形　　图 5-39　选择“取消隐藏”命令

（4）在模型树中选中 MK5-3-B. PRT，单击鼠标右键，弹出快捷菜单，在弹出的快捷菜单中选择“打开”命令。在新的工作窗口中显示的 MK5-3-B. PRT 图形如图 5-40 所示。

（5）在模型树中选中 MK5-3-B. PRT，单击鼠标右键，弹出快捷菜单，在弹出的快捷菜单中选择“删除”命令。操作后的图形如图 5-41 所示。

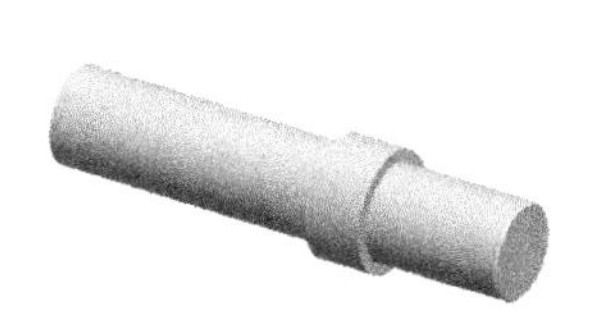

图 5-40 新窗口打开图形

图 5-41 删除元件后

3. 重定义元件

元件装配到组件之后，可重新定义活动元件的装配约束条件和改变约束参照，可以添加或移除活动元件的约束条件。

(1) 将工作目录指向下载文件下的“原始文件”，打开 MK5-4. ASM，如图 5-42所示。

(2) 在模型树中选中 MK5-4-B. PRT，单击鼠标右键，在弹出的快捷菜单中选择“编辑定义”命令，系统弹出“装配”操作控制面板。

(3) 在操作面板中单击 放置 ，弹出“放置”操作控制面板，在约束列表中选择要修改的约束，本例中选择第一项“对齐”约束项，在其下方显示约束所参照项目。

(4) 单击组件参照文本 ASM_TOP:F2(基准平面) ，使其单独激活，然后在工作窗口中选择 MK5-4-A. PRT 顶部平面为约束参照，如图 5-43 所示。

(5) 在“放置”操作面板中单击 ✓ 按钮，设计结果如图 5-44 所示，完成元件的重新定义操作。

图 5-42 原始图形

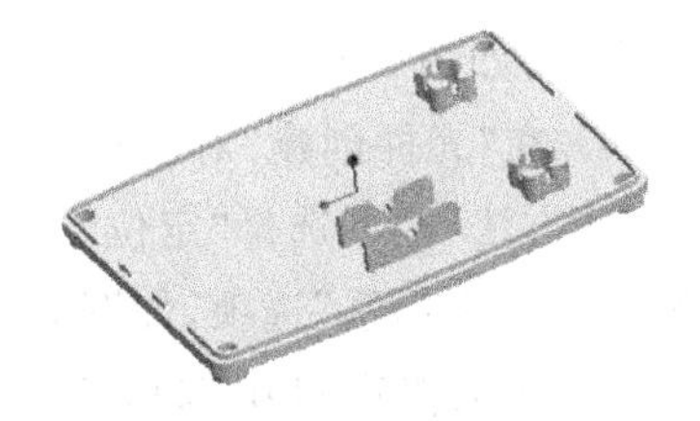

图 5-43 MK5-1-A. PRT 顶部平面

4. 修改元件的名称

修改组件中元件的名称，首先必须打开该元件，进入到该元件的工作界面，然后选择“文件”/“重命令”命令来修改该元件的名称，具体步骤如下。

(1) 将工作目录指向下载文件下的“原始文件”，打开 MK5-4. ASM。

(2) 选择“文件”/“重命名”命令，系统弹出“重命名”对话框，在“新名称”文本框中输入“MK5-41”，如图 5-45 所示。

图 5-44　设计结果

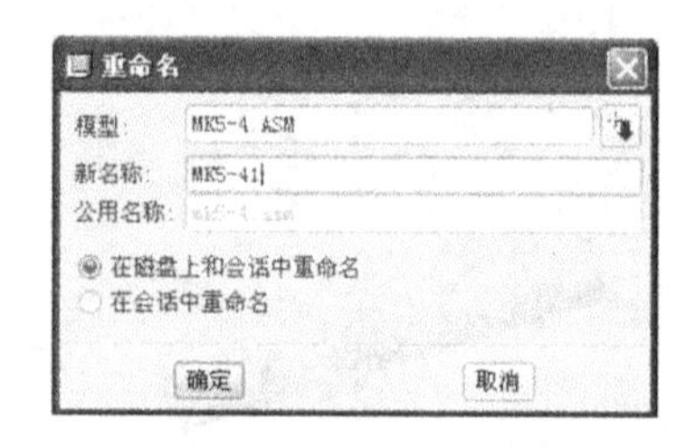

图 5-45　“重命名”对话框

（3）在“重命名”对话框中单击[确定]按钮，系统弹出“改名成功”对话框，如图 5-46 所示，单击[确定]按钮，完成重命名。

（4）选择“文件”/“关闭”命令，回到组件工作界面，模型树中的文件名已经被修改，如图 5-47 所示。

图 5-46　“改名成功”对话框

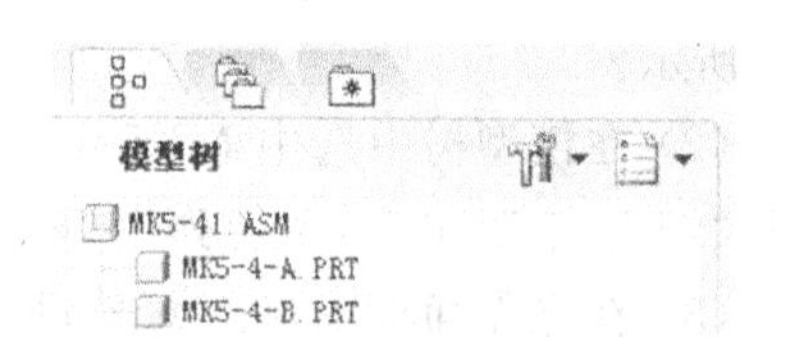

图 5-47　修改后的模型树

5. 在装配模式下新建零件

在右侧工具栏中选择图标可以进行元件的创建，创建零件的类型包括零件、子组件和骨架模型、主题项目和包络。

（1）将工作目录指向下载文件下的“原始文件”，打开 MK5-4.ASM。

（2）在右侧工具栏中选择图标 。

（3）系统弹出“元件创建”对话框，在名称中输入“mk5-4-c”，其他各项按系统默认设置，如图 5-48 所示。

（4）在“元件创建”对话框中单击[确定]按钮，系统弹出“创建选项”对话框，在“创建方法”栏下选择“定位缺省基准”选项，在“定位基准的方法”栏下选择“对齐坐标系与坐标系”选项，如图 5-49 所示，然后单击[确定]按钮。

（5）在工作窗口中选取组件坐标系为对齐参照，如图 5-50 所示，MK5-4-C.PRT创建完成后系统自动将其激活，后面有详细例子加以说明。

（二）元件高级操作

在组件中操作元件与在零件中创建特征的操作相同，例如零件中可以对特征进行复制、阵列和镜像，在组件中也可以对元件进行复制、阵列和镜像等操作，而且操作方法与零件模块很相似，不同之处在于零件模式中是对特征进行操作，而在组件中则是对元件进行操作。

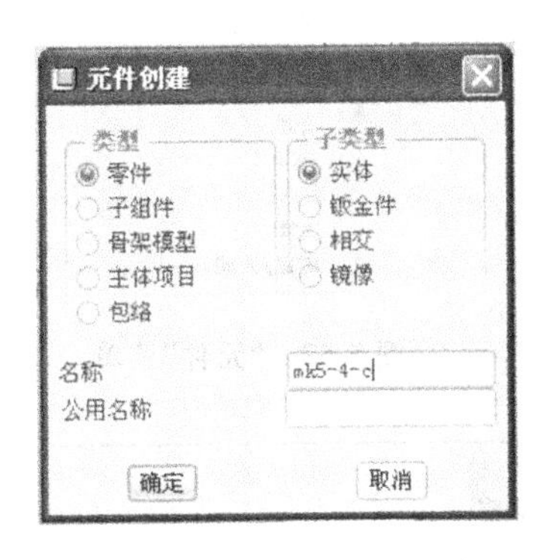

图 5-48 “元件创建”对话框

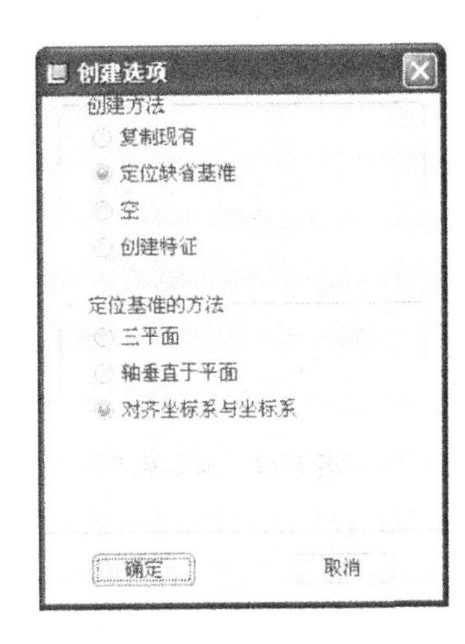

图 5-49 “创建选项”对话框

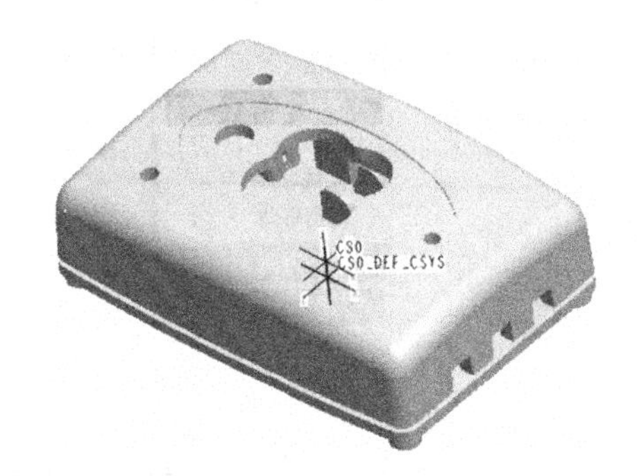

图 5-50 选取坐标系参照

1. 复制元件

元件的复制是指将元件相对坐标系的坐标轴 x、y 与 z 轴方向进行的偏移复制。下面以一个实例来对操作方法加以说明。

(1) 将工作目录指向下载文件下的“原始文件”,打开 MK5-5. ASM,如图5-51所示。

(2) 选择“编辑”/“元件操作”命令,系统弹出“元件”菜单,如图 5-52 所示。

(3) 在“元件”菜单中选择“复制”命令,弹出“得到坐标系”菜单和“选取”对话框,在工作窗口中选取坐标系,如图 5-53 所示。

(4) 系统继续提示选择复制元件,在工作窗口中选取 MK5-5-B. PRT。

(5) 在“选取”对话框中单击 确定 按钮,系统弹出“退出”菜单。

(6) 选择复制类型为“平移”,如图 5-54 所示,然后在“平移方向”菜单中选择“X 轴”命令,在提示栏中弹出的距离数值中输入 38,然后按回车键确认。

(7) 在“退出”菜单中选取“完成移动”命令,如图 5-55 所示,然后在提示栏中弹出的实例数目框中输入 3,然后按回车键确认。

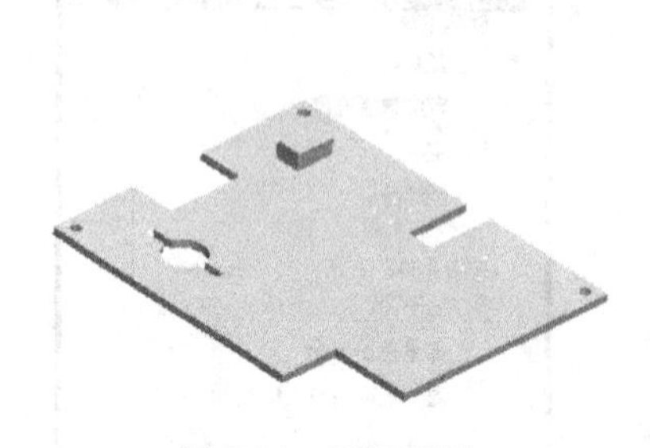

图 5-51　原始图形

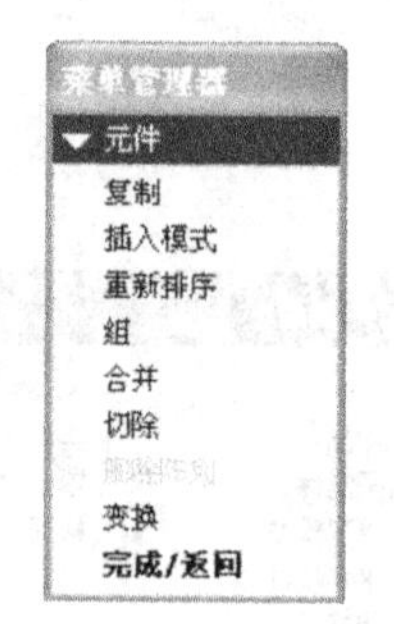

图 5-52　“元件”菜单

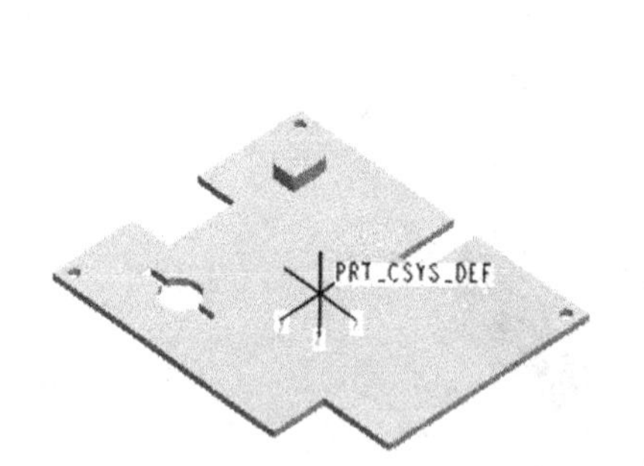

图 5-53　选取坐标系

图 5-54　选择复制类型

图 5-55　选取完成移动命令

(8) 在“退出”菜单中选取“完成”命令，完成工件的复制，工作窗口及模型树窗口显示如图 5-56 所示。

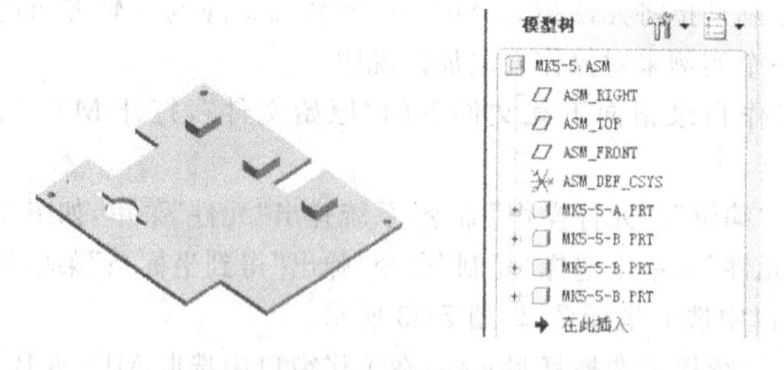

图 5-56　工作窗口及模型树窗口显示

2. 镜像元件

镜像元件可与原始镜像的文件保持关联，在镜像元件之前应新建一个元件，具体操作以下面实例加以说明。

(1) 将工作目录指向下载文件下的“原始文件”，打开 MK5-6. ASM，如图

5-57所示。

(2) 选择“插入”/“元件”/“创建”命令，系统弹出“元件创建”对话框，在“类型”栏中选择“零件”选项，在“子类型”栏中选择“镜像”选项，在名称中输入“mk5-6-c”，如图 5-58 所示。

图 5-57 原始文件

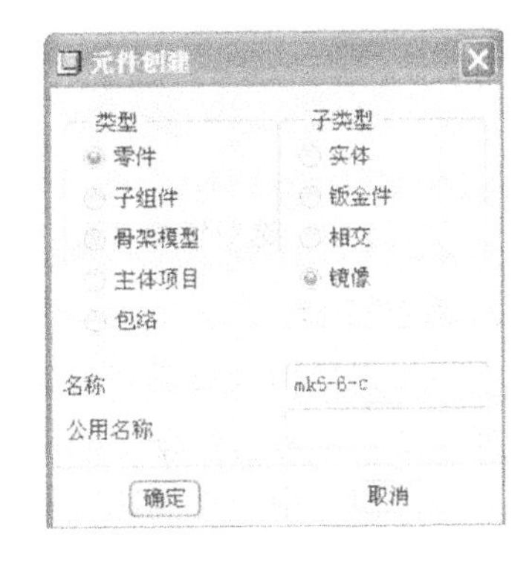

图 5-58 “元件创建”对话框

(3) 在“元件创建”对话框中单击[确定]按钮，系统弹出“镜像零件”对话框，如图 5-59 所示，系统提示选取要进行镜像的零件。

(4) 在工作窗口中选取 MK5-6-C 为镜像零件(底板上方凸起部分)，如图 5-60所示。

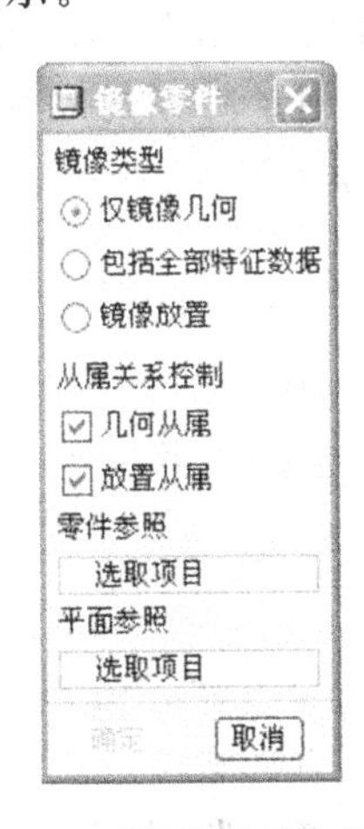

图 5-59 “镜像零件”对话框

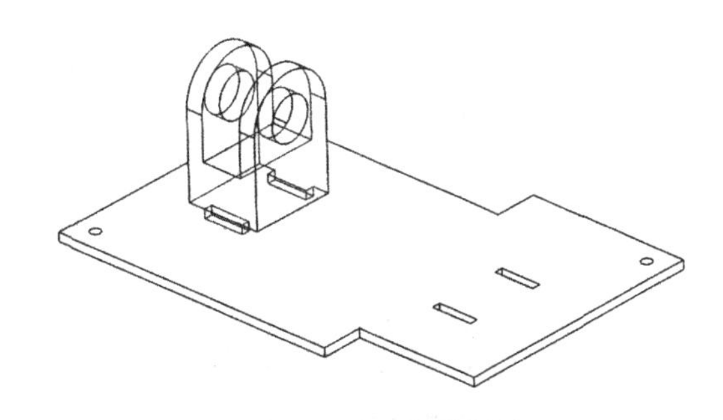

图 5-60 选取镜像零件

(5) 在“镜像零件”对话框中单击“平面参照”文本框空白处，系统提示选取一个平面进行镜像。

(6) 在工作窗口中选取组件的 RIGHT 基准平面为镜像平面，如图 5-61 所示。

(7) 在“镜像零件”对话框中单击[确定]按钮，完成镜像零件的操作，操作后如图 5-62 所示。

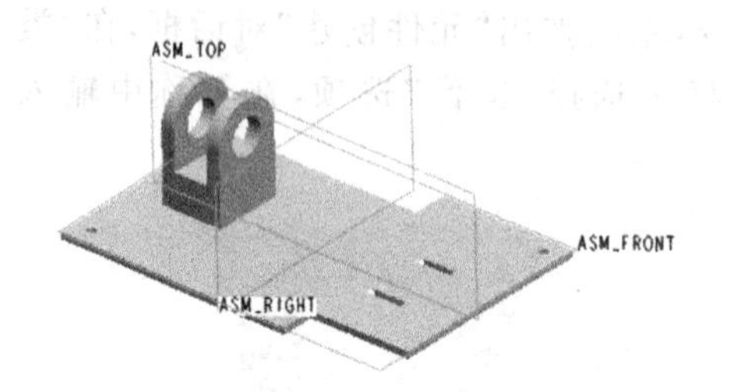

图 5-61　选取镜像平面

图 5-62　镜像后的零件

3. 阵列元件

在一个组件中如果需要安装多个同一元件，为了节省装配时间可以通过元件阵列命令对其进行装配，使用组件中的元件阵列工具可以方便快捷地完成元件的装配。组件中元件的阵列与零件模式下的阵列基本操作一样。具体操作以下面实例加以说明。

图 5-63　原始文件

（1）将工作目录指向下载文件下的“原始文件”，打开 MK5-7. ASM，如图5-63所示。

（2）在工作窗口中选中 MK5-7-B. PRT，在右侧工具栏中选取图标 。

（3）系统弹出“阵列”操作控制面板，同时在工作窗口中显示可用于阵列的尺寸，如图 5-64 所示。在工作窗口中选取尺寸 25 作为第一方向的驱动尺寸，在弹出的增量数值框中输入－12 后按回车键，如图 5-65 所示。

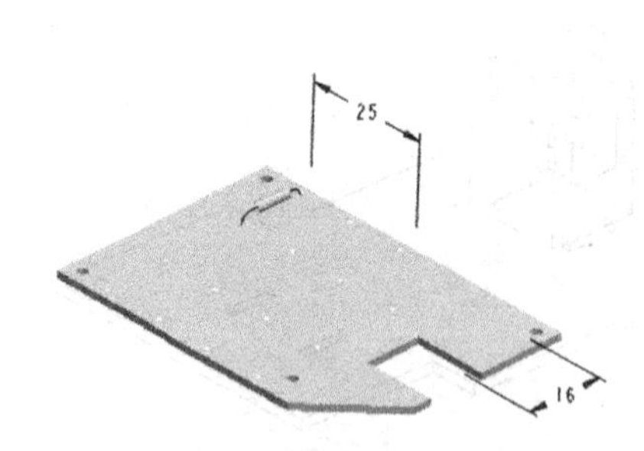

图 5-64　显示可阵列的尺寸

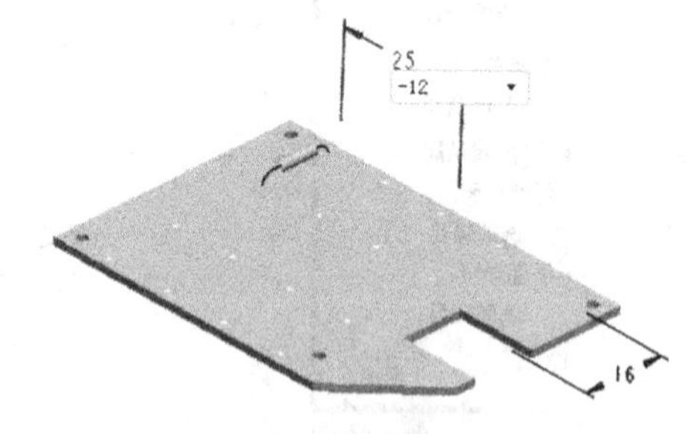

图 5-65　输入坐标增量

（4）在操作控制面板的第一方向阵列数量值框中输入 4，按回车键确认，如图 5-66 所示。

（5）在操作控制面板上单击第二方向尺寸文本框中“单击此处添加项目”字样，然后用第一方向的操作方法，选择尺寸 16 作为阵列驱动尺寸，阵列增量为－32，阵列数量为 2。

图 5-66　输入第一方向阵列数量

(6) 在“阵列”操作控制面板上单击 按钮，完成阵列后的模型和模型树状态如图 5-67 所示。

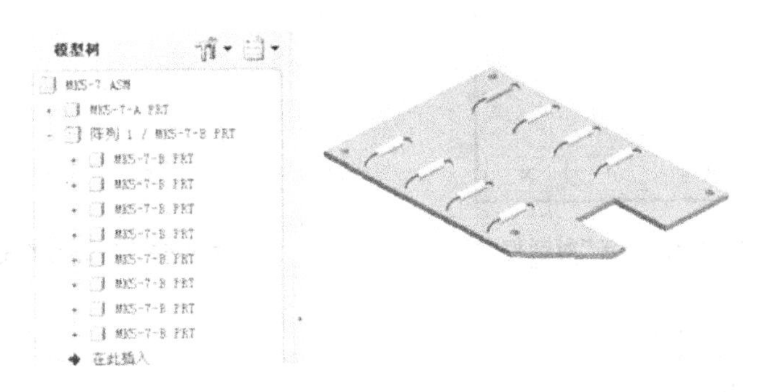

图 5-67　完成阵列后的模型和模型树状态

4. 装配体干涉检查

在一个装配体装配完成后，需要检查装配体中各零件之间是否存在干涉现象，通过检查可以发现元件或组件的干涉区域，具体操作以下面实例加以说明。

(1) 将工作目录指向下载文件下的“原始文件”，打开 MK5-8. ASM，选择“分析”/“模型”/“全局干涉”命令，弹出“全局干涉”对话框，并将相应选项进行勾选，如图 5-68 所示。

(2) 单击 按钮，系统经计算后显示分析结果，如图 5-69 所示。

注意：如果检测出有干涉，系统将会在对话框中列出显示干涉的零件、干涉体积等信息，如果没有干涉的元件，则干涉列表是空白的，同时在提示栏中显示“没有零件”信息。

5. 自顶向下的设计

在新产品的研发过程中，在产品设计初期往往只有一个大概的设计方案和轮廓，不可能从开始阶段就细化到每个零件的细节，这时宜采用自顶向下的设计方法。自顶向下的设计方法是根据初期的设计轮廓制定产品的装配布局关系，或绘制产品的骨架模型，从而给出产品的大致外观尺寸和功能概念，然后再逐步对产品进行细化，直到每一个单个零件的设计。

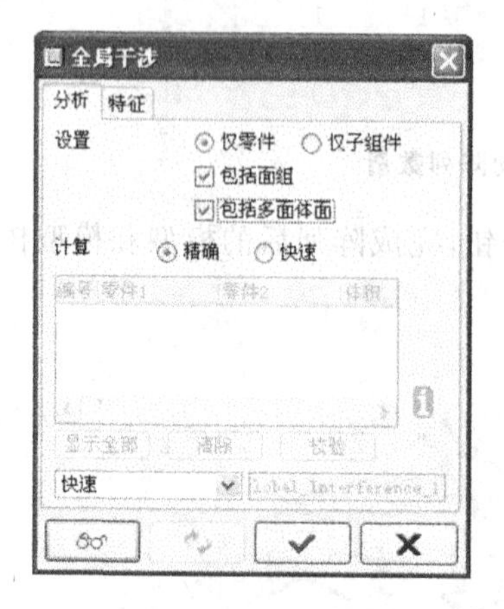

图 5-68 “全局干涉”对话框

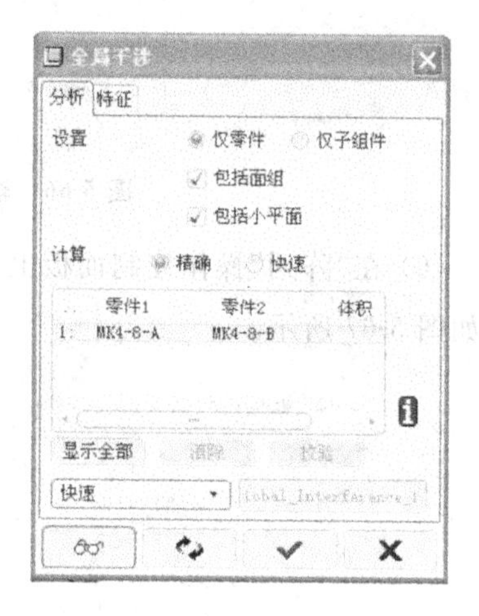

图 5-69 干涉结果显示

三、任务实施

1. 新建装配文件

(1) 设定工作目录，选择“文件”/“新建”命令，或者点击工具栏 按钮，弹出“新建”对话框。

(2) 在“新建”对话框“类型”栏中选择“组件”选项，然后在“名称”文本框中输入 MK5-9-A，最后取消“使用缺省面板”项勾选，在“新建”对话框中单击 确定 按钮。

(3) 系统弹出“新文件选项”对话框，在对话框中选取 mmns-asm-design 项，最后单击 确定 按钮，系统进入装配模式。

(4) 将下载文件 mok5 中的工件 MK5-9-A. PRT 复制到自己设定的工作目录中。

2. 装配工件

(1) 单击工具栏中的 按钮，系统弹出“打开”对话框，在“打开”对话框选择工件 MK5-9-A，单击 打开 按钮，系统弹出“装配”对话框，如图 5-70 所示。

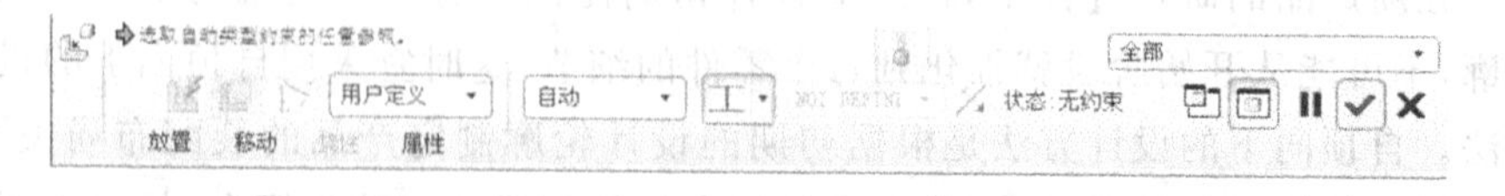

图 5-70 “装配”对话框

(2) 在“装配”对话框“自动”栏下面选择“缺省”选项，单击 按钮，完成第一个零件的装配，如图 5-71 所示。

图 5-71 添加工件

3. 夹具体底座装配设计

1）创建夹具体底座零件

第一步 在主工具栏右侧点击新建按钮，弹出“元件创建”对话框，如图 5-72 所示，在“元件创建”对话框“名称”栏中输入“mk5-9-b”，然后点击“确定”按钮，弹出如图 5-73 所示“创建选项”对话框，在对话框中选择“定位缺省基准”与“对齐坐标系与坐标系”，单击“确定”按钮。

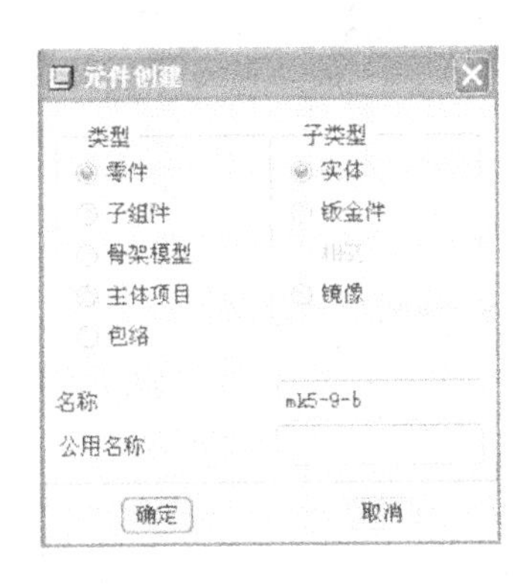

图 5-72 “元件创建”对话框

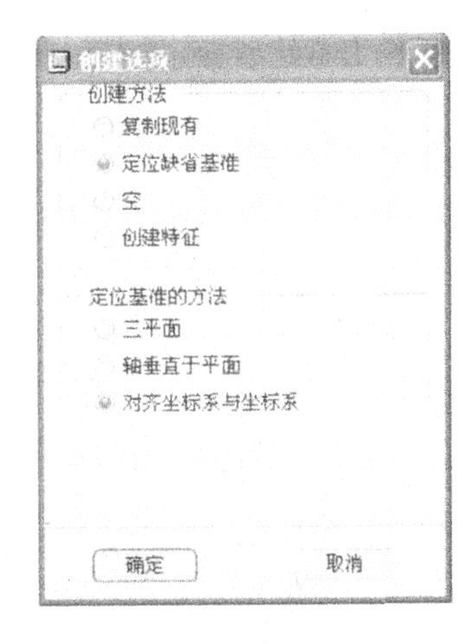

图 5-73 “创建选项”对话框

第二步 在绘图区域点选 ASM_DEF_CSYS 坐标，模型树出现变化，产生一个新建工件 MK5-9-B. PRT，如图 5-74 所示，其中图标表示当前工件被激活，如果一个工件图标右下方没有绿色菱形符号，表示此工件没有被激活，则该工件不能被编辑和修改。绘图区域出现 DTM1、DTM2、DTM3 等 3 个正交平面，如图 5-75 所示。

第三步 为了使绘图区域整洁，可以点选不需要的基准平面或者轴线，单击鼠标右键，选择“隐藏”。

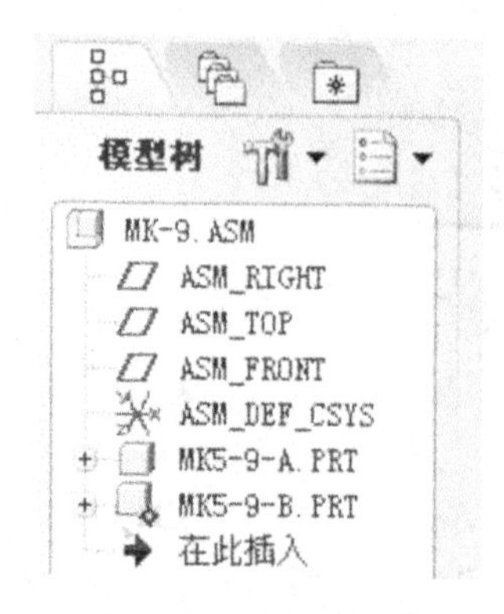

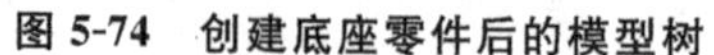
图 5-74　创建底座零件后的模型树

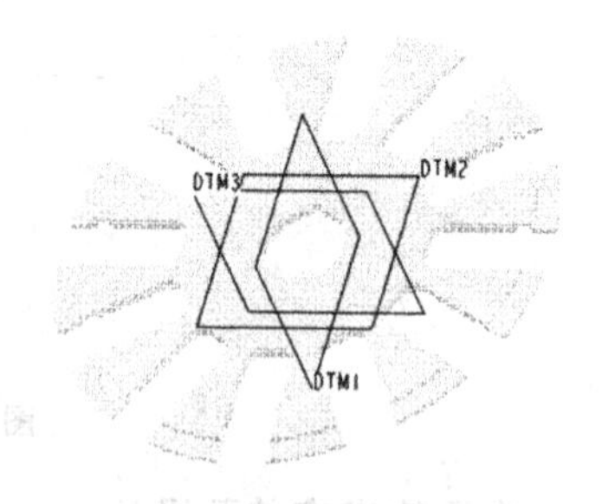

图 5-75　创建转盘的 3 个绘图正交平面

2）拉伸特征 1

第一步　单击鼠标中键，旋转转盘，将转盘底面旋转至大约和屏幕平行，如图 5-76 所示，点击右侧主工具栏拉伸按钮，在绘图区域单击鼠标右键，点击“定义内部草绘”，单击选择如图 5-76 所示的 *A* 平面作为草绘平面，单击“草绘”按钮，弹出如图 5-77 所示的“参照”对话框，选择如图 5-78 所示的 DTM1 和 DTM3 作为草绘参照，单击“关闭”按钮。

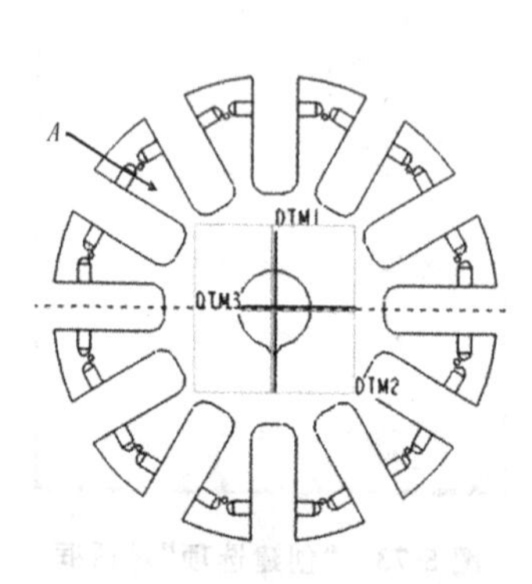

图 5-76　选择草绘平面

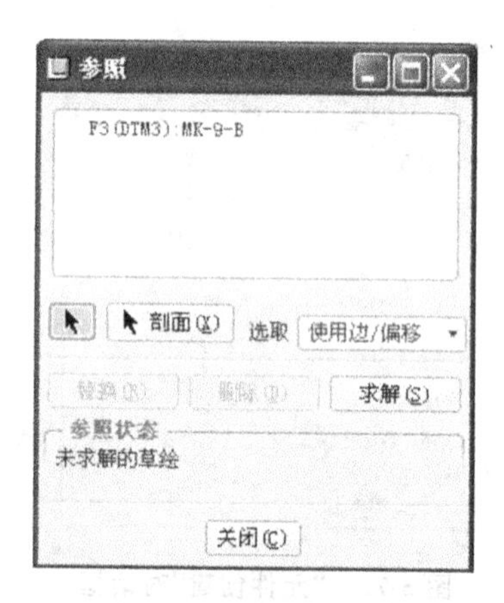

图 5-77　“参照”对话框

第二步　点击右侧主工具栏草图绘制按钮、、、，绘制如图 5-78所示的草绘图形，单击草绘环境右侧工具栏按钮，退出草绘环境。

第三步　调整拉伸方向使方向朝图 5-76 平面 *A* 的下方，在“拉伸长度”对话框中输入拉伸长度“5”，在拉伸对话框中单击按钮，完成拉伸特征创建，如图 5-79 所示。

3）拉伸特征 2

第一步　点击右侧主工具栏拉伸按钮，在绘图区域单击鼠标右键，点击

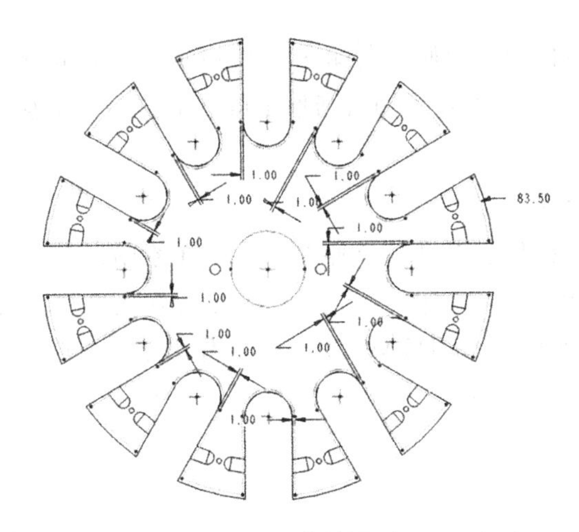

图 5-78 草绘图形

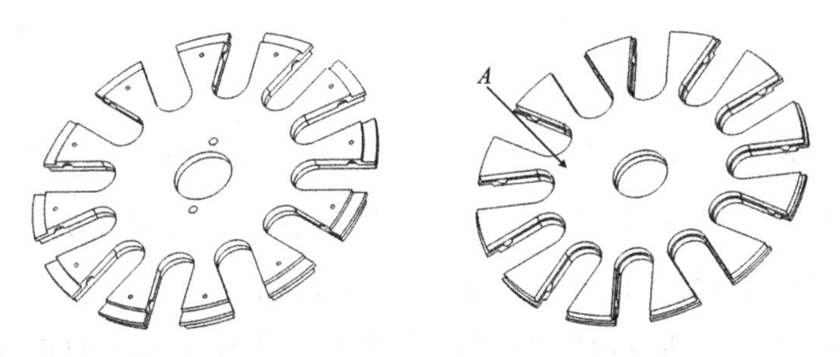

图 5-79 拉伸特征 1

“定义内部草绘”，单击选择如图 5-79 所示平面 A 作为草绘平面，单击“草绘”按钮，弹出“参照”对话框，选择如图 5-80 所示的 DTM1 和 DTM3 作为草绘参照，单击“关闭”按钮。

第二步 点击右侧主工具栏草图绘制按钮，绘制如图 5-81 所示的草绘图形，单击草绘环境右侧工具栏按钮 ✔ ，退出草绘环境。

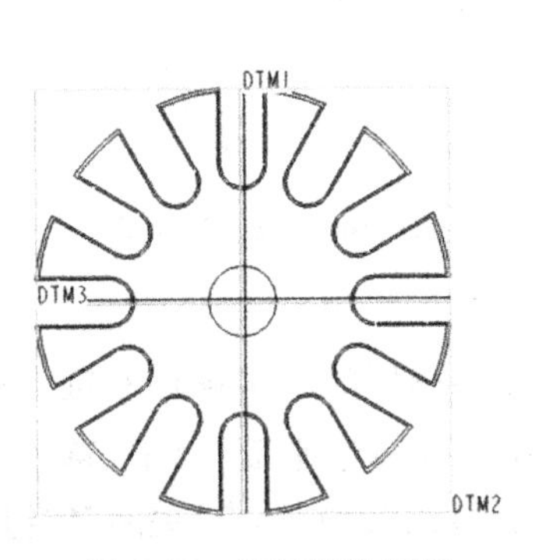

图 5-80 选择草绘参照

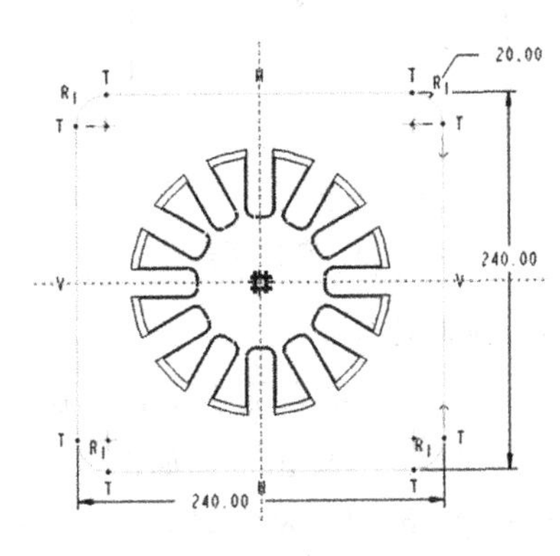

图 5-81 草绘图形

第三步　调整拉伸方向使方向朝图 5-81 所示平面 *A* 的下方，在拉伸长度对话框中输入拉伸长度“35”，在拉伸对话框中单击按钮 ✔，完成拉伸特征创建，如图 5-82 所示。

4）拉伸特征 3

第一步　点击右侧主工具栏拉伸按钮，在绘图区域单击鼠标右键，点击“定义内部草绘”，单击选择如图 5-83 所示平面 *A* 作为草绘平面，单击“草绘”按钮，弹出“参照”对话框，选择 DTM1 和 DTM3 作为草绘参照，单击“关闭”按钮。

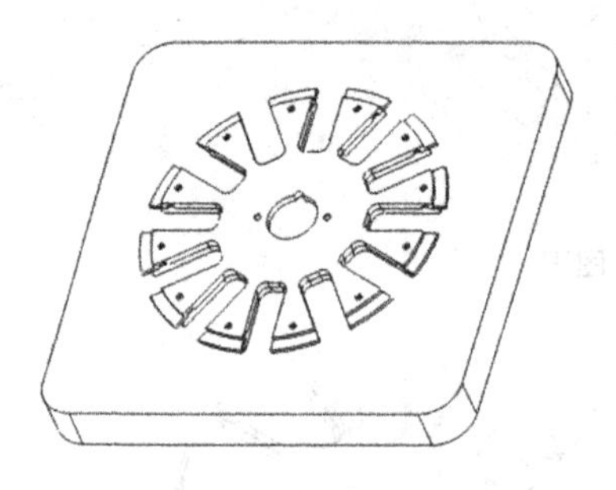

图 5-82　拉伸特征 2

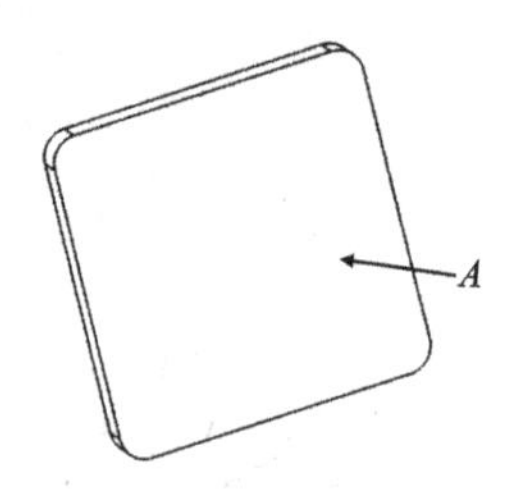

图 5-83　草绘面设置

第二步　单击主工具栏按钮，进入隐藏线模式。使用借边按钮 □，绘制如图 5-84 所示的草绘图形，单击草绘环境右侧工具栏按钮 ✔，退出草绘环境。

第三步　调整拉伸方向使方向朝图 5-83 所示平面 *A* 上方，点击去除材料按钮，在拉伸类型选择穿透按钮，然后在对话框中单击按钮 ✔，完成拉伸特征创建，如图 5-85 所示。

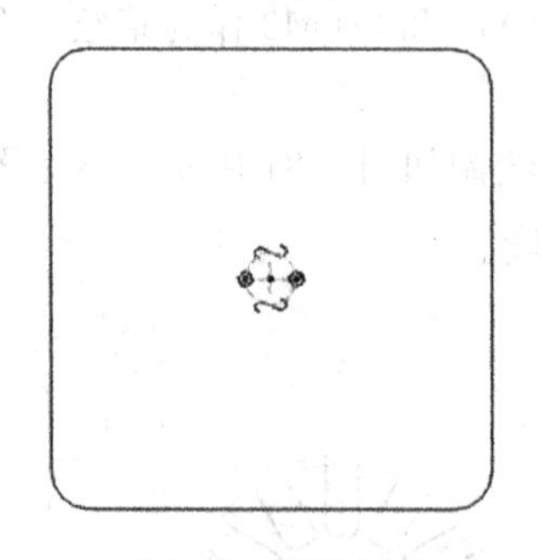

图 5-84　草绘图形

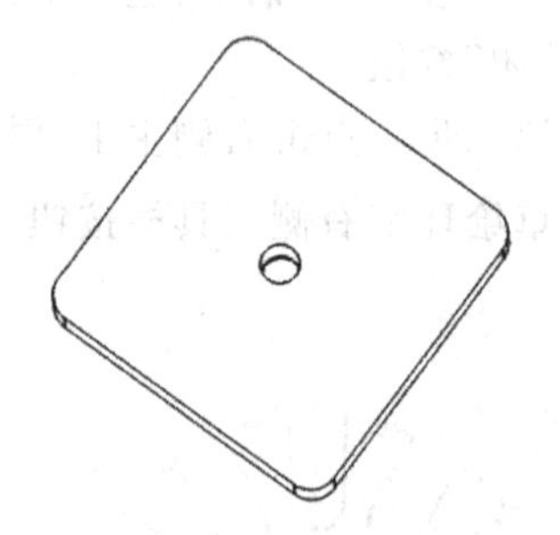

图 5-85　拉伸特征 3

5）拉伸特征 4

第一步　点击右侧主工具栏拉伸按钮，在绘图区域单击鼠标右键，点击“定义内部草绘”，单击选择如图 5-83 所示平面 *A* 作为草绘平面，单击“草绘”按钮，弹出“参照”对话框，选择 DTM1 和 DTM3 作为草绘参照，单击“关闭”按钮。

第二步　单击右侧草绘工具栏按钮，绘制如图 5-86 所示的草绘图形，单击草

绘环境右侧工具栏按钮 ✔ ,退出草绘环境。

第三步　调整拉伸方向使方向朝图 5-83 所示平面 A 上方,点击去除材料按钮,在拉伸深度栏中输入“15”,单击按钮,完成拉伸特征创建,如图 5-87 所示。

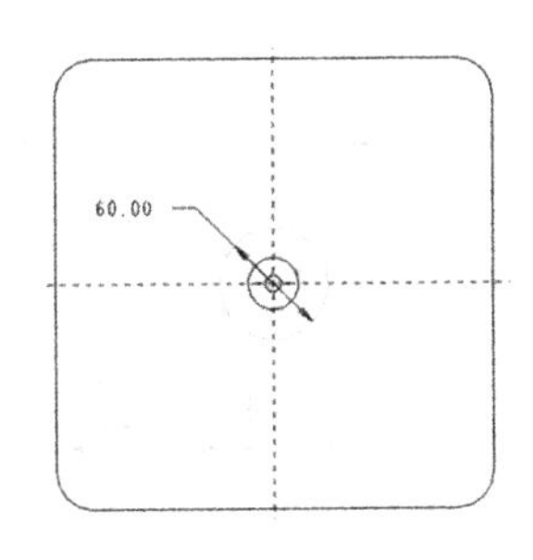

图 5-86　草绘图形

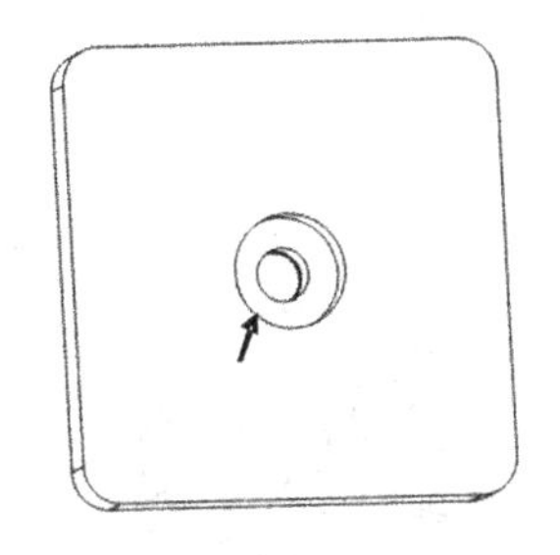

图 5-87　拉伸特征 4

6) 倒角特征

点击右侧主工具栏旋转按钮,选择如图 5-87 箭头所示的边线,双击屏幕弹出数字,将其修改为“4”,单击按钮,完成倒角特征创建。

7) 拉伸特征 5

第一步　点击右侧主工具栏拉伸按钮,在绘图区域单击鼠标右键,点击“定义内部草绘”,单击选择如图 5-88 所示平面 A 作为草绘平面,单击“草绘”按钮,弹出“参照”对话框,选择 DTM1 和 DTM3 作为草绘参照,单击“关闭”按钮。

第二步　使用借边按钮,绘制如图 5-89 所示的草绘图形,单击草绘环境右侧工具栏按钮 ✔ ,退出草绘环境。

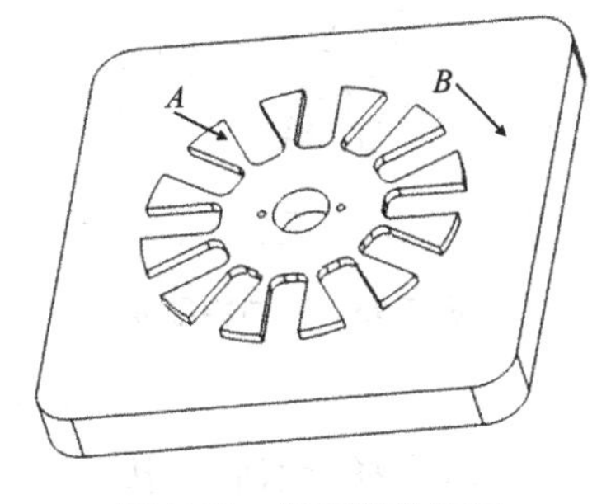

图 5-88　选择草绘平面

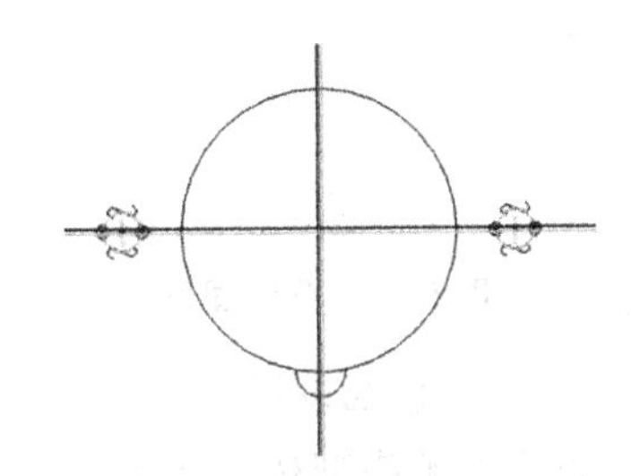

图 5-89　草绘图形

第三步　调整拉伸方向使方向朝图 5-88 所示平面 A 上方,点击去除材料按钮,拉伸类型选择,拉伸到图 5-88 所示的平面 B,单击按钮,完成拉伸特征创建,如图 5-90 所示。

8）拉伸特征 6

第一步　点击右侧主工具栏拉伸按钮，在绘图区域单击鼠标右键，点击“定义内部草绘”，单击选择如图 5-90 所示平面 A 作为草绘平面，单击“草绘”按钮，弹出“参照”对话框，选择如图 5-91 所示的 DTM1 和 DTM3 作为草绘参照，单击“关闭”按钮。

图 5-90　拉伸特征 5

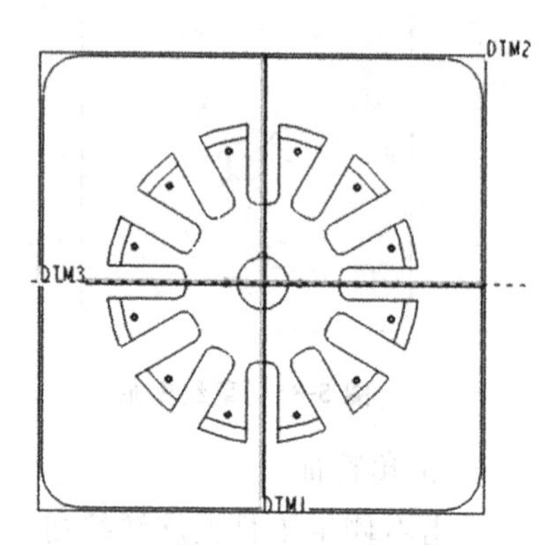

图 5-91　选择草绘参照

第二步　绘制如图 5-92 所示的草绘图形，单击草绘环境右侧工具栏按钮 ✔，退出草绘环境。

第三步　调整拉伸方向使方向朝图 5-90 所示平面 A 下方，点击去除材料按钮，拉伸类型选择，拉伸到图 5-88 所示的平面 B，单击按钮，完成拉伸特征创建，如图 5-93 所示。

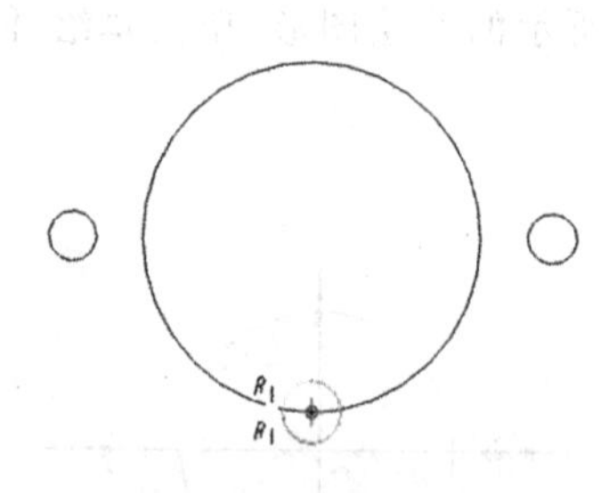

图 5-92　草绘图形

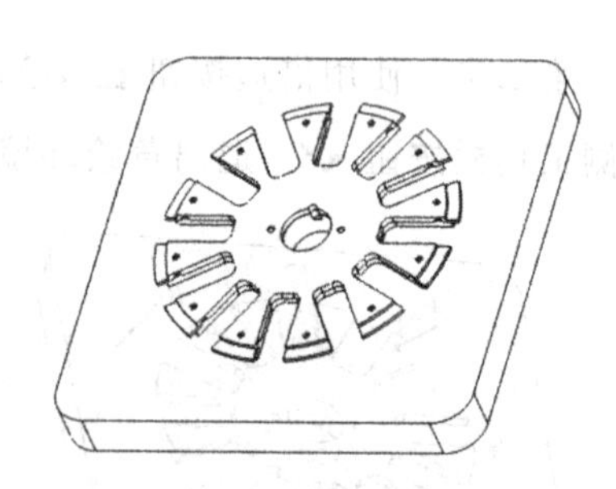
图 5-93　拉伸特征 6

4. 压板装配设计

点击右侧模型树下 MK5-9. ASM，单击鼠标右键，选择“激活”。按住“Ctrl”键，在绘图区域选择绘图区域辅助平面，单击鼠标右键，然后单击“隐藏”，隐藏基准面，以便于绘图。

1）创建坐标系与坐标平面

第一步　在主工具栏右侧点击新建按钮，弹出“元件创建”对话框，在“元件创建”对话框“名称”栏中输入“mk5-9-c. prt”，然后单击“确定”按钮，弹出“创建选项”对话框，在对话框中选择“定位缺省基准”与“对齐坐标系与坐标系”，单击“确定”按钮。

第二步　在绘图区域点选 ASM_DEF_CSYS 坐标，模型树下产生一个新建工件 MK5-9-C. PRT。绘图区出现 DTM1、DTM2 和 DTM3 三个正交平面。

2）拉伸特征 1

第一步　点击右侧主工具栏拉伸按钮 ，在绘图区域单击鼠标右键，点击“定义内部草绘”，单击选择如图 5-94 所示平面 *A* 作为草绘平面，单击“草绘”按钮，弹出“参照”对话框，选择如图 5-95 所示的 DTM1 和 DTM3 作为草绘参照，单击“关闭”按钮。

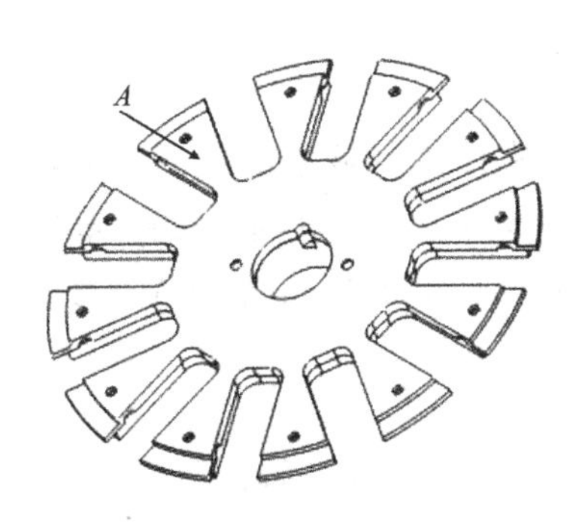

图 5-94　选择草绘平面

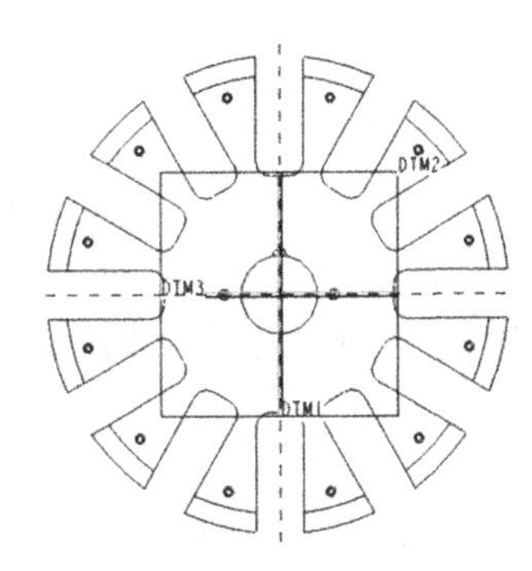

图 5-95　选择参照

第二步　点击右侧主工具栏草图绘制按钮 、 、 、 ，绘制如图 5-96所示的草绘图形，单击草绘环境右侧工具栏按钮 ，退出草绘环境。

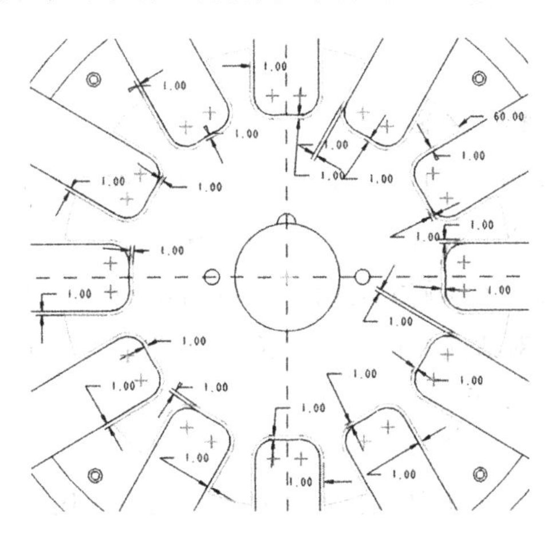

图 5-96　草绘图形

第三步　调整拉伸方向使方向朝图 5-94 所示平面 *A* 上方，在“拉伸长度”对话框中输入拉伸长度“10”，然后单击按钮 ✓，完成拉伸特征创建，如图 5-97 所示。

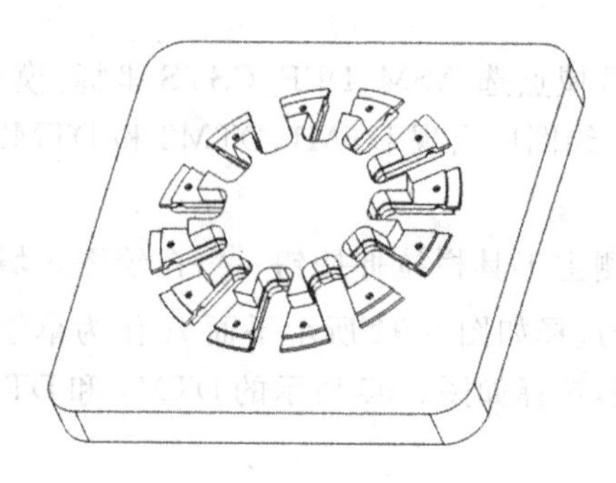

图 5-97 拉伸特征 1

3）拉伸特征 2

第一步 点击右侧主工具栏拉伸按钮，在绘图区域单击鼠标右键，点击“定义内部草绘”，单击选择如图 5-98 所示平面 A 作为草绘平面，单击“草绘”按钮，弹出“参照”对话框，选择如图 5-99 所示的 DTM1 和 DTM3 作为草绘参照，单击“关闭”按钮。

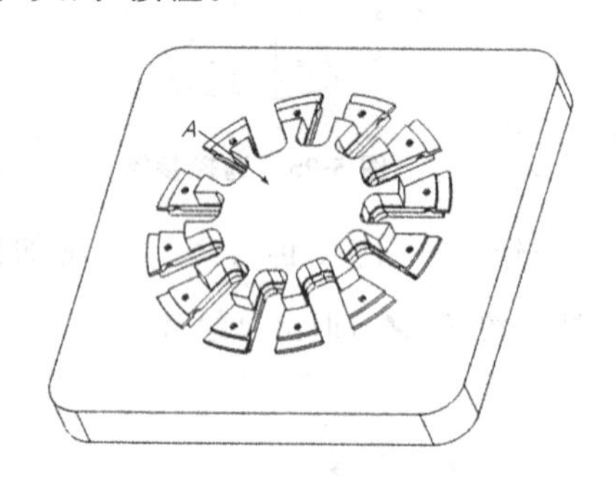

图 5-98 选择草绘平面

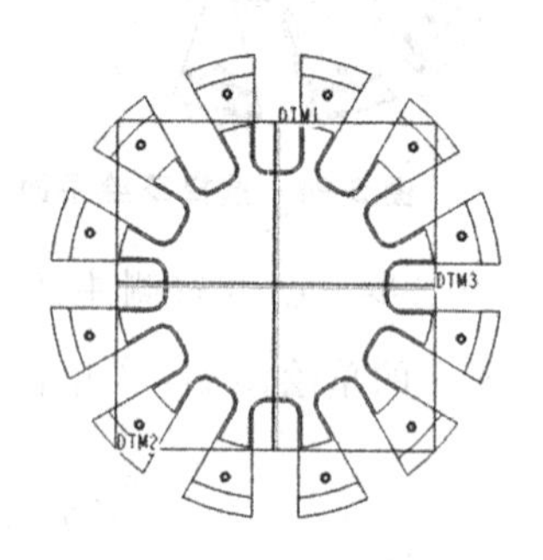

图 5-99 选择参照

第二步 点击右侧主工具栏草图按钮，绘制如图 5-100 所示的草绘图形，单击草绘环境右侧工具栏按钮 ✓，退出草绘环境。

第三步 调整拉伸方向使方向朝图 5-98 所示平面 A 下方，点击去除材料按钮，在“拉伸长度”对话框中输入拉伸长度“10”，然后单击按钮 ✓，完成拉伸特征创建，如图 5-101 所示。

4）拉伸特征 3

第一步 点击右侧主工具栏拉伸按钮，在绘图区域单击鼠标右键，点击“定义内部草绘”，单击选择如图 5-102 所示平面 A 作为草绘平面，单击“草绘”按钮，弹出“参照”对话框，选择如图 5-103 所示的 DTM1 和 DTM3 作为草绘参照，单击“关闭”按钮。

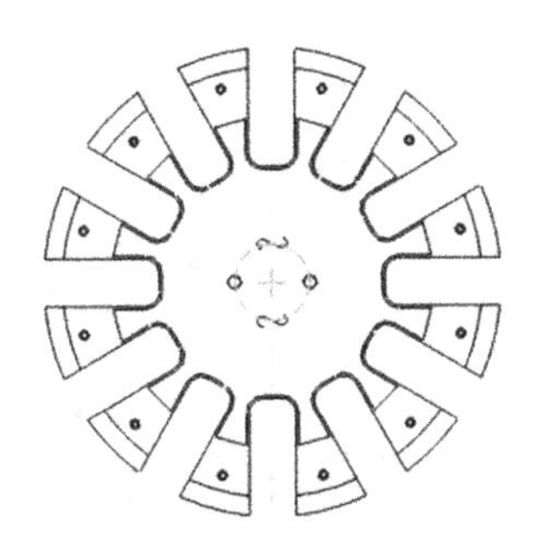

图 5-100 草绘图形

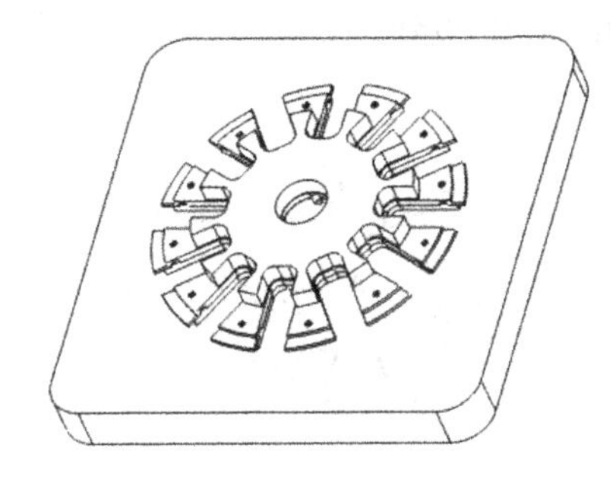

图 5-101 拉伸特征 2

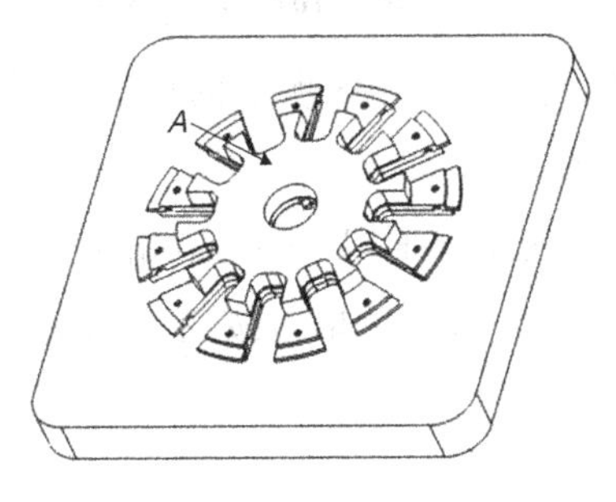

图 5-102 选择草绘平面

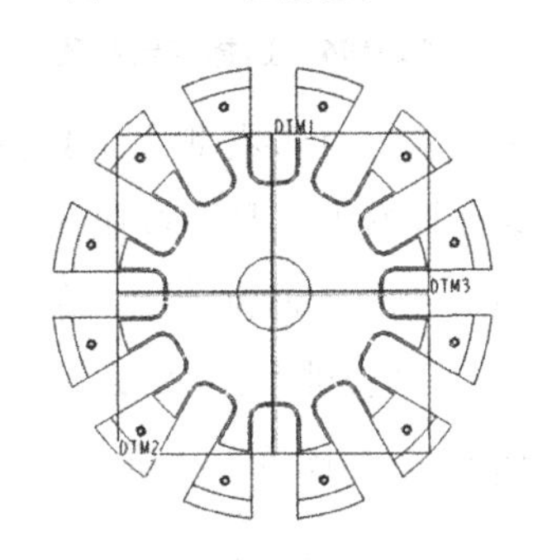

图 5-103 选择参照

第二步 点击右侧主工具栏草图按钮，绘制如图 5-104 所示的草绘图形，单击草绘环境右侧工具栏按钮 ，退出草绘环境。

第三步 调整拉伸方向使方向朝图 5-107 所示平面 *A* 下方，点击去除材料按钮 ，在“拉伸长度”对话框中输入拉伸长度“10”，然后单击按钮 ，完成拉伸特征创建，如图 5-105 所示。

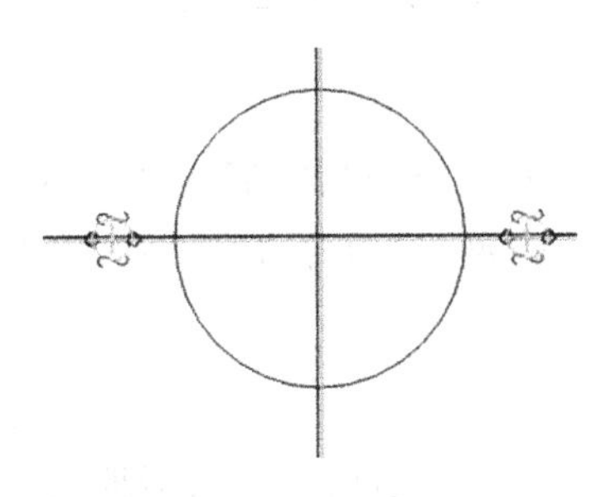

图 5-104 草绘图形

图 5-105 拉伸特征 3

5）拉伸特征 4

第一步 点击右侧主工具栏拉伸按钮 ，在绘图区域单击鼠标右键，点击“定义内部草绘”，单击选择如图 5-106 所示平面 *A* 作为草绘平面，单击“草绘”按钮，弹出“参照”对话框，选择如图 5-107 所示的 DTM1 和 DTM3 作为草绘参照，单击"关闭"按钮。

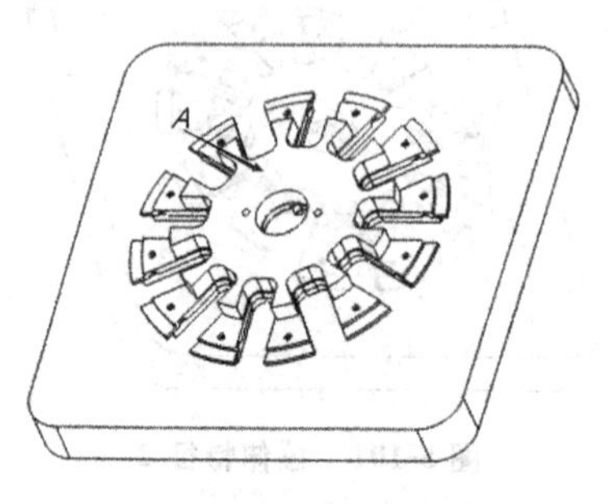

图 5-106　选择草绘平面

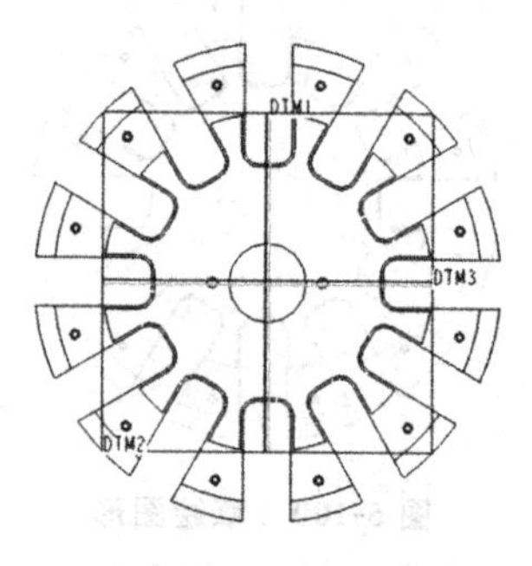

图 5-107　选择参照

第二步　点击右侧主工具栏草图按钮，绘制如图 5-108 所示的草绘图形，单击草绘环境右侧工具栏按钮 ✔，退出草绘环境。

第三步　调整拉伸方向使方向朝图 5-106 所示平面 A 下方，点击去除材料按钮，在"拉伸长度"对话框中输入拉伸长度"10"，然后单击按钮，完成拉伸特征创建，如图 5-109 所示。

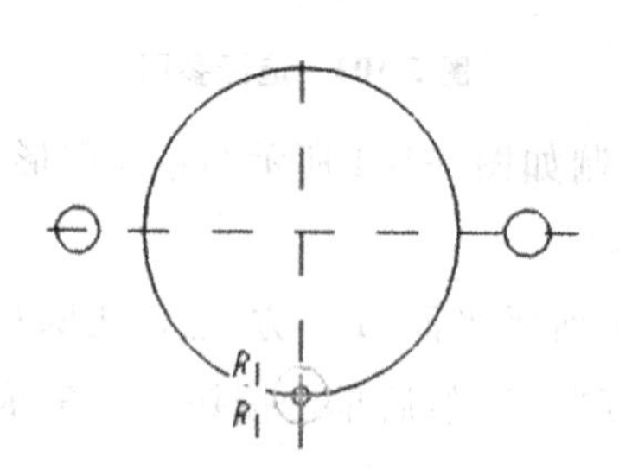

图 5-108　草绘图形

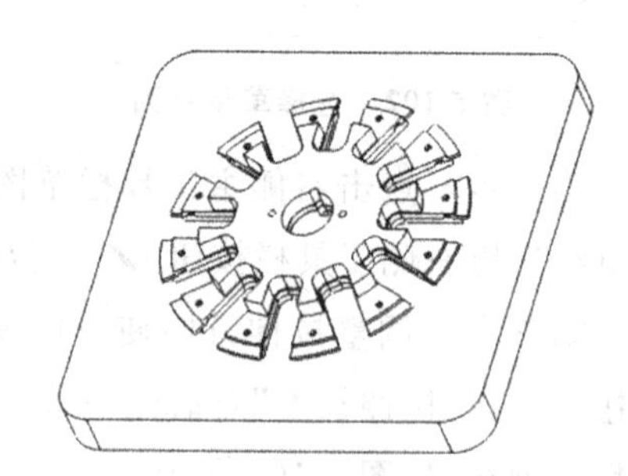

图 5-109　拉伸特征 4

5. 螺杆装配设计

点击右侧模型树下 MK5-9. ASM，单击鼠标右键，选择"激活"。按住"Ctrl"键，在绘图区域选择绘图区域辅助平面，单击鼠标右键，然后单击"隐藏"，隐藏基准面，以便于绘图。

1）创建坐标系与坐标平面

第一步　在主工具栏右侧点击新建按钮，弹出"元件创建"对话框，在"元件创建"对话框"名称"栏中输入"mk5-9-d"，然后单击"确定"按钮，弹出"创建选项"对话框，在对话框中选择"定位缺省基准"与"对齐坐标系与坐标系"，单击"确定"按钮。

第二步　在绘图区域点选 ASM_DEF_CSYS 坐标，模型树下产生一个新建工件 MK5-9-D，绘图区出现 DTM1、DTM2 和 DTM3 三个正交平面。

2）拉伸特征 1

第一步　点击右侧主工具栏拉伸按钮 ，在绘图区域单击鼠标右键，点击"定义内部草绘"，单击选择如图 5-110 所示平面 *A* 作为草绘平面，单击"草绘"按钮，弹出"参照"对话框，选择如图 5-111 所示的 DTM1 和 DTM3 作为草绘参照，单击"关闭"按钮。

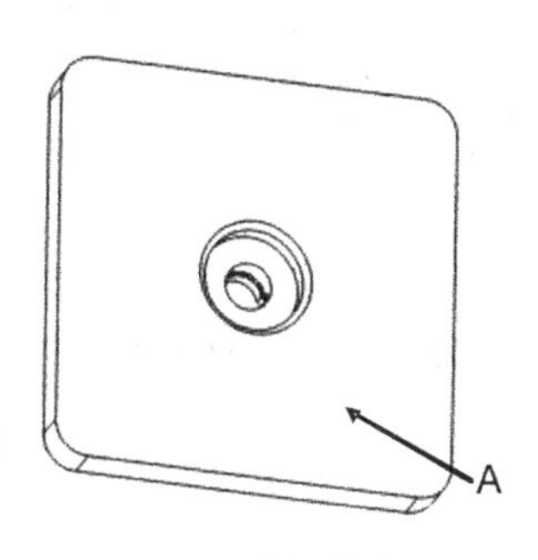

图 5-110　选择草绘平面

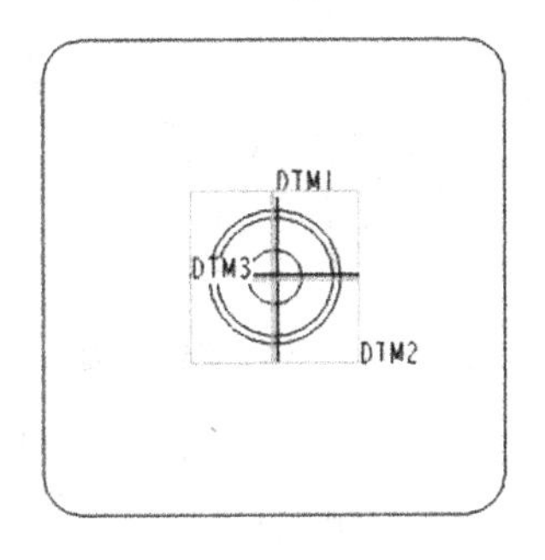

图 5-111　选择参照

第二步　点击右侧主工具栏草图按钮，绘制如图 5-112 所示的草绘图形，单击草绘环境右侧工具栏按钮 ✔，退出草绘环境。

第三步　调整拉伸方向使方向朝图 5-110 所示平面 *A* 上方，在"拉伸长度"对话框中输入拉伸长度"15"，然后单击按钮 ✔，完成拉伸特征创建，如图 5-113 所示。

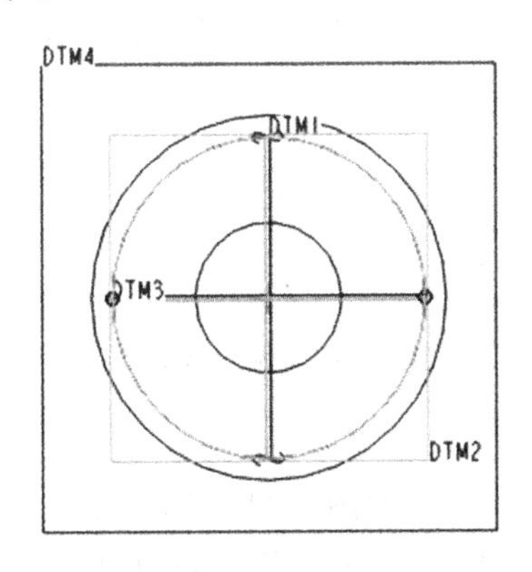

图 5-112　草绘图形

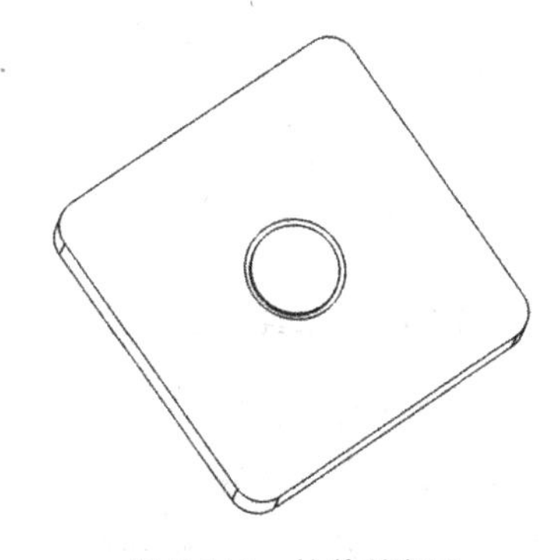

图 5-113　拉伸特征 1

3）拉伸特征 2

第一步　点击右侧主工具栏拉伸按钮 ，在绘图区域单击鼠标右键，点击"定义内部草绘"，单击选择如图 5-114 所示平面 *A* 作为草绘平面，单击"草绘"按钮，弹出"参照"对话框，选择如图 5-115 所示的 DTM1 和 DTM3 作为草绘参照，单击"关闭"按钮。

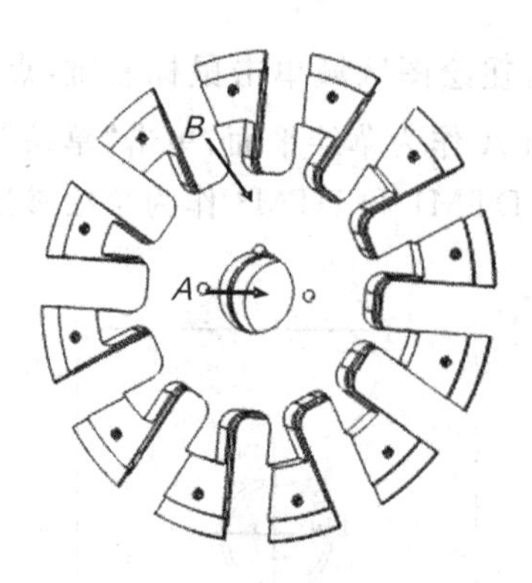

图 5-114 选择草绘平面

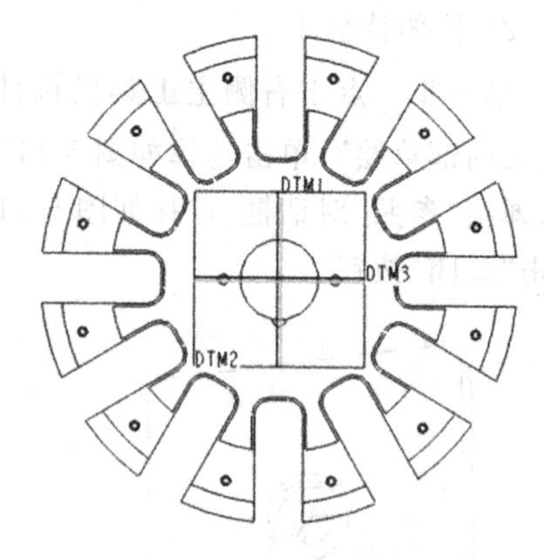

图 5-115 选择参照

第二步 点击右侧主工具栏草图按钮，绘制如图 5-116 所示的草绘图形，单击草绘环境右侧工具栏按钮 ✔，退出草绘环境。

第三步 调整拉伸方向，使方向朝图 5-110 所示平面 A 上方，选择拉伸至指定的平面按钮，选择如图 5-114 所示的平面 B，在“拉伸对话框”中单击按钮 ✔，完成拉伸特征创建，如图 5-117 所示。

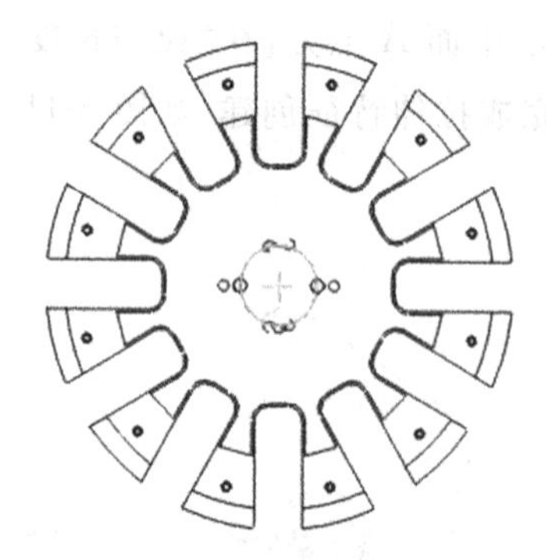

图 5-116 草绘图形

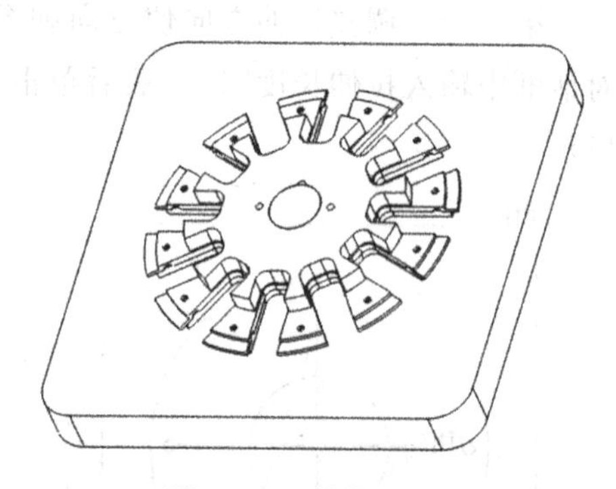

图 5-117 拉伸特征 2

4）创建倒角特征

第一步 在模型树下选择特征 MK5-9-D. PRT，如图 5-118 所示，点击鼠标右键，选择“打开”，软件则在另一个窗口打开工件 MK5-9-D. PRT，这样便于螺杆特征的创建和编辑，新窗口如图 5-119 所示。

第二步 点击右侧主工具栏倒角按钮 ，选择如图 5-120 箭头所示的边线，双击屏幕弹出数字，将其修改为“2”，单击按钮 ✔，完成倒角特征创建，如图 5-121 所示。

第三步 在新窗口中单击选择“窗口”/“关闭”，如图 5-122 所示，回到装配窗口，如图 5-123 所示。

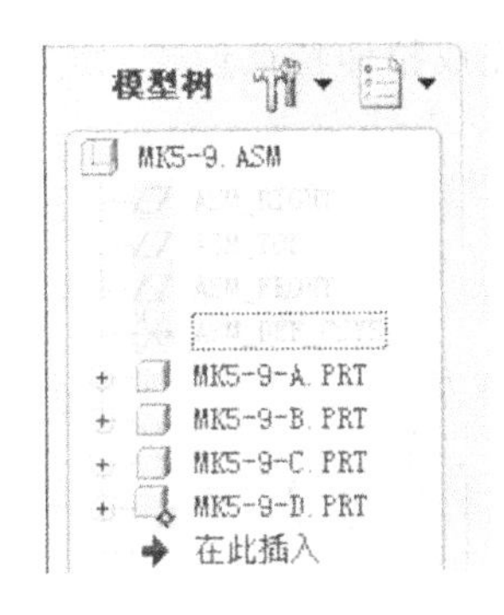

图 5-118 选择特征

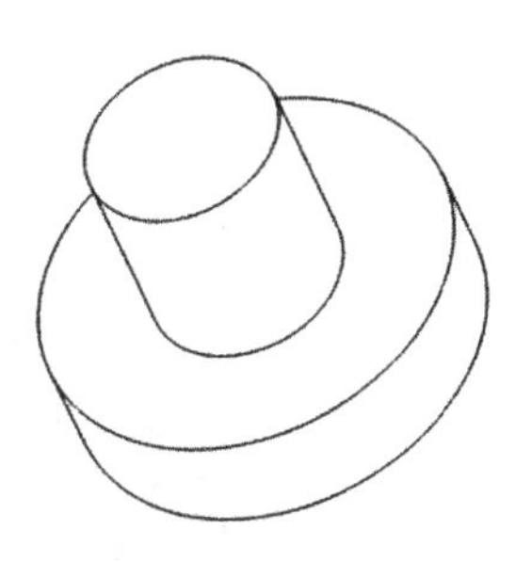

图 5-119 螺杆新窗口

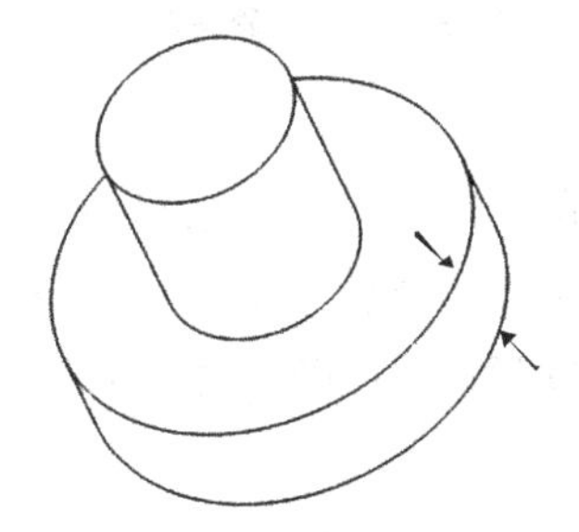

图 5-120 选择边线

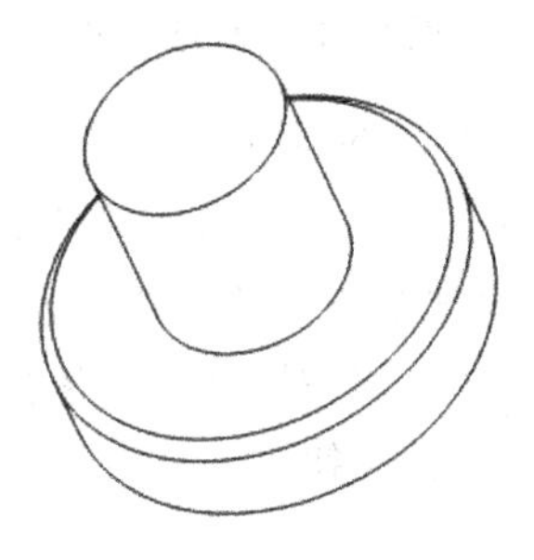

图 5-121 倒角效果图

图 5-122 选择“关闭”

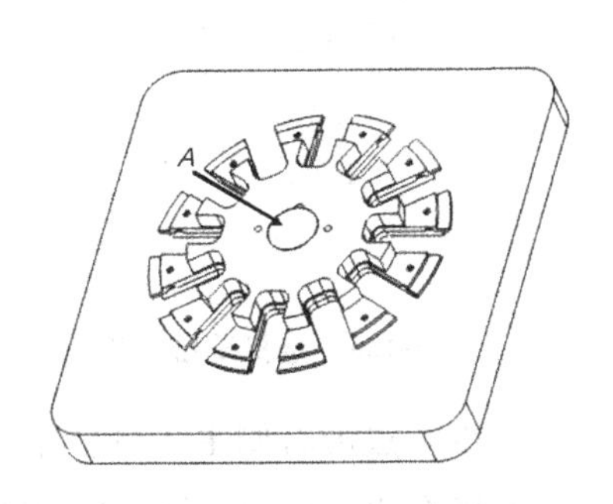

图 5-123 回主窗口效果图

5）拉伸特征 3

第一步 点击右侧主工具栏拉伸按钮，在绘图区域单击鼠标右键，点击“定义内部草绘”，单击选择如图 5-123 所示平面 *A* 作为草绘平面，单击“草绘”按钮，弹出“参照”对话框，选择 DTM1 和 DTM3 作为草绘参照，单击“关闭”按钮。

第二步 点击右侧主工具栏草图按钮，绘制如图 5-124 所示的草绘图形，单击草绘环境右侧工具栏按钮 ✔，退出草绘环境。

第三步 调整拉伸方向使方向朝图 5-123 所示平面 *A* 上方，在“拉伸长度”

对话框中输入拉伸长度“40”，然后单击按钮 ✓，完成拉伸特征创建，如图 5-125 所示。

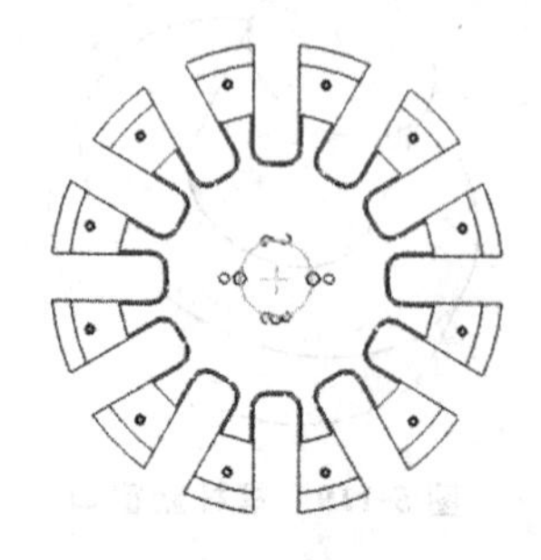

图 5-124　草绘图形

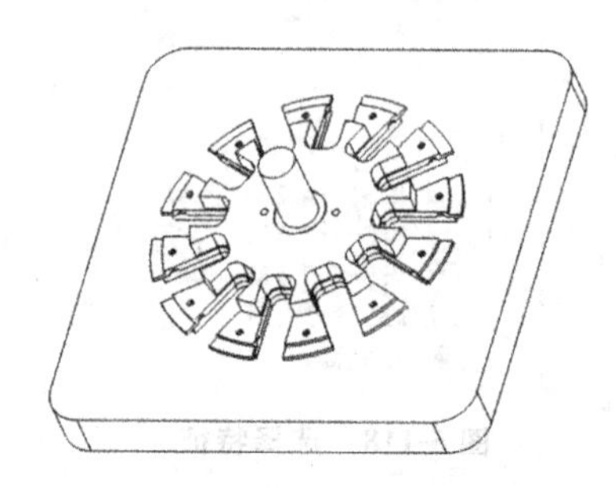

图 5-125　拉伸特征 3

6）拉伸特征 4

第一步　点击右侧主工具栏拉伸按钮，在绘图区域单击鼠标右键，点击“定义内部草绘”，单击选择如图 5-126 所示平面 *A* 作为草绘平面，单击“草绘”按钮，弹出“参照”对话框，选择如图 5-127 所示的 DTM1 和 DTM3 作为草绘参照，单击“关闭”按钮。

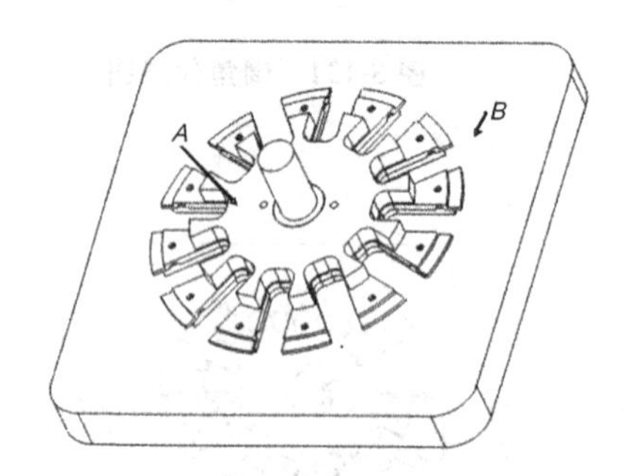

图 5-126　选择草绘平面

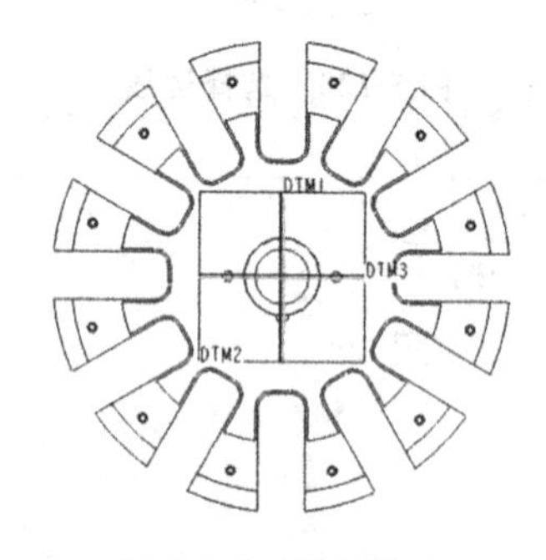

图 5-127　选择参照

第二步　点击右侧主工具栏草图按钮，绘制如图 5-128 所示的草绘图形，单击草绘环境右侧工具栏按钮 ✔，退出草绘环境。

第三步　调整拉伸方向使方向朝图 5-126 所示平面 *A* 下方，点击去除材料按钮，选择拉伸至指定的平面按钮，然后选择图 5-126 平面中的平面 *B*，单击按钮 ✓，完成拉伸特征创建，如图 5-129 所示。

7）螺纹特征

第一步　单击选择主菜单“插入”/“螺旋扫面”/“切口”，弹出如图 5-130 所示的“切剪：螺旋扫描”对话框，选择“常数”/“穿过轴”/“右手定则”，单击“完成”按钮。

第二步　弹出如图 5-131 所示的平面选择菜单，在绘图区域选择图 5-132 所

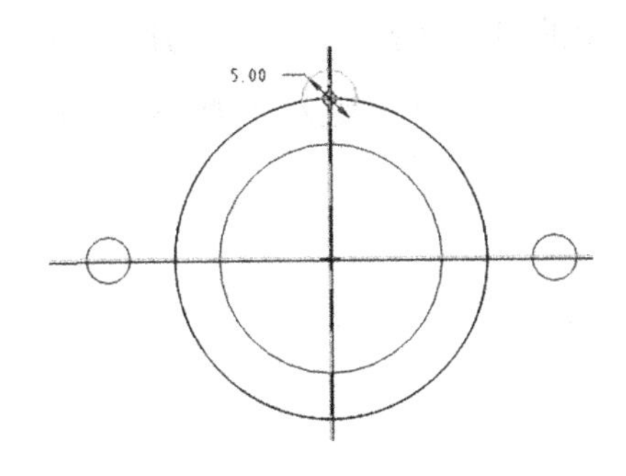

图 5-128 草绘图形

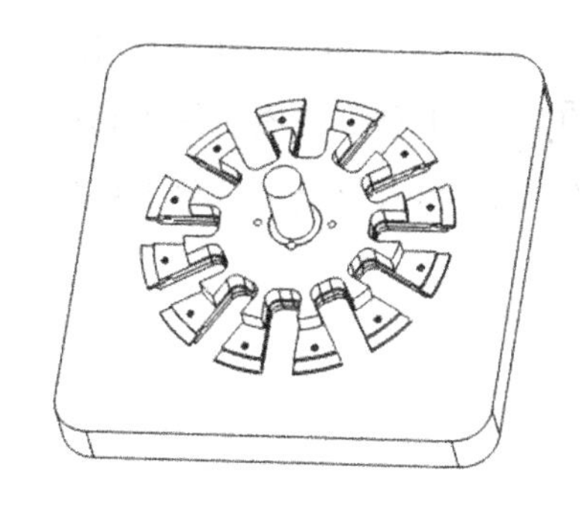

图 5-129 拉伸特征 4

示的DTM3平面，依次选择“正向”/“缺省”，选择DTM1和DTM2平面作为参照平面。

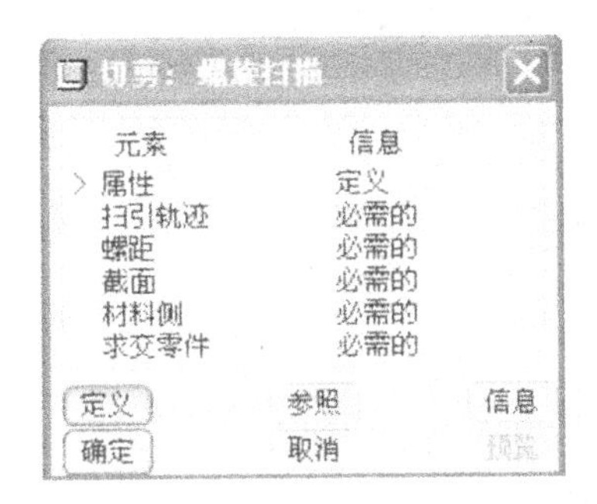

图 5-130 “切剪:螺旋扫描”对话框

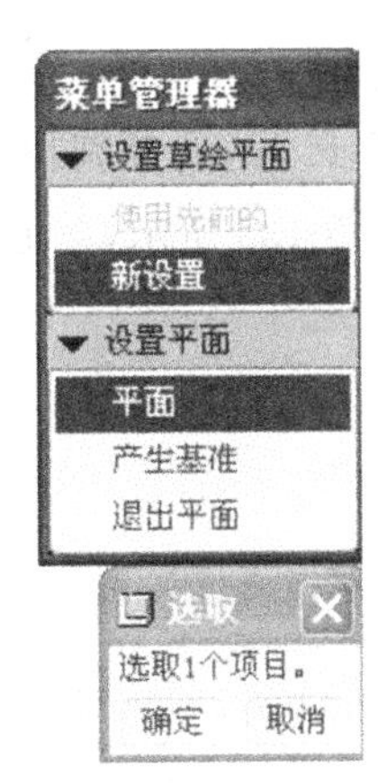

图 5-131 平面选择菜单

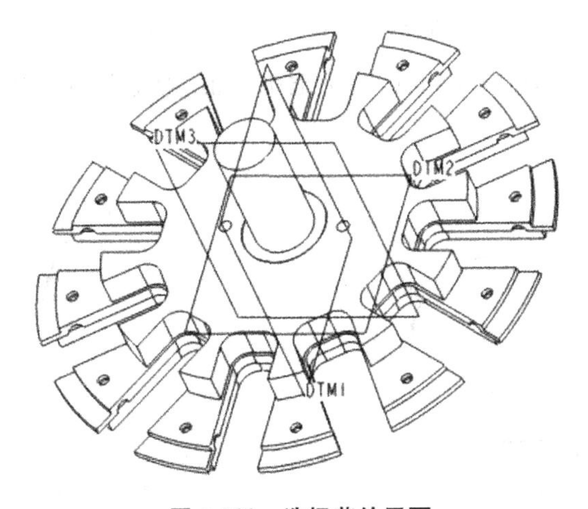

图 5-132 选择草绘平面

第三步　在绘图区中绘制如图5-133所示的扫描轨迹线，轨迹线与圆柱边线重合，单击草绘环境右侧工具栏按钮 ✔，退出草绘环境。弹出“螺距大小”输入对话框，输入数值“2”，单击按钮 ✔。

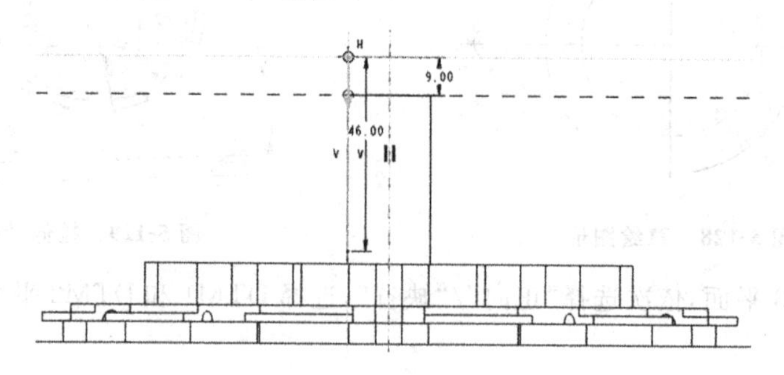

图 5-133　草绘轨迹线

第四步　进入螺旋扫描截面绘制界面，如图5-134所示，并绘制截面图形，放大图如图5-135所示，单击草绘环境右侧工具栏按钮 ✔，退出草绘环境。

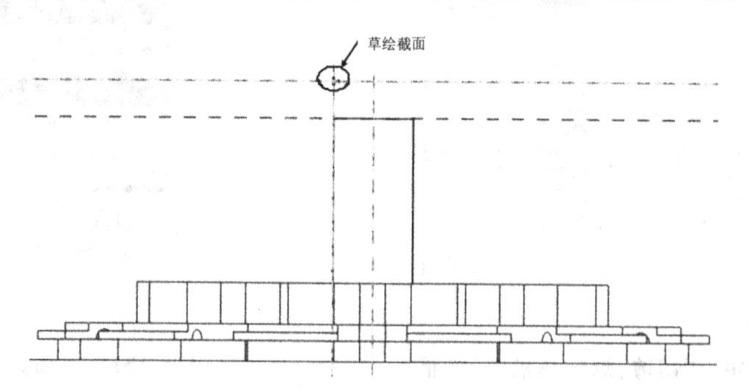

图 5-134　草绘螺旋扫描截面

第五步　在“切剪:螺旋扫描”对话框中点击“确定”按钮，螺纹特征效果如图5-136所示。

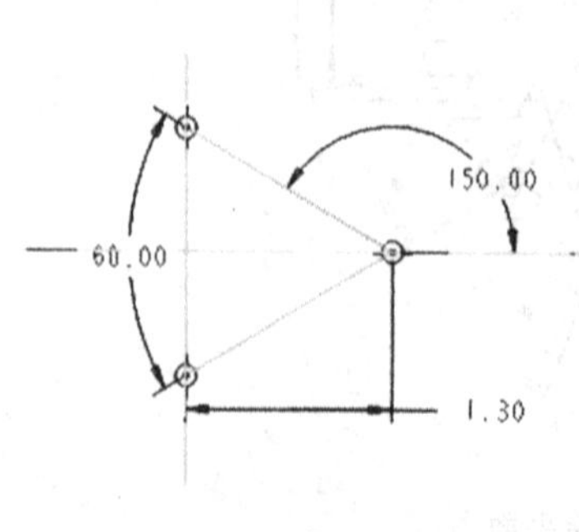

图 5-135　草绘放大图

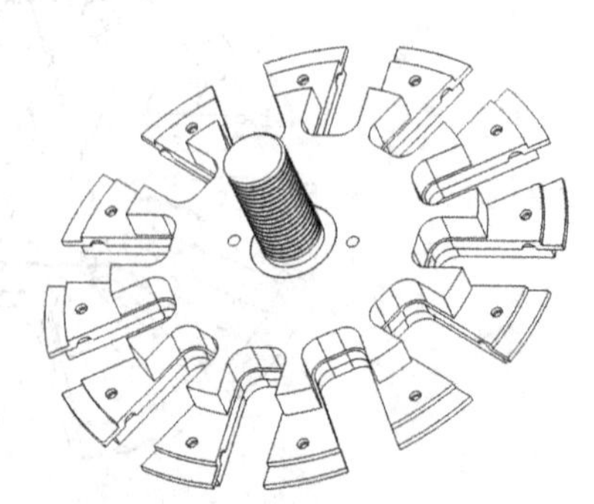

图 5-136　螺纹特征效果

6. 定位销1装配设计

1）创建定位销1零件

第一步 在主工具栏右侧点击新建按钮，弹出“元件创建”对话框，在“元件创建”对话框的“名称”栏中输入“mk5-9-e”，然后点击“确定”按钮，在弹出的“创建选项”对话框中选择“创建特征”，单击“确定”按钮。

第二步 在绘图区域点选ASM_DEF_CSYS坐标，模型树下产生一个新建工件MK5-9-E. PRT。此种零件的创建方法在绘图区不会出现DTM1、DTM2和DTM3三个正交平面。

2）拉伸特征

第一步 点击右侧主工具栏拉伸按钮，在绘图区域单击鼠标右键，点击“定义内部草绘”，单击选择如图5-137所示平面A作为草绘平面，单击“草绘”按钮，弹出“参照”对话框，选择如图5-138所示ASM_RIGHT和ASM_FRONT作为草绘参照，单击“关闭”按钮。

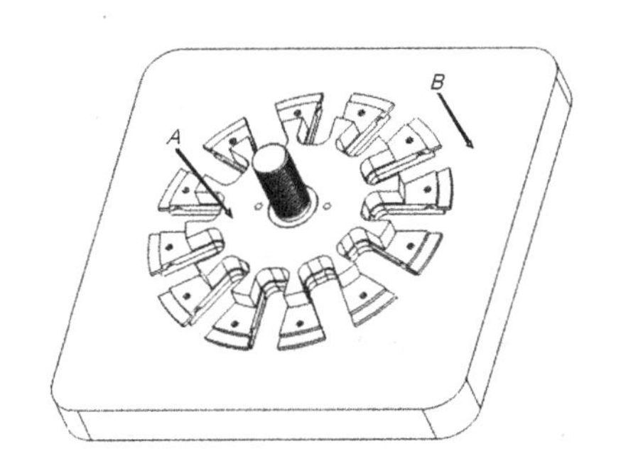

图5-137 选择草绘平面

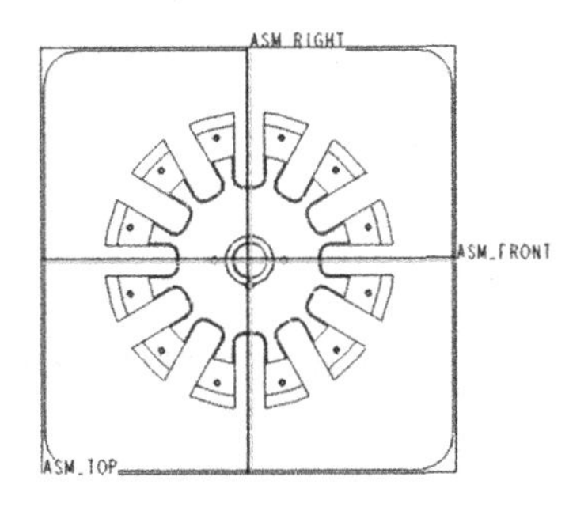

图5-138 选择参照

第二步 点击右侧主工具栏草图按钮，绘制如图5-139所示的草绘图形，单击草绘环境右侧工具栏按钮 ✔，退出草绘环境。

第三步 调整拉伸方向使方向朝图5-137所示平面A下方，选择拉伸至指定的平面按钮，然后选择图5-137中的平面B，在“拉伸”对话框中单击按钮✔，完成拉伸特征创建，如图5-140所示。

3）创建倒角特征

第一步 在模型树下选择特征MK5-9-E. PRT，单击鼠标右键，如图5-141所示，选择“打开”，软件则在另一个窗口打开工件MK5-9-E. PRT，这样便于倒角特征的创建和编辑，新窗口如图5-142所示。

第二步 点击右侧主工具栏倒角按钮，选择如图5-143箭头所示的边线，双击屏幕弹出数字，将其修改为“0.5”，单击按钮✔，完成倒角特征创建，如图5-144所示。

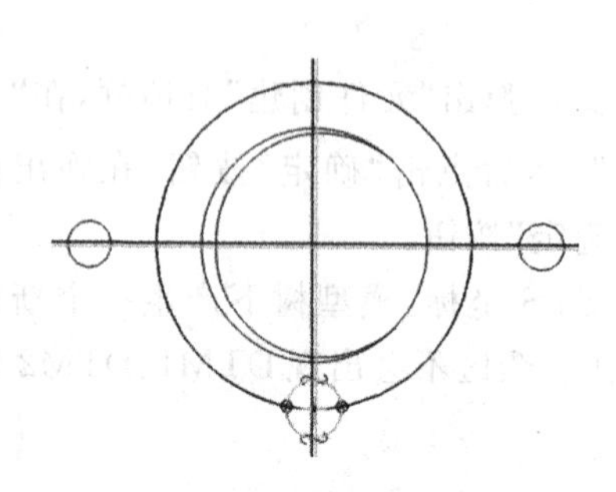

图 5-139　草绘图形

图 5-140　拉伸特征

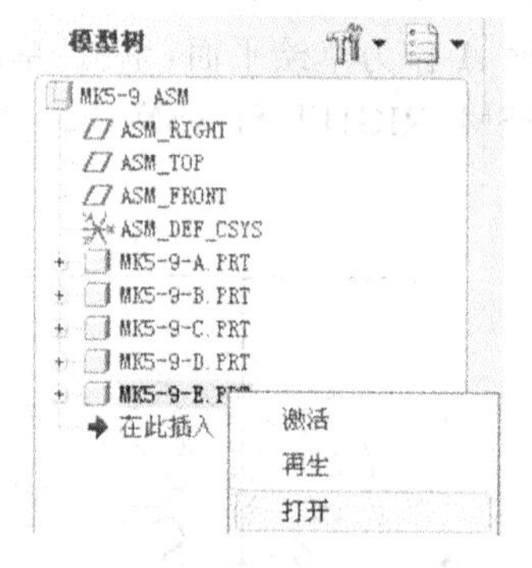

图 5-141　选择“打开”特征

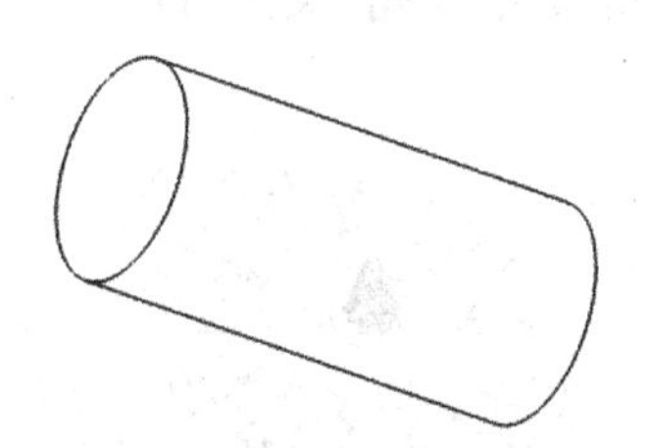

图 5-142　定位销 1 新窗口打开效果图

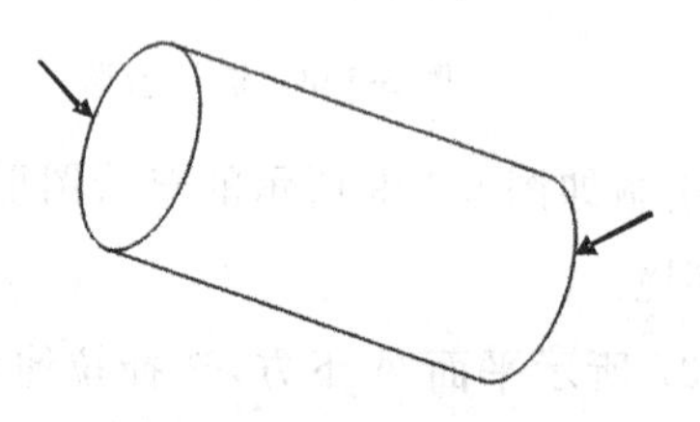

图 5-143　选择边线

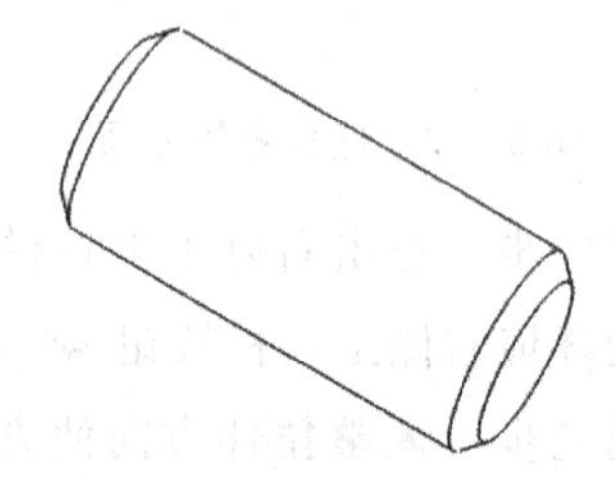

图 5-144　倒角效果图

第三步　在新窗口中单击选择“窗口”/“关闭”,回到装配窗口。

7. 定位销 2 装配设计

1) 创建定位销 2 零件

第一步　在主工具栏右侧点击新建按钮 ,弹出“元件创建”对话框,在“元件创建”对话框“名称”栏中输入“mk5-9-f”,然后单击“确定”按钮,弹出“创建选项”对话框,在对话框中选择“创建特征”,单击“确定”按钮。

第二步　在绘图区域点选 ASM_DEF_CSYS 坐标,模型树下产生一个新建工件 MK5-9-F.PRT。

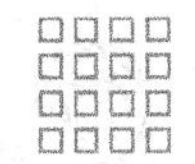

2）拉伸特征

第一步 点击右侧主工具栏拉伸按钮，在绘图区域单击鼠标右键，点击“定义内部草绘”，单击选择如图 5-145 所示平面 *A* 作为草绘平面，单击“草绘”按钮，弹出“参照”对话框，选择如图 5-146 所示 ASM_RIGHT 和 ASM_FRONT 作为草绘参照，单击“关闭”按钮。

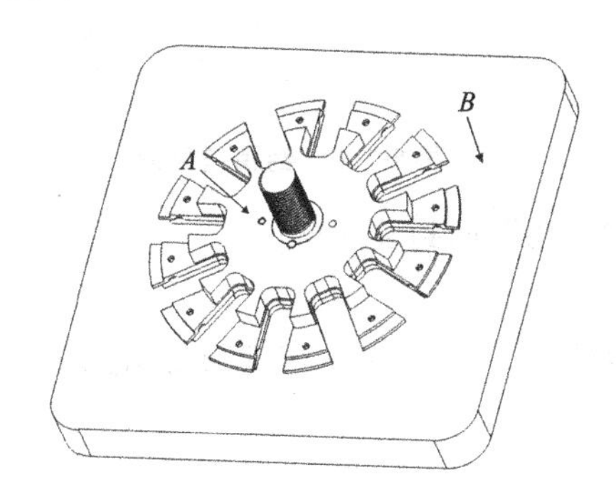

图 5-145 选择草绘平面

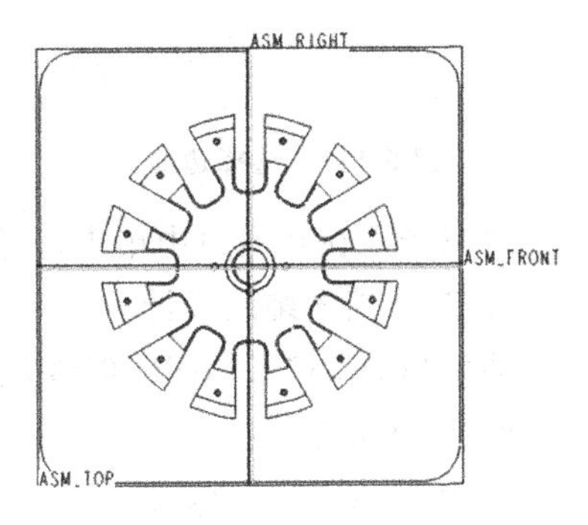

图 5-146 选择参照

第二步 点击右侧主工具栏草图按钮，绘制如图 5-147 所示的草绘图形，单击草绘环境右侧工具栏按钮 ✔，退出草绘环境。

第三步 调整拉伸方向使方向朝图 5-145 所示平面 *A* 下方，选择拉伸至指定的平面按钮，然后选择图 5-145 平面中的平面 *B*，在“拉伸”对话框中单击按钮，完成拉伸特征创建，如图 5-148 所示。

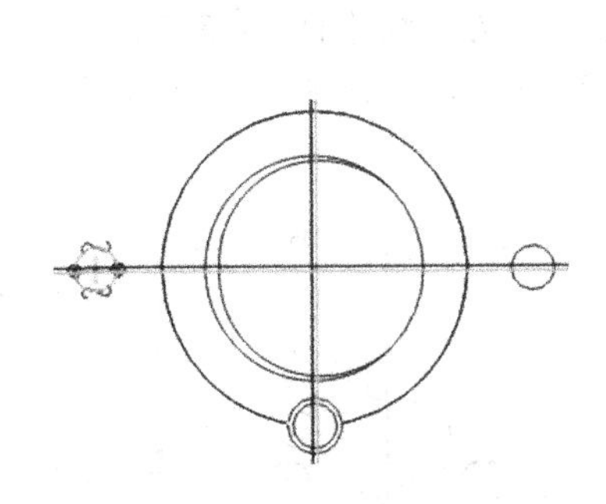

图 5-147 草绘图形

图 5-148 拉伸特征

3）创建倒角特征

第一步 在模型树下选择特征 MK5-9-F. PRT，单击鼠标右键，选择“打开”，软件则在另一个窗口打开工件 MK5-9-F. PRT，这样便于倒角特征的创建和编辑。

第二步 点击右侧主工具栏旋转按钮，选择如图 5-149 箭头所示的边线，双击屏幕弹出数字，将其修改为“0. 5”，然后单击按钮，完成倒角特征创建，如图 5-150 所示。

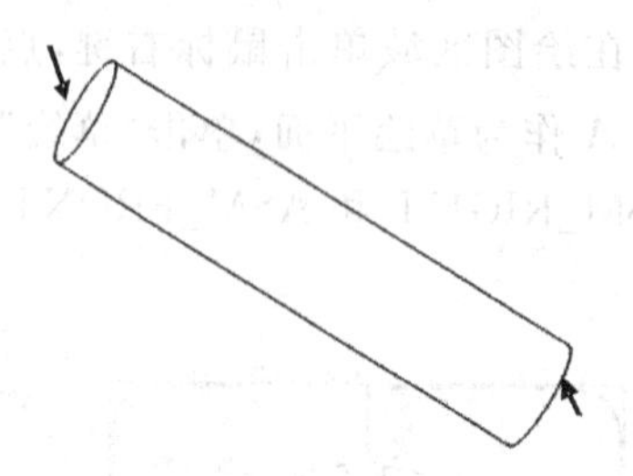
图 5-149　选择边线

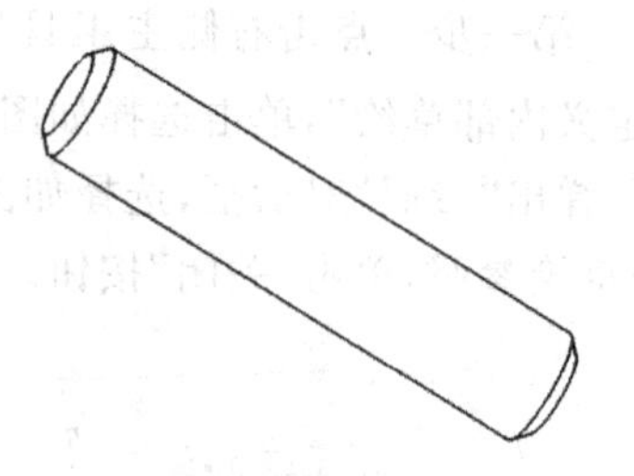
图 5-150　倒角效果图

第三步　在新窗口中单击选择“窗口”/“关闭”，回到装配窗口。

8. 定位销 3 装配设计

使用和定位销 2 相同的创建方式，进行定位销 3“MK5-9-G. PRT”的装配设计。

9. 螺母装配设计

1）创建定位销 3 零件

第一步　在主工具栏右侧点击新建按钮，弹出“元件创建”对话框，在“元件创建”对话框“名称”栏中输入“mk5-9-h”，然后点击“确定”按钮，弹出“创建选项”对话框，在对话框中选择“创建特征”，单击“确定”按钮。

第二步　在绘图区域点选 ASM_DEF_CSYS 坐标，模型树下产生一个新建工件 MK5-9-H. PRT。

2）拉伸特征

第一步　点击右侧主工具栏拉伸按钮，在绘图区域单击鼠标右键，点击“定义内部草绘”，单击选择如图 5-151 所示平面 *A* 作为草绘平面，单击“草绘”按钮，弹出“参照”对话框，选择如图 5-152 所示 ASM_RIGHT 和 ASM_FRONT 作为草绘参照，单击“关闭”按钮。

图 5-151　选择草绘平面

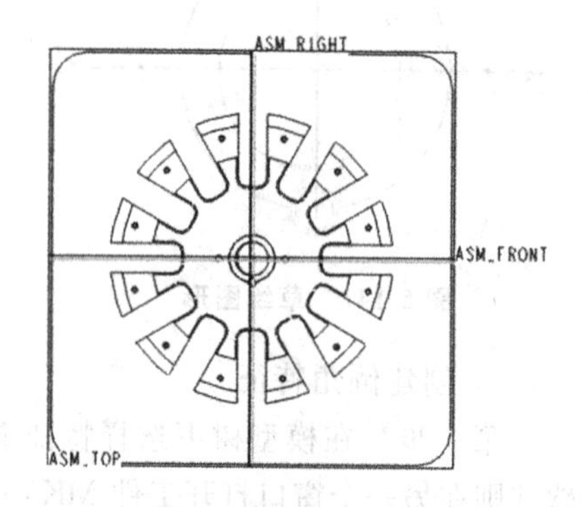

图 5-152　选择参照

第二步　点击右侧主工具栏草图按钮，绘制如图 5-153 所示的草绘图形，单

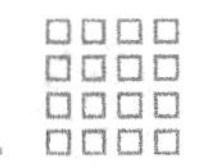

击草绘环境右侧工具栏按钮 ✔ ,退出草绘环境。

第三步　调整拉伸方向使方向朝图 5-151 所示平面 *A* 上方,在“拉伸长度”对话框中输入拉伸长度“20”,然后单击按钮 ✔ ,完成拉伸特征创建,如图 5-154 所示。

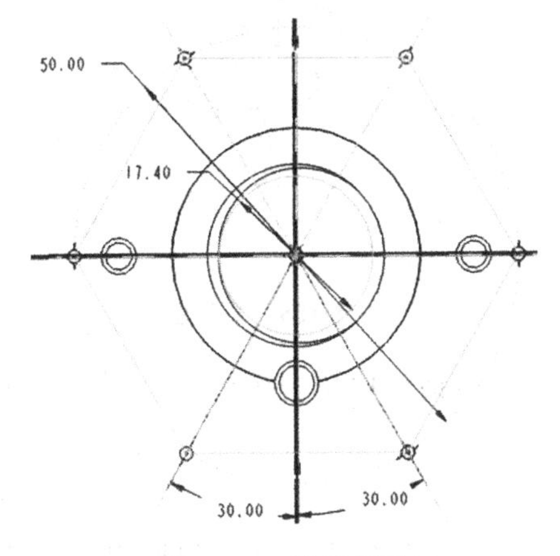

图 5-153　草绘图形

图 5-154　拉伸特征

3）创建辅助平面

点击右侧主工具栏平面创建按钮 ,创建距离如图 5-155 所示的参考平面 *A* 为“10”的基准平面 DTM1,结果如图 5-156 所示。

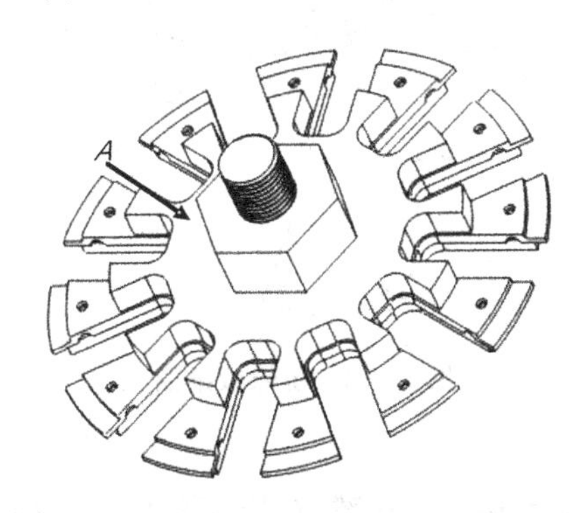

图 5-155　选择参考平面

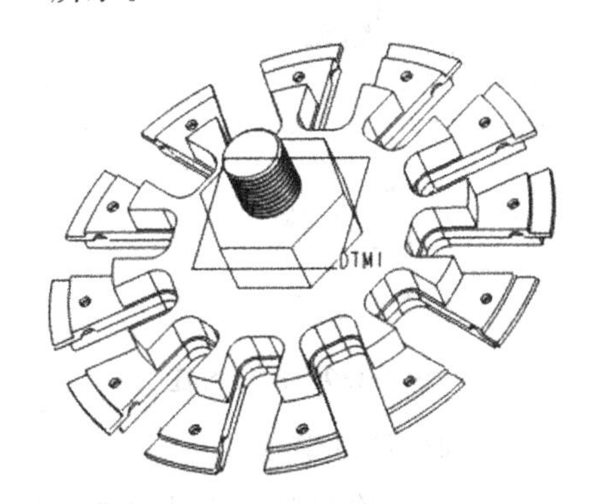

图 5-156　基准平面创建效果图

4）创建旋转特征

第一步　点击右侧主工具栏旋转按钮 ,在绘图区域单击鼠标右键,点击“定义内部草绘”,单击选择如图 5-157 所示 ASM_FRONT 平面作为草绘平面,单击“草绘”按钮,弹出“参照”对话框,选择如图 5-157 所示 ASM_TOP 和 ASM_FRONT 作为草绘参照,单击“关闭”按钮。

第二步　点击右侧主工具栏草图按钮,绘制如图 5-158 所示的草绘图形,单

击草绘环境右侧工具栏按钮 ✔，退出草绘环境。

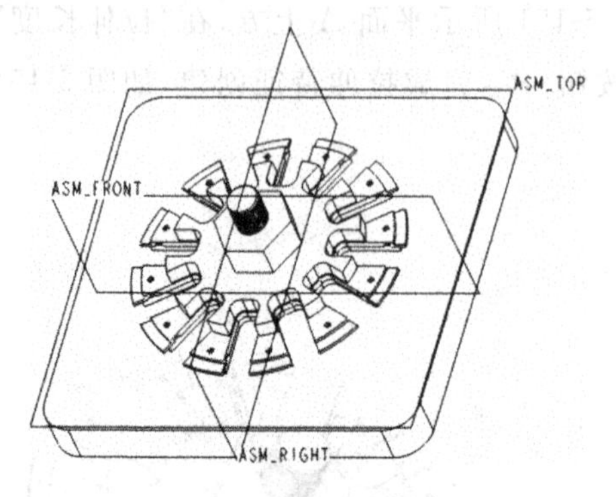

图 5-157　选择草绘平面

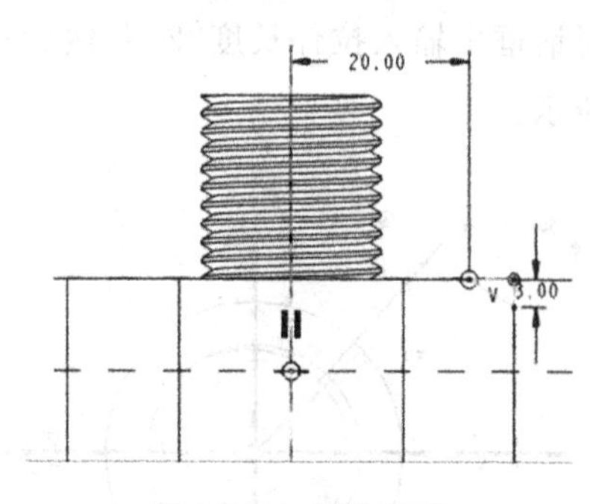

图 5-158　草绘图形

第三步　单击去除材料按钮，在“旋转”对话框中单击按钮 ✔，完成拉伸特征创建，如图 5-159 所示。

5）创建镜像特征

在模型树下选择刚创建的旋转特征，在右侧工具栏中选择镜像按钮，然后单击选择如图 5-159 所示的 DTM1 平面，镜像效果如图 5-160 所示。

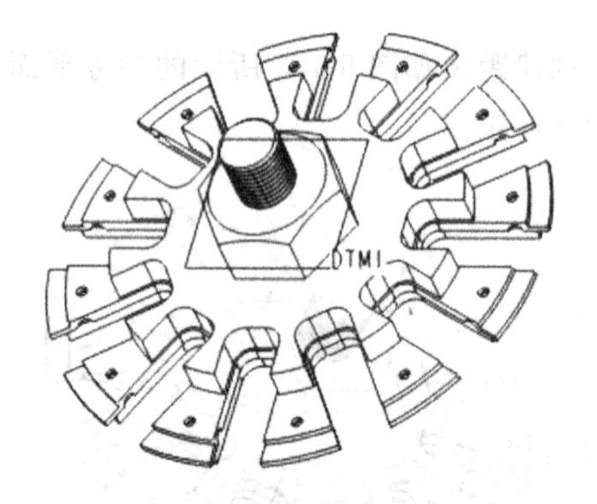

图 5-159　旋转特征

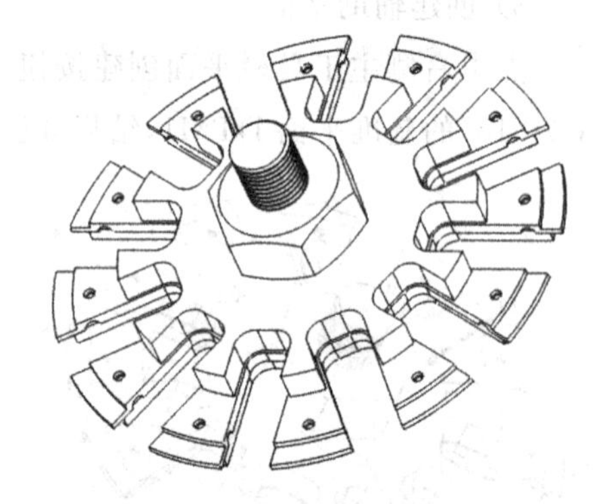

图 5-160　镜像效果图

6）创建螺母螺纹

第一步　在模型树下选择 MK5-9. ASM，单击鼠标右键，在快捷菜单中选择“激活”。

第二步　在主菜单中选择“编辑”/“元件操作”，如图 5-161 所示。

第三步　弹出如图 5-162 所示的“菜单管理器”对话框，选择“切除”，并依次选择如图 5-163 所示的螺母 *A* 和螺杆 *B*，每次选择都单击鼠标中键确认，单击如图 5-164 所示的“完成”按钮，然后在如图 5-162 所示的菜单管理器中选择“完成/返回”，完成螺母螺纹创建，创建后的螺母内螺纹如图 5-165 所示，可单独打开窗口观察螺母内螺纹。

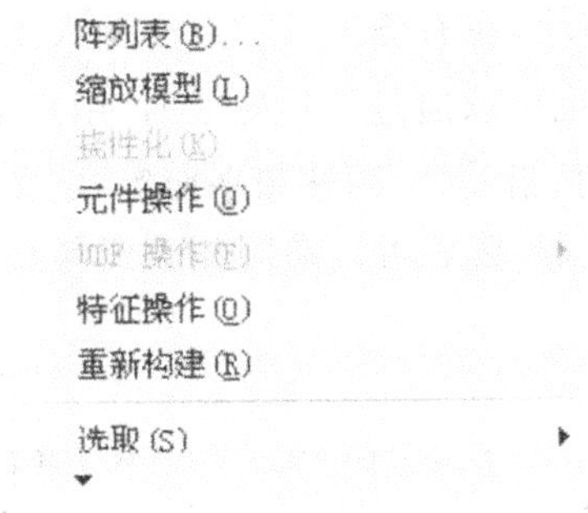

阵列表(B)...
缩放模型(L)
挠性化(K)
元件操作(O)
UDF 操作(F)
特征操作(O)
重新构建(R)
选取(S)

图 5-161　选择元件操作

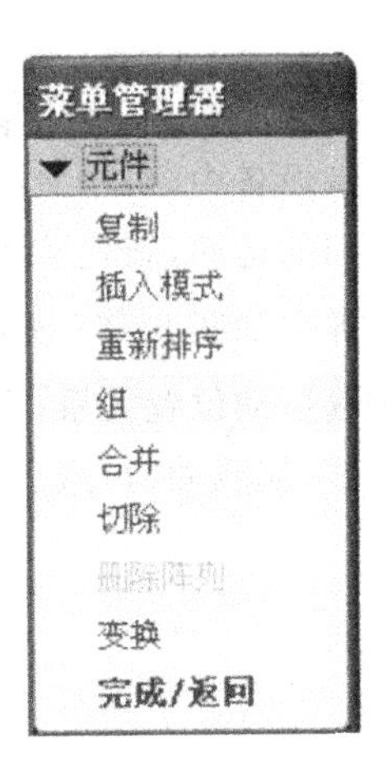

图 5-162　元件操作菜单

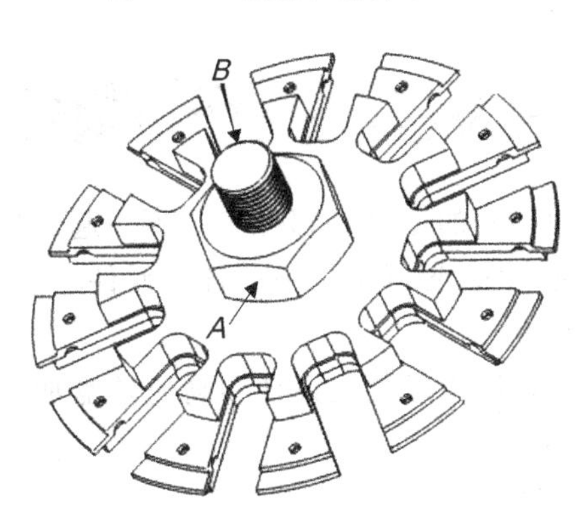

图 5-163　选择元件

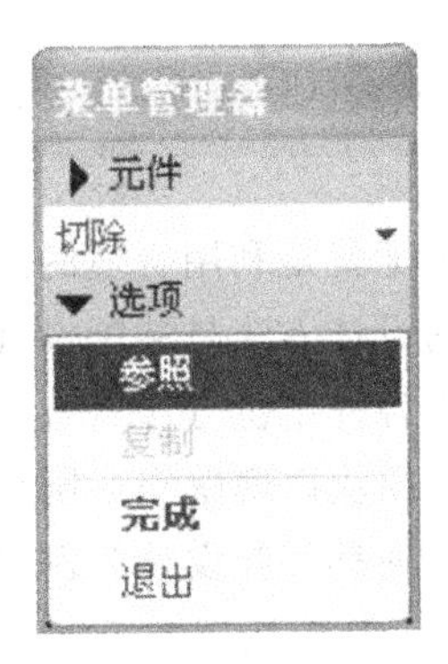

图 5-164　完成选择

10. 总体装配设计效果

总体装配设计效果如图 5-166 所示。

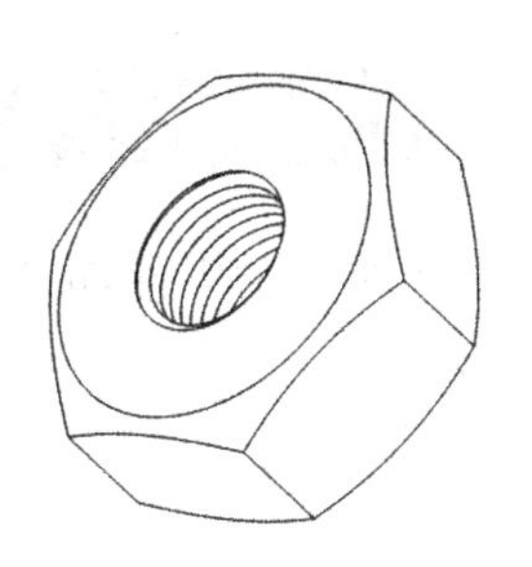

图 5-165　内螺纹创建效果图

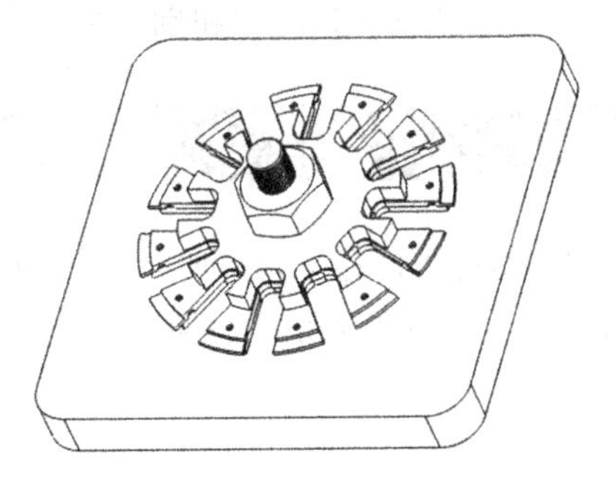

图 5-166　总体装配设计效果图

四、知识拓展

机械设备中，机构之间有着复杂的相互运动，Pro/E 软件可以仿真模拟这些机构之间的运动，新建装配组建，进入装配模块，在右侧工具栏点击调入工件按钮，弹出如图 5-167 所示的装配工具栏。也可以通过工具栏中的“用户定义”设置仿真运动位置关系，主要包括：刚性、销钉、滑动杆、圆柱和平面等，定义好位置关系后，加载动力，进行仿真。由于篇幅限制，读者可以参阅相关资料自行学习。

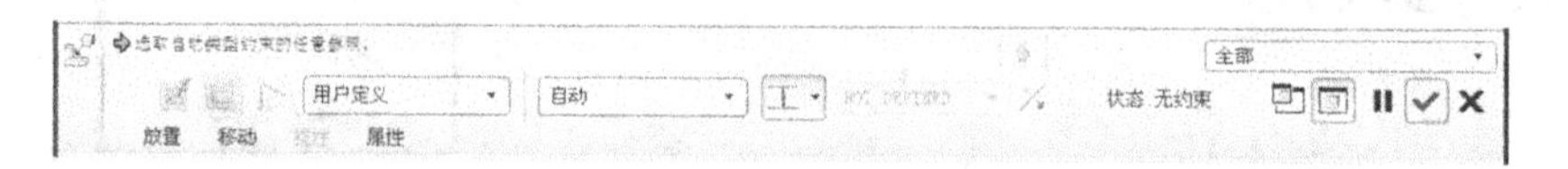

图 5-167　装配工具栏

小　　结

装配就是利用合适的约束条件将各种不同的零件或部件安装到一起。自底向上的设计方法是装配设计中比较常见的方法，先将组件中的各个元件造型，然后使用各种定位方法将各元件组装在一起。

本模块以薄壁空心圆柱外圆车削加工专用夹具装配设计和高速转盘加工铣床专用夹具装配设计为例，详细介绍了以下内容。

（1）装配造型的具体步骤、定位约束方法。

（2）装配操作的基本元件操作，如激活、隐藏、恢复、重定义元件以及修改元件的名称。

（3）装配环境下如何创建零件。

（4）复制、镜像、阵列和创建爆炸图等高级元件操作。

思考与练习

1. 创建工作目录，并创建如图 5-168、图 5-169、图 5-170 所示的零件，按照图 5-171 所示的位置关系进行装配，装配效果图如图 5-172 所示。

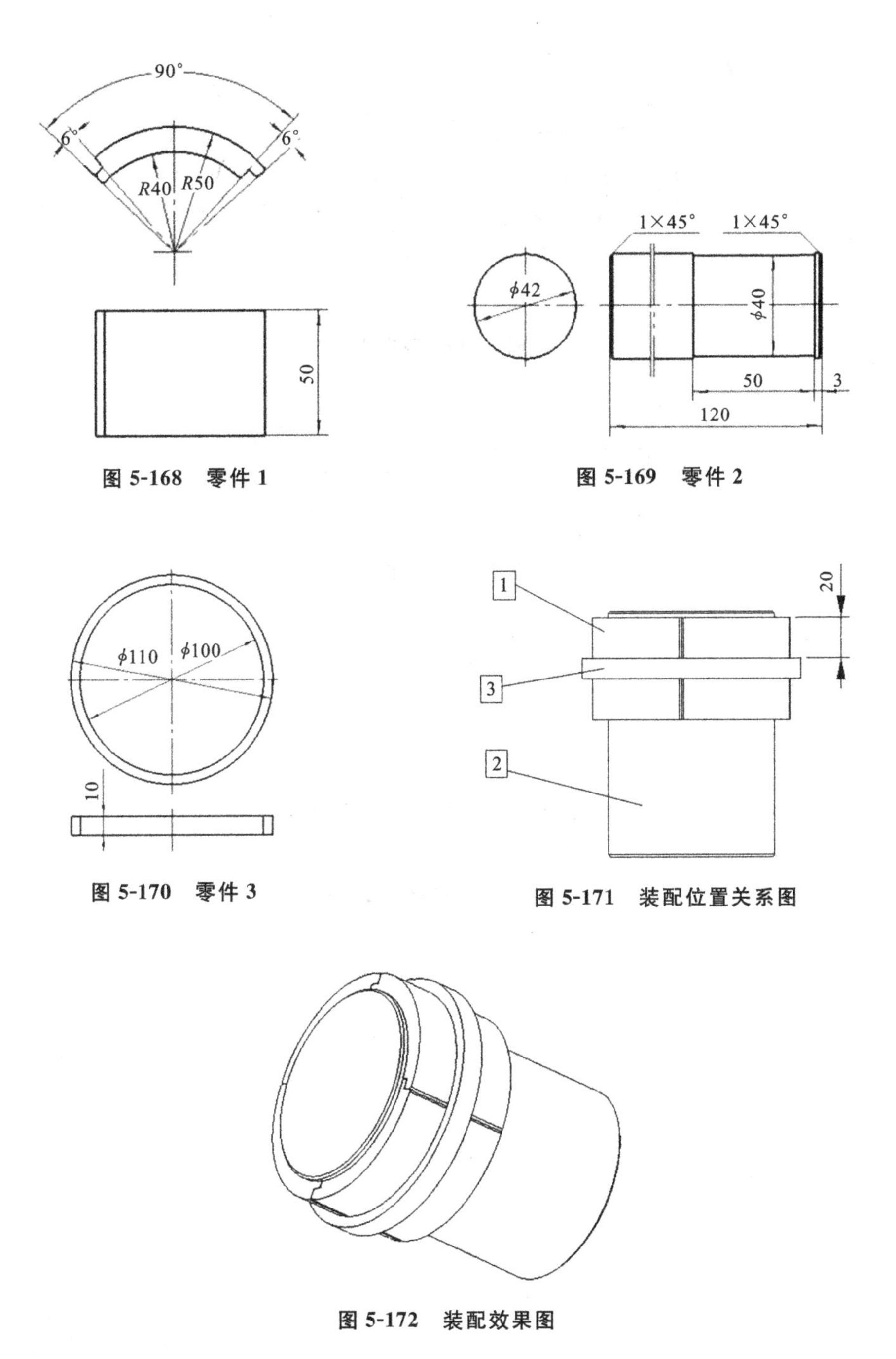

图 5-168　零件 1

图 5-169　零件 2

图 5-170　零件 3

图 5-171　装配位置关系图

图 5-172　装配效果图

2. 创建工作目录，并创建如图 5-173、图 5-174 所示的零件，按照图 5-175 所示的位置关系进行装配。

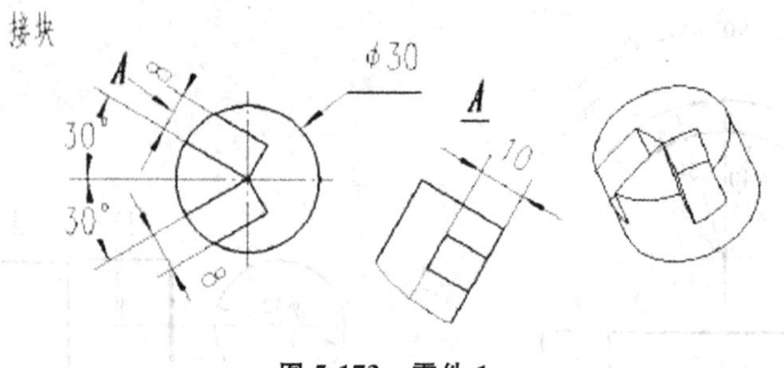

图 5-173　零件 1

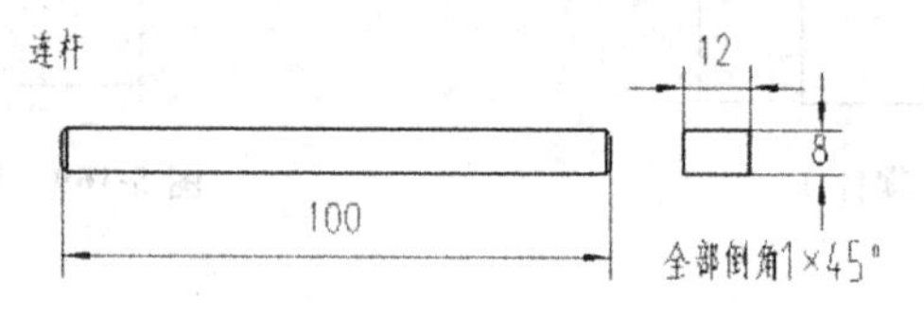

图 5-174　零件 2

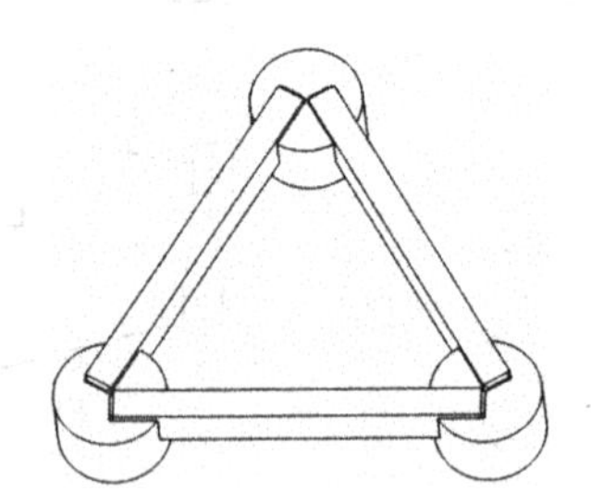

图 5-175　装配位置关系图

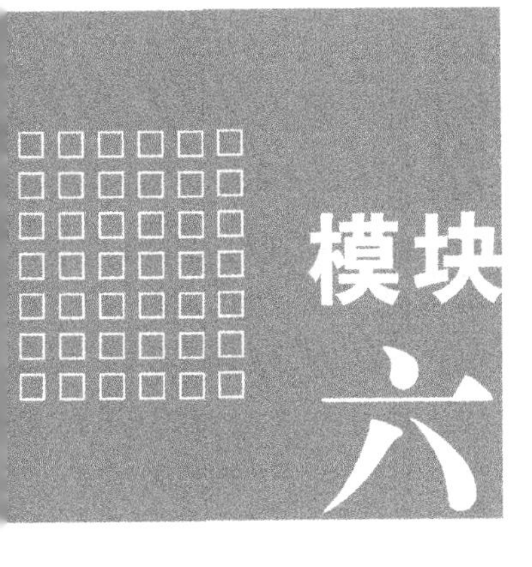

工程图制作

【能力目标】

熟悉 Pro/E 工程图设计功能，在建立零件或装配模型后，能够快速建立符合工程标准的工程图。

【知识目标】

1. 建立三视图的操作步骤。
2. 建立辅助视图和局部视图的基本方法。
3. 几何尺寸和公差标注的基本方法。

任务一　轴承座三视图的创建

一、任务导入

创建如图 6-1 所示的轴承座的三视图。轴承座模型如图 6-2 所示。通过该图的练习，初步掌握三视图的创建方法。

二、相关知识

Pro/E 的工程图模块可以快速地产生三维零件或组件的二维视图，其“参数化”与“全相关”的特性保证三维模型和工程图始终保持一致。Pro/E 所使用的基本视图包括：一般视图、投影视图、详细视图、辅助视图。

◇ 一般视图：可由用户自定义投影方向的视图。一般视图通常为一系列要放置的视图中的第一个视图，例如，它可作为投影视图或其他由其导出视图的父项。

◇ 投影视图：是指另一个视图沿水平或垂直方向的正投影。

◇ 详细视图：是指在另一个视图中放大显示的模型中一小部分的视图，常用

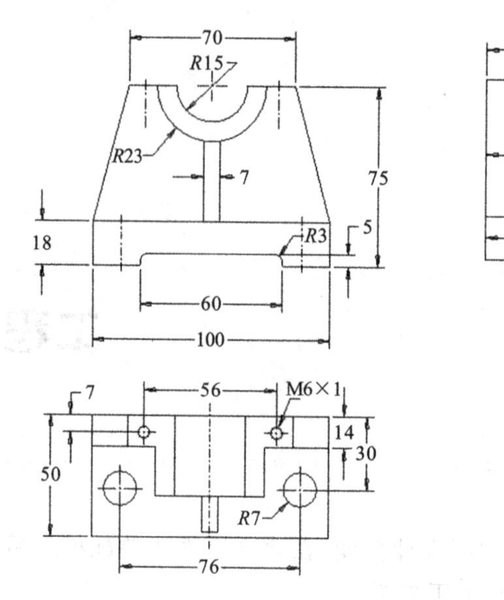

图 6-1　轴承座三视图

图 6-2　轴承座实体图

来建立机械制图中的局部放大图。

◇ 辅助视图：以垂直角度向选定曲面或轴进行投影的视图，父视图中所选定的平面，必须垂直于屏幕平面。用于建立机械制图中的斜视图。

（一）进入绘图模块界面

在 Pro/E 主窗口中，单击菜单“文件”/“新建”命令，在打开的对话框中选择“绘图”类型，在“名称”栏中输入新建文件名称，单击“确定”按钮，系统弹出“新建绘图”对话框，如图 6-3 所示。在该对话框中设定要建立工程图的三维模型文件，明确工程图图纸的样式及大小。该对话框各功能选项的含义如下。

（1）缺省模型：设置系统默认的三维实体模型。单击该栏“浏览”按钮，弹出“打开”文件对话框，选择要建立工程图的三维模型文件，单击“打开”，打开选取

的默认模型文件。

(2) 指定模板:为制作工程图指定一个绘图模板,有三个选项可以选择。

◇ 使用模板:用户可以直接调用系统中存在的模板或系统自带的模板。

◇ 格式为空:使用空白规格化图纸,即使用含有图纸格式的空白图面。

◇ 空:使用空白图纸,若选择该选项,则“新建绘图”对话框的显示内容如图6-4所示。

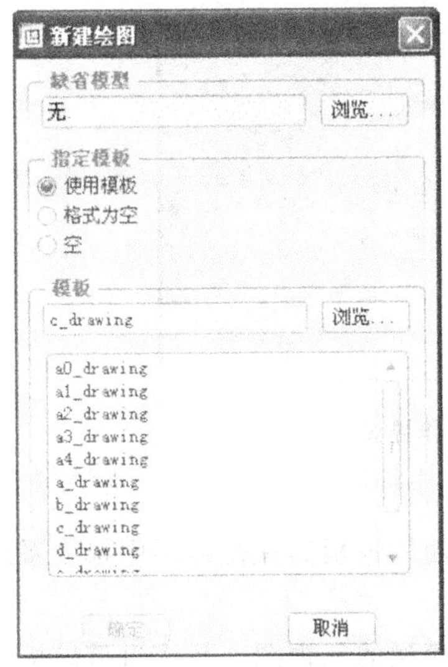

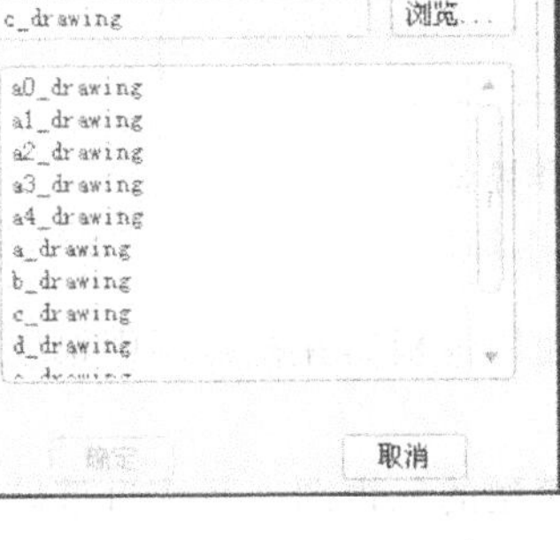

图 6-3　“新建绘图”对话框

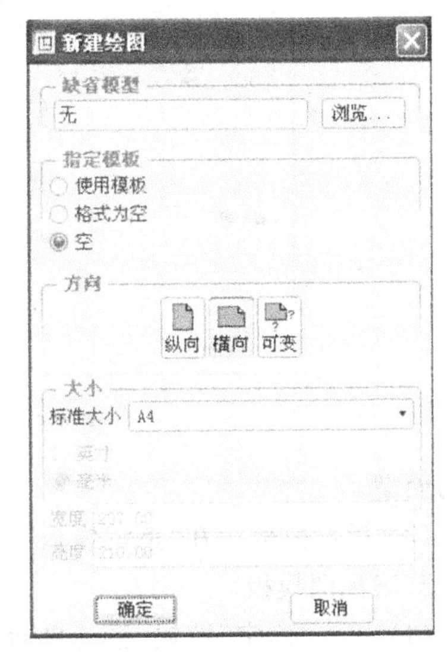

图 6-4　选择“空”选项新建绘图对话框

(3) 模板:该栏中列出可供选择的图纸模板。也可单击“浏览”按钮,选择系统中存在的其他可用模板。如选择空模板,则从“方向”栏中确定图纸的放置方式,有纵向、横向和可变三种选项,选择“可变”,用户可以自定义图纸的长、宽尺寸。在“大小”栏中确定图纸规格。从“标准大小”下拉列表中,可选择标准尺寸的图纸。若在“方向”栏中选择“可变”选项,需要明确图纸的尺寸单位,才能设定相应尺寸值。

完成图纸模式的设置后,单击“确定”按钮,系统进入绘图模块工作界面,如图6-5所示。

在Pro/E系统中有两种方法建立三视图,一种方法是应用系统中存在的三视图模板自动生成三视图;另一种方法是通过自定义方式完成工程图的建立。

(二) 使用模板建立三视图

使用模板建立三视图的操作步骤如下。

(1) 在Pro/E工作环境中单击菜单“文件”/“新建”命令,在打开的“新建”对话框中选择绘图类型,在“名称”栏输入文件名称,单击“确定”按钮。

(2) 选择要建立三视图的三维实体模型。在“缺省模型”栏中指定建立工程

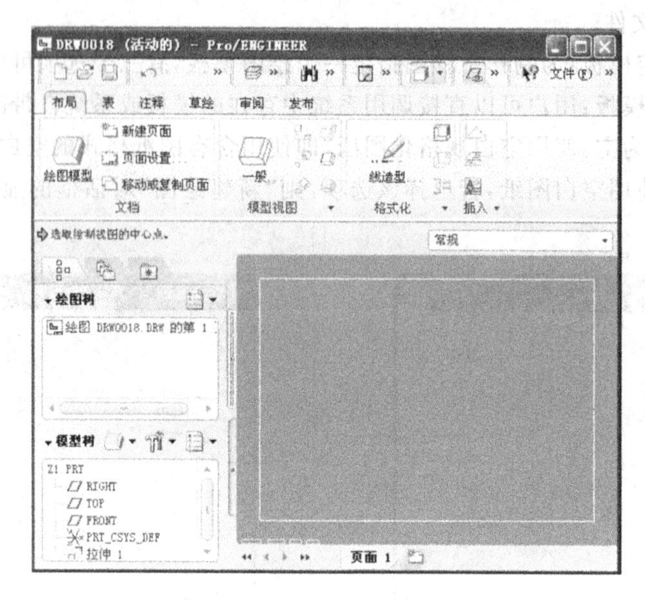

图 6-5　绘图模块工作界面

图的模型。

(3) 指定模板。在“指定模板”栏中选择“使用模板”，在模板栏中选取系统提供的某三视图模板。

(4) 单击“确定”按钮，系统自动完成默认模型的三视图。系统自带模板采用的是第三角投影，不符合我国视图的放置标准，我国采用第一角投影法。

(5) 单击“文件”/“保存”，保存当前视图文件。

(三) 空模板方式建立三视图

在“新建绘图”对话框的“指定模板”栏中，选择“格式为空”或选择“空”选项，可进行无模板方式建立三视图。此时要通过一般视图的创建方式建立主视图，然后以主视图为父项，用投影视图创建的方式建立另外两个视图。

1. 一般视图的创建

在工作区没有其他视图时，创建的第一个视图就是一般视图，通常为工程图中的主视图，是其他视图的基础。另外创建作为辅助图样的轴测图时也要用一般视图的创建方式。根据设计构想对一般视图进行合理定位后，再创建相应的投影视图。

建立一般视图的操作步骤如下。

(1) 在“新建”对话框中建立“绘图”类型文件，选择“空模板”，设置图纸尺寸，然后进入绘图工作界面。

(2) 单击“布局”选项卡中的按钮 ，单击菜单管理器中“添加模型”，添加要建立工程图的三维实体模型。如果有多个模型，单击菜单管理器中的“设置模

型”，选择建立工程图的三维实体的模型名，单击“完成/返回”，完成实体模型的选择。

(3) 单击“布局”选项卡中的按钮 ，在图纸工作区选取一点作为放置第一个视图的中心点并单击该点，在此处出现模型的轴测图。同时弹出“绘图视图”对话框，如图 6-6 所示。

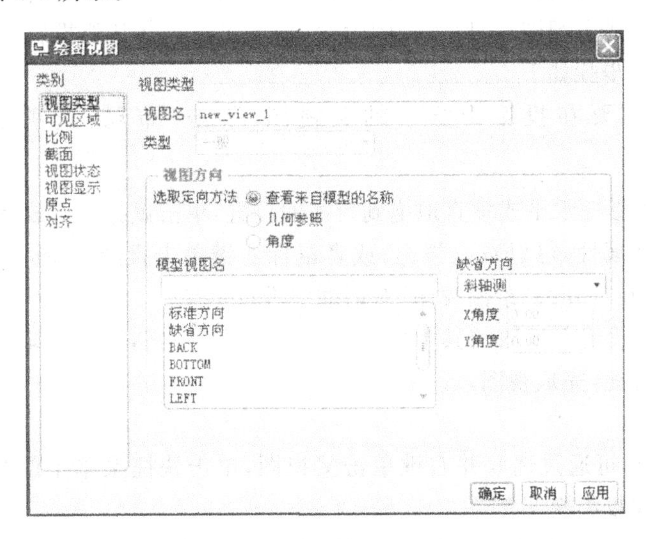

图 6-6　“绘图视图”对话框

(4) 选取如下三种定向方法之一来定位一般视图。

◇ 查看来自模型的名称：使用来自模型的已保存视图的定向。可以从“模型视图名”列表中选取相应的模型视图，也可通过选取“等轴测”、“斜轴测”或“用户定义”选项进行定向。

◇ 几何参照：使用来自绘图中预览模型的几何参照进行定向，模型根据定义的方向和选取的参照重新定位。

◇ 角度：使用选定参照的角度或定制角度来定向视图。

(5) 继续定义绘图视图的其他属性时，单击“应用”按钮，选取适当的类别。

(6) 单击“确定”按钮，完成视图定义。

注意：如果删除或隐含用来定向视图的几何特征，视图及其所有子项都将改变为默认定向。如果删除定向视图的几何特征，则无法恢复原始视图定向，但恢复隐含特征可恢复视图的原始方向。

提示：

◇ 如果把建立的一般视图作为主视图，且采用几何参照进行视图定位，应恰当选择视图的两个参照，使其反映零件的主要形状，以符合工程图绘制习惯。

◇ 系统默认的视图方式为“第三视角投影”视图，在使用时应修改为“第一视角投影”视图，以符合我国工程图标准。

◇ 修改系统视角的具体方法：单击主菜单“文件”中“绘图选项”，在“选项”对话框中，将参数“projection_type”的值修改为“first_angle”。

2. 投影视图的添加

投影视图与一般视图的创建过程类似，但在创建投影视图时，要指定一个视图作为父视图，投影视图不能指定比例，位于父视图上方、下方或位于其右边、左边。一般在完成主视图后，以主视图为参照，可快速建立其他投影视图。建立投影视图的操作步骤如下。

(1) 选取要在投影中显示的父视图，单击“布局”选项卡中的按钮 投影...。

(2) 将投影框水平或垂直地拖到所需的位置，单击鼠标左键放置视图。要修改投影视图的属性，可以双击视图，或者鼠标右键单击投影视图，在快捷菜单上单击“属性”，在打开的“绘图视图”对话框中进行定义。

(3) 要继续定义视图的其他属性，单击“应用”按钮，然后选取适当的类别。单击“确定”按钮，完成视图。

提示：

◇ 用户也可通过选取并右键单击父视图，单击快捷菜单中的“插入投影视图”命令，创建投影视图。

◇ 当创建投影视图时，系统将根据投影生成的方向为其赋一个默认名称。

◇ 要在视图中以标签形式显示视图名称，应在创建视图前设定配置参数“make_proj_view_notes”的值为“yes”。

3. 视图的移动

为了调整各个视图的页面布局，需要对个别视图进行移动，以合理分配图纸空间。移动具有父子关系的视图时，若沿非投影方向移动父视图，则子视图跟随移动，若视图间均为一般视图，则视图可自由移动，并不影响其他视图。

(1) 解除视图移动锁定　视图放置后，处于锁定状态。选中视图，单击右键，弹出如图 6-7 所示的快捷菜单或在图纸区域空白处单击右键，弹出如图 6-8 所示的快捷菜单。单击锁定视图移动，使其处于未选中状态，解除视图移动锁定。

(2) 移动视图　在图纸中选择要移动的视图，该视图的周围出现一红框，并出现移动光标，按住鼠标左键，拖动光标到合适位置，释放鼠标左键即可。

4. 视图的删除

如果要删除图纸中的某个视图，只需选中该视图，然后单击工具栏中的删除按钮，或单击右键菜单中的“删除”选项。如果删除的是一般视图，以一般视图为父视图的所有视图都会删除。

5. 视图的修改

选择要修改的视图，双击鼠标左键，或单击右键，单击“属性”选项，打开“绘

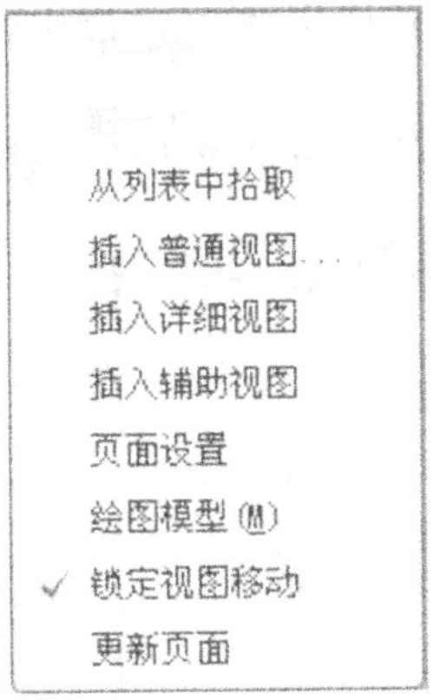

从列表中拾取
插入普通视图...
插入详细视图
插入辅助视图
页面设置
绘图模型(M)
✓ 锁定视图移动
更新页面

图 6-7　快捷菜单 1

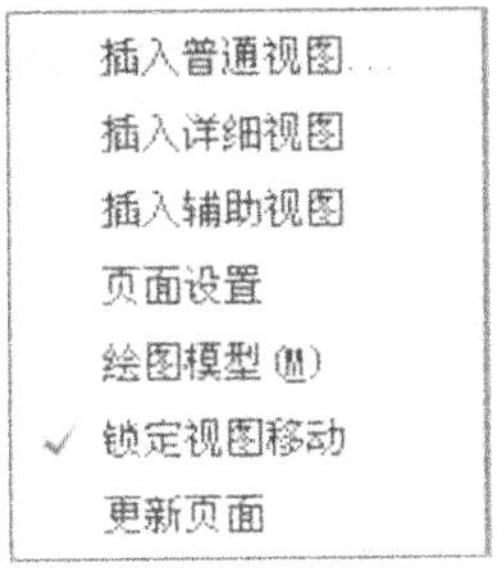

插入普通视图...
插入详细视图
插入辅助视图
页面设置
绘图模型(M)
✓ 锁定视图移动
更新页面

图 6-8　快捷菜单 2

图视图”对话框，完成对指定视图的修改。修改视图的具体操作步骤如下。

(1) 双击要修改的视图，打开“绘图视图”对话框。

(2) 选中要进行修改的选项。

(3) 按系统提示完成对视图的修改。

三、任务实施

1. 新建实体文件

新建实体文件，按照图 6-1 所示轴承座三视图和图 6-2 所示的实体图绘制零件模型并保存。

2. 新建绘图文件

(1) 单击新建按钮或单击“文件”/“新建”，弹出“新建文件”对话框。

(2) 在“新建文件”对话框中选择“绘图”选项。

(3) 在名称处输入文件名“sanshitu”。

(4) 取消选择复选框“使用缺省模板”。

(5) 单击“确定”按钮，打开“新建绘图”对话框。

3. 选择零件模型

单击“新建绘图”对话框“缺省模型”栏的“浏览”，打开第一步所建立的零件模型 zhouchengzuo. prt，指定默认模型。

4. 设置图纸规格

在指定模板栏中选择“空”，选择图纸方向为“横向”，大小为 A4。

5. 投影类型设置

(1) 单击菜单“文件”/“绘图选项”，弹出“选项”对话框。

(2) 在“选项”对话框中，选择参数“projection_type”，并在下部“值”栏中选择“first_angle”。

(3) 单击“添加/修改”按钮进行设置，然后单击“应用”按钮其应用设置，如图6-9所示。

(4) 单击“选项”对话框中的“关闭”按钮，完成第一角投影法的设置。

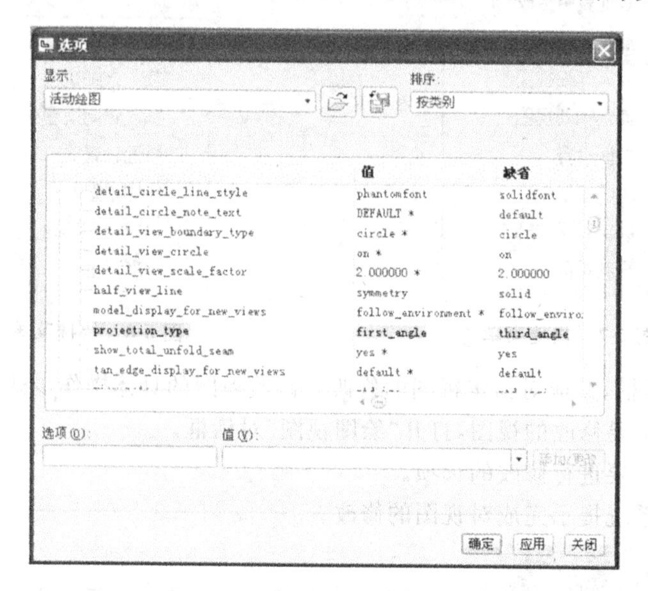

图6-9 “选项”对话框

6. 主视图的创建

(1) 单击“布局”选项卡中的按钮 。

(2) 在图纸工作区选取一点作为放置主视图的中心点，单击该中心点，在此处出现模型的轴测图。同时弹出“绘图视图”对话框。

(3) 选取“几何参照”并选择两个参照平面，确定视觉方向“前、后、左、右”等位置，合理放置主视图。

(4) 单击“确定”按钮，完成 zhouchengzuo 主视图的创建。

7. 俯视图的添加

选择主视图作为父视图，从“布局”选项卡中单击按钮 投影...，在绘图区域主视图的下方移动鼠标出现模型的俯视图，在合理位置处单击鼠标左键，生成 zhouchengzuo 的俯视图。

8. 俯视图的添加

选择主视图，从“布局”选项卡中单击按钮 投影...，在绘图区域主视图的右方移动鼠标出现模型的左视图，在合理位置处单击鼠标左键，生成 zhoucheng-zuo 的左视图。

9. 三视图的位置调整

解除视图移动锁定后，单击某个要移动的视图，同时出现视图移动光标，把

视图移到合适位置。

10. 回转体有关中心线和轴线的显示

单击某个视图，例如俯视图，选择导航选项卡“注释”标签按钮，单击“显示模型注释”按钮，在打开的对话框中选择基准显示选项卡，单击图中要显示的轴线，此时该轴线前面的复选框会出现选中状态，即打钩，选完之后，单击“确定”或“应用”按钮，如图 6-10 所示。最后关闭对话框。

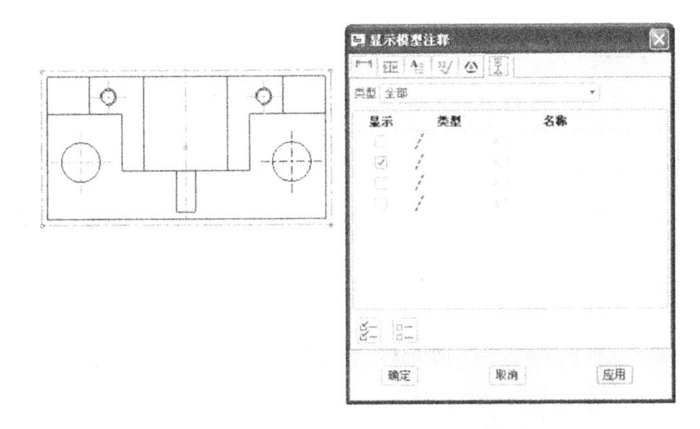

图 6-10　显示左视图的回转轴线

用同样的方法显示其余两个图上的回转轴线，如图 6-11 所示。

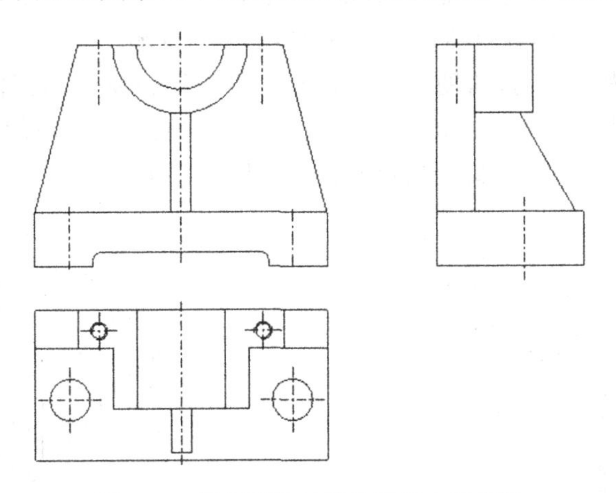

图 6-11　显示回转轴线的轴承座三视图

11. 保存文件

单击主菜单“文件”/“保存”或直接单击“保存”按钮，保存图形文件。

四、知识拓展

实际生产中，产品的结构多种多样，为了能清楚表达其结构，在工程图中除了使用三视图外，还要用到局部放大图、全剖视图、半剖视图、局部剖视图等，如

图 6-12 所示。

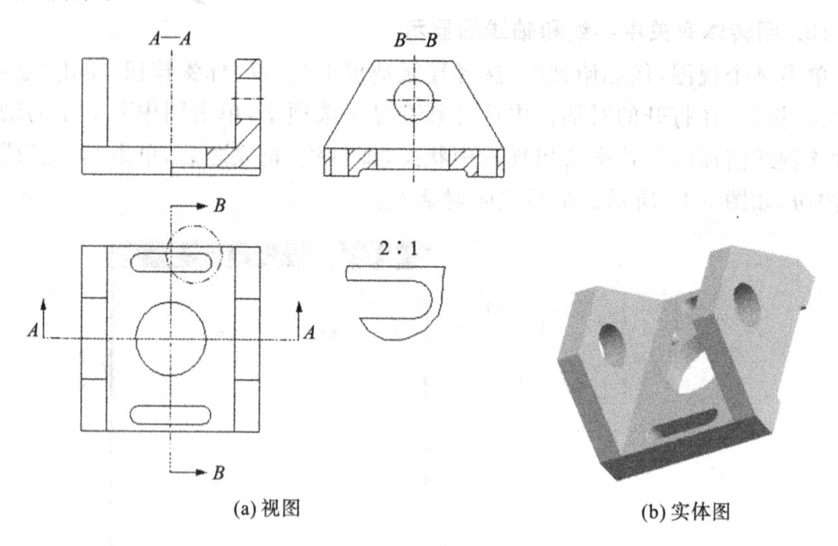

(a) 视图　　(b) 实体图

图 6-12　视图类型

(一) 辅助视图的创建

对于有些零件,三视图或几个基本视图难以清楚地表达其形状或结构时,需要建立辅助视图(斜视图)。辅助视图实际上是投影的方向通过指定面的法线方向或指定边、轴的延伸方向的投影视图,如图 6-13 所示。

为了说明内部结构,辅助视图经常与剖视图结合使用,如图 6-14 所示。在"绘图视图"对话框中选择"截面"类别,选择"2D 剖面",创建新剖面,"剖切区域"中可选择完全、一半和局部三种剖面类型,如图 6-15 所示。

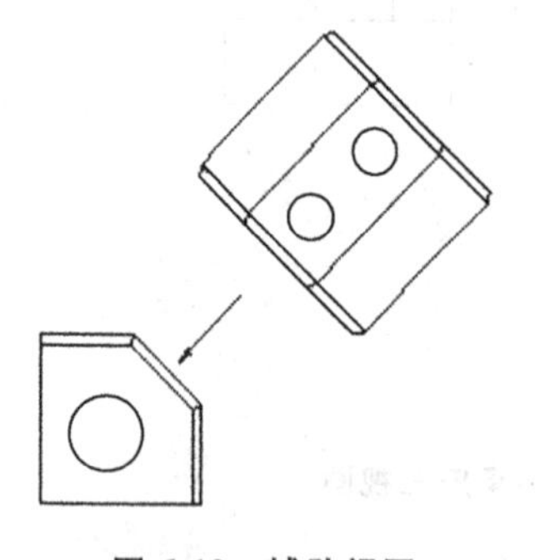

图 6-13　辅助视图

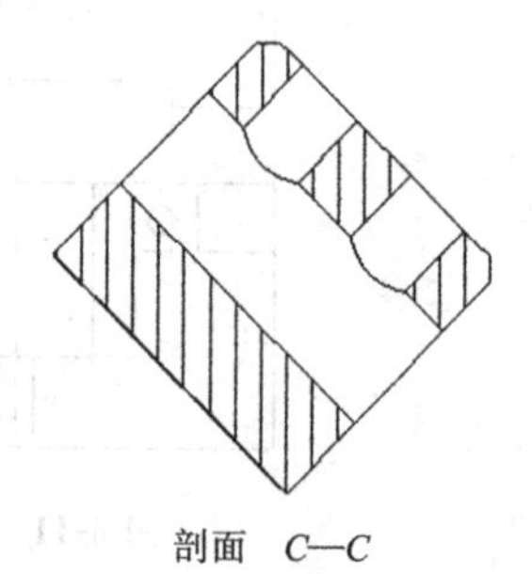

图 6-14　旋转剖视图

建立辅助视图的操作步骤如下。

(1) 单击"布局"选项卡中的按钮 辅助...。

(2) 选取父视图的边、轴、基准平面或曲面,作为要创建的辅助视图的参照,此时在父视图附近出现辅助视图的外框。

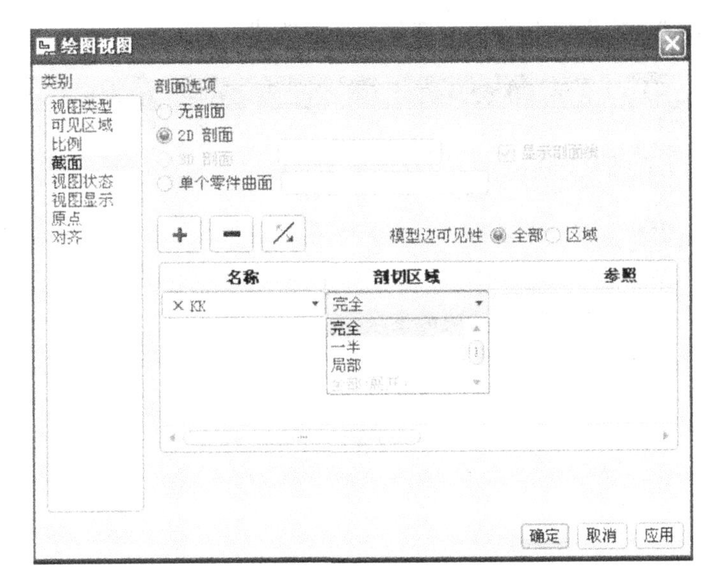

图 6-15　辅助剖视图设置

(3) 将此框拖到所需位置，单击鼠标左键放置辅助视图。

提示：双击辅助视图，可在弹出的“绘图视图”对话框中修改辅助视图的属性。

(二) 局部放大视图的创建

在工程图中，为了使一些结构复杂且尺寸较小的部位能够很清楚地表达，一般用局部放大视图的方法来表示，如图 6-16 所示。

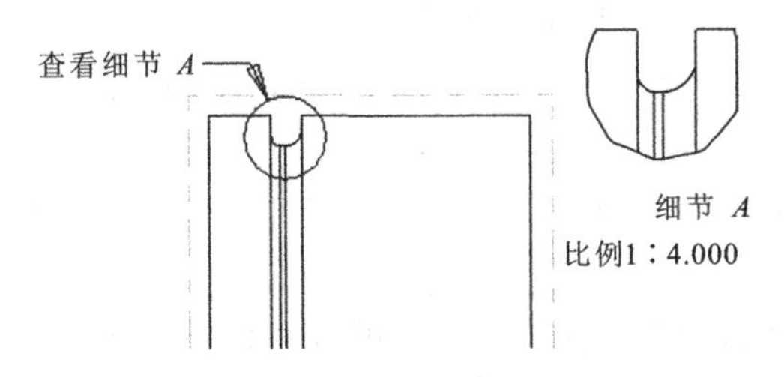

图 6-16　局部放大视图

建立局部放大视图的操作步骤如下。

(1) 单击“布局”选项卡中的按钮 详细... 。

(2) 在视图上选取要查看细节的中心点，然后依次单击鼠标左键，绘制一样条轮廓线作为放大区域的边界。

(3) 在绘图窗口选择一点作为放置局部视图的中心。

(4) 双击局部视图的比例，修改局部视图比例值。

(5) 双击局部视图，在打开的“绘图视图”对话框中设定局部区域的边界形状，如图 6-17 所示。

(6) 单击“确定”按钮,完成局部放大视图的建立。

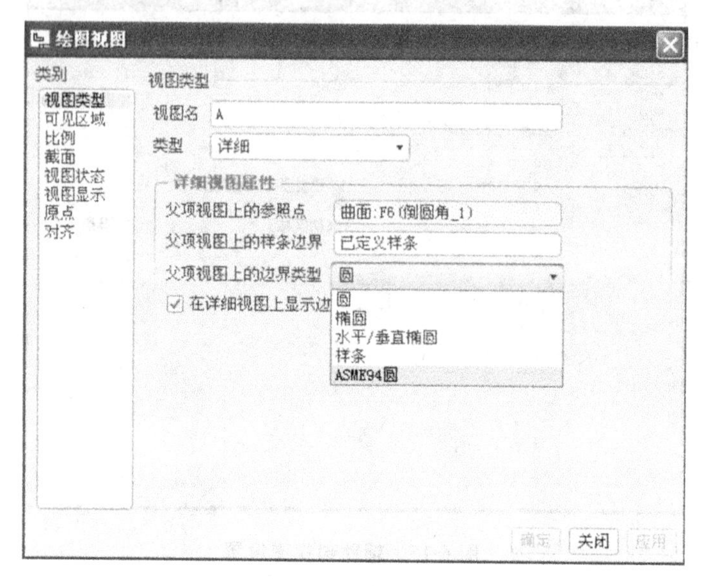

图 6-17 局部放大区域边界设置

“详细视图属性”各选项的内容的说明。

◇ 圆:选定的局部区域显示为圆形。

◇ 椭圆:选定的局部区域显示为椭圆形。

◇ 水平/垂直椭圆:选定的局部区域为椭圆形(长轴在水平/垂直位置)。

◇ 样条:选定的局部区域由样条线围成。

◇ ASME94 圆:根据“ASME1994”标准在选定的局部区域绘制圆。

提示:

◇ 在明确放大区域的中心位置时,应单击该区域中的实体图素,否则系统不予确认。

◇ 工程图中的各种文字注释一般都可通过双击“注释文本”来修改其内容。

◇ 在选中工程图中文字注释后,可用光标自由拖动以重新摆放其位置,从而使图面整洁、美观。

任务二 壳体零件图的制作

一、任务导入

创建如图 6-18 所示的零件图,其实体模型如图 6-19 所示。通过该图的练习,掌握零件图中的剖视图的创建方法,学习零件图的尺寸标注、形位公差和表面粗糙度标注以及技术要求注释等。

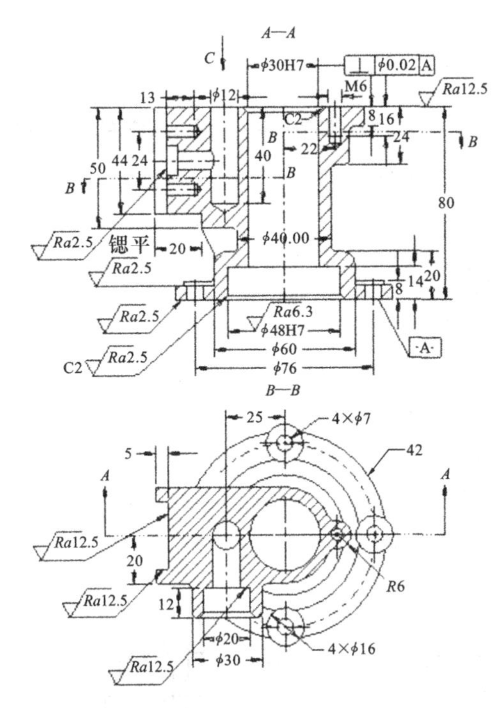

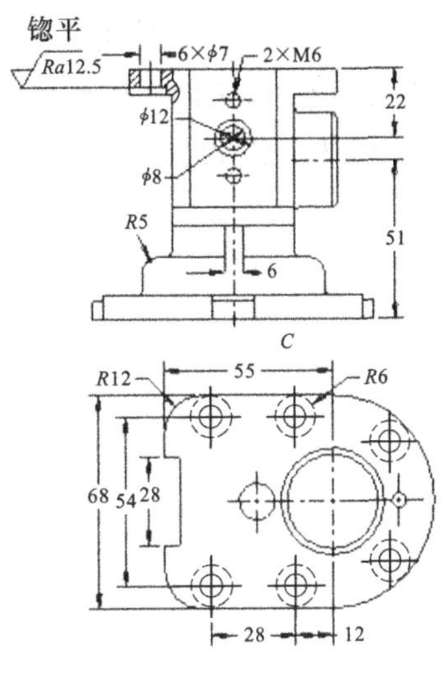

技术要求

1. 未注铸造圆角均为R1mm~R3mm。

2. 铸件应经时效处理，消除内应力。

图 6-18　壳体零件图

图 6-19　壳体零件实体图

二、相关知识

一张完整的零件图除了有采用适当表达方法（例如剖视图等）表达的一组图形外，还要有完整的尺寸、形位公差、粗糙度、文字描述的技术要求等。Pro/E 工程图通常可分为全剖视图、半剖视图、局部剖视图和破断视图等。Pro/E 工程图的尺寸标注，通常结合自动标注和手工标注来完成。通过尺寸整理，使尺寸标注符合我国的制图标准，并且图面布局合理。

（一）剖视图的创建

如图 6-20 所示阀体模型的实体图，其零件图如图 6-21 所示，它的主视图为半剖视图，左视图为全剖视图，俯视图为外形图。

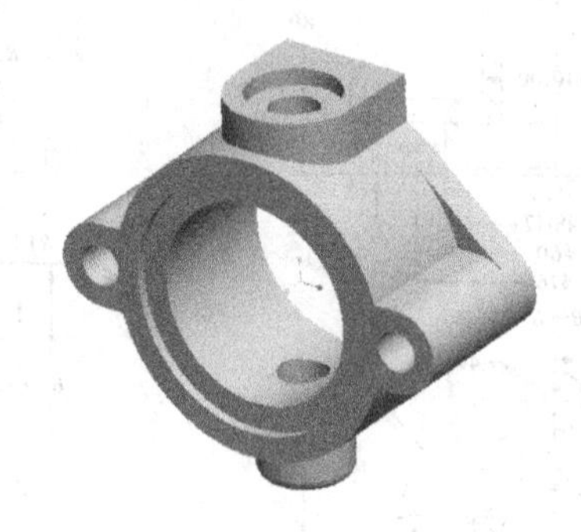

图 6-20 阀体实体图

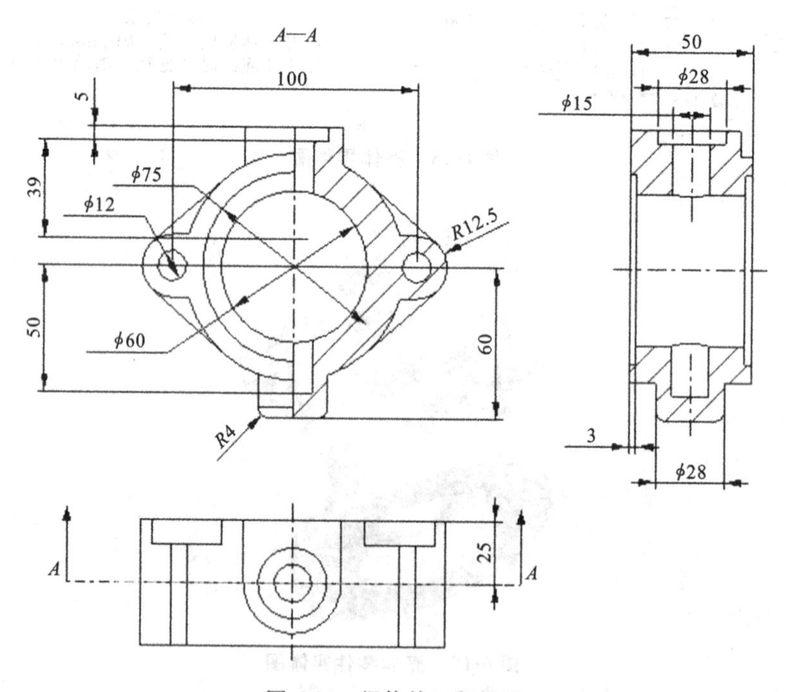

图 6-21 阀体的工程视图

1. 全剖视图的创建

(1) 按照任务一所述方法，创建阀体的三视图，如图 6-22 所示。

(2) 双击左视图，弹出“绘图视图”对话框，如图 6-23 所示。

(3) 在“绘图视图”对话框类别中选择“截面”，剖面选项中选择“2D 剖面”，单击 + ，在弹出“剖截面创建”菜单管理器中选取“平面”/“单一”，如图 6-24 所示，

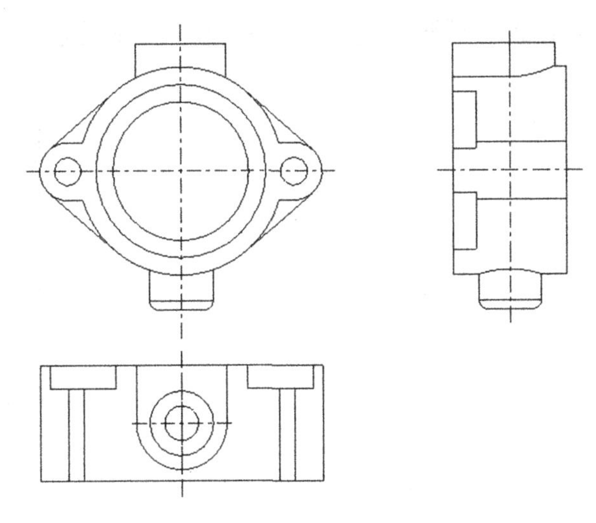

图 6-22　阀体三视图

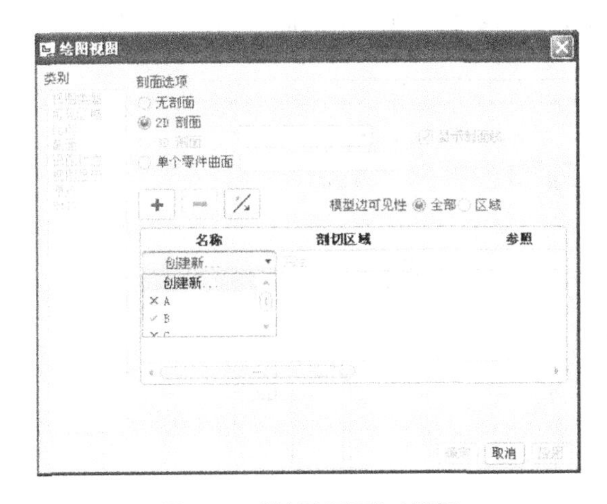

图 6-23　“绘图视图”对话框

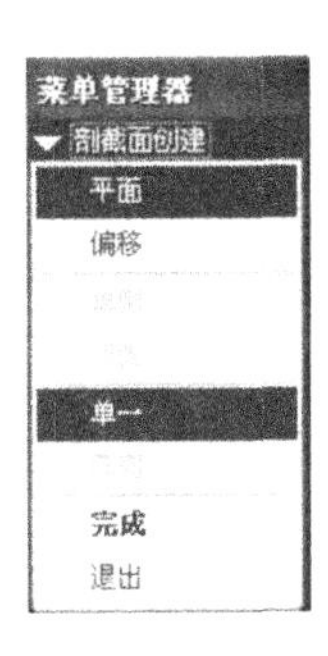

图 6-24　“剖截面创建”菜单管理器

单击“完成”项。

(4) 在弹出的“输入剖面名”对话框中输入剖面名称 B,单击按钮☑,如图 6-25所示。

图 6-25　输入剖面名

(5) 在“绘图视图”对话框的“剖切区域”中选择“完全”,如图 6-26 所示。

(6) 如果要显示表示剖切平面的点画线和投射方向的箭头,则拖动“绘图视

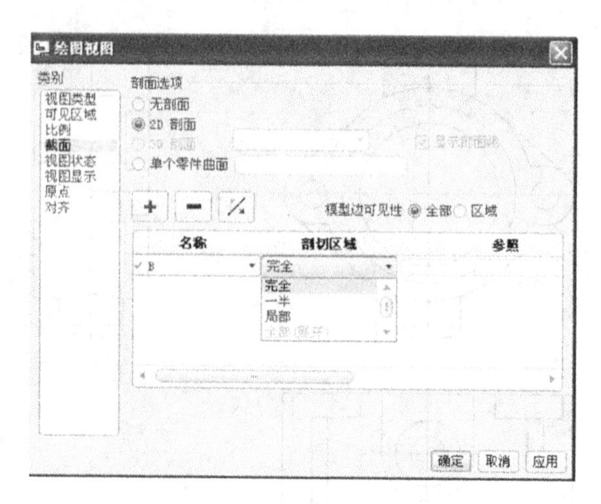

图 6-26　剖切区域选择

图”对话框下方的水平滚动条，单击“箭头显示”，选择俯视图，如图 6-27 所示。单击“确定”，关闭“绘图视图”对话框，完成阀体左视图全剖面的创建，结果如图6-28所示。

图 6-27　剖切箭头显示

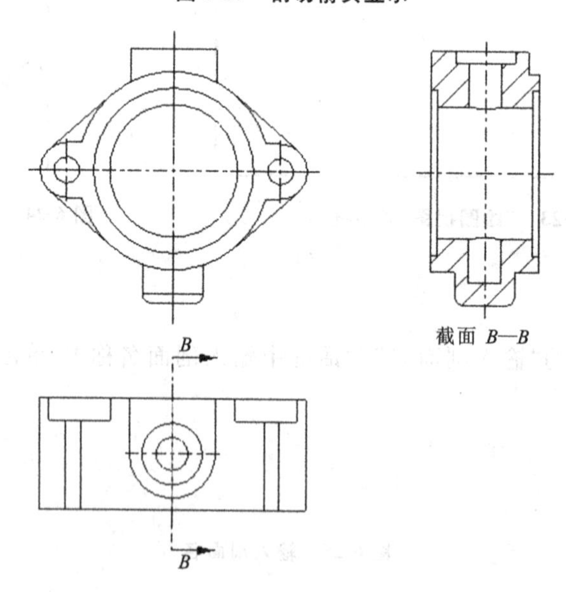

图 6-28　阀体左视图全剖面图

2. 半剖视图的创建

（1）双击主视图，弹出“绘图视图”对话框，在该对话框类别中选择“截面”，剖面选项中选择“2D 剖面”，单击 ＋ ，在弹出“剖截面创建”菜单管理器中选取“平面”/“单一”，单击“完成”，输入剖面名称 A，单击 ✓ 。

（2）在“绘图视图”对话框的“剖切区域”选择“一半”。

（3）选择 DTM2 面作为剖切平面。

（4）选择 RIGHT 面作为半剖视图的参照面，并拾取主视图右侧，如图 6-29 所示。如果需要标注剖切符号，则单击“箭头显示”选取俯视图。单击“确定”，关闭“绘图视图”对话框，完成阀体主视图半剖面的创建，结果如图 6-30 所示。

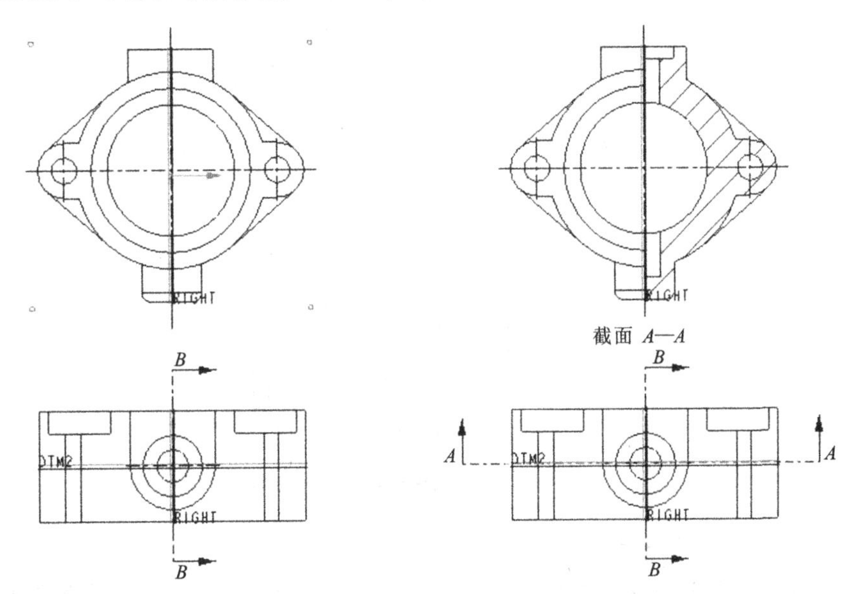

图 6-29　阀体主视图半剖面参照和边界选取　　图 6-30　阀体主视图半剖面

3. 局部剖视图的创建

（1）双击俯视图，弹出“绘图视图”对话框，在该对话框类别中选择“截面”，剖面选项中选择“2D 剖面”，单击 ＋ ，在“剖截面创建”菜单管理器中选取“平面”/“单一”，单击“完成”，输入剖面名称 C，单击 ✓ 。

（2）在“绘图视图”对话框的“剖切区域”选择“局部”。

（3）选择选择 TOP 面作为剖切平面。

（4）选择俯视图局部剖切区域内任意点，包含所选取的点绘制样条曲线作为局部剖切区域，如图 6-31 所示。如果需要标注剖切符号，则单击“箭头显示”选取主视图，然后单击“确定”，关闭“绘图视图”对话框，完成阀体俯视图局部剖视图的创建，结果如图 6-32 所示。

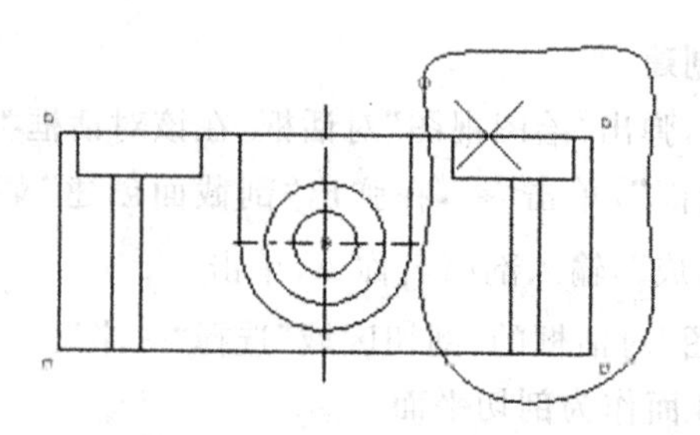

图 6-31　阀体俯视图局部剖切参照和边界选取

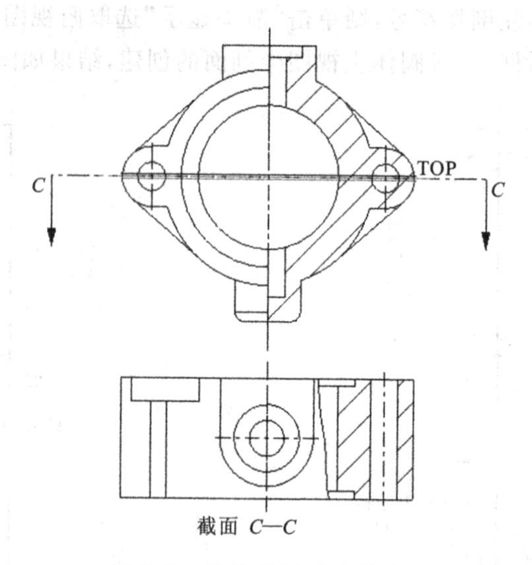

图 6-32　阀体俯视图局部剖切

(二) 尺寸标注

单击导航选项卡“注释”标签按钮，如图 6-33 所示。打开“显示模型注释”对话框，设置对话框中的内容，可显示或拭除视图中选定的尺寸、注释、形位公差和基准等工程图素，如图 6-34 所示。

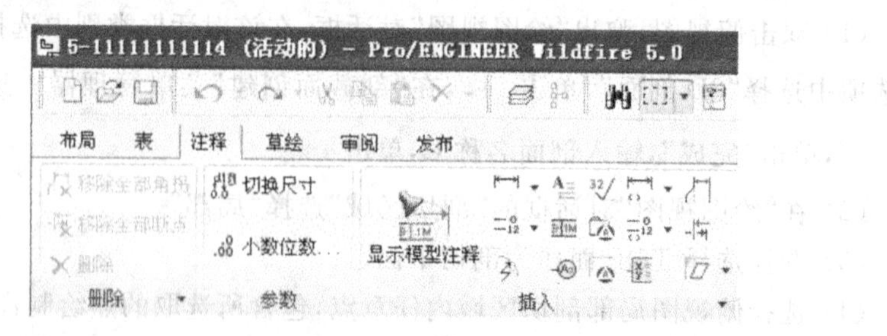

图 6-33　“注释”选项卡

1. 尺寸标注步骤

(1) 选择需要标注尺寸的视图。

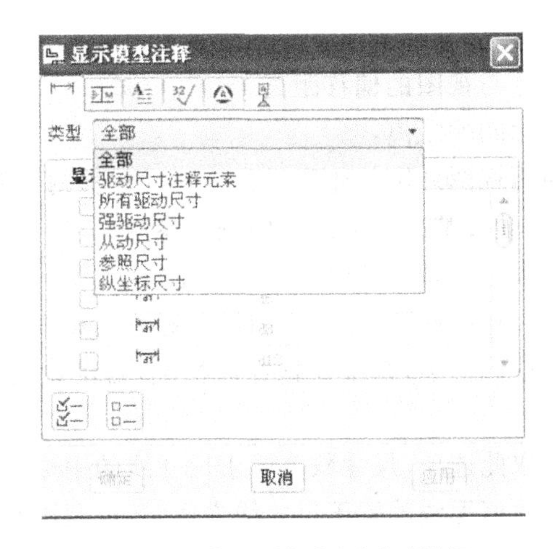

图 6-34　“显示模型注释”对话框

(2) 单击“显示模型注释”,打开对话框,选择尺寸标注选项卡。

(3) 在“类型”栏中,选择要显示或不需要显示的尺寸或图素类型。

(4) 单击工程图中需要标注的尺寸前面的复选按钮。

(5) 单击“确定”,在选定视图中出现所选的尺寸。

2. 尺寸整理

在工程图中自动生成的尺寸,常常很杂乱,为此,Pro/E 提供了一些整理尺寸的工具,供用户调整布局。使用按钮可将多个尺寸排列整齐,单击注释选项卡“清除尺寸”按钮,打开其对话框如图 6-35、图 6-36 所示。

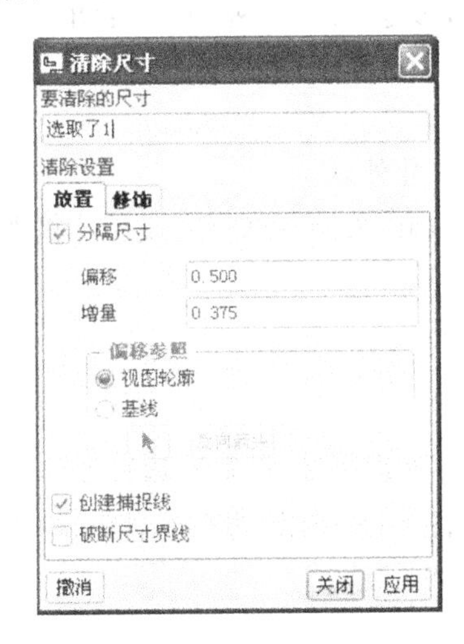

图 6-35　“放置”选项卡

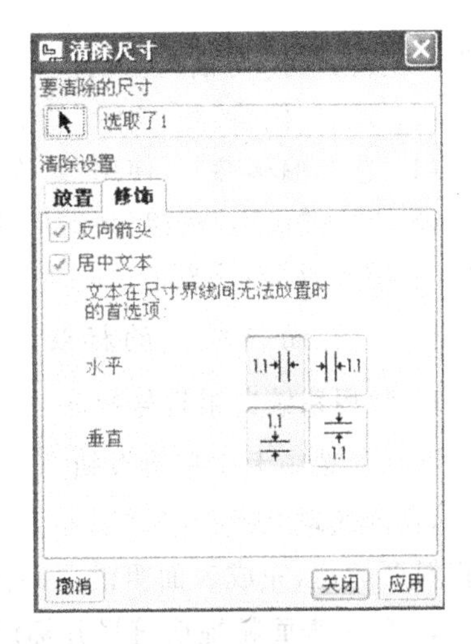

图 6-36　“修饰”选项卡

◇ 要清除的尺寸:该栏中显示要进行尺寸整理的尺寸个数。

◇ 分隔尺寸:设定尺寸整理的边界范围,选中该项,激活“偏移”、“增量”文本栏。

◇ 偏移:输入尺寸与视图的偏移距离。

◇ 增量:输入尺寸间的距离。

◇ 视图轮廓:使用视图外围的轮廓线作为尺寸偏移的参照线。

◇ 基线:使用边、轴或基准作为尺寸的偏移参照。

◇ 创建捕捉线:决定整理尺寸时是否建立定位线。

◇ 破断尺寸界线:选中此项,相交叉的尺寸标注被整理为彼此不相交。

◇ 反向箭头:选取此选项,系统根据标注情况,自动设定标注箭头在延伸线的外侧还是内侧。

◇ 居中文本:选取此选项,尺寸数值置于尺寸线的中央。

◇ 水平:当尺寸数值无法放置于尺寸线之间时,可利用此选项决定数值要置于尺寸线的左侧还是右侧。

◇ 垂直:当尺寸数值无法放置于尺寸线之间时,可利用此选项决定数值要置于尺寸线的上方还是下方。

◇ 应用:执行设置,进行尺寸整理。

◇ 关闭:退出"清除尺寸"对话框。

◇ 撤销:取消上次所作的尺寸整理。

清除尺寸操作步骤如下。

(1) 在注释选项卡的排列组中单击"清除尺寸"按钮,打开"非活动状态"对话框。

(2) 按下"Ctrl"键,选取单个或多个尺寸,或选取整个视图,然后单击"确定"。"清除尺寸"对话框激活。

(3) 设置"偏移"和"增量"的值。

(4) 选择偏移参照,使用"修饰"面板,设定尺寸外观。

(5) 单击"应用"按钮,观看尺寸整理效果,单击"关闭"按钮,完成尺寸整理并关闭"清除尺寸"对话框。

(三) 表面粗糙度的标注

1. 利用系统自带符号标注

在注释选项卡中单击按钮 32√ ,选择"检索",查找符号,设置所选符号的放置方式,例如选取"无引线"/"图元上",如图 6-37、图 6-38 所示,选择上表面,输入表面粗糙度的值,完成表面粗糙度的标注,如图 6-39 所示。

2. 创建表面粗糙度符号并标注

在注释选项卡"插入"组中,选择"定制符号"工具按钮 ,打开"定制绘图符号"对话框,如图 6-40 所示,单击"新建"按钮,输入名称,单击"确定"按钮,弹出符号编辑菜单,如图 6-41 所示。

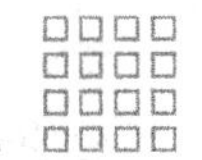

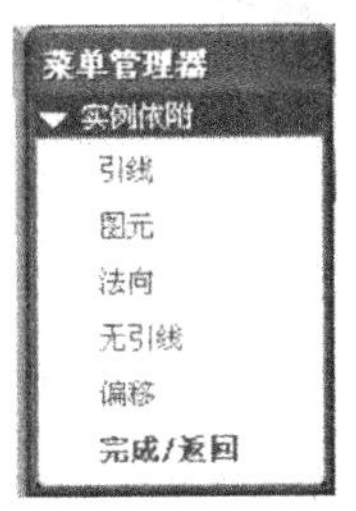

图 6-37　实例依附菜单

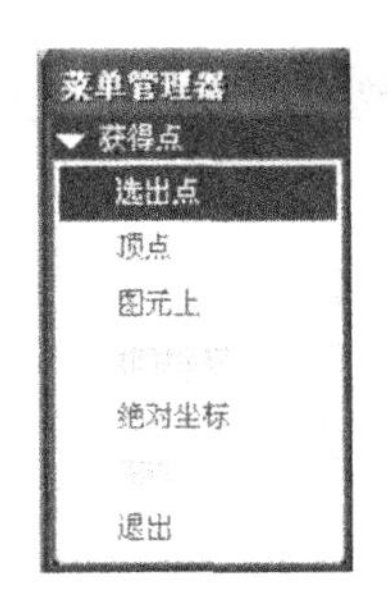

图 6-38　获得点菜单

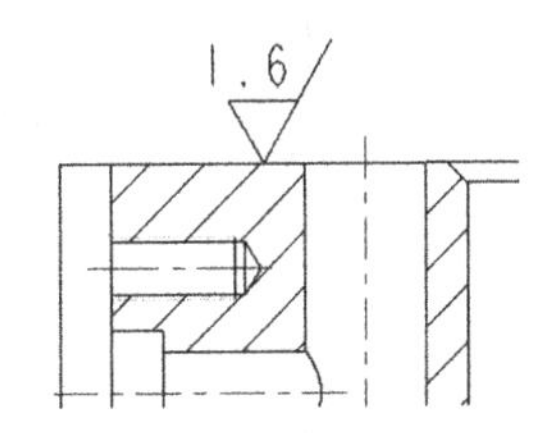

图 6-39　表面粗糙度符号标注

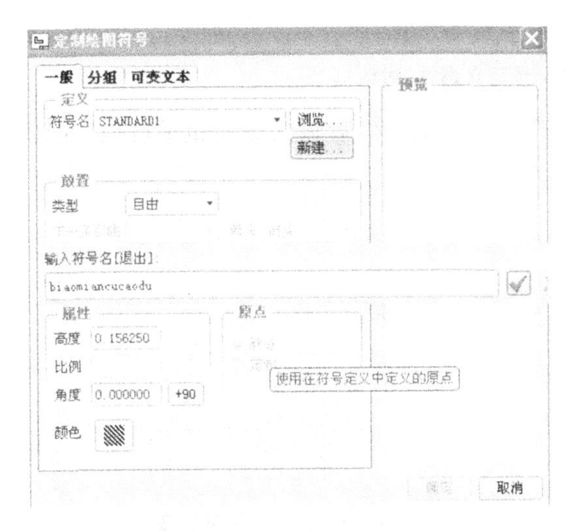

图 6-40　创建表面粗糙度符号

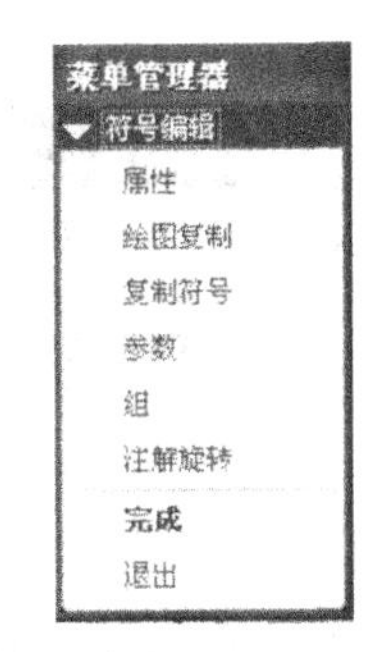

图 6-41　创建符号编辑菜单

选择“复制符号”，弹出打开对话框，在安装目录下找到“standard1. sym”文件打开，在绘图区域出现表面粗糙度符号，如图 6-42 所示。对复制的表面粗糙度符号进行编辑修改，按照最新标准的符号画法加画两条直线段并移动文字框到合适位置，如图 6-43 所示。完成后弹出“符号定义属性”对话框，定义放置类型，并选择放置参照点，如图 6-44 所示。在可变文本选项卡中输入 Ra\roughness_height\，完成属性定义后退出“定制绘图符号”对话框。在“符号编辑”菜单中依次选取“参数”/“写入”，确定保存路径，完成创建表面粗糙度符号的工作。

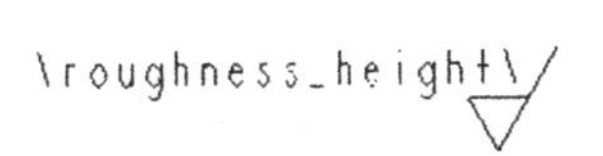

图 6-42　复制表面粗糙度符号

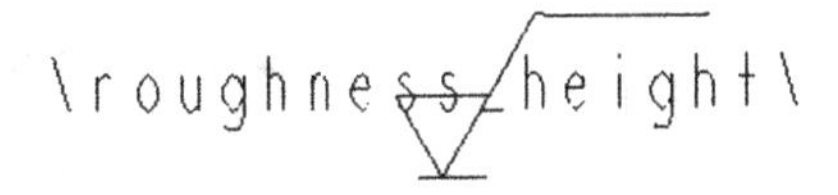

图 6-43　修改表面粗糙度符号

在注释选项卡中选择“表面光洁度”工具，弹出“得到符号”菜单，选择“名称”，然后在符号名称列表中选取新建的符号名，如图 6-45 所示。在随后出现的

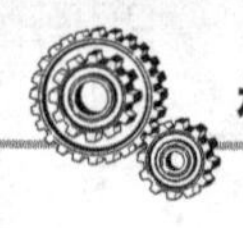

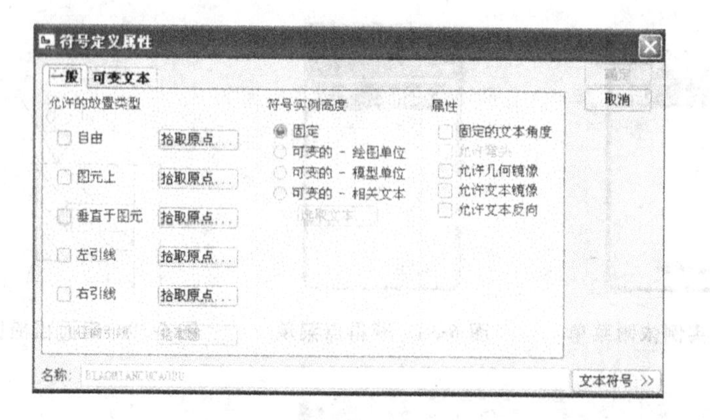

图 6-44 “符号定义属性”对话框

实例依附菜单中依次选择“无引线”/“在图元上”，然后输入表面粗糙度值，完成表面粗糙度标注，如图 6-46 所示。

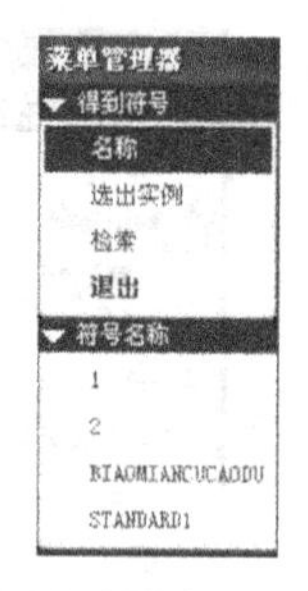

图 6-45 得到符号菜单

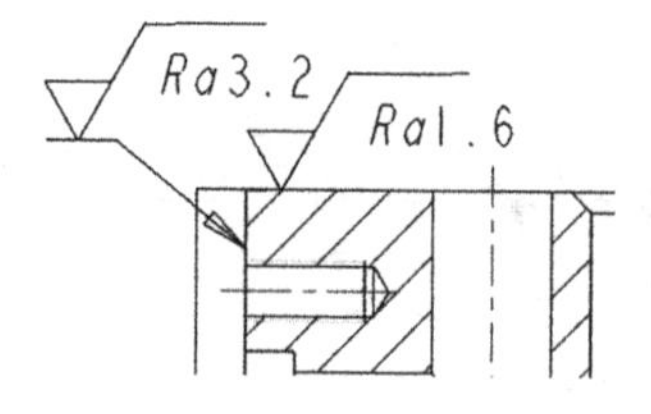

图 6-46 表面粗糙度标注

（四）形位公差的标注

1. 创建基准

在注释选项卡中单击“绘制基准平面”工具按钮 ，在“获得点”菜单中选取“在图元上”，然后在视图上选择一平面，再选取“选定点”，在视图选择的平面上确定基准符号引出点，完成后如图 6-47 所示。选取基准符号“A”，在右键快捷菜单中打开属性对话框，如图 6-48 所示。修改属性后如图 6-49 所示。

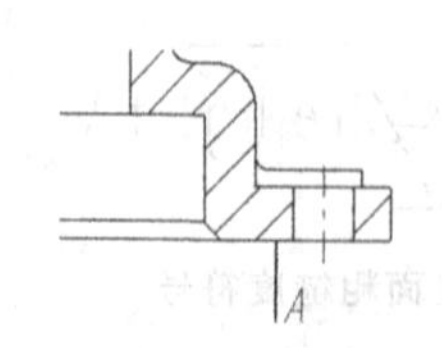

图 6-47 创建基准平面

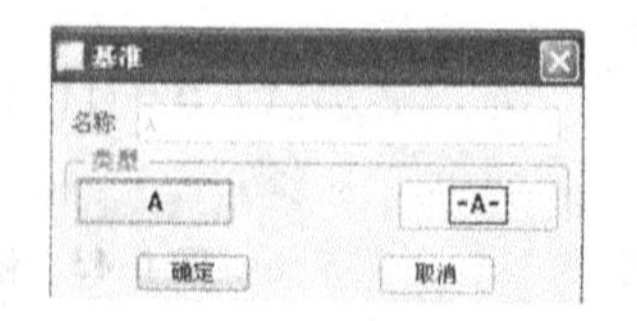

图 6-48 “基准”平面属性对话框

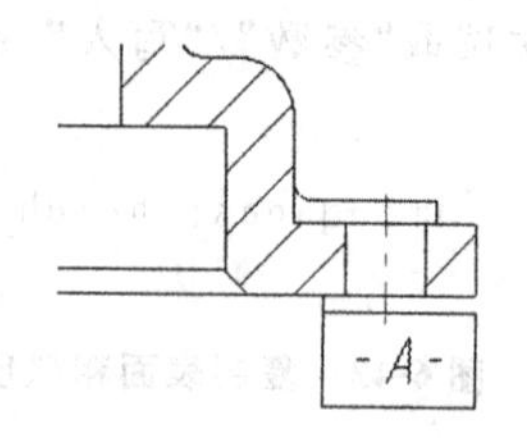

图 6-49 基准平面属性修改

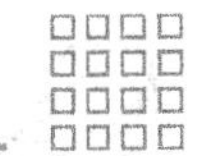

2. 形位公差标注

在注释选项卡中单击“几何公差”工具按钮，弹出“几何公差”对话框，如图 6-50 所示。

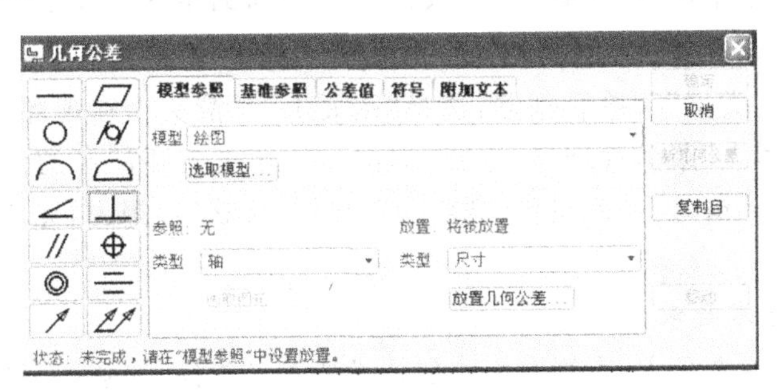

图 6-50　“几何公差”对话框

选取公差项目为垂直度，在“模型参照”选项卡中选择“绘图”，在“基准参照”选项卡中选取基准平面“A”，选择材料条件为“RPS(无标志符)”，如图 6-51 所示。在“公差值”选项卡中设置公差值为“0.02”，在“符号”选项卡中选择“直径”符号。切换到“模型参照”选项卡中“放置类型”选择“带引线”，单击弹出“依附类型”菜单管理器，选择“图元上”/“箭头”，视图上选取一尺寸界线作为引导线起始端的放置位置，单击完成几何公差的放置，如图 6-52 所示。

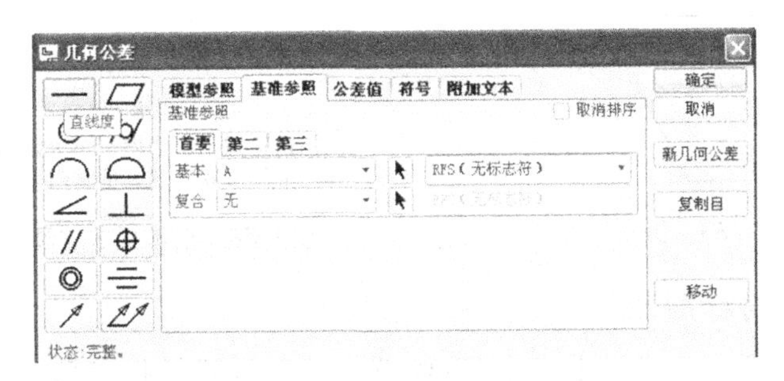

图 6-51　设置“基准参照”选项卡

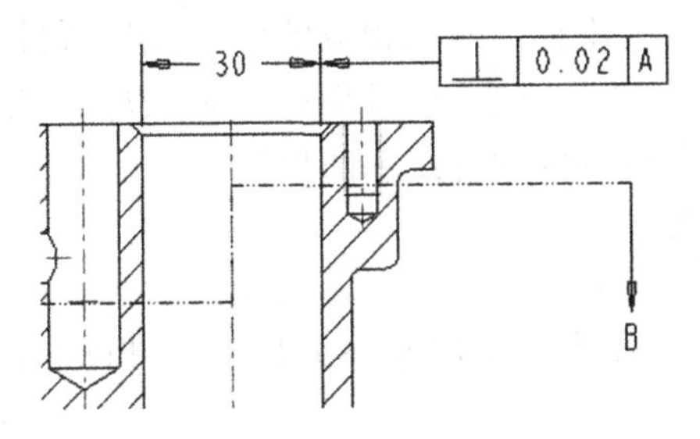

图 6-52　垂直度公差标注

（五）加注技术要求

1. 标注文字注释

注释选项卡中选择“注解”工具按钮，添加倒角注释文字。弹出“菜单管理器”，依次选取“ISO 引线”/“输入”/“水平”/“标准”/“缺省”/“进行注解”，在随后弹出的“依附类型”菜单管理器，选择“图元上”/“箭头”，在视图中选择倒角图元后出现“获得点”菜单管理器，选择“选出点”，单击需要注释的位置，出现输入框和“文本符号”窗口，输入注释内容“C2”，单击“确认”后退出，完成倒角标注，如图 6-53 所示。

2. 注写技术要求

切换到注释选项卡，在视图上添加技术要求。选择“注解”工具按钮，在弹出的菜单管理器中依次选取“无引线”/“输入”/“水平”/“标准”/“缺省”/“进行注解”，在随后弹出的“获得点”菜单管理器中，选择“选出点”，并在绘图区左下方单击鼠标左键确定放置位置，然后在弹出的文本框中输入“技术要求”，回车后输入：“1. 未注铸造圆角均为 R1mm～R3mm。”回车后再次输入：“2. 铸件应经时效处理，消除内应力。”确认退出，完成技术要求标注。通过标注文字的右键快捷菜单的“属性”来修改文字样式、高度等，如图 6-54 所示。

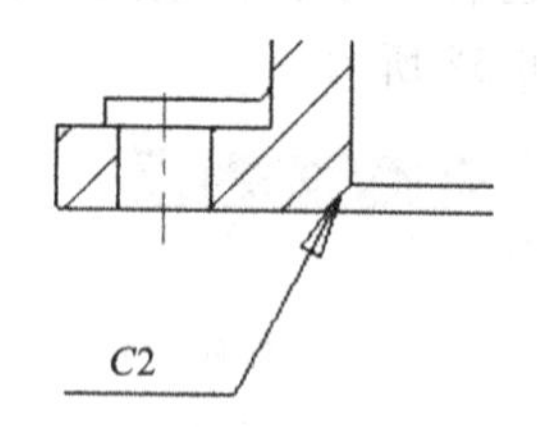

图 6-53　倒角注释

技术要求

1. 未注铸造圆角均为R1mm~R3mm。

2. 铸件应经时效处理，消除内应力。

图 6-54　技术要求注释

（六）绘制标题栏

在草绘选项卡设置组中点击“草绘首选项”，设置捕捉对象，捕捉方式有多种，如图 6-55 所示。选择“顶点”后，在插入组选取“直线”工具，鼠标移至绘图区域，右键菜单中选取“绝对坐标”，输入相应的值，确定标题栏边框起点位置，如图 6-56 所示。再从右键菜单中选取“相对坐标”，依次输入相应的值，确定边框形状。按此方法也可绘制图纸的图框线和图幅线。

三、任务实施

(1) 新建实体文件，按照图 6-18 所示壳体的零件图和图 6-19 所示的实体图绘制零件模型并保存。

(2) 新建绘图文件　单击新建按钮或单击“文件”/“新建”，类型选择“绘图”，新建文件名为“keti”的图形文件。

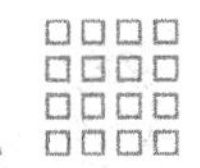

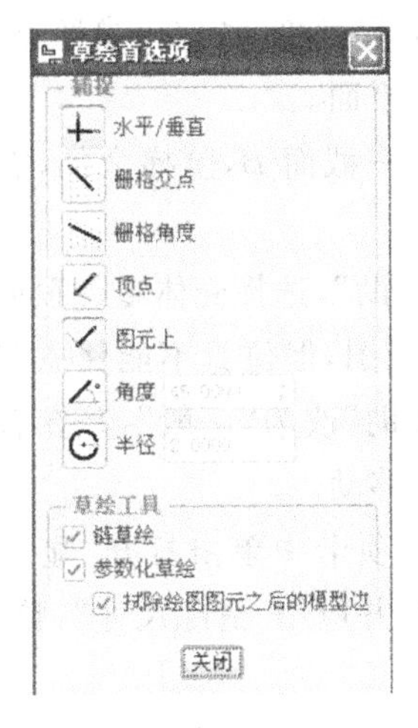

图 6-55 “草绘首选项”对话框

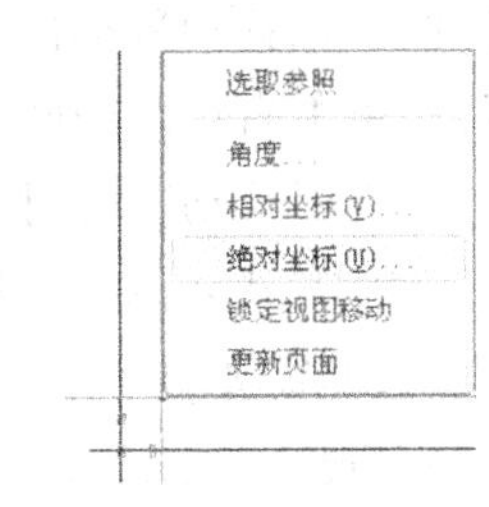

图 6-56 确定边框起点

(3) 设置图纸规格 在指定模板栏中选择“空”，选择图纸方向为“横向”，大小为 A3。

(4) 投影类型设置。

① 单击菜单“文件”/“绘图选项”，弹出“选项”对话框。

② 在“选项”对话框中，选择参数“projection_type”，并在下部“值”栏中选择“first_angle”。

③ 单击“添加/修改”按钮进行设置，然后单击“应用”按钮进行应用设置，如图 6-9 所示。

④ 单击“选项”对话框中的“关闭”按钮，完成第一角投影法的设置。

(5) 选择零件模型 在导航选项卡“布局”中单击“绘图模型”，单击下拉菜单中的“添加模型”，从打开对话框中选取已创建的壳体零件模型，单击“打开”，单击菜单管理器中的“设置模型”/“从列表中选择模型”/“完成/返回”。

(6) 主视图的创建。

① 单击“布局”选项卡中的按钮 。

② 在图纸工作区选取一点作为放置主视图的中心点，单击该中心点，在此处出现模型的轴测图，同时弹出“绘图视图”对话框。

③ 选取“几何参照”并选择两个参照平面，确定视觉方向“前、后、左、右”等位置，合理放置主视图。

④ 单击“确定”按钮，完成 zhouchengzuo 主视图的创建。

(7) 选择主视图后，从布局选项卡中单击“投影”，在绘图区域移动鼠标产生左视图和俯视图。

(8) 双击主视图，选截面，创建单一剖截面 A，全剖。

(9) 双击左视图，选截面，创建单一剖截面 D，局部剖，选定一参照点，并用样条曲线绘制剖分范围。需要在模型上创建一剖分平面。

(10) 双击俯视图，选截面，创建偏移、双侧单一截面 B，阶梯全剖，需要在模型上创建一剖分折线。

(11) 选中主视图，在“布局”选项卡中单击“辅助”，选择壳体零件顶面为视觉方向，在绘图区域移动鼠标出现零件顶面的辅助视图，但位置不能任意移动。选中辅助视图，单击右键，打开“属性”对话框，将“辅助”改为“一般”，并在右键菜单中取消“锁定视图移动”，这时，辅助视图可以自由移动。

(12) 分别选中主、左、俯和辅助视图，注释选项卡中单击打开“显示模型注释”对话框，选择需要显示的尺寸，如图 6-16 所示，并应用“清除尺寸”，整理尺寸，使图面布局美观。

(13) 在注释选项卡中单击“表面光洁度”标注工具，通过创建“定制符号”，标注表面粗糙度。

(14) 在注释选项卡中单击“几何公差”标注工具，通过创建“基准平面 A”，标注垂直度公差。

(15) 在注释选项卡中单击“创建注解”标注工具，标注壳体零件技术。

(16) 保存文件。

四、知识拓展

(一) 手工标注尺寸

通过“显示模型注释”自动标注出的尺寸，有些不符合标注要求和规范。因此，需要手工标注尺寸，并将与原来尺寸等价的尺寸进行隐藏或删除。单击“显示模型注释”旁边的标注工具按钮，系统出现“依附类型”菜单，可辅助定义尺寸的起点或终点，如图 6-57 所示。

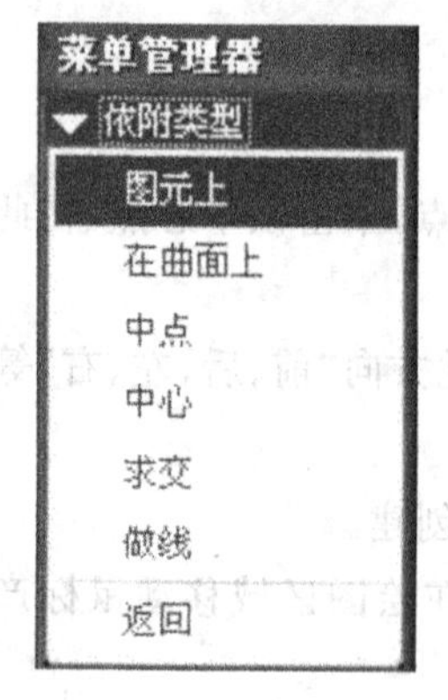

图 6-57　依附类型对话框

◇ 图元上：直接选择几何图素建立尺寸。

◇ 中点：以线段的中点作为尺寸标注的起点或终点。

◇ 中心：以圆或弧的中心作为尺寸标注的起点或终点。

◇ 求交：选择两条线端，以其交点作为尺寸标注的起点或终点。

◇ 做线：以绘制线的方式创建尺寸，即先绘制两条参照线，然后自动标注出两线间的距离。

◇ 返回：完成尺寸建立，关闭当前菜单。

具体操作步骤如下。

(1) 单击标注工具,系统显示“依附类型”菜单。

(2) 选择定义尺寸的类型,一般使用系统默认的“图元上”选项即可。

(3) 按照草绘图中的尺寸标注方法,对需要进行尺寸标注的图素进行尺寸标注。

提示:

◇ 手工标注的尺寸,可以删除,也可以隐藏,而自动标注的尺寸只可隐藏不能删除。

◇ 选中要隐藏的尺寸,单击右键菜单中的“拭除”,再单击该尺寸即可。

◇ 自动标注的尺寸可以更改,并可驱动零件模型。

(二) 修改尺寸

选中要修改的尺寸,单击鼠标右键菜单“属性”,弹出“尺寸属性”对话框,单击“显示”打开显示选项卡的内容,如图 6-58 所示。在尺寸代码“@D”前后分别加入“6×ϕ”、“H7”,即输入“6×ϕ@DH7”,尺寸显示如图 6-59 所示。

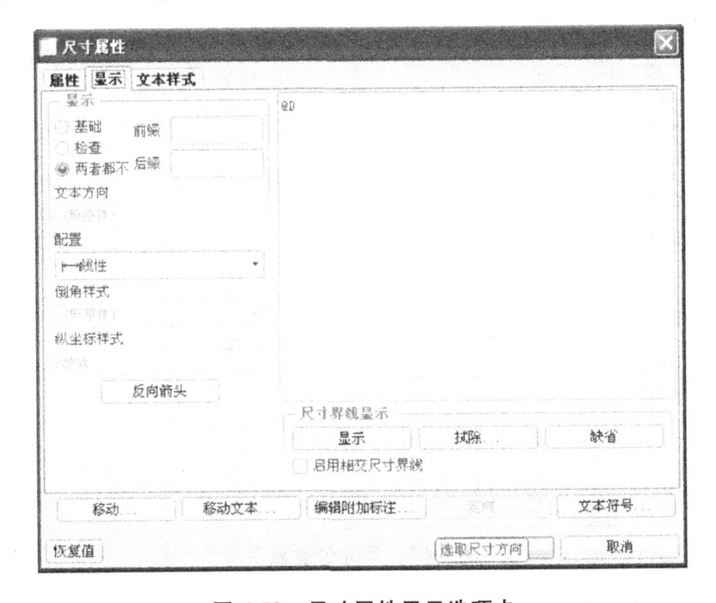

图 6-58　尺寸属性显示选项卡

单击“尺寸属性”对话框中“属性”标签按钮,打开其内容,在“值和显示”栏内,选择“覆盖值”,就可进行尺寸修改,包括数值、小数位和数字格式,不会影响实体模型,如图 6-60、图 6-61 所示。如果是自动标注的尺寸,则不能通过这种方式修改,可以直接从右键菜单“修改公称值”来修改,实体模型尺寸会随之变化。

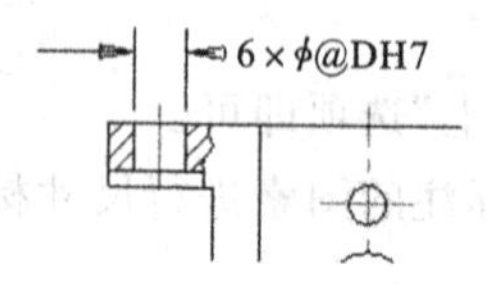

图 6-59 特殊标注

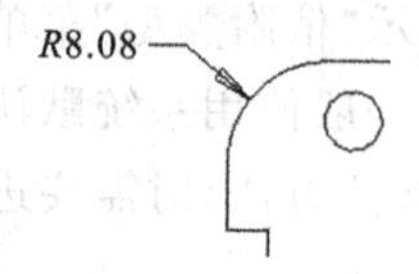

图 6-60 尺寸修改前

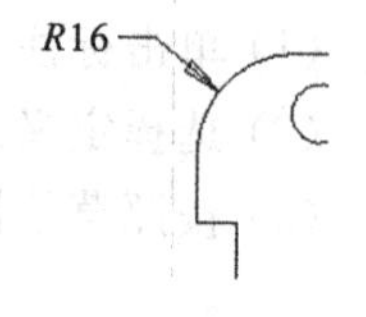

图 6-61 尺寸修改后

（三）尺寸公差标注

双击要标注尺寸公差的尺寸，打开“尺寸属性”对话框，可进行标注格式设定，使尺寸标注规范。如图 6-62 在该对话框“公差”栏内，选择“公差模式”，输入上、下公差值，完成尺寸公差标注，如图 6-63 所示。

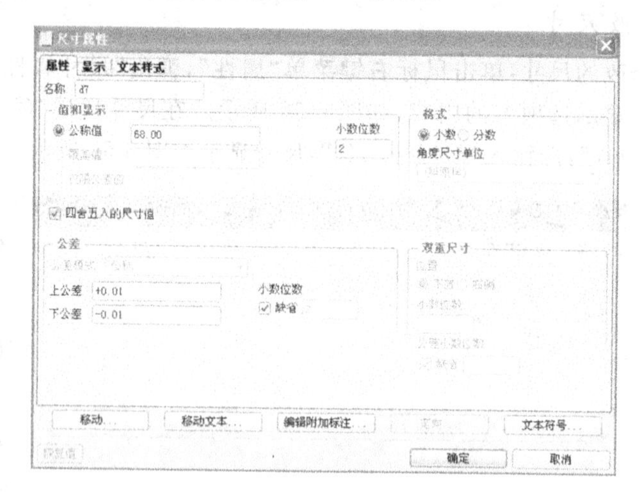

图 6-62 “尺寸属性”对话框

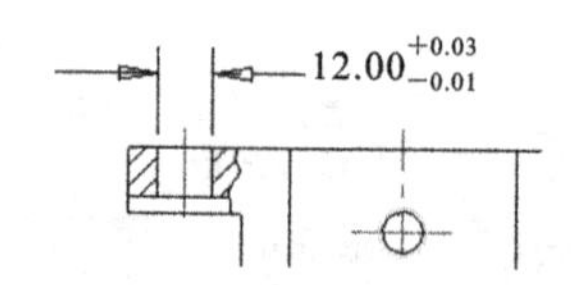

图 6-63 尺寸公差显示

（四）修改剖面线

双击剖面线，系统显示如图 6-64 所示的“菜单管理器”对话框，其含义如下。

◇ 间距：修改剖面线的间距。

◇ 角度：修改剖面线与水平线方向的夹角。

◇ 偏移：输入偏移量以移动剖面线的位置。

◇ 线造型：打开“修改线造型”对话框以修改剖面线线型。

◇ 新增直线：添加新的剖面线类型。选择此选项后需定义新建剖面线的角

度、偏移量、间距及线型。

◇ 删除直线：删除目前所选择的剖面线类型（仅剩一种剖面线时不得删除）。

◇ 下一直线：选择下一种剖面线类型。

◇ 前一直线：选择前一种剖面线类型。

◇ 保存：将当前的剖面线存盘，以备今后使用。

◇ 检索：从保存在文件中的剖面线中检索一种剖面线类型来替换当前的剖面线类型。

◇ 复制：把第一个选取的剖面线型值复制到当前的剖面线组中。

◇ 填充：使用填充的方式显示剖面。

修改剖面线的操作步骤如下。

(1) 双击剖视图中的剖面线，系统显示“修改剖面线”菜单。

(2) 在“修改剖面线”菜单中，选择需要的选项，按系统提示完成剖面线的修改。

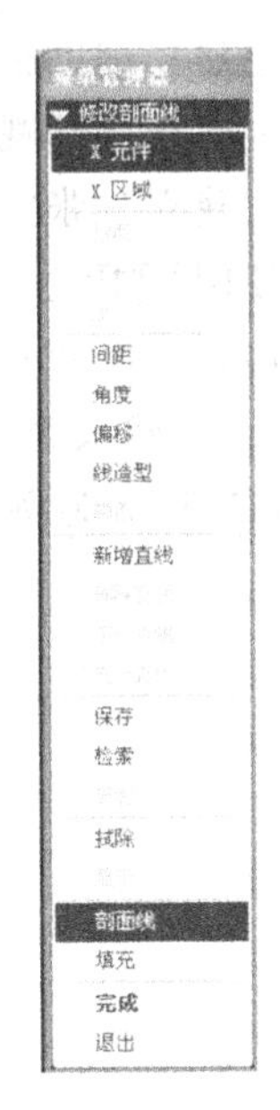

图 6-64　修改剖面线菜单管理器

小　　结

本模块结合工程中常用的实例主要介绍了各类视图的创建方法、尺寸标注、形位公差的添加及技术要求的书写方法，具体包括以下内容。

(1) 讲述了一般视图、投影视图、局部视图及辅助视图四种类型视图的创建方法。

(2) 介绍了移动、删除及修改三种视图的编辑功能。

(3) 介绍了各类型剖视图的创建方法和具体步骤。

(4) 介绍了尺寸标注、形位公差的添加及技术要求的书写方法。

通过本模块的学习，使读者对在 Pro/E 系统中创建工程图的过程有一定的了解，并能掌握由模型生成工程图的具体步骤和操作方法。

思考与练习

1. 如何在绘图环境中设置视图投影类型为“第一视角”。
2. 简述在绘图环境中建立模型三视图的一般步骤。
3. 简述建立一般视图的操作步骤。
4. 简述建立投影视图的操作步骤。

5. 简述建立辅助视图的操作步骤。
6. 简述建立局部视图的操作步骤。
7. 简述建立一张完整的工程图一般包括哪些内容?
8. 要使图纸中显示尺寸公差应如何设置绘图环境?
9. 使用自动尺寸标注有何优缺点?
10. 简述创建表面粗糙度标注符号的操作步骤。
11. 以图 6-18 为例,建立一张完整的工程图。

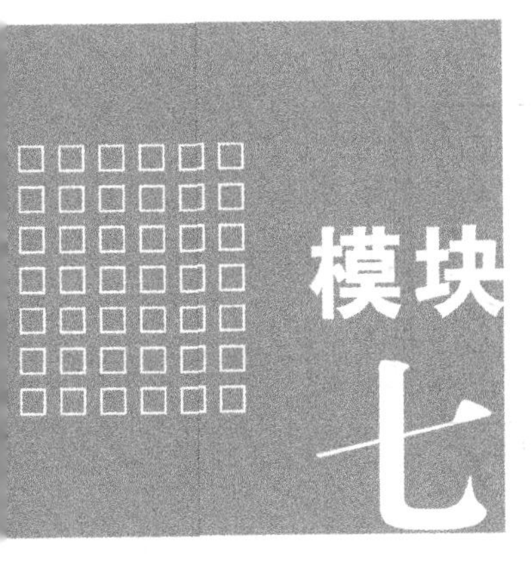

数 控 加 工

【能力目标】

1. 熟悉 Pro/E 软件的 NC 模块,能够完成常见表面的铣削编程加工。
2. 学会使用 Pro/E 软件设置常见零件的加工参数,并能通过后处理生成数控加工的 G 代码。
3. 了解零件曲面的加工方法,并能够完成合理选择曲面切削方式。

【知识目标】

1. 掌握 Pro/NC 加工的工艺过程。
2. 掌握 Pro/NC 加工的操作流程。
3. 掌握 NC 工序的通用加工工艺参数的含义及设置方法。

任务一　常见零件表面的数控加工

一、任务导入

Pro/NC 是 Pro/E 软件中用于进行数控加工的模块,能将 Pro/E 中生成的几何模型转化成机床能识别的 G 代码,直接发送给数控机床,实现整个机械设计制造中的无纸化和网络化。Pro/NC 除具有自动编程的功能外,还具有加工仿真功能,可以进行干涉和过切检查,节约加工成本。

图 7-1 为端盖零件的工程图,图 7-2 是该端盖的实体图,要求利用 NC 模块编写加工图 7-2 所示实体的上表面和内表面的 G 代码文件。

二、相关知识

数控技术是指用输入数控装置的数字信息来控制机械执行预定动作的技术。随着科技的发展,数控技术已经应用于机械加工中的各个方面。数控技术

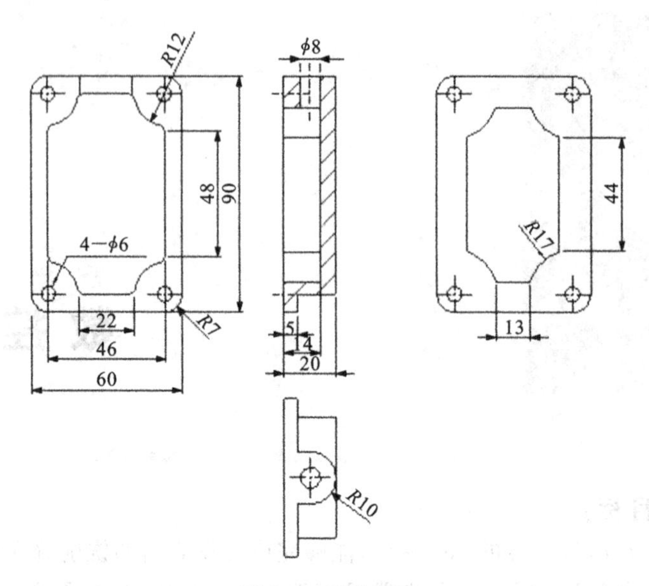

图 7-1　端盖视图

图 7-2　端盖实体图

特别适用于中小批量、具有复杂型面的零件的加工。Pro/NC 是 Pro/E 中实现计算机辅助制造的模块，它可以实现 CAD 与 CAM 的集成，支持各种类型的数控机床和数控系统的辅助编程。

（一）Pro/NC 加工的基本流程

1. 基本概念

1）参考模型

参考模型即设计模型，其几何形状表示加工最终完成的零件形状，是创建制造模型的基础。它为 Pro/NC 数控加工提供了各种几何信息和数值信息，是 Pro/NC 数控加工的依据。根据参照模型提供的信息，Pro/NC 生成需要的刀具路径轨迹和后置处理程序，将程序传送到数控机床上，制造出符合设计意图的产品。

2）工件

工件即毛坯，代表被加工零件尚未经过切削加工的几何形状。在 Pro/NC

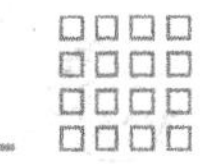

中工件模型是可选的。如果不涉及材料的去除,可不定义工件,这时可用一个坐标系来表示工件,或者根本不使用工件。使用工件的优点如下。

◇ 在创建 NC 序列时,自动定义加工的范围。

◇ 动态的材料去除模拟和过切检测。

◇ 通过捕获去除的材料来管理进程中的文档。

3) 制造模型

制造模型是由一个设计模型和与之装配组合在一起的工件构成的。

2. Pro/NC 数控加工流程

Pro/NC 有多种加工方法,可满足加工中的多种需要,利用 Pro/NC 实现产品数控加工的基本过程与实际加工的过程基本相同,其一般流程如图 7-3 所示。

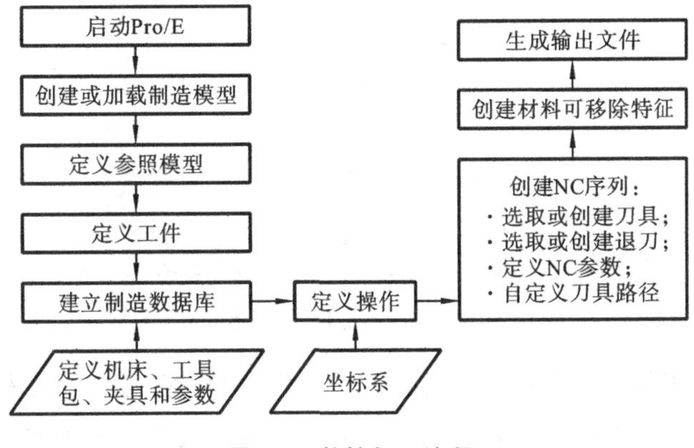

图 7-3 数控加工流程

(二) 创建制造模型

1. 建立数控加工文件

在 Pro/E 主界面中单击“文件”/“新建”,打开“新建”对话框,指定文件类型为“制造”,子类型为“NC 组件”,单击复选框“使用缺省模板”,去掉前面的勾,即处于不选状态,输入文件名并单击“确定”按钮,在弹出的对话框中选择公制单位“mmns_mfg_nc”,再单击“确定”按钮,系统进入数控加工模块,如图 7-4 所示。

2. 创建制造模型

创建制造模型的具体步骤如下。

(1) 加载参照模型即设计模型。单击主菜单“插入”/“参考模型”/“装配”或单击图标按钮,在弹出的“选择”对话框中,指定需要加工零件的位置,装载该零件,同时在窗口出现“装配参照模型”面板。

(2) 放置设计模型。在“装配参照模型”面板的“装配关系”中选择“缺省”,则系统按默认位置放置零件,也可以根据需要指定模型与 NC 坐标系的装配关系,直至该零件完全约束。

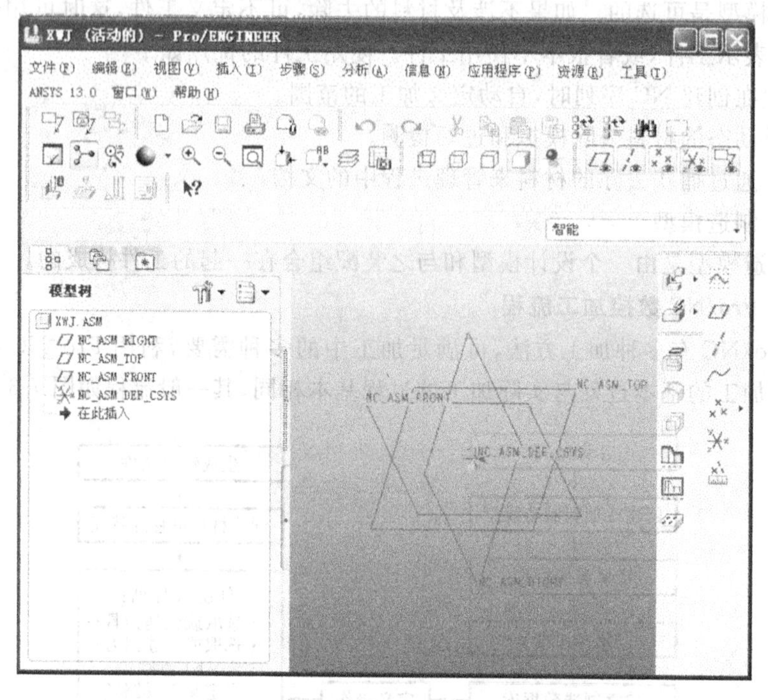

图 7-4　Pro/E NC 界面

(3) 装配工件。单击主菜单“插入”/“工件”/“装配”或单击图标按钮 ，选择事先创建好的工件打开，按照一定的装配关系和设计模型组装在一起。如果不涉及材料的去除，可省略此步骤。

（三）定义加工操作

加工操作是对某个加工操作环境的定义，包括命名加工工艺作业名称、选择机床设备、选择工装夹具、选择加工坐标系等。

单击菜单栏中的“步骤”/“操作”，打开如图 7-5 所示的“操作设置”对话框，分别设置操作名称、机床类型、机床坐标系和退刀曲面等参数。

(1) 定义操作名称。系统默认的操作名称为 OP010，也可以在下拉列表框中输入新名称。

(2) 定义机床类型。点击“NC 机床”下拉列表后的 图标，进入“机床设置”对话框，将机床类型设置为三轴铣床，如图 7-6 所示。

(3) 设定机床坐标系。点击“机床零点”后的 图标，设置机床坐标系。对于铣削工件，一般将机床零点设置在工件的一个角点或中心点，先通过右侧工具栏中的“创建坐标系”按钮，为工件设立一个坐标系，再将该坐标系选为机床坐标系。注意观察坐标系的方向，如果加工轴不在 Z 轴方向，需要进行修改。

(4) 设定退刀面。在“退刀”区域中，点击 图标，出现“退刀设置”对话框，

图 7-5　“操作设置”对话框

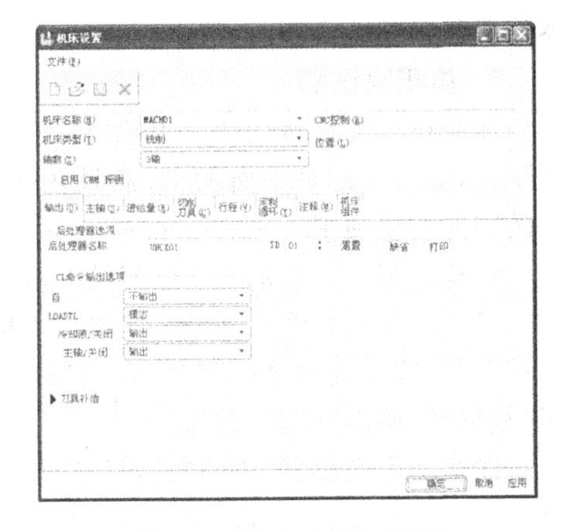

图 7-6　“机床设置”对话框

如图 7-7 所示，根据工艺需要选择合适的表面作为基准面，再进行一定的偏移就得到了退刀面。

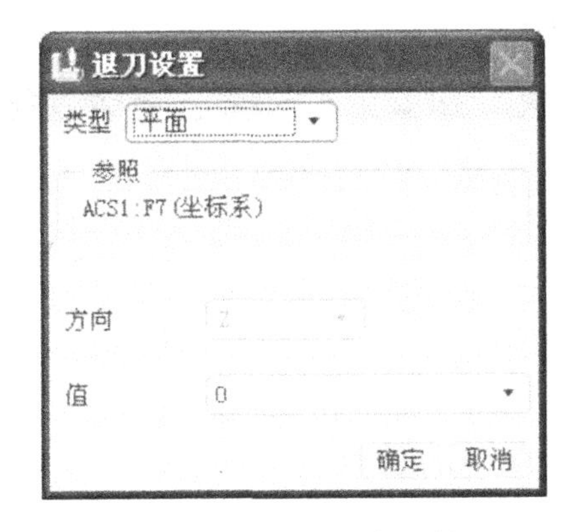

图 7-7　“退刀设置”对话框

注意：

◇ 退刀平面一般在距工件最高处 3～5 mm 的位置，以减少刀具空行程时间。

◇ 数控车床和线切割机床不用设置退刀平面。

（四）NC 序列设置

NC 序列表示单个刀具走刀的特征，由切削运动方式、进刀、退刀、连接移动以及附加刀位命令和后处理器组成。NC 序列决定了刀具的具体加工方式。完成数控操作设置后，在菜单栏中的“步骤”菜单中会列出该种机床可以完成的所有操作。对于铣床来说，有端面加工、体积块粗加工、局部铣削、曲面铣削、轮廓铣削、雕刻和钻孔等。其中：端面铣削主要用于大平面或高精度要求的平面加工；轮廓铣削主要用于垂直或倾斜轮廓的加工；体积块铣削主要针对含有型腔零件的加工；而曲面铣削可以用来铣削水平或垂直的曲面，加工方法最为灵活，能取代前几种加工方法。

1. 体积块铣削

体积块铣削将按层切面去除“体积块”内的材料。特点是所有层切面和退刀面平行，每一层都是平面加工，而且在体积块中可以含有岛屿，通常用于含有型腔的零件的粗加工。

创建体积块铣削的NC序列的一般步骤如下。

(1) 点击菜单栏中“步骤”/“体积块粗加工”，则系统自动弹出“NC序列菜单管理器”。首先设置NC序列：点选“序列设置”子菜单中的“刀具”、“参数”、“体积”复选框，单击“完成”按钮。

注意：“序列设置”中的“窗口”选项为默认选项，表示窗口内的所有曲面被选择为要加工的面。“窗口”选项和“体积块”选项互斥，这是两种不同的加工区域选择方法。

(2) 设置刀具。完成“序列设置”后，系统弹出“刀具设定”对话框，如图7-8所示，体积块铣削一般采用立铣刀或球头铣刀加工，按工艺要求设定所需刀具的参数。单击“应用”/“确定”。

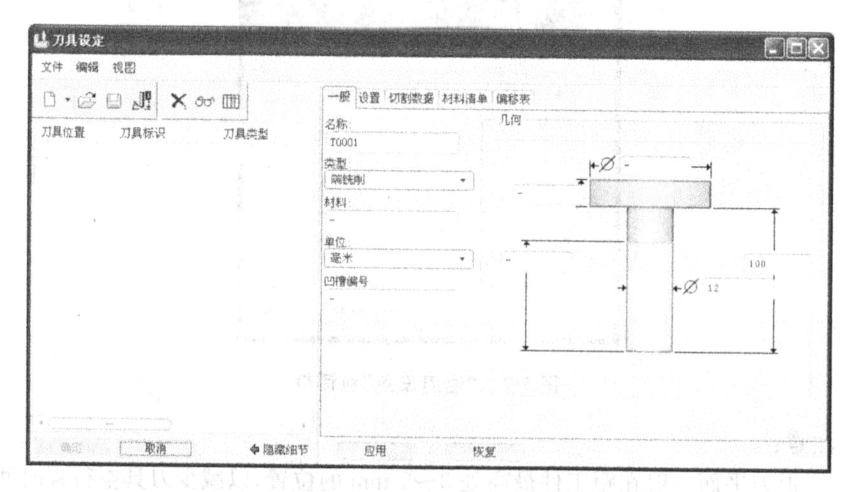

图7-8 “刀具设定”对话框

(3) 编辑序列参数。在弹出的“编辑序列参数”对话框中，设置NC序列的各项参数。如图7-9所示，如果参考数值区域中的输入框是黄色的，则必须设置该参数值，而其他输入框可以不设置，使用系统的默认值。设置完后，单击“确定”按钮。

图7-9所示对话框中主要加工参数的意义如下。

◇ 切削进给：加工时刀具运动的进给速度，其单位为mm/min。

◇ 步长深度：分层铣削时每层的切削深度。

◇ 跨度：相邻刀具轨迹间的距离，也就是行距。

◇ 允许轮廓坯件：半精加工余量。

◇ 安全距离：快进运动结束，开始慢进给运动的高度。

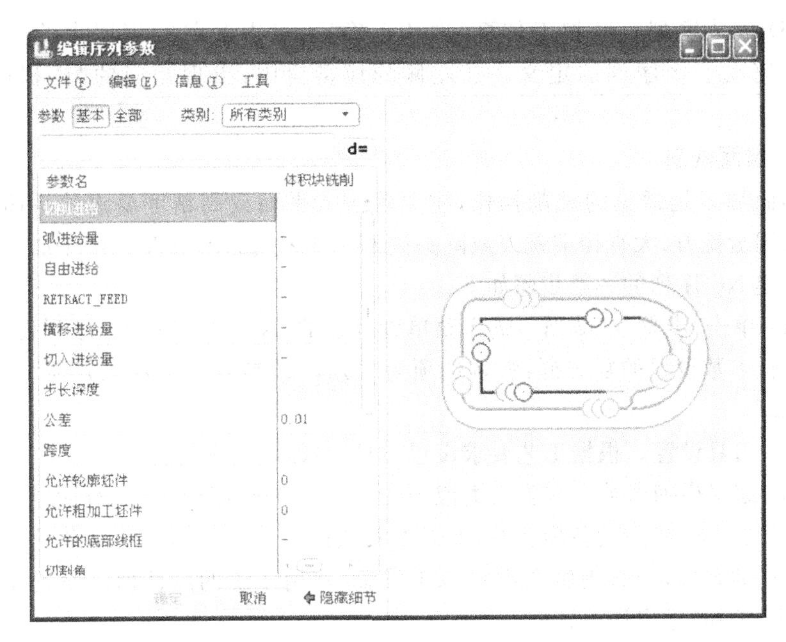

图 7-9　"编辑序列参数"对话框

◇ 主轴速率：主轴转速，单位为 r/min。

◇ 扫描类型：系统提供的不同的走刀方式，可以根据需要修改。

(4) 选择或创建体积块：在制造模型中，单击 图标，创建一个体积块。体积块就是刀具要加工去除的材料，它决定了刀具的走刀范围，可以用常规建模（如拉伸或去除）的方法创建。

(5) 加工仿真：点击菜单管理器中的"NC 序列"/"播放路径"（见图 7-10），选择"计算 CL"复选框，点击"屏幕演示"，弹出"播放路径"对话框，如图 7-11 所示，单击 ▶ 按钮模拟刀具加工，可以通过拖动"显示速度"调节进度的快慢。

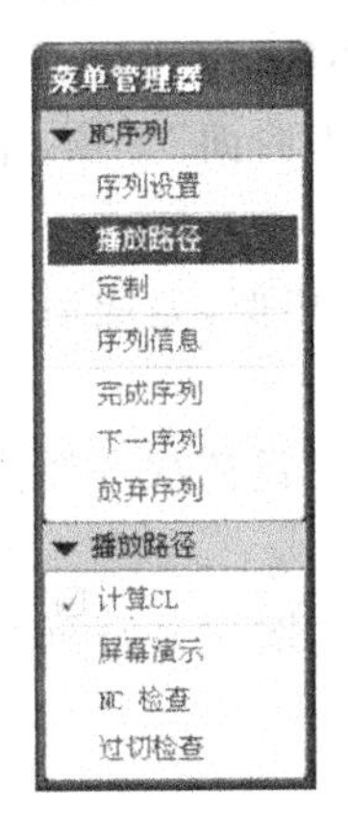

图 7-10　菜单管理器

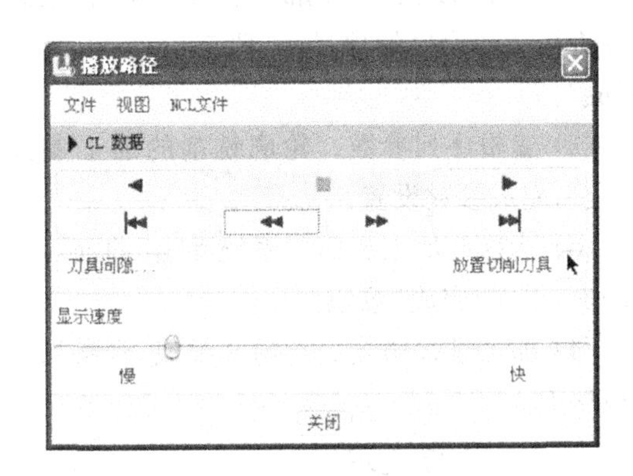

图 7-11　"播放路径"对话框

(6) 完成序列。经加工仿真，确认正确后，点击菜单管理器中的“完成序列”，就完成了该序列的定义。在左侧的模型树中，出现相应的“体积块铣削OP010”。

2. 端面铣削

端面加工是常见的铣削操作，主要用于大平面或高精度要求的平面加工。一般采用盘铣刀、大直径端铣刀或圆头铣刀在铣床或加工中心上进行加工。

创建NC序列的一般步骤如下。

(1) 单击“步骤”/“端面”，进入菜单管理器的“NC序列”中的“序列设置”，选定需进行参数设置的复选框，默认选项为“刀具”、“参数”和“加工几何”三项，单击“完成”。

(2) 刀具设置。根据工艺要求设置刀具，与体积块铣削类似。

(3) 编辑序列参数。在弹出类似于图7-9的“编辑序列参数”对话框，在该对话框中设置NC序列的各项参数，如果参考数值区域中的输入框是黄色的，则必须设置该参数值，而其他输入框可以不设置，使用系统的默认值。设置完后，单击“确定”按钮，退出该对话框。

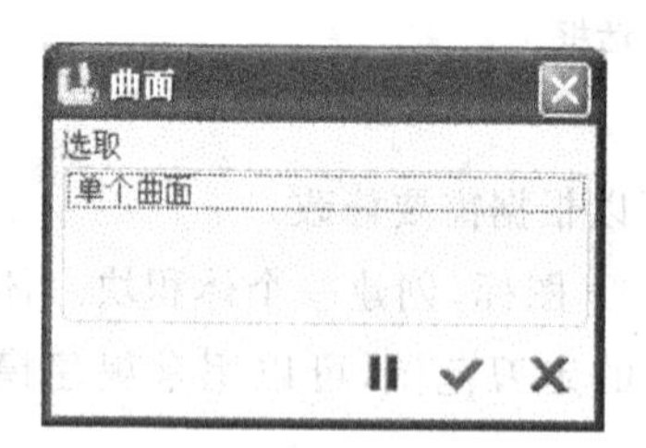

图7-12 “曲面”对话框

(4) 选择待加工表面。系统弹出“曲面选择区”对话框，如图7-12所示，选择待加工表面，单击按钮 ✔，完成选择。

(5) 加工过程仿真。与体积块铣削类似，观察加工仿真，确认后点击“完成序列”。

3. 轮廓铣削

轮廓铣削加工主要用来进行垂直或倾斜轮廓的粗铣或精铣，常采用立铣刀或球头铣刀在数控机床上进行加工。

创建NC序列的一般步骤如下。

(1) 单击“步骤”/“轮廓”，进入菜单管理器的“NC序列”中的“序列设置”，选择要进行参数设置的项目，一般应包括“刀具”、“参数”和“加工曲面”三项，单击“完成”。

(2) 编辑序列参数。轮廓铣削的加工参数设置与前面的相似，完成后点击“确定”，完成参数设置。

(3) 选择待加工表面。系统弹出“曲面”对话框，按住“Ctrl”键依次选择待加工表面，单击“完成”按钮。

(4) 加工过程仿真。与前文类似，观察加工仿真，确认后点击“完成序列”，完成该序列。

(五) NC后处理

由Pro/E生成的刀具轨迹文件称为刀位(CL)数据文件，该文件记录了刀具

的轨迹和加工工艺参数，但它并不是机床可以识别的数控程序。对于特定的机床，需要使用“后置处理器”将CL文件转换成数控程序，也就是G代码。

生成G代码的步骤如下。

(1) 点击“编辑”/“CL数据”/“输出”，点击“NC序列”，选择需要输出的NC序列，点击“完成”按钮。

(2) 点击“工具”/“CL数据”/“后处理”，在弹出的对话框中选择上一步创建的ncl文件，系统弹出“后置处理选项”菜单，如图7-13所示，按照默认设置点击“完成”，弹出“后置处理列表”，如图7-14所示，不同的后处理器代表着不同系统的机床类型，选择UNCX01.P20后处理器，生成同名tap文件。用记事本程序打开相应的tap文件，如图7-15所示，就是数控机床可以识别的G代码。

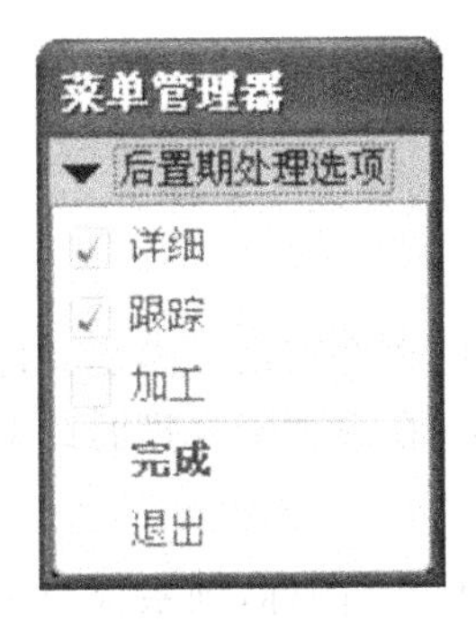

图7-13　“后置处理选项”菜单

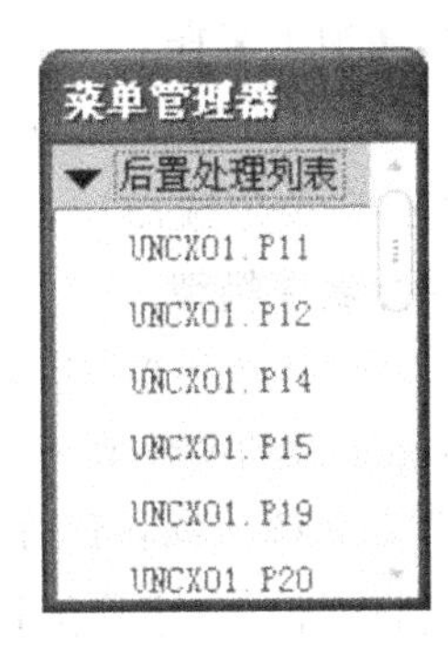

图7-14　“后处理器列表”菜单

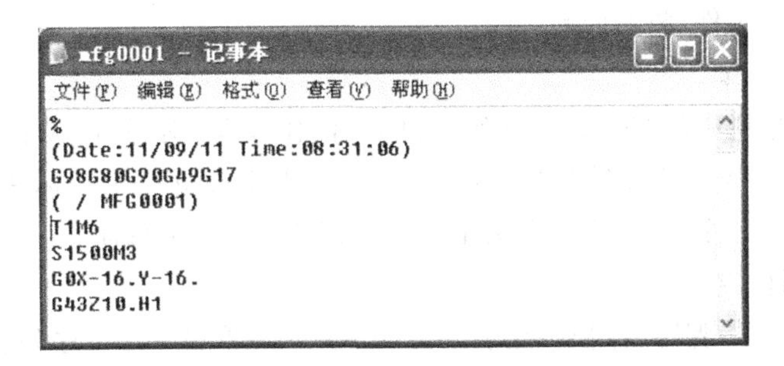

图7-15　机床加工G代码文件

三、任务实施

(一) 工艺分析

加工内容：加工如图7-2所示端盖的上表面和内表面，毛坯为90 mm×60 mm×20 mm的长方块(六面均已加工)，材料为45钢，根据零件的结构，决定以侧面定位，加工上表面，包括里面的型腔。

工件上的四个定位孔和一个导孔在本次加工中不予考虑。

加工坐标系：工件坐标系设在任一角点上，其中 Z 轴为主轴方向。

具体加工参数，如加工方式、刀具、转速、进给等如表 7-1 所示。

表 7-1 加工工艺表

序号	加工内容	加工方式	刀具	转速/(r/min)	进给/(mm/min)
1	铣削型腔	体积块铣削	ϕ12 端铣刀	1 500	300
2	铣削型腔侧面	轮廓铣削	ϕ5 球铣刀	2 000	200
3	铣削表面	端面铣削	ϕ12 端铣刀	2 000	200

（二）操作过程

1. 创建加工文件

进入 Pro/E 工作界面后，点击新建图标 ，在“类型”中选择“制造”，子类型为“NC 组件”，单位选择“mmns_mfg_nc”，新建一个数控加工文件。

2. 建立制造模型

(1) 点击“插入”/“参考模型”/“装配”，选择已创建好的设计模型文件“duangai. prt”(在下载的文件 mok7 里)，单击“打开”按钮，在放置工具栏的约束类型中选择“缺省”，系统按默认位置放置参考模型。

(2) 创建加工工件　点击界面右侧工具栏中的 图标，则系统为该零件自动创建加工工件，也就是相当于毛坯材料。为方便观察，在左侧模型树中，用鼠标右键单击该工件，将其隐藏。

3. 定义操作

单击菜单栏中的“步骤”/“操作”，打开“操作设置”对话框，设置操作名称为“OP010”；机床类型为 3 轴数控铣床；在参考模型上建立一个坐标系“ACS0”，并设置为机床参考系；退刀面设置为上表面偏移 2 mm 的平行面。

4. 铣削型腔

(1) 点击“步骤”/“体积块粗加工铣削”，弹出轮廓铣削 NC 序列设置菜单，默认选项包括“刀具”、“参数”和“窗口”三项，将“窗口”改为“体积块”，然后单击“完成”按钮。

(2) 设置刀具。选择刀具直径为 ϕ10 的端铣刀。

(3) 编辑序列参数。主轴转速为 1 500 r/min，进给量为 300 mm/min，步长深度为 2 mm，跨度为 6 mm，安全距离为 2 mm，允许轮廓坯件为 0 mm，完成后单击“确定”按钮，完成参数设置。

(4) 创建体积块。单击右侧工具栏的图标按钮 ，系统提示创建“铣削体积块”，按照三维造型的方法将待加工的型腔绘制成体积块，如图 7-16 所示。

(5) 加工过程仿真。为了更加清楚地观察加工仿真，可以点击工具栏上的

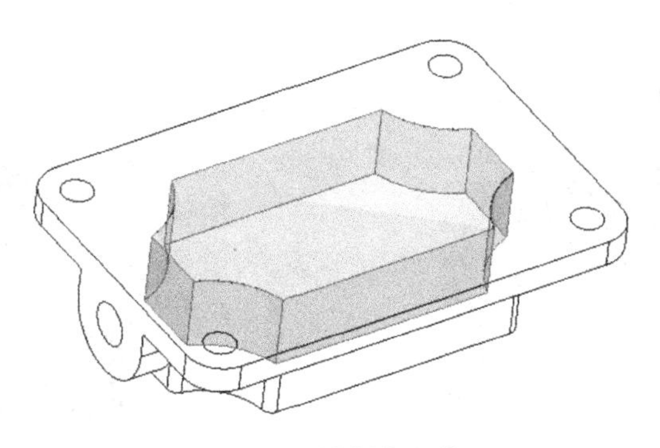

图 7-16　铣削体积块

图标，将模型显示为线框模式，加工刀路如图 7-17 所示，确认后点击“完成序列”，完成该序列。

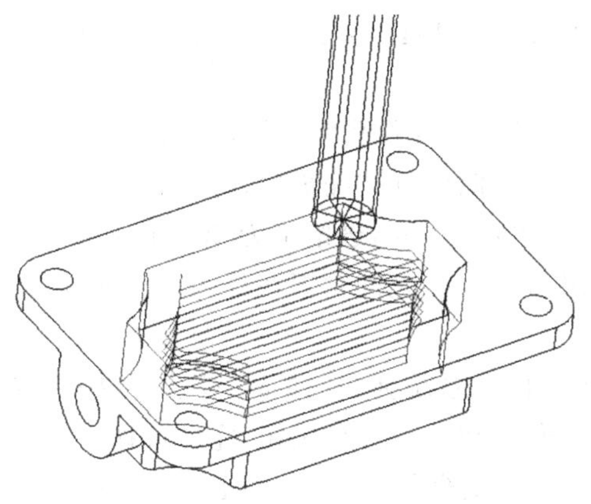

图 7-17　铣削加工刀路

5. 铣削端面

(1) 单击“步骤”/“端面”，进入菜单管理器的“NC 序列”中的“序列设置”，选定需进行参数设置的复选框，包括“刀具”、“参数”和“加工几何”三项，单击“完成”按钮。

(2) 刀具设置。选择刀具 T0001 进行端面铣削。

(3) 编辑序列参数。在弹出的“编辑序列参数”对话框中，设置 NC 序列的各项参数。主轴转速为 2 000 r/min，进给量为 200 mm/min，步长深度为 2 mm，跨度为 6 mm，安全距离为 2 mm，允许轮廓坯件为 0 mm，完成后单击“确定”按钮，完成参数设置。

(4) 选择待加工表面。系统弹出“曲面”对话框，选择上表面作为待加工表面，如图 7-18 所示，单击“完成”按钮，完成选择。

(5) 加工过程仿真。观察加工仿真，如图 7-19 所示，确认后点击“完成序列”，完成该序列。

图 7-18　选择待加工表面

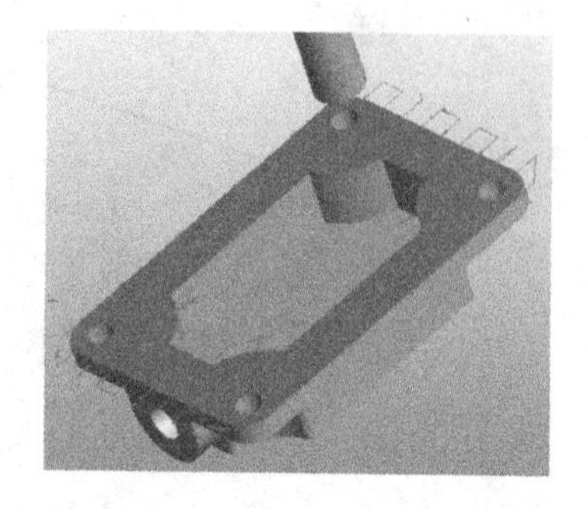

图 7-19　端面铣削刀具路径

6. 铣削轮廓

(1) 单击“步骤”/“轮廓铣削”，进入菜单管理器的“NC 序列”中的“序列设置”，选定需进行参数设置的复选框，包括“刀具”、“参数”和“加工曲面”三项，单击“完成”。

(2) 刀具设置。如表 7-1 设置铣削刀具，即选用直径为 $\phi5$ 的球铣刀。

(3) 编辑序列参数。在弹出的“编辑序列参数”对话框中，设置 NC 序列的各项参数。主轴转速为 2 000 r/min，进给量为 200 mm/min，步长深度为 2 mm，跨度为 3 mm，安全距离为 2 mm，允许轮廓坯件为 0 mm，完成后单击“确定”按钮，完成参数设置。

(4) 选择待加工表面。系统弹出“曲面”对话框，按住“Ctrl”键，顺序选择待加工表面，如图 7-20 所示，单击“完成”按钮，完成选择。

(5) 加工过程仿真。观察加工仿真，如图 7-21 所示，确认后点击“完成序列”，完成该序列。

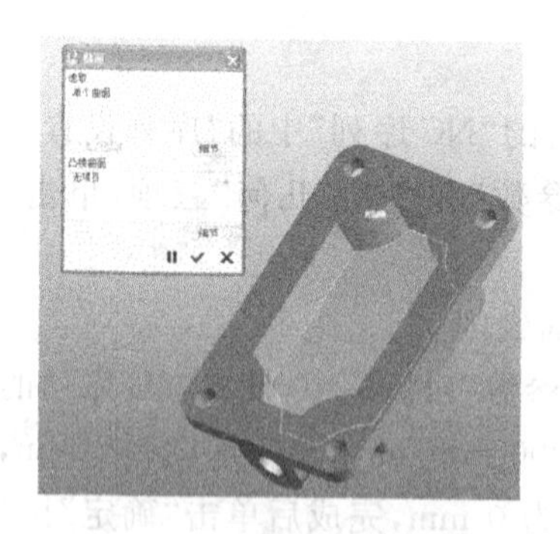

图 7-20　选择待加工表面

图 7-21　轮廓铣削刀具路径

7. NC 后处理

点击“编辑”/“CL 数据”/“输出”，点击“NC 序列”模式，选择需要输出的 NC 序列，点击“完成”按钮。

点击“工具”/“CL 数据”/“后处理”，在弹出的对话框中选择上一步创建的

ncl 文件，进入选择 UNCX01. P20 后处理器，生成同名 tap 文件，即该 NC 序列生成的加工 G 代码。

四、知识拓展

（一）机床坐标系与 NC 坐标系

NC 模块中“机床坐标系”是所有刀位数据的缺省原点。此坐标系是在操作设置时用“操作设置”对话框中的“加工零点”选项指定的。在某一操作中创建的所有 NC 序列都使用同一个机床坐标系。

在“操作设置”对话框中，单击“加工零点”文本框旁的，或单击“序列设置”菜单中的“坐标系”选项。分别出现“制造坐标系”或“序列坐标系”菜单，其中包含下列选项。

（1）“选取”是通过在屏幕上选取或使用“按菜单选取”选项来选取坐标系。

（2）“使用先前的”是用来选取先前的操作或 NC 序列所用的坐标系。

如果工件上没有建立好的坐标系，也可通过在“基准特征”工具栏上单击来即时创建坐标系。

注意：一般将金属切削机床的主轴方向定义为 Z 轴，所以在软件中设置机床坐标系时，需要保证坐标系的 Z 轴是沿主轴方向。

（二）序列参数

序列参数指定了 NC 加工中的各个重要参数，可以在“菜单管理器”中设置，也可以单击工具栏上的图标按钮，打开相应的对话框进行设置。除了前面介绍的常用参数外，还有以下一些需要了解的参数。

1）公差(tolerance)

刀具切削曲线轮廓时通过微小的直线来逼近曲线轮廓。从曲线轮廓到直线轮廓间的最大偏离距离通过公差来设置。

2）退刀速度(retract feed)

刀具退离工件的速度。缺省值为一字线(—)，在此情况下，将使用进给速度。

3）快速进给速度(自由速度)

快速横移时所用的进给速度(RETRACT_UNITS 用于快速进给速度单位)。缺省值为一字线(—)，在此情况下，RAPID 命令将被输出到 CL 文件。如果快速进给设置为 0，则会发生同样的情况。

4）接近速度(plunge feed)

刀具接近并切入工件的速度(在“铣削”和“车削”中)。缺省值为一字线(—)，在此情况下，将使用进给速度。

5）扫描类型

扫描类型表示系统的走刀方式，不同的铣削操作，系统提供了不同的走刀方式，对于体积块铣削，主要有以下10种扫描类型。

类型1：刀具连续加工体积块，遇到岛时退刀。

类型2：刀具连续加工体积块而不退刀，遇到岛时绕过，不退刀。

类型3：刀具从岛几何定义的连续区域去除材料，依次加工这些区域并绕岛移动。完成一个区域后，可退刀，铣削其余区域。建议将类型3的"粗糙度选项"设置成"粗糙轮廓"。

类型_螺旋：生成螺旋形切刀路径。

类型1方向：刀具只进行单向切削。在每个切削走刀终止位置退刀并返回到工件的另一侧，以相同方向开始下一切削。避开岛的方法与类型1相同。

TYPE_1_CONNECT：刀具只进行单向切削。在每个切削走刀终止位置退刀，迅速返回到当前走刀的起始点，切入，然后移动到下一走刀的起始位置。如果在切削走刀的起始位置存在一相邻壁，连接运动将沿着该壁的轮廓进行以避免切入。

常数_载入：执行高速粗加工或轮廓加工(由"粗糙度选项"决定)。

螺旋保持切割类型：生成螺旋切刀路径，两次切削之间用倒圆弧连接。切削完成后，刀具按圆弧轨迹进入下一切削区域，反转切削方向以维持相对于其余材料的切削类型。这是一个高速加工选项，它可以最小化退刀次数。

螺旋保持切割方向：生成螺旋切刀路径，两次切削之间用S形连接。切削完成后，刀具按S形连接轨迹进入下一切削区域，保持切削方向，这样就使相对于其余材料的切削类型在两次切削之间改变。这也是一个高速加工选项，它可最小化退刀次数。

跟随硬壁：每次切削形状遵循体积块的壁形状，在两次连续切削的相应点之间保持固定偏移。如果闭合切削区域，则在切削之间存在S形连接。

对于端面铣削，有以下几种扫描类型。

类型1：刀具沿选定面来回移动，加工平行切削走刀。如果选定面由多个区域组成，刀具忽略它们并在工件的整个长度内移动。

类型3：如果选定曲面由多个区域组成，则刀具在平行切削走刀中来回移动来加工一个区域，然后退刀，再移动到下一区域。

类型螺旋：刀具在曲面中间加工第一个切削走刀。其余走刀将在第一个走刀两边从右到左交替进行加工。

类型1方向：刀具只进行单向切削。在每个切削走刀终止位置退刀并返回到工件的另一侧，以相同方向开始下一切削。

（三）Pro/E数控加工文件的扩展名

完成了一个产品的数控加工后，可形成一系列相关的文件，为了便于区分不同文件的类型，Pro/E对不同类型的文件指定了不同的文件扩展名，1其含义见表7-2。

表 7-2 文件名定义

序号	扩展名	文件类型	序号	扩展名	文件类型
1	.asm	组件文件	13	.inf	信息数据文件
2	.cel	机床参数数据文件	14	.aux	辅助参数数据文件
3	.dat	为进行编辑所创建的数据文件	15	.cmd	包含要插入的刀位命令行的文件
4	.drw	绘图文件	16	.drl	孔加工参数数据文件
5	.gph	用户定义特征文件(包括机床)	17	.edm	线切割参数数据文件
6	.mfg	制造工艺文件	18	.grv	铣槽参数数据文件
7	.mtn	刀具运动参数文件	19	.mil	铣削加工参数数据文件
8	.tap	加工数据文件	20	.memb	组件成员信息文件
9	.ppl	工艺卡数据文件	21	.ppr	打印设置表文件
10	.ptd	零件族表文件	22	.prt	零件文件
11	.ncd	刀位语法别名文件	23	.nck	NC 检测图形文件
12	.ncl	刀位数据文件	24	.plt	出图文件

任务二 简单曲面的铣削加工

一、任务导入

曲面铣削是一种刀具沿曲面外形运动的加工类型，相比于平面铣削，加工时机床 x 轴、y 轴和 z 轴需要三轴联动。曲面加工主要应用于型腔面等复杂零件的半精加工和精加工。曲面铣削的刀具主要是球头铣刀。

任务内容：精铣图 7-22 所示的零件。完成除了任务一完成的表面之外的其他表面的 NC 加工(不包括孔)。

图 7-22 简单曲面零件

二、相关知识

(一) 曲面铣削

曲面铣削可以用来铣削水平或倾斜的曲面，它的用法比较灵活。常采用球头刀在多轴铣床上加工，一般用于型腔表面的加工。

曲面铣削的加工过程如下。

(1) 启动NC模块。

(2) 插入制造模型。

(3) 制造设置。

(4) 创建NC序列。

(4) 加工仿真。

(5) NC后处理。

上述步骤基本与任务一的设置方法相同,其中在第(3)步或第(4)步中需要设置一把球头铣刀。

曲面铣削的NC序列设置步骤如下。

1) 序列设置

单击"步骤"/"曲面铣削",进入菜单管理器的"NC序列"中的"序列设置",选择要进行参数设置的项目。单击"完成"按钮。曲面铣削加工的序列设置项目与其他加工方法相类似,其中"定义切削"一项与其他加工方法不同。一般应选择"参数"、"定义切削"和"曲面"三项。

2) 编辑序列参数

曲面铣削的参数设置也与前文的相似,有两种参数不同。

粗加工步距深度:曲面粗加工时,分层铣削每层的切削深度,一般该参数设置为0,即无粗加工。

带选项:相邻刀具轨迹之间的连接方式,包括直线连接、曲线连接、弧连接、环连接、不定义连接等五种。

3) 选择待加工表面

在曲面拾取菜单中,选择待加工表面,单击"完成"按钮即可。

4) 定义切削方式

系统将打开"切削定义"对话框,如图7-23所示。选择一种加工路径来定义切削。

5) 加工过程仿真

单击菜单管理器中的"NC序列"/"播放路径"/"屏幕演示",观察加工仿真,确认后点击"完成序列",完成该序列。

(二) 曲面切削方式

在曲面铣削NC序列设置中,需要指定切削方式,系统提供了直线切削、自由面等值线、切削线、投影切削四种曲面切削方式。根据选取方法的不同,系统将在"切削定义"对话框的底部显示相应的选项。

直线切削:通过一系列的直线切削来加工所选曲面,加工轨迹是一系列的直线,主要用于形状简单的曲面。直线切削可以定义切削轨迹的方向,在图7-23的下半部分指定切削轨迹和x轴(或曲面和边)的夹角。直线切削的加工效果如图

7-24 所示。

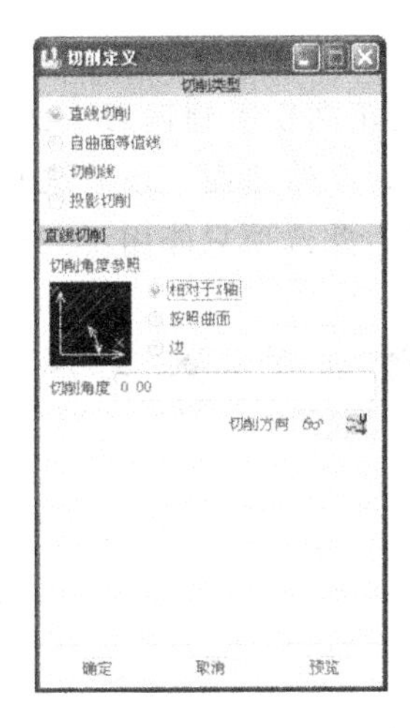

图 7-23 “切削定义”对话框

图 7-24 直线切削刀路

自曲面等值线：由待加工曲面的 u-v 线铣削所选曲面，加工轨迹沿着曲面的 u（或 v）参数等值线方向，多用在单个或多个连续曲面与坐标系成一角度的情况下，这种方法需要进一步确定曲面的 u、v 方向，通过 图标可以更改方向。

自曲面等值线的“切削定义”对话框和切削刀路显示分别如图 7-25 和图 7-26 所示。

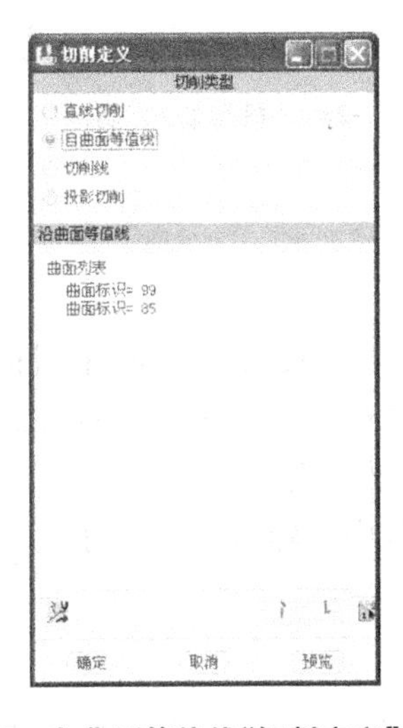

图 7-25 自曲面等值线“切削定义”对话框

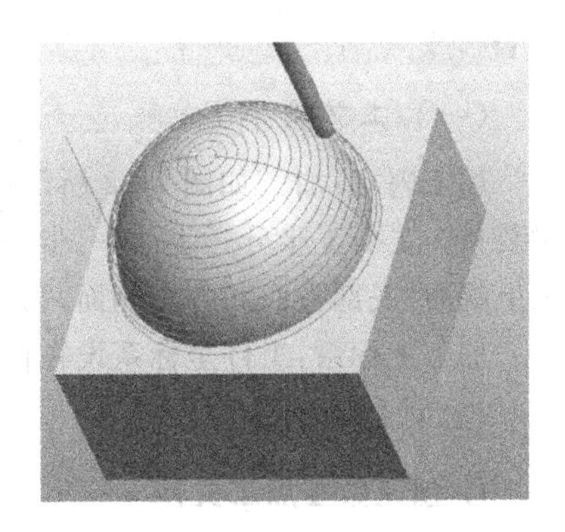

图 7-26 自曲面等值线切削刀路

切削线：通过定义第一个、最后一个及一些中间切口形状来铣削所选曲面。生成其他切口时，系统将逐渐改变其形状以适应曲面拓扑。加工轨迹中的第一行和最后一行的形状与切削线相同，中间的轨迹是由曲面和切削线决定的。

切削线加工多用于比较复杂的曲面，需要对较多控制点进行铣削，对话框如图 7-27 所示，通过点击 + 图标添加切削线。

投影切削：对选取的曲面进行铣削时，首先将其轮廓投影到退刀平面上，创建一个平坦的刀具路径，然后将刀具路径重新投影到原始曲面。该方法常用于由扫描特征形成的实体，它可以实现更多的加工控制，此选项只能用于三轴曲面铣削。对话框如图 7-28 所示。

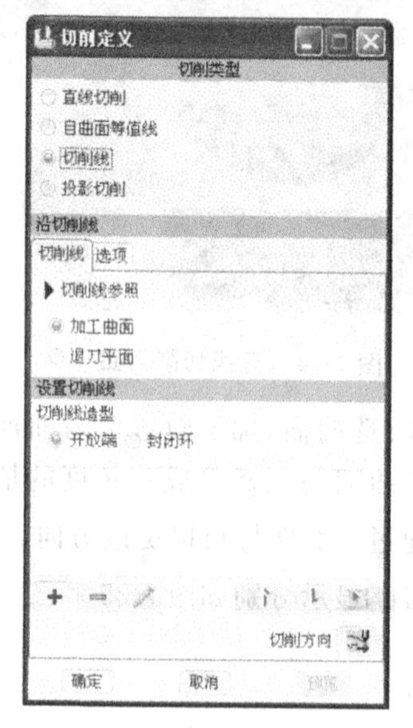

图 7-27 “切削线”切削定义对话框

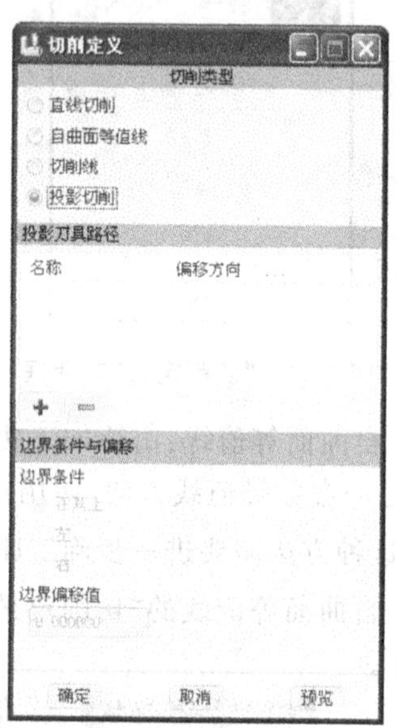

图 7-28 “投影切削”切削定义对话框

三、任务实施

（一）工艺分析

加工内容：加工如图 7-22 所示端盖，利用下表面及侧面定位，采用精密台虎钳装夹。主要工步分三步：第一步，利用体积块铣削粗加工上表面；第二步，精加工上端面、底部平面和各个侧面；第三步，精加工圆弧面。

加工坐标系：工件坐标系设在任一角点上，其中 z 轴为主轴方向。

（二）操作过程

1. 创建数控加工文件

进入 Pro/E 工作界面后，点击新建图标，在类型中选择“制造”，子类型中选择“NC 组件”，单位选择“mmns_mfg_nc”。创建一数控加工文件。

2. 建立制造模型

(1) 点击“插入”/“参考模型”/“装配”，选择文件“duangai. prt”（在下载的文件 mok7 里），单击“打开”按钮，在放置工具栏的约束类型中选择“缺省”，系统按

默认位置放置零件。

（2）创建加工工件　点击界面右侧工具栏中的图标，则系统为该零件自动创建加工工件，也就是相当于毛坯材料，如图 7-29 所示。为方便观察，在左侧模型树中，用鼠标右键单击该工件，将其隐藏。

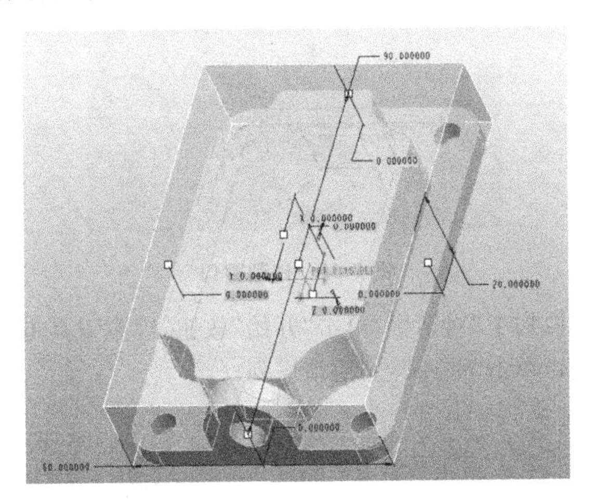

图 7-29　自动创建工件

3．操作设置

进入“操作设置”对话框，设置操作名称为“OP020”；机床类型为三轴数控铣床；在参考模型上建立一个坐标系“ACS0”，并设置为机床参考系；退刀面设置为上表面偏移 2 mm 的平行面处。

4．粗铣上表面

（1）点击“插入”/“体积块铣削”，系统弹出体积块铣削“NC 序列”设置菜单，单击复选框“刀具”、“参数”和“窗口”选项，单击“完成”按钮。

（2）在弹出的“刀具设置”和“序列参数”对话框中，分别设定刀具为 ϕ12 端铣刀，主轴转速为 1 500 r/min，进给量为 300 mm/min，步长深度为 2 mm，跨度为 6 mm，安全距离为 2 mm，完成后点击“确定”按钮。

（3）单击右侧工具栏中的图标按钮，出现定义窗口平面操作控制面板，如图 7-30 所示，创建如图 7-31 所示的用细实线绘制的铣削窗口图形。考虑到刀具半径，铣削窗口必须比工件本身略大。

图 7-30　铣削窗口定义操作控制面板

（4）点击菜单管理器中的“NC 序列”/“播放路径”，勾选“计算 CL”，单击“屏

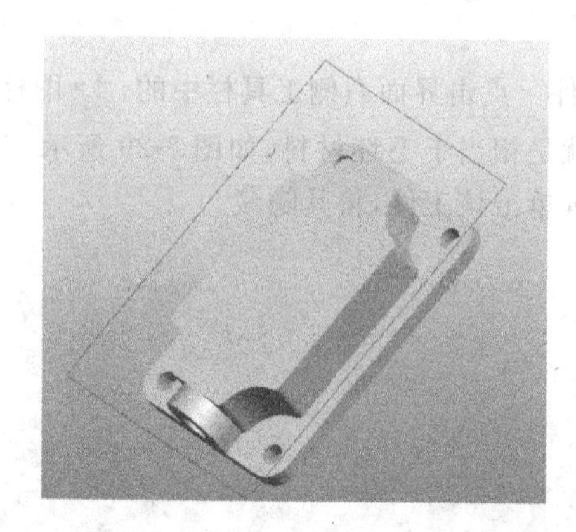

图 7-31 铣削窗口

幕演示”，弹出“模拟加工”对话框，单击“开始”按钮，观察刀具走刀过程，如图7-32所示。确认无误后，单击“关闭”，完成该序列。

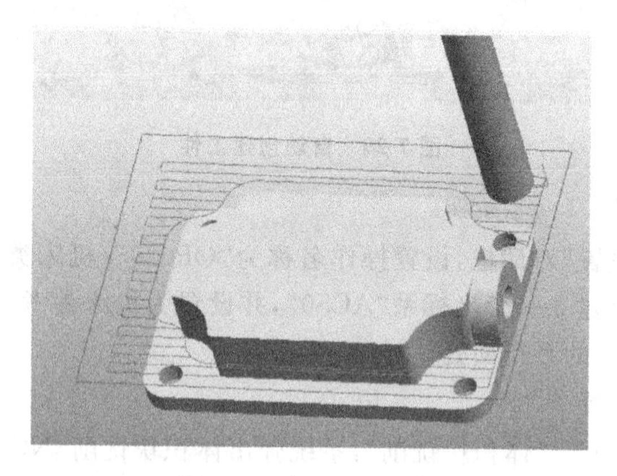

图 7-32 加工刀路仿真

5. 精铣上表面

精铣上表面也可以采用曲面铣削的方式加工，其 NC 序列设置如下。

(1) 点击“步骤”/“曲面铣削”，弹出曲面铣削“NC 序列”设置菜单，接受默认选项为“刀具”、“参数”、“定义切削”和“曲面”，单击“完成”按钮。

(2) 在弹出的“刀具设置”对话框中，新建一把刀具 T0003，类型为 ϕ5 的端面铣刀，点击“刀具设置”对话框中的“应用”，则在左侧的刀具库中将出现一把新的刀具，选中该刀具，单击“确定”按钮。

(3) 在“序列参数”对话框中，设定主轴转速为 2 500 r/min，进给量为 100 mm/min，跨度为 3 mm，安全距离为 1 mm，完成后点击“确定”按钮。

(4) 在弹出的“曲面拾取”菜单中，选择“模型”，系统提示选择曲面，在模型上依次选取待加工表面。如图 7-33 所示，单击“完成”按钮。

(5) 在弹出的“切削定义”对话框中，选择“直线切削”，切削角度设置为与 x

轴成 45°，单击“确认”按钮。

(6) 点击菜单管理器中的“NC 序列”/“播放路径”，勾选“计算 CL”，单击“屏幕演示”，弹出“模拟加工”对话框，单击“开始”按钮，观察刀具走刀过程，如图7-34所示。确认无误后，单击“关闭”按钮，完成该序列。

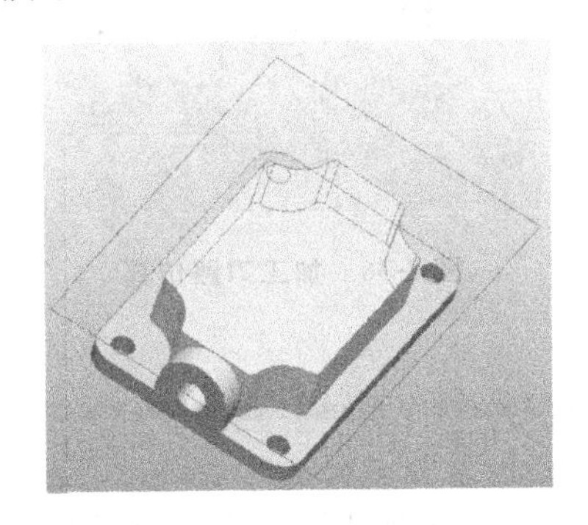

图 7-33　待加工表面

图 7-34　加工刀路仿真

6. 精铣圆弧面

复杂曲面的铣削是曲面铣削中难点，复杂曲面铣削的 NC 设置如下。

(1) 点击“步骤”/“曲面铣削”，弹出曲面铣削 NC 序列设置菜单，接受默认选项为“刀具”、“参数”、“定义切削”和“曲面”，单击“完成”按钮。

(2) 在弹出的“刀具设置”对话框中，新建一把刀具 T0004，类型为 $\phi5$ 的球铣刀，点击“刀具设置”对话框中的“应用”，则在左侧的刀具库中将出现一把新的刀具，选中该刀具，单击“确定”按钮。

(3) 在“序列参数”对话框中，设定主轴转速为 2 500 r/min，进给量为 100 mm/min，跨度为 3 mm，安全距离为 1 mm，完成后点击“确定”按钮。

(4) 在弹出的“曲面拾取”菜单中，选择“模型”，系统提示选择曲面，在模型上依次选取待加工表面，如图 7-35 所示，单击“完成”按钮。

(5) 在弹出的“切削定义”对话框中，选择“直线切削”，切削角度设置为与 x 轴成 90°，单击“确定”按钮。

(6) 点击菜单管理器中“NC 序列”/“播放路径”，勾选“计算 CL”，单击“屏幕演示”，弹出“模拟加工”对话框，单击“开始”按钮，观察刀具走刀过程，如图 7-36 所示。确认无误后，单击“关闭”，完成该序列。

7. NC 后处理

点击“编辑”/“CL 数据”/“输出”，点击“NC 序列”模式，选择需要输出的 NC 序列，点击“完成”按钮。

点击“工具”/“CL 数据”/“后处理”，在弹出的对话框中选择上一步创建的 ncl 文件，进入选择 UNCX01. P20 后处理器，生成同名 tap 文件，即该 NC 序列生成的加工 G 代码。

图 7-35　待加工表面

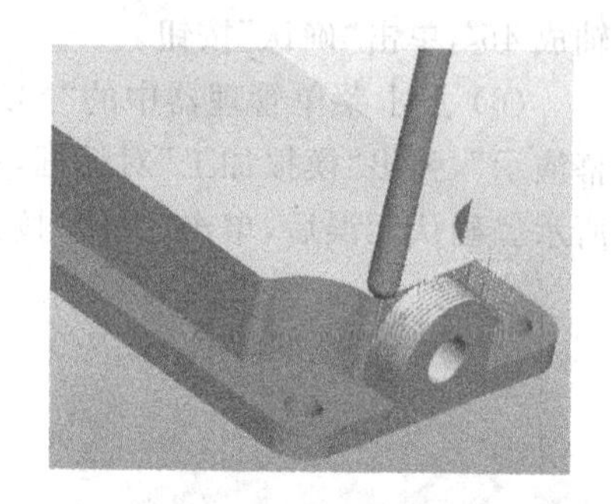
图 7-36　加工刀路仿真

四、知识拓展

1. 局部铣削

局部铣削是 Pro/E 软件提供的清根的加工方法，它是使用小直径刀具对前一次数控加工所形成的残余材料的再次加工，常常用于体积块铣削、轮廓铣削、曲面铣削等加工后剩余材料的清理加工上。

局部铣削 NC 序列的创建方法一般如下。

(1) 选择局部铣削类型　单击“步骤”/“局部铣削”，出现四种局部铣削类型，如图 7-37 所示。

前一步骤：计算前一步骤形成的 NC 加工轨迹的剩余材料，并对这些材料进行局部铣削。

前一刀具：针对前一把刀具产生的剩余材料进行计算，然后用本次加工设置的刀具进行局部铣削。

铅笔跟踪：清根处理。

拐角：直接指定要清根的某个拐角。

单击“前一步骤”，在弹出的菜单管理器中选取要清根的 NC 序列，如图 7-38 所示。

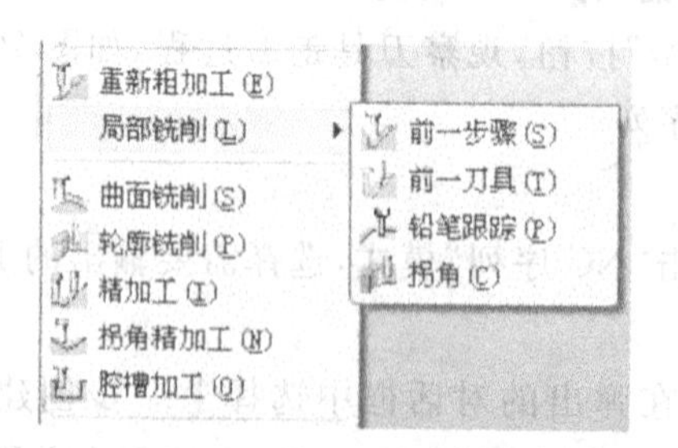

图 7-37　局部铣削类型

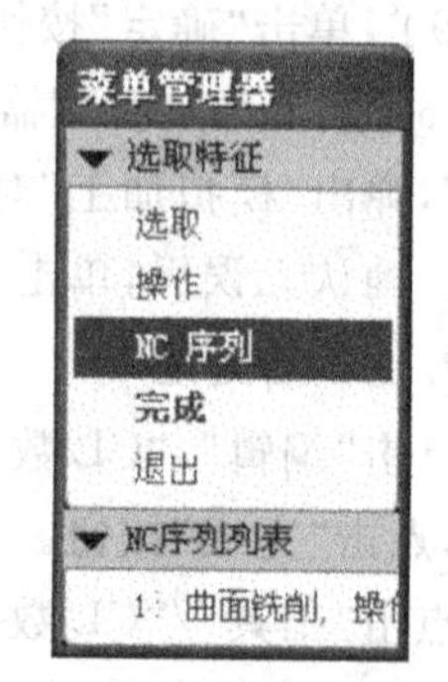

图 7-38　“NC 序列”菜单

（2）序列设置　在序列设置菜单中选择要进行参数设置的项目，单击“完成”按钮。局部铣削的序列设置项目与其他加工方法相类似，其中“参考序列”一项与其他不同，一般应选择“刀具”、“参数”两项。

（3）编辑序列参数　局部铣削的参数设置也与其他铣削方式相似，可以参照设置。

（4）刀具设置。

（5）完成其他项目的设置。

2. 腔槽铣削

腔槽加工用于体积块铣削之后的精铣，腔槽可以包含水平、垂直、倾斜曲面。对于侧面的加工类似于轮廓铣削，底面加工类似于体积块铣削。

创建腔槽铣削的一般步骤如下。

（1）建立NC序列　单击“步骤”/“腔槽铣削”，系统弹出序列设置菜单。

（2）序列设置　在序列设置菜单中，选择要进行参数设置的项目，单击“完成”。腔槽铣削的设置项目与体积块加工相类似，一般应选择“刀具”、“参数”和“曲面”三项。

（3）刀具设置。

（4）编辑序列参数。

（5）选择待加工表面。

（6）完成其他项目的设置。

3. 孔加工

数控铣床一个重要的用途是进行钻孔加工，Pro/E软件也提供了多种孔加工的编程方法。创建孔加工NC序列的方法如下。

（1）建立NC序列　单击“步骤”/“钻孔”，系统列出各种孔加工方式，如图7-39所示，点击“标准”，系统弹出序列设置菜单。

（2）序列设置　在序列设置菜单中，选择要进行参数设置的项目，单击“完成”。孔加工的设置项目与其他加工相类似，一般应至少选择“刀具”、“参数”、“退刀”和“孔”四项。

（3）刀具设置　对于各种孔加工方式，其刀具各不相同，有“基本钻头”、“攻丝钻头”、“镗杆”等，需要根据加工要求合理选择刀具。

（4）编辑序列参数　孔加工序列参数与其他加工方法相类似，主要的区别在于扫描类型，扫描类型决定了不同位置的孔的加工顺序，其中类型1是先加工xy坐标值最小的孔，再按照Y坐标递增、X坐标往复的方式加工。

（5）定义退刀面。

（6）选取孔集。

在图7-40所示的“孔集”对话框中，选取待加工的孔集，完成后单击✔图标，完成孔集的选择。

(7) 完成其他项目的设置。

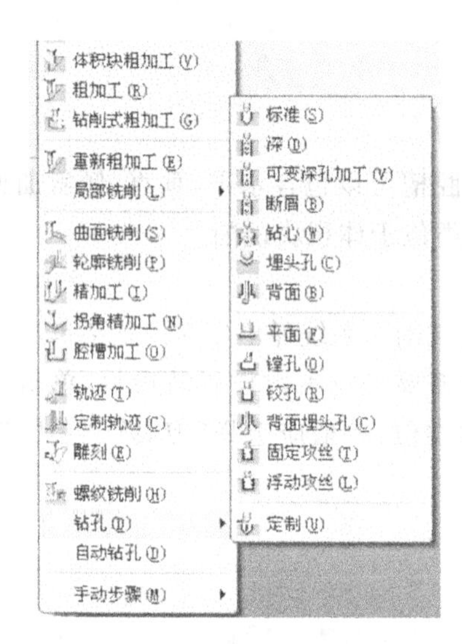

图 7-39　孔加工方式菜单选项

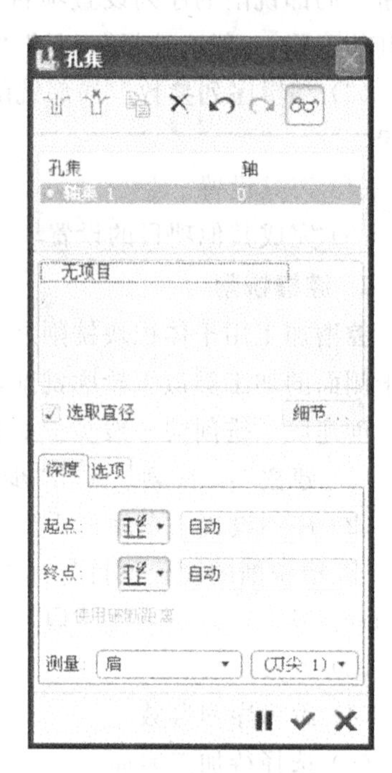

图 7-40　“孔集”对话框

小　　结

本模块内容是学习使用 Pro/E 软件的 NC 模块，要求能够完成常见表面的数控铣削编程。数控编程的基本思路：首先进行数控加工工艺的分析，根据零件的特点编制合理的加工工艺；其次要正确设置软件中的各项参数；再次是要进行仿真加工，观察刀路是否正确；最后根据不同的机床种类，编辑修改后处理文件。

在软件操作中：首先是设定一个 NC 操作，操作设置一般包含下列元素：“操作名”、“机床”、“机床坐标系”、“退刀面”等；其次是为指定的操作创建 NC 序列，NC 序列一般包括“刀具”、“参数”、“待加工面”、“切削方式”等项目，应分别设置各个项目，从“播放路径”观察刀路轨迹，验证编程正确与否；最后利用后处理器生成 NC 加工所需要的 G 代码。本模块通过生产实际中端盖零件的加工过程，对常见的铣削加工方法进行了介绍。

思考与练习

1. 将任务一体积块铣削 NC 序列里的序列参数中的“扫描类型”，分别改为

“类型 2”、“类型 3”、“类型螺旋”和“类型 1 方向”，试观察走刀路径有何不同。

2. 利用“体积块铣削”方法，粗加工任务二中“duangai. prt”的下表面。

3. 利用腔槽铣削方法，加工任务一“duangai. prt”的内表面。

4. 利用孔加工方法加工“duangai. prt”零件的定位孔。

5. 利用合适的加工方法加工图 7-41 所示零件，尺寸按比例自定。

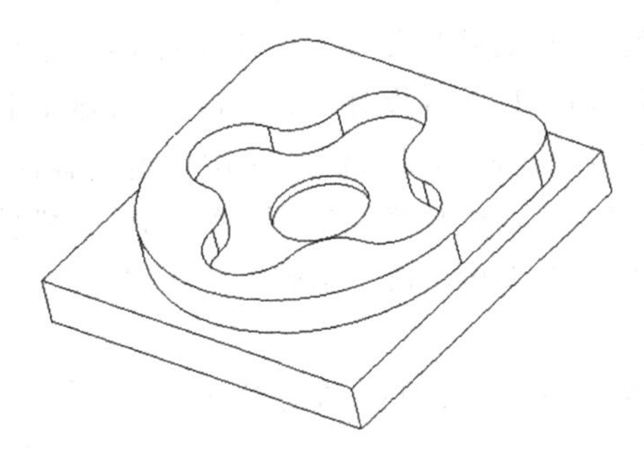

图 7-41 练习题 5 图

参考文献

[1] 高汉华,何德昌. Pro/E 项目化教程[M]. 天津:南开大学出版社,2010.
[2] 刘力. 机械制图习题集[M]. 北京:高等教育出版社,2008.
[3] 韩变枝. 机械制图与识图[M]. 北京:机械工业出版社,2009.
[4] 周四新,和青芳. Pro/E 基础设计[M]. 北京:机械工业出版社,2008.
[5] 刘竹青. Pro/E 实用教程[M]. 北京:中国铁道出版社,2003.
[6] 刘锡锋. 机械 CAD/CAM 技术及应用[M]. 北京:机械工业出版社,2006.
[7] 孙春华. CAD/CAPP/CAM 技术基础及应用[M]. 北京:清华大学出版社,2004.
[8] 中国机械工业教育协会. 计算机辅助设计与制造[M]. 北京:机械工业出版社,2001.
[9] 柳宁. 机械 CAD/CAM[M]. 北京:机械工业出版社,2002.
[10] 博创设计坊. Pro/ENGINEER Wildfire 4.0 从入门到精通[M]. 北京:机械工业出版社,2009.
[11] 陈英. 轻松跟我学 Pro/E Wildfire 2.0(中文版)[M]. 北京:电子工业出版社,2006.
[12] 张尚先,吴磊. Pro/ENGINEER 野火版 4.0 讲与练[M]. 北京:中国人民大学出版社,2009.